U0921683

卡耐基写给女人

（美）戴尔·卡耐基 著
桑楚 编译

北京联合出版公司
Beijing United Publishing Co.,Ltd.

图书在版编目（CIP）数据

卡耐基写给女人 /（美）戴尔·卡耐基著；桑楚编译. -- 北京：北京联合出版公司，2016.9（2024.4 重印）

ISBN 978-7-5502-8833-1

Ⅰ.①卡… Ⅱ.①戴… ②桑… Ⅲ.①女性—成功心理—通俗读物 Ⅳ.① B848.4-49

中国版本图书馆 CIP 数据核字（2016）第 238769 号

卡耐基写给女人

著　　者：（美）戴尔·卡耐基
编　　译：桑　楚
责任编辑：丰雪飞
封面设计：彼　岸
责任校对：乔会根
图片提供：www.ICpress.cn

北京联合出版公司出版
（北京市西城区德外大街83号楼9层　100088）
三河市嘉科万达彩色印刷有限公司印刷　新华书店经销
字数445千字　720mm × 1020mm　1/16　28印张
2016年10月第1版　2024年4月第13次印刷
ISBN 978-7-5502-8833-1
定价：75.00元

版权所有，侵权必究
未经书面许可，不得以任何方式转载、复制、翻印本书部分或全部内容。
本书若有质量问题，请与本公司图书销售中心联系调换。
电话：（010）88893001　82062656

作为伟大的成人教育家和人际关系大师，戴尔·卡耐基创立了一套系统完整，操作起来既简便易行，又能迅速成功的成人教育方法。这些方法都是他运用心理学的知识，对人类共同的心理特点进行探索分析并创造发展起来的。他创立的成人教育机构遍布世界各地，有2000所之多，曾帮助千百万人建立了更有活力、更高品质的生活。

在长期的工作实践中，卡耐基晤谈过许许多多的女性，其中既有普通百姓，更有娱乐界明星、商界名流等。通过对她们人生愿望、生活中的烦恼，以及女性生理心理的深入研究，卡耐基对于女人如何获得幸福的问题，获得了睿智的见解和精辟的人生感悟。他以充满感情的笔触娓娓道来，曾使无数的女人走出迷茫、走向幸福。因此，他写给女人的忠告常常是友人馈赠和夫妻捧读的心灵圣经。

卡耐基指出，女人获得成功和幸福的要点在于自尊、自重、勇气和信心，在处理家庭、事业的问题时注意克服人性的弱点，发挥人性的优点，尤其充分发挥女性的潜能，从而获得人生的快乐。

在本书中，戴尔·卡耐基以卓越的智慧总结了女性为人处世应当具备的基本技巧；以严谨的思维分析了女性打造个人魅力、获得快乐的秘密所在；以精彩的讲解告诉女性如何理解并获得自己钟情的男人的心；以广博的爱心指导万千女性尽快成熟和永久留住幸福，从而帮助女性去改变生活，开创崭新的人生。

世界上所有的女人都一样，无不希望自己的婚姻幸福、家庭美满，期盼自己的丈夫获得事业的成功。但是，在现实生活中，女性的生活圈相对较小，社会对女性人生幸福方面的研究极为薄弱，对女性如何获得幸福的教育更是少之又少。在这种背景下，女性虽然有获得幸福的强烈渴望，但因为方法失当、技巧不够，往往不能很好经营自己的婚姻和爱情，更难以把握自己的命运，并最终获得人生的圆满。

在这里，戴尔·卡耐基对相关问题，既做了精辟的理论分析，又提出了许许多多具体的行为准则和做事指导。他的思想和洞见是深刻的，同时也是实用的，无论是对未婚的青年女子，还是对已婚的女性，都具有指导意义。任何女人，只要灵活、明智地运用这些方法，就可以越过许多通往幸福的障碍，最终拥有幸福、快乐、如意的人生。

第一篇　做有魅力的女人

第二篇 不做女强人，要做强女人

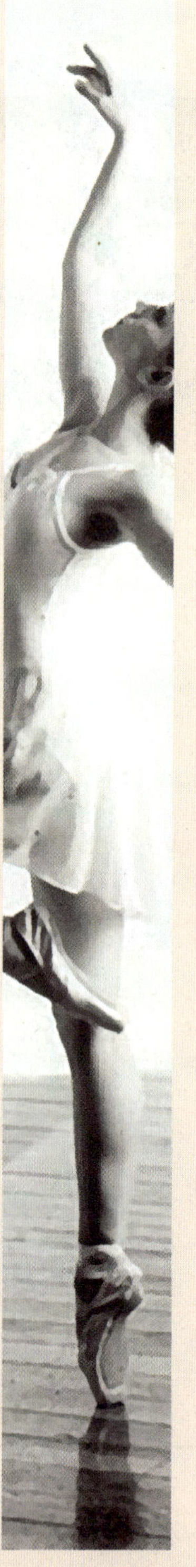

第三篇　做高情商的女人

第四篇　女人要懂爱，更要会爱

UMA
REAL
LEITORA
Romance
ALAN
BENNETT

第一篇

做有魅力的女人

第一章

提升魅力值，女人更幸福

举手投足尽显风雅

我曾经在得克萨斯州举办了一个培训班，主要讲授如何与人相处的课程。一天，我正独自一人坐在办公室思考问题，突然一阵急促的敲门声打断了我的思路。还没等我开口说“请进”，一位女士就风风火火地闯了进来。

只见这位女士大大咧咧地走到我的面前，顺手拉了一把椅子坐了下来，开口说道：“你是卡耐基先生吗？我有一些事情想请你帮忙。”我点了点头，笑着说：“是的，女士，不知道有什么可以为您效劳的。”女士对我说：“我以前学过文秘，应该说我十分适合做秘书。可我不明白，为什么到现在为止仍然没有人愿意雇用我？”在她和我说话的时候，我仔细观察了一下，发现这位女士在举止上有很多不妥的地方。比如，她靠在椅子上的身体是倾斜的，腿也在不停地抖动着，眼睛四处游离，双手也不知该放什么地方。最让人接受不了的是，这位女士还会偶尔做出挖耳朵的动作来。

听完女士的诉说后，我问道："请问女士，您认为一个合格的秘书应该具备哪些素质？"女士有些满不在乎地说："很简单，有能力、会打字，当然还要漂亮和有气质。"我顺着这位女士的回答说："那您觉得什么是气质？"女士有些语塞，不过她还是说："这……总之那是一种让人看起来很舒服的东西。嗨！卡耐基先生，你在做什么？你不觉得这个样子很不得体吗？"

原来，就在女士说话的时候，我把脚放到了办公桌上，心不在焉地听她讲话，而且还时不时地做出挖鼻孔的动作。那位女士显然到了忍无可忍的地步，大声说："卡耐基先生，您是一个有身份的人，怎么可以做出这样的事情来？您要知道，您的一些小举动很可能会影响到您在别人心目中的良好印象。"这时，我马上回到了原来的样子，并对她说："女士，您说得很对，相信没有人愿意要我这样的人做员工，因为我看起来让人生厌。不过女士，我不得不告诉您，我刚才的举动其实是和您学的。"女士听完我的话后没有说什么，因为她知道自己的确是有这方面的问题。她点了点头说："谢谢您，卡耐基先生，我知道该怎么做了！"

人真正的魅力体现在举手投足之间。一个非常细微的动作，往往能够体现出无尽的风雅。

女人的魅力来自于外在的衣装打扮，更来自内在的气质。

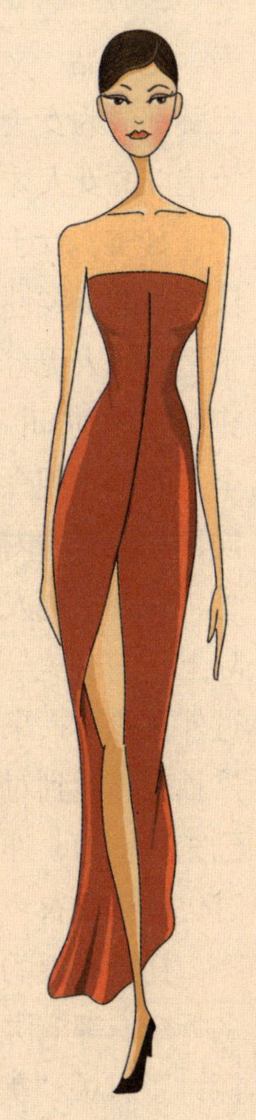

据说，那位女士后来参加了一个礼仪和形体训练班。如今，她已经如愿以偿地成为一家大公司的秘书，而且做得还非常不错。

女士们，现在是你们思考问题的时候了。为什么以前那位女士总是找不到合适的工作，而在她参加完礼仪和形体训练班之后就找到了呢？是因为她的能力有所提高了？显然不是，因为礼仪和形体训练班上课不会教她如何当好一个秘书。事实上，是因为她改变了自己不得体的仪态，所以才最终改变了自己的命运。

我知道，很多女士都梦想着自己不管走到哪里都能获得所有人的青睐。为了做到这一点，她们不惜花费大量的金钱和精力来塑造自己的外表。化妆品、文胸、丝袜、漂亮的衣服、昂贵的首饰等，这些东西无疑都成为女士们的首选。在她们看来，穿着性感、珠光宝气、浓妆艳抹的女人才是最有魅力的。

其实，女士们的这种观念是错误的。我首先澄清，我并不是否认外表的重要性。事实上，一个漂亮迷人的女人的确要比一个相貌平平的女人更容易获得好感。然而，芝加哥大学心理学院的教授卢克斯·托勒却说："每一个人对美的认识都是不一样的，因此每一个人的审美观念也不尽相同。然而，所有人在对事物进行评判的时候，都会考虑内在和外在两个方面。其实，很多人有一个错误的观念，那就是把人的内在美和外在美看成是两个互不相关的部分。实际上，内在美与外在美是密切相关的。很多时候，人们完全可以通过外在的形式来展示自己的内在美，这也就是说我们能通过外在的接触来感觉到对方的内在美。特别是对于女人，如果她们想要让自己充满魅力，外在的表现形式是非常重要的。当然，这不仅仅是通过化妆和穿衣。"

托勒教授的这番话是在一次演讲中提到的，我当时是台下的一名听众。等演讲结束之后，我专程拜访了托勒教授，并和他深入地探讨了有关"美"的问题。我问教授："您在演讲中所说的那种用外在形式来表现内在美究竟是什么意思？"教授笑了笑，说："怎么，戴尔，你不明白吗？其实，我说的那种内在美也可以称为气质，而那种外在的表现形式就是平时的一举一动，也可以说是举手投足间的行为。"

的确，托勒教授说的这一点很重要，而且它也往往会被女士们所忽视。实际上，真正能体现女士内在气质的关键，就是在这举手投足之间。英国著名演员卡瑟琳·罗伯茨是平民心目中的女王、贵妇人，因为她塑造的角色都是诸如王公贵妇、豪门千金这一类的角色。应该说这些角色很不好处理，因为她们要求演员必须能够演出那种高贵的气质。卡瑟琳·罗伯茨出生于一个普通的农民家庭，那么她是如何做到这一点的呢？

有一次，我到伦敦去采访这位著名演员。其间，我问她是如何成功地塑造出那么多尊贵的形象的。卡瑟琳回答说："在进入影视圈以前，我不过是一个普通人而已。我没进入过上流社会，因此不可能成功地塑造角色。当我第一次接到这类角色的时候，心里害怕极了，因为我不知道自己该怎么演。如果我不能把握那些生活在上流社会的人的‘神’的话，那么观众有可能就会认为电影里那个人不过是一个穿着华丽衣服的乡下姑娘而已。为了让自己演得逼真，我开始留心观察那些贵妇人。

“在最初的时候，我只是留心她们的衣装打扮、语言谈吐，但我发现那些根本帮不了我。因为我虽然已经尽力去模仿了，但在别人眼里我依然是个下层社会的人。后来，我开始更为细致地观察她们，发现那些贵妇人虽然有时候穿的是很普通的衣服，但同样能看得出她们来自上流社会。最后，我终于发现，原来这些人真正的魅力体现在平时的举手投足之间。有时候，仅仅是一个非常细微的动作，却能够体现出无尽的风雅来。于是，我开始学习她们的一举一动，而且还特意参加了一些礼仪课程。现在，我终于能够将那些贵妇人演得活灵活现了。不过坦白说，与其说我是在演贵妇人，还不如说就是在演我自己的生活。”

卡瑟琳真的很聪明，因为她发现一条让自己跻身上流社会的捷径。我们必须承认，贵族并不能单单以财富、金钱和地位来衡量。他们最显著的标志还是其身上特有的气质。一个家族的气质并不是一两代人就能塑造出来的，那是经过几百年的沉淀积累而成的。诚然，女士们不可能在短时间内学会人家这种经过几代演变的内涵，但我们却可以通过训练使自己在举手投足之间显露出风雅来。女士们现在一定迫不及待地想要知道究竟该怎么做。我这里有一些小的意见和方法，也许会对女士们有帮助。

第一点是非常重要的，因为如果你想做一个有品位有气质的女人，那么你首先要做的就是相信自己。如果你没有自信，那么你就不可能有勇气和能力去面对现实，更加不会有心思去培养自己的魅力。第二点到第七点是教女士们如何做一些必要的训练。最后两点是教女士们如何做好自我保健。

女士们，要想真正成为众人眼

中最耀眼的明星，要想让自己成为最受欢迎的人，那么请你们不要再为自己平庸的外貌感到忧虑。相信我，只要你们使自己拥有了非凡的品位和气质，那么你们就一定会成为世界上最有魅力的女人。

我还可以教女士们一种快捷的方法。首先女士们要在心里告诉自己："我想要获得所有人的瞩目，我要成为最风雅的女士，因此我必须训练自己的仪态。"然后，女士们到街上买一本有关礼仪的书，把它从头到尾读一遍。接着，女士们要找一面镜子（要那种能照全身的镜子），在镜子面前做各种动作。这时，你们就要以书上写的为基本准则，只要发现自己有哪些不妥的地方就马上更正。这不会浪费你们很多时间，只需在每天晚上睡觉前做半个小时就够了。

如何让自己魅力四射

◎培养自己的自信心；
◎让自己的身体保持柔软；
◎训练得体的坐姿；
◎经常散步；
◎注意形体与声音语言的搭配；
◎学学跳舞；
◎做一些形体训练；
◎补充足量的水分；
◎适当休息，让自己保持健康。

最后，我还要提醒各位女士，你们一定要在平时多留意自己的一些习惯性动作。有时候，这些小的动作会让你们远离"风雅"，比如挖耳朵。

我相信，只要女士们将自己的仪态训练得大方得体，那么你们就一定会成为风雅的女人。

格调女人魅力大

几年前，我的一位朋友给我打电话，邀请我去参加他举办的晚宴，并一再要求我一定带上桃乐丝。我的这位朋友是位政界要员，因此他的宴会一定会有很多有身份、有地位的人。当我把这件事告诉给桃乐丝时，她表示不愿意和我一起去。我知道她拒绝的理由，因为她对自己没有信心。

坦白说，我的桃乐丝在外貌上并不出众，但我一直都认为她是世界上最有魅力的女人。原因很简单，我的桃乐丝非常有内涵，而且也十分懂得社交礼仪。可惜，桃乐丝自己却不这么认为，她始终觉得在我身边的女性应该是那种既漂亮又迷人的时尚女郎，而不应该是她这种平庸的家庭主妇（她当时是这么认为的）。最后，在我的一再劝说下，桃乐丝终于答应和我一同前去。不过，她和我打了招呼，说她尽量不和任何人说话，因为她怕会有失礼仪。

当我和桃乐丝到达时，宴会已经开始了。的确，来参加宴会的人大都是政界的要员，而且他们身边的女伴也都很漂亮迷人。在这其中，有一位女士吸引了在场所有人的眼球。之所以这么说，一方面是因为这位女士的确长得非常迷人、漂亮，另一方面也是因为这位女士太“与众不同”了。

相信女士们都知道，如果有人邀请你们参加一场比较正式的宴会，那么你们在选择衣服的时候肯定会首先想到晚礼服。当然，并不是说不穿晚礼服就不能参加宴会，只是这样做会让女士们显得更加优雅、迷人。然而，这位女士却不这么认为。她上身穿着一件衬衫，而且领口开得非常大，下身穿的则是一件超短裙，同时还不忘配一双挂满小饰品的长靴。

那天晚上，那位女士可谓“出尽风头”。她喝得酩酊大醉，用手拿着食物四处乱走。她几乎和所有在场的男士都碰了杯，也都和他们亲切地交谈过。这位女士很放得开，因为所有人都注意到她有好几次都毫无顾忌地把腿抬高，也有几次很自然地倒在男士们的怀里。那场宴会大概是我参加过的最糟糕的宴会了，因为几乎在场的所有人都被这位疯狂的女士搅得没有了兴致。

晚宴结束后，我和桃乐丝回到了家。我问她："亲爱的，你觉得今天晚上的那位女士漂亮吗？"桃乐丝点了点头，说："是的，戴尔！我承认那位女士是一位少有的美人。可是，不知道是什么原因，我总不能把她和真正意义上的美联系起来。"我知道桃乐丝不愿意批评别人，因此就说："的确，你想到的正是我要说的。那位女士虽然有着漂亮的外表，但却没有充满魅力的灵魂。因此，那位女士不是最有魅力的女人，而我的妻子桃乐丝，格调优雅、仪态迷人，所以你才是今天晚上的女王。"

虽然我当时说的话一定程度上是在恭维我的桃乐丝，但它的确是事实。女士们，我知道对于每一个女人来说，美这个东西永远是最令人向往的。的确，对所有人来说，美都会使他们心旷神怡，而女人也同样会让所有人都心旷神怡。想一想，那些艺术家们无一不津津乐道于用女性的身体和各种形式来表现美。对于一个女人来说，拥有美丽的外表、迷人的姿态固然重要，但是只有拥有了高雅的风姿才会给人留下真正的视觉美感，才会让别人觉得你是最有品位的。

对于女士来说，我想没有一个人会不渴望自己能够成为众人眼中的"佼佼者"，这是女人的天性。我非常清楚，女士们都希望能够得到异性的称赞和同性的羡慕。可是，很多女人却始终认为自己没有这个能力，因为

她们的外表和我妻子一样平凡。我要说的是，女士们无法选择自己的外表，因为那是父母留给我们的，但却可以通过训练让自己魅力四射。事实上，一个真正迷人的女人不一定拥有漂亮的脸蛋，但却一定要拥有最迷人的风姿和最高雅的格调。女士们如果不相信我的话，可以再从头看一遍上面的例子，我想没有人会认为那位“豪放”的女士是有魅力的。女士们，我首先要告诉你们的就是，不要太在乎自己的外表。相信我，只要你们让自己拥有了迷人的气质、高雅的格调，那么你们就一定会成为最有魅力的女人。

可能有些女士会说，自己不过是一名最底层的小职员或是家庭主妇，因此她们不需要培养什么魅力，也没有必要搞什么格调。对于她们来说，每天的生活都十分枯燥乏味，根本没有用到所谓格调的时候。不，女士们，如果你们有这种想法那就犯了一个严重的错误。事实上，只有那些有气质、有魅力、有格调的女人才会受到人们的欢迎，才能取得事业上的成功。

戴维斯先生是美国一家大公司的公关礼仪顾问，他曾经说：“我给很多公司培训过公关人员。最初的时候，我发现差不多所有的人都认为拥有漂亮的脸蛋、迷人的身段对于一位公关人员来说是最重要的事，因为所有人都喜欢和容貌姣好的人打交道。我不完全否认这种说法，但是我认为，一个公关人员最重要的素质并不是外在的美貌，而是她内在的气质。如果你遇到一个漂亮却不懂礼数、说话粗俗、举止轻浮的公关员，那么相信你绝对不会对她产生好感。相反，如果对方虽然相貌平庸，但却有着非凡的魅力、不俗的谈吐，那么我相信你绝对乐意与她打交道。”

卡洛琳女士是纽约一家保险公司的高级讲师。对于一个只有28岁的年轻姑娘来说，拥有一份年薪10万美元的工作的确令人羡慕。然而，让所有人都很难相信的是，这位卡洛琳居然只有中学学历，而且也没有任何可以炫耀的家庭背景。至于说她的长相，真的很难恭维。个子不高，皮肤黝黑，脸上长满了雀斑，

格调对女人的重要性

◎让你成为耀眼的明星；
◎使别人愿意与你相处；
◎让你拥有自信。

牙齿也显得有些发黄，鼻子、嘴巴、眼睛和眉毛之间的搭配也并没有任何特殊之处。真难想象，她是怎么用半年时间从一个普通的业务员变成一名高级讲师的。

我对卡洛琳女士成功的过程非常感兴趣，因此我特意采访了那家保险公司的一些主管以及听过卡洛琳讲课的一些人。当我问是卡洛琳的什么使他们着迷时，这些人几乎给我的都是一个答案："卡洛琳女士虽然不漂亮，但是她却有着迷人的魅力。坦白说，如果单从她讲课的内容来看，并没有什么地方值得我们如此痴迷。不过，我们总是能从卡洛琳身上体会到一些很奇特的东西。是的，很奇特。她的一举一动，举手投足，都让我们体会到什么叫气质、什么叫美感。事实上，听她讲课并不感觉是在接受什么知识，反而觉得是在和她做一件非常愉快的事情。获得这种感觉的时间很短，仅仅两三分钟而已。也许，正是这种感觉才让我们不再有那种对保险业务的厌恶和警惕之心。"

当我问卡洛琳是怎么看待这一问题时，她回答说："卡耐基先生，我一直都这么认为，美丽的外表对于一个女人来说不过是一支涂上绚丽色彩的瓶子而已。我承认，初见的时候，它会给人一种美感，也会让人有那种怦然心动的感觉。然而，如果瓶子里装的是污水或秽物的话，那么就会马上让人们有一种大倒胃口的感觉。如果这个瓶子里装的是沁人心脾的美酒的话，就一定会让人陶醉其中。我们的外表是花瓶，而气质就是花瓶中所装的东西。如果我们能够拥有那种温文尔雅的仪态、得体大方的气质，那么一定会让所有的人都产生爱慕之情的，其中也包括同性。此外，这种仪态和气质还会让你获得一种非凡的品位。"

卡洛琳女士说得一点儿都没错，一个拥有高雅格调的女人一定能够获得别人好感，取得他人的信任。如果女士们做不到这一点，让别人把你看成是一只没有内涵的花瓶的话，恐怕想受到别人的欢迎将会是一件很困难的事。

曾经有一位漂亮的女孩找到我，告诉我她的梦想就是成为一名模特。我打量了这个女孩一番，发现单从外观条件来说，她的确适合做模特，可是我却总觉得她身上缺少点什么。这时，女孩对我说："卡耐基先生，我真的苦恼死了！为了实现我的梦想，我作出了很多牺牲。可我不明白，为什么没有一个人愿意要我给他们做模特呢？他们总是说，我没有格调，所以不能做模特。”女孩的话提醒了我，于是我说：“尊敬的小姐，也许他们的意见是对的。虽然我的眼光不太高明，但我觉得你现在穿的这身衣服并不适合你。”女孩很不解地问：“这难道是问题吗？模特不是只需要穿着衣服在台上走来走去就可以了吗？”很显然，这位女士对什么是美并没有一个正确的认识。我告诉她，模特没有她说的那么简单。如果她没有高雅的格调，那么她就不会对穿在自己身上的衣服有深层次的认识。这时，不管外在条件有多好，她依然不能把衣服穿出“神”来。其实，对于一名模特来说，格调要比迷人的外表重要得多。

女士们，其实你们每一个人都是模特。只不过那些专业模特是在T台上展示风采，而你们则是在生活的舞台上展示。如果女士们没有格调，那么你们就不可能让自己的生活变得神采飞扬、绚丽多彩。人们都说女人天生爱浪漫。可见，不懂、不会浪漫的女人是可悲的。

懂得微笑，拥有魅力

那是很多年前的事了，那时候第二次世界大战还没开始，我的一位法国朋友邀请我到巴黎去，并且带我参观了著名的卢浮宫。我真的为人类的智慧所折服，因为那些艺术家们给人类留下了如此之多的艺术瑰宝。

当我们经过达·芬奇的名作《蒙娜丽莎》时，我的朋友对我说："看，戴尔，这就是卢浮宫的镇馆之宝。"我说道："我知道它是人类艺术品中名头最响的杰作，但我似乎并不能领会到它的真正价值。"我的朋友说："戴尔，你不觉得达·芬奇所描绘的女子很奇异吗？事实上，这幅画真正让世人为之痴迷的正是画中女子矜持的微笑。她的微笑太迷人了，以至于让很多学者都潜心研究蒙娜丽莎微笑的秘密。"

微笑的力量真是太神奇了，简直是妙不可言。人类是上帝最眷顾的宠儿，因此上帝也把笑赐给了人类，使它成为人类所拥有的特权。

有一次，我在飞机上遇到了一件事情，而这件事使我更加坚信微笑的力量是无穷的。

在飞机起飞之前，我身边的一位乘客叫来了空姐，希望空姐能给他倒杯水，因为他需要服药。空姐都是训练有素的，所以很礼貌地说："先生，实在对不起，为了安全起见，我必须等待飞机平稳飞行后才能给您倒水，请您稍等一会儿。"

飞机准时起飞了，可是那位空姐却将这件事忘得一干二净。当空姐被急促的铃声叫过来时，那位要水的乘客已经怒不可遏了。

"看看你都干了些什么？难道你们就是这样对待乘客的吗？"那位乘客生气地说，"我真不知道你们公司为什么会选用这样的人做空姐。"

空姐知道自己确实是做错了，赶忙微笑着说："对不起，先生，这都是我的疏忽造成的，对此我感到非常抱歉。"

"抱歉？难道这就足够了吗？"乘客显然不愿意原谅空姐，继续说道，"难道仅仅一句抱歉就可以弥补你所犯下的错误？我不想和你争吵，我一定要投诉你。"

尽管空姐一次又一次把微笑送给这位乘客，并表示愿意给他提供任何帮助，但那位乘客就是不领情。当飞机就要到达目的地的时候，乘客冷冰冰地对空姐说："小姐，请你把你们的留言簿给我，我有些话想让你和你的上司知道。"

空姐的内心十分委屈，因为她已经为自己的这次疏忽道了无数次的歉。不过，最后她还是微笑着对这位乘客说："先生，请您再一次接受我最最真诚的道歉。您要投诉我，我愿意接受，因为这本身就是我的错。"乘客看了看她，并没有说什么，而是很认真地在留言簿上写着什么。当飞机到达机场以后，那位乘客马上就离开了自己的座位。

我对这件事有些好奇，因为我还从来没有见过一个人面对别人多次真诚的道歉而不接受的。于是，我找到了那位空姐，并希望她能够允许我看一看那位乘客的留言。空姐同意了我的要求，很紧张地打开了留言簿。然而，令我们两个都感到惊奇的是，留言簿上并不是一封投诉信，而是一封表扬信。其中，有一句话我印象很深：很抱歉发生了这样不愉快的事，但在整个过程中，你都能保持甜美的微笑。当我看到你的第八次微笑时，我就已经下决心将投诉信改成表扬信了。

空姐的微笑无疑给那位乘客留下了最良好的印象，以至于乘客不再去计较她所犯下的"不可饶恕"的错误。事实上，我想要告诉女士们的是，并不是只有做服务行业的女士需要微笑着面对每个人，其实所有的女士都需要微笑，因为只有这样才能让别人觉得你魅力无穷。

我曾参加过 一次盛大的晚宴，席间，有一位非常漂亮的女客人，她的容貌和身材绝不亚于那些空姐。她刚刚继承了一大笔遗产，因此算得上是一个有钱人。我知道，她是急于给别人留下良好和深刻印象的，因此她花费了大量金钱打扮自己。可是，虽然貂皮大衣、钻石戒指等东西使得这位女客人显得雍容华贵，但是她那副冷冰冰的样子却让人唯恐避之不及。

其实，这位女士和空姐比起来，还是有很大优势的。但是她之所以没有成为最受欢迎的人，主要是因为她不明白，对于女士来说，脸上微笑的表情要远比那些冷冰冰的衣服重要。

钢铁大王安德鲁·卡内基手下最得力的助手斯瓦伯曾经骄傲地和我说："我之所以能够成为全美薪水最高的人，主要是因为我有着迷人的魅力。我的人格、我的品德以及我与人相处的秘诀，这些都是我取得成功的原因。然而，我最迷人的地方还是那发自内心的微笑，我的微笑绝对价值 100 万美元。"

女士们，你们一定要记住，甜美的微笑是比任何花哨的言语都更具说服力的。作为一位女士，不管是不是外表迷人，只要你能够向别人微笑，那么你无疑就是向别人表示："知道吗？我非常非常喜欢你，是你给我带来了快乐，能够见到你使我非常高兴。"

一位大公司的总经理曾经和我说："我宁愿住进那些虽然有些破旧但却可以随时见到微笑的乡村旅店，也绝不愿意走进一家虽然有着一流的设备，但却看不见一丝微笑的高级宾馆。"美国一家著名百货公司的人事部主任也对我说："我从不看重文凭，因为我宁愿去雇用一个笑容满面但却没上完小学的乡下姑娘，也不愿意去雇用一个冷若冰霜的经济学博士。"

的确，任何人都不能抗拒微笑的力量，因为所有人都希望别人喜欢自己。心理学研究表明，微笑与人的形象有着奇妙的关系。虽然微笑不过是一种面部表情，但它却反映出了人的内在精神状态。

如果女士们不相信，可以想一下为什么狗这种动物能够如此招人喜爱？其实很简单，就是因为它们首先向我们表示出喜欢，自然地流露出一种兴奋之情。在这种喜欢的感染下，人类自然把它们当成最忠实的朋友。因此，我应该告诉各位女士，如果你们渴望其他人看见你能够非常高兴，那么你们首先要做的就是非常高兴地面对别人。

不过，我必须要告诉各位女士，我所说的微笑并不仅仅是简单地做出面部表情，而是要求女士们发出真诚的、由衷的微笑。如果女士们在不情愿的情况下做出了机械的、虚伪的微笑，那么只能招来别人的厌恶和反感。

有一次，我采访美国最大的橡胶公司的总裁，问起他用人的经验。这位总裁微笑着对我说："卡耐基先生，当我决定是否用一个人的时候，往往从见第一面以后就得出了结果。我见过很多人，有成功的也有失败的。如今，我已经悟出了这样一个道理，一个人，不管做什么事，如果他愉快地去做的话，那么他就一定可以成功；如果他不开心地去做的话，那么他就一定不会成功。在我所认识的人中，他们成功的原因就在于乐于经营他们的事业。后来，有些人对他们的事业失去了兴趣，开始变得苦闷，最后走向了失败。"

莎士比亚曾经说："事情本没有善恶，而思想也是一样。"我最崇拜的林肯也曾经说过："大多数人得到的快乐往往和他们想要得到的差不多。"是的，女士们，你们必须清楚，我希望你们能够微笑地面对别人，这并不仅仅是想让你们成为最受欢迎的女士。事实上，这也是让你们每天都生活在快乐之中的最好方法。

女士们，我有一样礼物要送给你们。这是一些非常好的建议，你们应该细细读读，也许对你们有很大的帮助。

每当你要外出的时候，都应该对着镜子看看自己是不是愁眉不展。然后你应该抬起你的头，挺起你的胸，深深吸一口气，让清新的空气充满你的胸膛。在路上，不管遇到谁，只要是你认识的，你都要微笑着面对他们。如果需要握手，你还必须要集中精神。

没有什么可忧虑的，误会、怨愤、仇恨，这些都不值得一提。当你遇到所谓的敌人时，整一整帽子，动一动裙子，然后微笑着向他走去，发自真心地说一句："你好！"

女士们，记住，欲望是一切事情的根源，只要真心地祈求，那么你们就一定会得到。你们的心里最关注的是什么，那么就一定会得到什么。记住，女士们，放松你们的脸，抬起你们的头，微笑着面对所有人，你们将成为明天最美丽的天使。

我真心希望各位女士能够按照我建议的去做，因为那可以让你大受欢迎，而且还能让你快乐无比。古代东方的中国人是非常聪明的，他们深知人情世故。中国人之间流传着一句非常有名的格言，我认为女士们应该把它写在纸上，每天都带在身边。这句格言的大体意思是：只有笑着做生意，才能赚到钱。

女士们，想让别人喜欢你，想让你魅力焕发，那么就微笑起来吧。

有活力才有魅力

不管是职业女性还是家庭主妇，她们都有各自不同的烦恼。对于职业女性来说，工作上的压力让她们觉得有些喘不过气来，而对于家庭主妇来说，婚姻的问题、家庭的烦恼则是一直困扰着她们的难题。曾经不止一位女士和我抱怨过："卡耐基先生，为什么我的生活总是不能丰富多彩？为什么我与快乐永远无缘？难道说是我做错了什么？为什么上帝要如此惩罚我？"当我问她们为什么不让自己保持住快乐与活力的时候，这些女士往往会大喊道："什么？你以为我们不想吗？可是生活、工作上的压力让我们无法抬头，更别说是有闲心去玩乐了。"

其实，女士们有这样的想法不奇怪，但我却不赞同。实际上，很多男人要比女士们聪明一些，因为他们知道如何让自己保持快乐与活力的方法。你看，他们经常会把一些时间花费在自己的嗜好上，这样当他们再一次重返工作岗位的时候就精神焕发了。那么，女士们为什么不让自己保持住快乐与活力呢？你们不妨效仿男人，找时间做一些家务以外的事情。这种方法很有效，它可以调节你的心境，使你能够有更好的心态去处理工作和家务。

我让女士们这么做并不是没有理由的，事实上，并不是繁重的工作和家务使女士们感到疲惫不堪。真正的罪魁祸首其实是生活中的单调、无聊和烦闷。其实，很多聪明人会花费大量的时间来游戏，而且游戏的时间

一点儿都不比工作时间少。他们这么做就是为了让自己的生活内容有所改变，从而让自己有新鲜和有趣的感觉。

拿职业女性来说，很多职业女性都把自己的时间看得非常宝贵，因为她们每一天、每一周的大部分时间都是在公司度过的。当你让她们去做一些工作以外的事情时，她们总是会说："不，那不可能，我必须抓紧一切时间来好好休息一下，因为我太累了。"我不这么认为，其实女士们不如利用周末的时间去听听音乐，要不就去孤儿院帮忙，或者做一些其他能够展现你们个性的事情。别小看它们，它们往往可以给你带来很多新的观念。

我的邻居乌尔特·芬克太太结婚后一直都在工作，因为她有三个孩子要养。不过，她一直都利用周末的时间去附近的一所教会学校教书。虽然这份工作是义务的，但芬克太太却乐此不疲。当有人问她为什么热衷于此时，芬克太太说："的确，这对我来说应该算是一份额外的工作，但它又不是一份工作。我之所以这么说，是因为这份工作给我带来了无限的快乐。你知道，和孩子打交道是一件让人兴奋的事情，我从他们的身上得到了活力。如今，我每天都让自己生活在快乐与活力之中，因为很多以前难办的事情都得到了解决。那时，由于工作压力很大，所以我对我的家人有些呆板，而且还很苛刻。现在就不同了，我已经把眼光放得很开了。我可以快乐地对待每一天的生活，充满活力地对待每一天的工作。"

保持快乐和活力的好处

◎让你精神抖擞地做工作或家务；
◎使你的家庭气氛和谐；
◎对你的健康有所帮助。

家住得克萨斯州的罗兰女士也有一套让自己保持快乐与活力的方法。她把自己一周的时间都安排得满满当当：星期三晚上和丈夫一起去打球，因为那是他们两个共同的爱好；星期四要召开一个讨论会议，这样做一举两得。至于剩下的那三天时间，罗兰女士则会选择去听课。

当我们谈到这些工作的时候，罗兰女士说："实际上，我从中获得了很多让人意想不到的收获。每当我们一家人聚在一起吃晚餐的时候，我们就会把有关这些工作的话题拿出来谈论，这使我们每个人都过得非常愉快。正是这些工作给我和我的家人注入了快乐与活力，因此才让我们从未

因无聊和烦恼而发生争吵一类的事情。”

的确，保持快乐与活力能够让人忘记很多不愉快的事情。相反，如果我们总是让一些不愉快的、令人生厌的、死气沉沉的事情陪伴左右的话，那么我们的生活将会变得一团糟。我记得有一篇这样的文章，讲述了一个精神病患者的故事。这位精神病患者有一个不快乐的童年。在他小的时候，父母经常会把有关金钱、生活和其他不愉快的事情拿到餐桌上来争论。这种做法让这个可怜的孩子很难受，因为他每次都有一种想把吃进去的食物呕吐出来的感觉。

于是，我在看完这篇文章之后，就在家里立下一个规矩，那就是在吃饭的时候，谈论的话题必须是有趣的、愉快的。就这样，每天的晚餐成为了我们家人互相联系感情的重要时间，每个成员都可以在这时享受快乐的滋味。在我的记忆中，我和桃乐丝很少发生争吵，因为我们为了让自己每天都保持快乐和活力而总是找一些有趣的话题来交谈。

女士们，就算你们忘记了前两条，也一定要牢牢地记住第三条，因为健康对于每一个人来说都是最宝贵的。华盛顿健康中心的道尔博士经过研究，发现人如果每天都生活在痛苦、烦恼、沮丧和不安中，那么他们患上疾病的概率要远比那些终日充满活力、感到快乐的人大得多。博士进一步解释说，快乐是指情绪上的。如果你每天都能保持快乐的情绪，那么你就不会有压力。这样，你患胃溃疡、头疼等病的概率就小了很多。而活力则是支配人做事的动力，如果你每天都充满了活力，那么你就不会觉得生活和工作的压力很大。相反，你会觉得处理一切都是得心应手的。

没错，女士们，如果你们可以找一些事情让自己每天都保持快乐与活力，那么你们就可以有清醒的头脑去判断事物的价值了。道理很简单，女士们如果以乐观向上的态度把你们的精力放在了那些值得做的事情上，那么你们就不会重视那些终日给你制造麻烦的琐碎小事。这样一来，你们的精力就会集中起来，也会让自己的家变成梦想中的快乐之园。每一个生活在园中的成员都能够公平地得到愉悦。

那我们究竟该怎么做才能让自己永远保持快乐与活力呢？其实很简单，那就是结合自己的性格，培养一种或几种自己喜欢的爱好。女士们不妨这样做，你们可以先想想是不是有什么事自己一直都想做，或是曾经很想做。这并不难，因为如果你自己细心观察，就会发现，其实在你身边有很多活动都非常有价值，即使你只是住在一个小小的村庄里也是一样。如果女士们真的实在想不到自己到底喜欢什么，那么你们就买本介绍各种俱乐部或机构的杂志，说不定能从那里找到答案。

我妻子就是这样安排她的生活的。因为工作的原因，我每周都会有一段时间不能在家里陪她。开始的时候，桃乐丝对这种生活很不适应。后来，她的思想发生了转变，对自己说："何必呢？为什么要每天都生活在痛苦和沮丧之中呢？快乐是一天，不快乐也是一天，何苦折磨自己呢？戴尔，他很忙，没有那么多的时间陪我，可我为什么不能自己想办法呢？我可以做到的，也一定会让自己快乐的。"

这是桃乐丝后来和我说的，当然她也确实做到了。我妻子在年轻的时候就很喜欢莎士比亚，因此她通过杂志找到了一个莎士比亚俱乐部。于是，她成为俱乐部的会员，而且总是会定期参加他们举行的活动。这个俱乐部属于研究型的文学团体，经常会讨论一些非常有意义的话题。我的桃乐丝很喜欢这些话题，也愿意和他们一起回到四百多年前的世界。

有一次，桃乐丝对我说："戴尔，你知道吗？我现在每天都觉得很快乐，因为我可以在那个俱乐部里获得很多新鲜感。现在我每天都充满活力，因为我可以在做家务的时候背诵莎士比亚的诗。那真是太美妙了！现在，我好像真的已经不知道什么叫烦恼、什么叫忧愁了！"

我的桃乐丝倒是找到了乐趣，可我却足足过了一段独守空房的日子。不过，我也不是一个甘愿忍受"痛苦"的人。每当桃乐丝不在家的时候，我就会找很多有关亚伯拉罕·林肯的资料来读，因为我对这位美国总统的一生很感兴趣。这样一来，我每天也都可以让自己快乐而且活力无限了。

不光这样，我还会经常和桃乐丝讨论，话题主要是围绕着双方的偶像。当然，我们在讨论问题的时候也难免会争执，但因为有了快乐和活力的前提，所以气氛一直都是很愉快的。这样一来，我们不仅解决了自己沉闷的生活，而且还互相拓展了对方的眼界。其实，这要比那种两人拥有完全相同的兴趣好得多。

《快乐生活指南》这本书的作者克拉泽曾经在一次公开的演讲中说："我们必须承认，不管做什么事情，当它失去新鲜感之后，那么就会变得毫无意思。如果我们能够在生活中找一些新的兴趣和爱好，那么就可以给我们原本枯燥乏味的生活带来非常大的变化，也会让我们的工作和家庭关系永远保持新鲜感和乐趣。至于说这么做的好处，我想没必要多说。"

我的观点和克拉泽完全一样。如果女士们如今已经感到生活毫无兴趣可言，终日都觉得枯燥、无聊，那么女士们就赶快找一些感兴趣的事，并且尽力把它做好。这无非是想让女士们每天都保持快乐与活力，当然这也是一件有百利而无一害的事情。

恰当的衣着和化妆可提升魅力

我在前面两篇文章中都和女士们强调了这一点，那就是外表对于一个女人来说并不是最重要的，只要女士们有内涵、有气质，就一定可以成为众人眼中最有魅力的女人。对于这一点，我希望女士们要牢记，而且一定要努力去做。不过，这并不代表我就否认个人仪表的重要性。虽然我们在评价一个人是不是有品位和涵养的时候，仪表仅仅是一个很小的方面，但它又的确是最直接、最关键的。女士们的穿着打扮、发型化妆或仅仅是一块手表、一对耳环都会直接折射出你对生活品质的追求。仪表就像是一面镜子，可以将你内心的情趣、修养以及格调等清楚地反映出来。

美国铁路局董事郝伯特·沃里兰以前只不过是一名普通的路段工人。在一次演讲中，郝伯特说："恰当的衣着对于一个人的成功也是很重要的。我承认，一件衣服并不能造就一个人，但是一身好的衣服却可以让你找到一份不错的工作。如果你身上只有50美元，那么你就应该花上30美元买一件好衣服，再花10美元买一双鞋，剩下的钱你还需要买刮胡刀、领带等东西。等做完这些事情以后，你再去找工作。记住，千万别怀揣着50美元，穿着一身破烂的衣服去面试。"

纽约职业分析机构的沃森先生也曾经说："几乎所有的大公司都不会雇用那些不懂得穿着和化妆的女职员，因为他们觉得一个不懂得穿衣打扮的女人一定也不懂得如何处理好手上的工作。"华盛顿一家大型零售店的人事经理也曾经说："我在招聘的时候有些原则是必须严格遵守的，决定任何一个应聘者能否经得住考验的先决条件就是他的仪表。"

女士们是不是觉得这有些荒谬？的确，一个应聘者能力的大小确实和他是否能够恰当地穿衣和化妆没有多大关系。然而，任何人都有对美的

简约并不是简单，而是另外一种品位，它可以舒缓压力，增强自信。

追求，公司的主管也不例外。我想，不会有人愿意看到在自己公司工作的是一群邋里邋遢的员工。

仪表作为求职敲门砖这一原则已经在全美通行，《纽约布商》杂志曾经对这一原则大加赞赏，而且还做出了分析。它是这样说的："一个人如果非常注意个人清洁卫生和穿衣打扮，那么他就一定会非常仔细地完成自己的工作。相反，如果一个人在生活中不修边幅，那么他对待工作也就势必马马虎虎。凡是注重仪表的人都会同样注重工作。"

英国的莎士比亚曾经说："仪表就是一个人的门面。"这位文学巨匠的说法得到了全世界的认可。在我们身边经常会看到有人因为不得体的衣着和化妆而受到人们的指责。女士们可能会和我争辩说："天啊，卡耐基，你怎么是如此肤浅的一个人。难道仅仅是因为没有漂亮的外表你就断定他是一个没有修养和内涵的人吗？"我承认，如果仅凭仪表就去判断一个人确实有些草率，然而无数的经验和事实都已经证明，仪表的确可以直接反映出一个人的品位和自尊感。那些渴望成功的人，那些希望自己魅力四射的人，无一不会精心挑选他的衣装。曾经有一位哲学家说过："如果你把一个妇女一生所穿的衣服拿来给我看，那么我就可以根据想象写出一部有关她的传记。"

心理学家斯德尼·史密斯曾经说："如果你对一个女孩说她很漂亮，那么她一定会心花怒放。如果你敢随便地批评她，说她的衣着一无是处、化妆糟糕透顶，她一定会大发雷霆。的确，漂亮对于女人来说简直太重要了。一个女人，她可能将自己一生的希望和幸福都寄托在一件漂亮的新裙子或是一顶合适的女帽上。如果女士们稍稍有一点儿常识，那么你们就一定会明白这一点的。如果你想帮助一个陷入困境的女士，那么最好的选择就应该是帮助她了解到仪表的价值所在。"

我们不妨将斯德尼的话和郝伯特的话联系起来。是的，虽然衣着和化妆并不能造就一个人，但是它的的确确给我们的生活带来了深远的影响。全美礼仪协会主席普斯蒂斯·穆俄夫德就曾经说："一个人的仪表是能够影响到他的精神面貌的。这不是危言耸听，也不是言过其实，你们可以想象仪表究竟对你们有多大的影响就可以了。"

在这里我还要和女士们强调一点，那就是与化妆比起来，衣着对于你们更为重要。我们会在大街上看到一个穿着整齐但却没有化妆的女人，可是我们绝不会看到一个化着漂亮的妆，但却穿着一件邋遢衣服的女士。

如果我们让一位女士穿上一件破旧不堪的大衣，那么这势必就会影响到她的整个心情。即使这位女士以前是一个非常讲究的人，这时也会变得不修边幅。她的心里会想："反正自己已经穿了一件这样的大衣，而且这也没什么不好的，那还何必去在乎头发是不是脏了，脸和手是不是干净，或者鞋子是不是已经破烂？"这只是外在的影响，这件大衣还会让女士的

步态、风度以及情感发生变化，当然这是潜移默化的。

相反，如果我们给这位女士换上一件漂亮的风衣，那么情况就大不一样了。她会在心里想：“我一定要把自己打扮得漂漂亮亮的，因为只有这样才能配得上这件风衣。”于是，女士会把自己的头发梳理得很柔顺，脸和手也会洗得干干净净，而且还会化上漂亮的妆。这位女士会想办法挑选那些与风衣相配的衣服来穿，就连袜子都必须相宜。更进一步的是，这位女士的思想也会发生改变，会对那些衣冠整洁的人更加尊敬，同时也会远离那些穿衣邋遢的人。

我相信女士们现在一定明白仪表对于你们的重要性。可是我敢说，并不是所有的女士都知道该如何打扮自己。很多女士都认为，花大价钱买那些既贵又时髦的衣服就是最好的选择，浪费一个月的薪水去买那些让人生畏的化妆品就是最棒的。其实，这是一种非常严重的错误观念。

想必女士们都知道英国著名的花花公子伯·布鲁麦尔。这个有钱人居然每年会花费4000美元去做一件衣服，仅仅扎一个领结就要花上几个小时。这种过分注重自己仪表的做法其实比完全忽视还糟糕。这种人对衣着太讲究了，把所有的心思全扑在对仪表的研究上，从而忽略了内在的修养和自身的责任。从我的角度看，如果你能够在穿衣打扮上量入为出，做到与自己的身份相匹配，那么无疑是一种最实际的节俭做法。

很多女士，特别是一些年轻的女士，她们都把“仪表得体”误认为就是买贵重的衣服和名牌的化妆品。实际上，这种做法与那种忽视仪表同样都是错误的。她们本该将自己的时间和心思放在陶冶情操、净化心灵和学习知识上，然而她们却把大量的时间、金钱和精力浪费在了梳妆打扮上。这些女士每天都在心里盘算着，自己究竟怎样计划才能用那微薄的收入来买昂贵的帽子、裙子或是大衣。如果她们无论如何也做不到这一点，那么就会把眼光放在那些粗糙、便宜的假货上。结果却适得其反，她们自己反倒被人嘲笑。卡拉尔曾经辛辣地讽刺这类人说:“对于某些人来说，他们的工作和生活就是穿衣打扮。他们将自己的精神、灵魂以及金钱全都献给了这项事业。他们生命的意义就是穿衣打扮，所以根本没有时间去学习，当然也没有精力去努力工作。”其实，对于大多数普通的女士来说，我倒是有一条不错的建议，那就是穿上得体的衣服，化适宜自己的妆，但这并不需要大量的金钱。实际上，朴素的衣装同样有着很大的魅力。在市面上有很多物美价廉的衣服可供女士们选择，而且我们也能够花少部分的钱买到不错的衣服。女士们千万不要有这样的错觉，“寒酸”的衣服并不一定会让人反感，相反邋遢才是最让人生厌的。只要女士们懂得如何恰当地穿衣和化妆，那么不管你有没有钱，都可以让自己魅力非凡。只要女士们尽量让自己保持干净整洁，那么就会给你赢来别人的尊重。

很多女士曾经问过我，我所说的恰当的衣着和化妆到底怎么回事？要怎样做才能达到要求？其实，这是一门比较深的学问，并不是马上就能够学会的。不过，我倒是有些建议送给女士们，虽然不一定能让女士们马上改变，但却可以给女士们提供改变的方向。

恰当化妆的四个原则

◎买一瓶适合自己的香水，记住，不同年龄的需要也不同；
◎保护好自己的皮肤，让它随时都能得到呵护；
◎并不一定浓妆就是最好，要根据你的需要来选择口红和眉笔；
◎千万不要忘记对手指甲和脚趾甲的护理。

我不知道上面的建议是不是会起立竿见影的效果。但我敢肯定，只要女士们用心留意自己的衣着打扮，那就一定可以让自己魅力四射。

好性格为魅力加分

一天晚上，我的好朋友查理·约翰逊突然来到我家拜访，他现在是纽约一家心理诊所的主治医师。对于他的到来，我感到非常高兴，因为我们的确有很长时间没见面了。我让桃乐丝给我们准备一顿丰盛的晚宴，因为我要和查理好好叙叙旧。

闲谈间，我告诉查理自己正打算给女性写一本有关心理学方面的书，希望他这位专家能给我提一点建议。查理想了想，对我说："性格，戴尔，你应该研究一下性格对人一生的影响。以我的经验来看，凡是成功的人都有自己成功的性格。事实上，好性格会使人幸运，也会让人成功，对女人来说也是一样。"

当时的我并不太同意查理的话，于是我说："查理，你可能对自己的感觉和经验太自信了。虽然我知道性格对于一个人来说很重要，但我一直都认为人的成功是和机遇、社会环境、个人素质等因素有关的。实际上，性格不过是和成功有关的很小的一个因素罢了。"

查理似乎早就料到我会这么说，所以他很平静地对我说："好，戴尔，我们假设你的说法是正确的。那么同样是机会，为什么有的人就能抓住，有的人就抓不住？不管处于什么社会环境下，为什么总有少数人能获得成功，而却有相当一部分人过着平庸的生活？还有，为什么具备同样能力的人命运却不尽相同？戴尔，请你解释一下这是为什么。"

我真的哑口无言了，因为查理说的的确都是事实。我绞尽脑汁，想找一些例子来驳倒查理，然而却怎么也找不到。没办法，最后我只能承认查理是胜利者。

女士们，如果你们当时在场，会选择站在哪一边？我希望你们支持查理，因为无数的事实都已经证明，查理的观点是正确的。

我想，对于每一位女士来说，善良都是她们的天性。曾经有人说过：“女性的善良是和母爱有着密切联系的。”女人之所以不喜欢争斗，是因为她们不愿意看到有人受伤害。有时候，为了满足别人，她们宁愿牺牲自己。

第二次世界大战开始不久，法国就被德国占领了。那时候，很多法国人为了躲避战争都逃亡到国外。苏丽的家人都死于德军的炮火之下，她只好孤身一人逃到了英国的一个小村庄。在那里，一位善良的老妇人收留了她。同时，这位老妇人也收留了另外几名不幸的女孩子。

老妇人对这几位远来的客人非常热情，甚至到了疼爱的地步。时间一长，其他几位姑娘都看出了一些端倪，都陆陆续续地离开了那里，只有苏丽自己留下了，因为她不愿意再忍受漂泊之苦。终于有一天，那位老妇人对苏丽提出，希望她能够答应嫁给自己弱智的儿子。苏丽虽然心中并不愿意，但最终还是答应了她的请求，因为她不想伤害到老妇人的心。当然，女士们一定都能够猜到苏丽最后的命运将会是怎样的。

有些女士会对我有些不满，甚至可能会质问我说：“怎么？卡耐基先生，难道你认为苏丽应该选择离开？你认为苏丽应该做个忘恩负义的家伙？”是的，女士们，我认为苏丽应该拒绝老妇人的要求，因为这关乎她一生的幸福。她的确应该对老妇人感恩戴德，但报恩的形式有很多种，不一定非要选择那种。我承认，苏丽女士是善良的，但她的这种善良超过了底线。其实，与其说苏丽女士性格善良，还不如说她的性格软弱。苏丽不懂得拒绝别人，更不想拒绝别人，因为她不愿意看到任何人受到伤害。然而，在这件事中，唯一受到伤害的就是苏丽自己。也许我们应该同情苏丽的遭遇，但我们却无能为力，因为这一切都是由她的性格造成的。

如今，我已经对查理的话深信不疑了，因为我以前的邻居罗斯姐妹印证了它的正确性。罗斯姐妹是一对双胞胎，两人长得非常像。在很小的时候，父母对这对姐妹一视同仁，从来没有表现出偏爱某一个。然而，随着年龄的增长，情况发生了变化。

姐姐露丝性格耿直，总是想到什么就说什么，而妹妹姬丝则性格乖巧，总是会想各种办法来讨父母的欢心。坦白说，露丝做得要比妹妹好，可是似乎她总是得不到父母的喜爱。罗斯夫妇感情很好，不过他们也像其他夫妻一样经常吵架。每当这个时候，露丝总是会站出来批评有错的一方，而姬丝则总是想办法逗生气的父母开心。虽然露丝经常会买一些礼物送给父母，但是父母似乎只惦记着妹妹。最后，罗斯夫妇在他们的遗嘱中清楚地写道，他们所有的财产全部都归姬丝所有。

虽然露丝和她妹妹的感情非常好，但她始终不能理解为什么自己的父母会如此偏心。于是，她找到了我，希望从我这里得到一丝安慰。听完她的叙述，我问露丝："你为什么不能像你妹妹那样对待你的父母呢？"露丝有些苦恼地说："我并不是没有尝试过，但是我根本做不到。当我向父母献殷勤的时候，连我自己都觉得太做作了。我就是我，根本没办法成为姬丝。"我马上想起了查理的话，就对她说："露丝，这一切都是由你的性格造成的。"露丝在听完我的话后，也表现出一副恍然大悟的样子。

老实说，我非常同情露丝，因为她真的没有做错什么，而她的父母也不应该对她有任何意见。可是，事情已经发生了，而且一切都是顺理成章的。这不能怪别人，只能怪露丝没有一个好的性格，因此她的命运才会如此地不幸。

那么，究竟什么样的性格才算好的性格、什么样的性格算是不好的性格呢？纽约著名的心理学研究专家汉斯曾经说："对于一个人来说，拥有诸如坚忍、勇敢、冷静、理智、独立等性格，无疑就等同于拥有了一笔巨大财富。坚忍会让你在困难面前永不低头，勇敢则让你能够面对一切挫折，冷静和理智会让你永远保持清醒，独立则会让你不受他人的摆布。相反，如果一个人的性格懦弱、胆怯、冲动、依赖性强，那么恐怕他一生都将一事无成。"

我知道，并不是所有的女士都有事业心。她们不渴望成功，也从没奢望过会有什么轰轰烈烈的大事发生在自己身上。在她们眼里，嫁一个好丈夫、做一名合格的家庭主妇就是最终目标。因此，很多女士并不认为拥有好的性格对她们有多重要。

然而，事实并非如此。如果你性格懦弱，那么在面对丈夫的无理要求时，你是无论如何也不会拒绝的；如果你性格胆怯，那么不管丈夫做了什么，你都不敢出声；如果你性格冲动，那么一点儿小矛盾都可能在你们之间引发一场大的战争；如果你依赖性很强，那么就无疑会给自己的丈夫增加一份负担。

因此，不管女士们给自己的一生制定了什么样的计划，拥有好的性格对你们来说都是一件非常重要的事。特别是对于那些至今还没有被幸运垂青过的女士，你们应该赶快行动，改变自己性格中的缺陷。不过，在改变性格之前，女士们首先要弄清楚，性格究竟是怎么形成的。

美国心理学协会前任主席拉帕克·道格拉斯曾经说："性格是指导人行事的准则。实际上，人在刚出生的时候并没有形成真正意义上的性格，性格往往是后天培养出来的。每个人都有不同的思维方式，因此每个人也都有不同的行为习惯。这种行为习惯长期支配着人们，久而久之就变成了性格。举个简单的例子来说，一个人如果认为世界太冷漠、人情太冷漠，那么他就会养成不与人交往的行为习惯。在这种行为习惯的支配下，这个人就很容易形成孤僻的性格。"

由此，我们可以看出，一个人的性格是由他的思维方式决定的。因此，要想改变自己的性格，首先就要改变自己的思维方式。女士们在改变自己思维方式的时候，一定会遇到很多困难，因为人的思维方式一旦形成，是很难改变的。不过，女士们可以试一试我的这个方法：反向思维。

反向思维的意思就是，女士们遇到事的时候总是会根据思维习惯作出判断。这时你们不要马上行动，而是朝着先前作出的判断的反方向思考问题。比如说，苏丽在听到老妇人的邀请后，马上作出不能拒绝的判断。因为她的思维习惯告诉她，如果她拒绝，那么就一定会让老妇人很伤心。这时候，苏丽就应该想，这件事是可以拒绝的，因为那样做会让自己获得幸福。这就是我说的反向思维。相信，如果苏丽当时知道这一方法的话，也不会选择留下。

俗话说，性格决定命运。拥有好的性格对于女人来说是非常重要的。

当然，单靠一种方法是不能改变一个人的性格的，还需要女士们自身作出很多努力。

改变性格的方法：

使自己树立改变性格的决心；

广交朋友，特别多交一些拥有好的性格的朋友；

到处走走，感受一些不同的环境；

多读书，让自己对性格有深层次的认识。

虽然我不敢肯定上面的方法一定能够帮助女士们改变自己的性格，但它至少能给女士们提供了一些参考意见。不管怎样，拥有好的性格对于女士们来说都不是一件坏事。因此，我建议，女士们不妨试一试我的那些方法，说不定真的会给你们带来意想不到的收获。

第二章

心态好的女人更有魅力

学会活在当下

这件事发生在我很小的时候。有一天，我和几个朋友在我家附近一间废弃很久的老木屋的阁楼上玩。那时候的我是很调皮的，所以当有人提起从阁楼上跳下去时，我第一个就响应了。我在窗栏上站了一会儿，然后很“勇敢”地跳了下去。

就这一跳，让我付出了惨重的代价。当时，我的左手食指上戴了一枚戒指，就在我的身体往下落的时候，戒指被一根钉子勾住了，而我的整根手指也被生生地扯了下来。

当时我吓坏了，因为那种疼痛确实让人很难忍受。我认为我一定活不长了，可实际上事情远没有我想象的那么糟。等我的手伤痊愈以后，我几乎没有为这次受伤烦恼过。是的，烦恼又能怎样呢？还不如慢慢适应这个不能避免的事实。直到今天，我几乎已经忘记了那件令人痛苦的事情——我的左手只有四根手指。

女士们，相信你们一定和我有同样的想法，那就是每当人们处于不得已的情况时，总是能够尽快地去适应它。因为只有去接受这种情形，才能让我们忘记它所带来的痛苦。每当我遇到不开心、不快乐的事情时，总是会想起刻在荷兰一座古老教堂里的话：事情既然已经这样了，那就不可能会有其他改变了。

我认为这句话非常具有哲理，因为我们一生总是难免会遇到各种各样的挫折和不快。面对这些东西时，我们可以有两种选择：一种是接受它，适应它；另一种是担心它，忧虑它，让它摧毁我们的快乐生活。

就在前不久，我去拜访了一位资深的心理学家，问他应该以怎样的心情来应对不幸才能最终获得胜利。心理学家给我的答案让我有些吃惊，他告诉我说："很简单，只要你接受了它，适应了它，那么你就已经迈出了成功战胜不幸的第一步。"本来我对他的这种说法有些怀疑，但在我接到俄亥俄州的伊丽莎白女士的信以后，我彻底接受了他的意见。

伊丽莎白女士在信中给我讲述了她亲身经历的一件事。那天，伊丽莎白突然接到了国防部的电报。国防部遗憾地通知她，她最爱的侄子乔治在北非战场上战死了。天啊，伊丽莎白女士简直不能承受如此巨大的悲痛。在这之前，她是多么幸福啊！她一直都很健康，也拥有一份很好的工作，而且还有一个由她一手带大的侄子。在她看来，乔治是世界上最完美的年轻人，没有人可以替代他。伊丽莎白女士非常欣慰，因为她觉得自己付出的一切都有了回报。

然而，一封电报却毁了她的一切。伊丽莎白女士觉得自己的事业已经没有了希望，认为自己活下去都是多余的。她开始轻视自己的工作，忽视自己的朋友。她不明白，为什么一个这样优秀的年轻人会过早地结束自己的生命。正当伊丽莎白女士被这突如其来的灾难折磨时，一封信改变了她。

这天，伊丽莎白女士在家清理侄子的遗物，她已经有很长时间没有去工作了。突然，她发现了一封几乎被自己忘掉的信，那是她侄子写给她的，内容是安慰她不要为他母亲的去世太伤心。信中这样写道："我们都是十分想念她的，尤其是你，我的姑妈。但是我十分相信你，我知道你一定可以撑过去，因为你一直是我心中最坚强的女性。你曾经教导过我，不管遇到什么困难，我都应该像个男子汉一样勇敢地面对。"

伊丽莎白女士流着眼泪把这封信读了一遍又一遍，感觉就像侄子在身边和她说这些话。她突然觉

不适应现实的结果

◎改变不了任何事情；
◎变得紧张、忧虑、神经质；
◎使周围的人不能快乐地生活；
◎失去对生活的希望；
◎可能导致精神错乱。

得，这就是侄子的安排，他想让自己知道：“为什么自己不能按照这些方法去做，把悲伤和痛苦化解呢？”

从那以后，伊丽莎白女士变了。她重新投入到自己的工作中，对周围的人也变得十分热情。伊丽莎白女士经常对自己说：“乔治已经离开我了，这是我不能改变的。我能做什么？我能做的只有像他所希望的那样快乐地生活下去。”于是，伊丽莎白女士把自己的精力和爱都给了其他人。她培养了自己新的兴趣，让自己结交了很多新的朋友。渐渐地，她将那些悲伤的过去忘掉了。如今，她生活在快乐与幸福之中。

女士们，你们是否从伊丽莎白女士身上学到一些东西呢？我学到了，那就是环境本身其实并不会让我感到快乐或是不快乐。相反，我们对环境的反应才最终决定我们的感受。事实上，我非常清楚地知道，大多数女士的内心是十分脆弱的，因为她们没有勇气去承受灾难的降临。但是，我要告诉各位女士的是，每一个人，包括各位女士，你们都有能力去战胜灾难。不要以为你们办不到，其实你们内在的潜力有着惊人的力量。只要你们能够巧妙地把它们利用起来，那么你们就可以战胜一切。

有一次，我的训练班上来了一位女士，她说自己正在忍受着灾难的折磨。起初，我以为她也是属于那种脆弱的女士，于是就劝她勇敢地面对一切。可那位女士对我说：“卡耐基先生，我一直都非常勇敢！我不服输，也决不忍受命运的摧残，我要反抗，我要抗争，我决不向命运低头。”突然间，我发现自己找错了方向，因为这位女士和伊丽莎白并不一样。她并不是忍受不了灾难的打击，而是因为不懈地反抗才换来了烦恼。

当时我的处境真的很窘迫，因为我不知道到底该怎么回答这位女士。我拼命地在脑子里搜索，希望能找到足够的证据来劝说这位女士。最后很幸运，我终于想起了一个例子。我认为这对那位女士是非常有帮助的。现在，我也把这个故事讲给各位女士。

相信女士们对萨莱·波恩萨特一定不陌生，因为在最近 50 年来，她一直都是四大州剧院里最受欢迎的女演员，然而命运之神却在她晚年的时候捉弄了她。她先是失去了所有的财产，接着又被告知需要把一条腿锯掉。

原来，萨莱坐船去法国，在海上突然遇到了暴风雨。她摔倒在了甲板上，摔伤了自己的腿。由于船上的医疗设备太简陋，所以延误了伤口的治疗，结果导致萨莱患上了静脉炎和腿痉挛。被送往医院的时候，萨莱已经因为忍受不了剧烈的疼痛而昏过去好几次了。医生检查完受伤的腿以后，马上诊断出必须要锯掉。说实话，这位医生有些胆小，因为他知道萨莱是一位脾气暴躁的女士。可让人没有想到的是，萨莱却异常平静地说："哦，这是上帝的安排，这就是我的命运。我不会去抵抗，更不会懊恼。既然医生认为非这样不可，那我也只好听天由命了。"

当萨莱被送往手术室的时候，她的孩子们都在一旁伤心地哭着。萨莱却笑着对他们说："好了，我的孩子们！别这样好吗？你们要知道，这样做会使医生和护士压力很大的。为什么要为这件事伤心呢？我从来不想去反抗什么，我很快就会没事的。"

事实上，萨莱真的做到了。手术进行得很顺利，萨莱恢复得很好。后来，她居然还开始了环游世界的演出，而且收到了很好的效果。

当我讲完这个故事的时候，那位刚才还满脸忧虑的女士突然间恍然大悟，说道："你说得太对了，卡耐基先生，为什么我以前就没有想到呢？事实上，前两天我还在《读者文摘》上看到这样一句话：我们完全可以节省下一些精力去创造美好的生活，前提是不去反抗那些不可避免的事情。天啊，我真的太傻了！从现在起，我知道该怎么做了。"

这位女士真的很聪明，因为她马上就明白自己该如何面对那些不可改变的事实了。最好的办法并不是不停地抗争，而是选择"低头"适应。我有一个很形象的例子讲给各位女士。相信女士们一定都想知道为什么汽车的轮胎可以在公路上持续地跑很长时间。事实上，起初设计人员在设计轮胎时，总是想把它设计得可以抵抗路面一切的阻碍。可是结果显示，那些轮胎一个个都被颠簸得支离破碎。后来，设计人员改变了设计思路，他们设计出一种能够承受路面所带来的一切压力的轮胎，这种轮胎一直使用到现在。

女士们，实际上我们每个人就像一辆车，而我们的思想就是四个车轮。人生之路要比那些笔直、平坦的高速公路颠簸得多，所要遇到的阻碍也多得多。如果我们为自己安上“强硬”的轮胎，那么我们的路途恐怕就不会快乐顺畅了。相反，如果我们吸收了这些挫折呢？答案非常简单，一切的困难和矛盾都会消失，我们也不会被忧虑所困扰。

当然，在这里我必须要澄清一点。我建议女士们适应不可避免的事实，建议女士不去反抗所遇到的灾难，这并不代表我是一个宿命论者，也并不表示我希望女士们在碰到任何挫折的时候都选择退缩和放弃。事实上，我更希望看到坚强的女士，希望女士们能够勇敢地面对一切。不管在什么情况下，只要还有哪怕一丝希望，我们都要努力奋斗。

可是，当那些人力所不能改变的事情发生时，比如亲人离我们而去、自然所造成的灾害等，我们应该选择适应。这些事情是不可能避免的，更是不可能改变的。也就是说，如果不管我们再怎么努力，都不能使事情本身出现任何转机，我们就应该毫不犹豫地选择适应。

最后，我再为我的观点找一个经典的论据。早在耶稣出生前 399 年，就有一句非常经典的话在欧洲流传：“对那些必然发生的事，应该轻松快乐地接受它们。”

不为打翻的牛奶哭泣

我的一位好友拉伦·萨德斯曾经对我说，他这一生最感谢的就是他高中时期的老师保罗·布拉德沃尔，因为他曾经在一次生理卫生课上给他上了一堂最有价值的人生课。

那时的萨德斯还是一个高中生，同许多年轻人一样，他有着数不清的烦恼。他经常会为自己犯下的种种过错感到苦恼和后悔；每次考完试之后，他经常会整夜地责怪自己不该答错那几道题；他经常会坐在椅子上发呆，因为他害怕自己会不及格；他还总是幻想着自己有一天能够回到过去，因为他想弥补自己在过去所犯下的所有错误。总之，那时候的萨德斯是一个忧郁的男孩。

一天早上，布拉德沃尔带领所有的学生来到了实验室。只见他把一瓶牛奶放在了桌子上，示意所有的学生都坐下来。当时很安静，所有的学生都等待老师给他们做一个很有趣的实验。不过，这些孩子心里也充满了疑惑，因为他们看不出这瓶牛奶和这堂生理卫生实验课有什么关系。突然，布拉德沃尔先生站了起来，一掌就将牛奶打翻到水槽中，然后大声地说："永远记住，不要为打翻的牛奶哭泣！"

接着，老师把所有的孩子都叫到了水槽边，看着那瓶已经打翻的牛奶说："你们都看到了吧，这是我要给你们上的最重要的一堂课，希望你们永远记住它！很显然，这瓶牛奶已经不存在了，因为你们亲眼看见它已经打翻了。现在，不管你们多么懊悔、多么烦恼，也不管你们怎样抱怨，有一个事实永远不可能改变——这瓶牛奶已经无法挽回了。其实，如果在这之前，我们能够仔细一点儿的话，这瓶牛奶是一定可以保住的。然而现在，一切都是不可能的了，我们现在能做的只有不去想它，忘记这件事，然后尽快地去思考下面该做的事。"

萨德斯说："如今我已经忘记了以前学过的拉丁文以及几何知识，然而却始终记得这个小实验。这里面蕴含了很深的生活哲理，比我在高中所学到的所有知识都有用。现在，我总是会尽一切可能保证牛奶不被打翻，可是如果一旦打翻了，那我就不去担忧，而是把它们全部忘掉。"

我真的非常羡慕萨德斯，因为有一位这样好的老师教会他如此有用的人生哲理。如果我早一点儿遇到这位老师，恐怕就不会有以前那件尴尬的事情了。

那时候我还不够成熟，不过已经有了一点儿事业。我在纽约成立了一个比较大的成人教育补习班，而且还在很多地方设立了分部。每个人都知道，要维持这样一个庞大且纷杂的机构是需要很多经费的。但是我并不担心，因为我相信我将来收获的利益要比我付出的多得多。当时的我非常忙，没有时间也没心思去管理财务问题。更要命的是，当时的我根本没意识到请一个好业务经理的必要性。

最后，现实给我上了生动的一课，因为我发现，虽然我的收入看起来非常多，然而却似乎并没有给我带来任何利润。其实，如果当时我能够不为这瓶打翻的牛奶而哭泣，并且对自己的错误进行深入分析，总结出经验教训，相信我也不会损失惨重。然而，那时的我却没有这样做。

我的情绪失落到了极点，每天都沉浸在无限的痛苦与忧虑之中。那段时间，我每天吃不好、睡不好，体重下降了很多，精神也十分恍惚。必须承认，在这次大错误之后，我非但没有及时改正，反而又犯下了另一个稍小的错误。

不知道现在女士们是否能理解我的苦心，是否明白我究竟在说什么。我知道，很多女士会不以为然地说："卡耐基先生，我真的不明白你为什么要浪费这么大的篇幅去重复这句老掉牙的话。它有用吗？我不觉得它有什么特别之处。"女士们如果是这样想，那么就大错特错了，因为这句老话确实包含了人类宝贵的智慧结晶。

为过去忧虑的后果

◎对已经发生的事没有一丝作用；

◎让你变得忧虑、紧张；

◎浪费你解决下一件事的时间和精力。

事实上，我们很多人都不能把自己从过去的痛苦中拯救

出来，他们都在为打翻的牛奶而哭泣。然而，这种做法又带来了什么结果呢？

我是个喜欢收藏的人，在我家的院子里，存放着一些从耶鲁大学皮博迪博物馆购买的恐龙化石足迹。博物馆的馆长曾经给我写过一封信，明确告诉我这些足迹都是恐龙在一亿八千万年以前留下的。我想，没有一个人会异想天开地去幻想有一天能回到一亿八千万年以前去改变这些足迹，然而却有很多人总是幻想着能够回到过去弥补自己的错误。道理很简单，就算是过去一秒钟发生的事情，我们也是绝对没有办法改变的。说得再深刻一点儿，现在的我们可以尽一切努力去改变前一秒钟发生的事所产生的影响，但绝对不可能改变一秒钟前所发生的事。

那么究竟怎样做才是最明智的呢？只有一种做法最有价值，那就是冷静地分析我们所犯下的种种过错，然后从中分析出经验和教训，接着再把这些错误全都忘掉。

在我最敬佩的人中，有一位名叫劳拉·夏德的女士，她曾经在美国一家著名的报社做编辑。有一次，她邀请我去参加加利福尼亚州立大学毕业班的讲演。那次演说非常精彩，很多女学生都听得入了迷。突然，夏德女士问道："请问你们有谁在家帮助父母干过锯木头的活？"话音刚落，很多学生都举起了手。夏德女士笑了笑，继续问道："那有谁锯过木屑？"这时没有一个人举手。

夏德停了停，说道："我知道，没有一个人肯去锯木屑。原因很清楚，因为木屑都是被锯下来的，没有任何意义。实际上，过去的事也是一样。

我希望你们能够明白，当你们为那些已经发生的事情感到忧虑的时候，你们就已经开始锯木屑了。”

女士们，我真心地希望你们能够记住夏德女士的话，因为这对你们摆脱忧虑、拥有一颗成熟的心有着至关重要的作用。在我的培训班上，很多女士都不止一次地和我说，她们做过什么错事，这些事让她们后悔不迭，直到如今仍然不能摆脱它们所产生的阴影。这些女士太可怜了，因为她们每天都生活在痛苦与忧虑之中。其实，忘记过去的失败和痛苦并不是一件不可能的事情。

有一次，我去拜访玛丽·康尼女士，她年轻的时候可是全纽约最棒的篮球运动员。闲谈间，我问她是否会对输掉一场比赛而懊恼、忧虑。她回答我说：“是的，年轻的时候我经常这样。不过，在我退役的前几年，我就已经不做这种乏味的、愚蠢的，且毫无价值的事情了。我发现，那种做法对我产生不了任何好处，就好像你要去磨刚刚磨好的面粉一样。那没有任何意义，它已经是这样了。”

的确，面粉已经磨好就不能再磨了，木头变成木屑也不能再锯了。可是，女士们还能做点儿什么，至少还可以通过努力让自己的胃不再难受，或是让自己脸上的皱纹变得少一点儿。其实，女士们只要换个角度思考问题，采用一些恰当的方法，那么忘记忧虑并不是一件不可能的事情。

我曾经和前重量级拳王杰克·登普西一起共进晚餐。席间，我们谈起了那场残酷的比赛（1891 年，登普西在英国被滕尼击败，失去了重量级拳王头衔）。我知道，这对于一个职业拳手来说，打击很大。

登普西告诉我，他的确失落过，但现在他已经站起来了。因为他总是对自己说："过去的就过去了，我为什么让自己生活在过去的时光里呢？牛奶已经打翻了，我不应该去哭泣。这次失败打击了我，但是却不能把我打倒。"

女士们，登普西教给我们一个非常好的方法。事实上，失败之后，他没有总是对自己说："我不应该为自己的失败而忧虑。"因为这样做，只会让他经常想起那段令人难受的过去。他的做法是忍受和承担，努力使自己忘掉过去的失败，如此一来他就没有什么可忧虑的了。听听登普西的感受吧！"我一直有开一个餐馆的梦想，可是打拳的时候我却没有时间。"登普西说，"在以后的那10年里，我做了很多具有建设性意义的事情，我觉得这段时光比以前所谓的拳王时期要快乐得多！"

我知道，登普西并没有读过多少书，但他却无意中和莎士比亚站在了同一高度：

愚蠢的人才会坐在原地为自己的过失感到悲伤，聪明的人总是会愉快地想尽一切办法来弥补自己的过失。

我们不妨翻看一下历史，很多能够在艰苦环境下生存下来的人并不是因为有强壮的身体，而是因为他们能够很快将所有的困难、不幸、失败忘掉。他们没有忧虑，因此他们也不会觉得不快乐。

我曾经到美国的新新监狱参观，惊奇地发现里面的囚犯没有一个是愁眉苦脸的。相反，他们每个人看起来很逍遥，也很快乐。于是，我找到我的朋友——新新监狱的狱长，问他这到底是怎么回事。他告诉我，这些囚犯刚开始来的时候也是终日愁眉苦脸。可过了一段时间，他们发现这种做法于事无补。于是，他们开始学着快乐、忘掉烦恼。

是啊，女士们，何必为那些不可能挽回的事情流泪呢？我知道，犯错误确实是我们的不对，可有谁又能保证自己从没犯过错误呢？那么，女士们所能做的就是不为打翻的牛奶哭泣。

该放手时就放手

有一段时间，我对打猎产生了非常浓厚的兴趣，因此我经常缠着我的老朋友贝克·利维斯带着我去郊外狩猎，因为他是这方面的专家。有一次，我们两个带着猎枪和两只猎狗到郊外去狩猎。傍晚的时候，我们选择在一条小溪旁边过夜，并在那里支下了帐篷。

那天的晚餐很美味，因为一切都是就地取材，而且还都是天然的。正当我们享用晚餐时，两只猎狗突然狂吠起来，并朝南面飞奔而去。当时我非常害怕，以为遇到了什么凶猛的野兽，于是就问贝克，要不要把猎枪准备好。贝克摆了摆手，对我说："没关系，那只是一只狐狸而已。它可能想从这里经过，但发现我们在这里，于是制造了一些假象，妄图把我们引开。"我感到很新奇，就说："是吗？这真是一种聪明的动物。"贝克点了点头，沉默了一会儿，然后很严肃地和我说："不知道刚才是不是那只狐狸。几年前，我独自一人到这里打猎。当时我不太喜欢用猎枪，而是喜欢用捕兽器，因为我喜欢体会那种等待猎物上钩的感觉。可是你知道，用捕兽器抓住猎物的机会要比用猎枪小得多。一天晚上，当我以为又要空手而归的时候，捕兽器上的铃铛响了。开始我以为是一只兔子，后来才发现是只狐狸。看得出来，那只狐狸害怕极了，极力想要挣脱捕兽器。当然，你知道，那是根本不可能的。这时，我从隐蔽处走了出来，准备活捉它。可是，你知道这时那只狐狸做了什么吗？发现我以后，它居然毫不犹豫地咬断了那条被困住的腿，然后向远方逃去。从那以后，我经常到这里来，希望能够再见一次那只勇敢的狐狸。"

这件事给我的印象非常深刻，因为贝克当时的表情令我至今难忘。我曾经想过，那只狐狸的这种做法是不是值得呢？后来，我自己得出了肯定的答案：值得。因为这只狐狸虽然忍受巨大的痛苦，放弃了一条腿，但是却保住了自己的性命。我一直在想，其实我们的人生也应该这样。当现实逼迫我们不得不付出非常惨重的代价时，选择主动放弃小的利益而保全整体利益无疑是最明智的选择。不过很可惜，很多女士没有和我一样的想法，她们做事太执着。

三天前，我回到密苏里州去看我的姑妈，我们有很多年没见面了。姑妈看到我很高兴，并埋怨我为什么一直不来看她。我对她说自己真的很忙，但心里一直很挂念她。看得出来，姑妈显得很高兴。可是，就在我问起我的表妹朱丽亚时，姑妈突然变得悲伤起来。

姑妈告诉我，朱丽亚从一年前就开始变得沉默寡言，不愿意与人交往。这些还都是小问题，最主要的是朱丽亚表妹每天都只吃很少的东西，导致她的身体越来越虚弱。我忙问姑妈到底是怎么回事，姑妈对我说，朱丽亚在一年前谈了一个男朋友，那是一个非常不错的小伙子。两个人相处得非常好，彼此也很爱对方，最后都已经发展到谈婚论嫁的地步。可是，就在这时，那位小伙子却被一场车祸夺去了年轻的生命，离开了朱丽亚。从此以后，朱丽亚就变得郁郁寡欢，终日以泪洗面。

后来，我曾试图和朱丽亚沟通，劝说她重新振作起来。可是，朱丽亚根本听不进去，并告诉我，自己这一生都要独自守候男朋友。说

真的，我为有一个如此忠贞的表妹感到自豪，可我并不赞成她的这种做法。的确，男朋友的死给她带来了很大的打击，也一定会让她很伤心。我个人认为，消沉一段时间是很正常的事情。可是，如果朱丽亚一直这样消沉下去，那么自己失去的将不仅仅是男朋友，还包括她的健康和一生的幸福。

我想，大多数女士都会有这样的想法，认为我的表妹太傻了，不应该为了一段已经过去的感情而放弃了以后美好的生活。的确，女士们的想法很对，然而很多女士在面临问题的时候却会和我表妹做出一样的傻事来。

华盛顿婚姻家庭研究机构主席，两性心理学专家鲁贝尔·勃兰特曾经说："很多女性在遇到一些问题，特别是情感问题的时候，往往会变得丧失理智。她们变得非常执着，不懂得放弃的重要性。在她们眼里，只有过去所拥有的，而没有未来将要出现的。那个时候，没有什么东西会让她们害怕，因为她们心中只有那唯一的目标，不管是对是错。"

可能有一些女士会问："卡耐基先生，我们真的被你搞糊涂了。我一直都认为，要想成功，执着是必需的。没有执着的信念，遇到一点儿问题就退缩，那还如何走向成功？你不是一直都认为，成功的道路上存在着很多困难，能最终取得成功的都是那些坚持到最后的吗？"

没错，现在我依然坚持我的观点，但是那么做的前提是你选择的道路是正确的、有意义的、有价值的。如果是那样，我永远站在支持者的角度。相反，如果一件事根本不值得去坚持，但女士们却偏偏不肯放手，那么结果并不是取得成功，而是让自己坠入最痛苦的深渊。

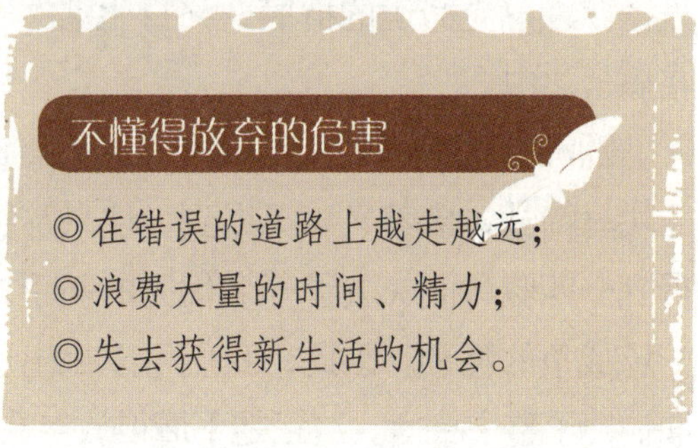

不懂得放弃的危害

◎在错误的道路上越走越远；
◎浪费大量的时间、精力；
◎失去获得新生活的机会。

三年前的一个晚上，我儿时的伙伴朵拉·卡莫斯突然来到我家。对于她的到来，我感到非常吃惊，因为我们已经有好几年没有联系了。一阵寒暄以后，我问朵拉最近过得如何。朵拉苦恼地说："糟透了，戴尔，我真的不想再活下去了。"我赶忙问她是怎么回事，朵拉告诉了我事情的原委。

原来，五年前，朵拉和一个名叫麦克的男人结婚了。早在结婚之前，她的朋友就劝说她，不要和麦克在一起，因为他是出了名的花花公子。其实，朵拉自己也知道，麦克对她并不忠诚，因为她曾经见过麦克和别的女人约会。可是，朵拉思来想去，最后还是决定和麦克结婚，因为她自认为麦克还是爱她的。

婚后，麦克的本性完全暴露出来，经常整夜整夜地不回家。同时，麦克还把家庭的重担都交给了朵拉，而自己却每天吃喝玩乐。不光这样，如果朵拉胆敢有一丝不满，麦克就会拳脚伺候。当时，很多人都劝朵拉和麦克离婚，因为和这种男人在一起根本不会幸福。可是，朵拉还是选择了忍受，因为她觉得麦克一定会改过自新的。

后来，他们有了孩子，这使朵拉更加不愿意和麦克离婚。于是，朵拉只得默默忍受命运的折磨，终日生活在痛苦之中。

真正聪明的女人知道什么时候选择坚持，什么时候选择放弃。如果不幸福，如果不快乐，就应该及时放手。

欧洲有这样一则流行非常广泛的谚语：有人为了得到一颗铁钉而失去一块马蹄铁，接着又为了得到一块马蹄铁而失去了一匹骏马，然后又为了得到一匹骏马而失去了一名优秀的骑手，最后为了得到一名骑手而失去了一场战争的胜利。因此，我们可以得出这样的结论：那个人因为一颗铁钉而输掉了整个战争。这正是不懂得放弃造成的恶果。

女士们，我们必须承认，每个人的生活都不会是一帆风顺的。有时候，一切悲惨的、可怕的、让人伤心的、令人痛苦的境遇会悄悄降临，使我们感到措手不及。这时我们应该怎么办？难道是要坚持？不，我认为我们更应该学会放弃，放弃那种使自己焦躁不安、痛苦难耐的心理，让自己能够有一颗平静的心去耐心等待生活出现转机。曾经有一位哲人说："放弃是一种最高的境界，也是一种很难的选择。然而，这种境界和选择却是在我们面对人生际遇时所必须具备的。放弃可以让我们对自己的生活和整个人生拥有一种超脱自然的关照。我们不应该害怕，就算我们不能达到那种超然的境界，学会放弃也会让我们的生活变得洒脱一些。"

事实上，那些成功人士都非常懂得放弃的重要性。被称为"贸易天才"的纽约卡波司贸易公司的董事长卡波司·塔科尔曾经说："在商界，要想获得成功，坚持到底是非常重要的。我的合作伙伴就是因为不能坚持到底而失去了成功的机会。然而，在我看来，懂得放弃同样是一条非常重要的原则。当我投资于某个项目的时候，我都会密切关注它的发展态势。不管这个项目在别人看来多么有前景，只要我认为它没有发展前途，那么就会马上撤回资金。我承认，有时候我也有看走眼的时候，也确实让我损失了一部分。但是，这远比那种因为盲目的投资给我带来的损失小得多。我经常对员工说，如果一件事是正确的，那么我们就要坚持到底；如果这件事在中途发生了变化，成为了错误的，那么我们就要马上放弃。"

学会放弃

◎着眼于长远利益；
◎时刻把握事件发展的态势；
◎克服懦弱、犹豫不决等心理；
◎对前途充满信心。

卡波司在商界一直都立于不败之地，就是因为他懂得该放手时就放手，从而避免了很多不必要的损失。女士们不妨也学一下卡波司，在必要的时候选择放弃。

女士们，真正心灵成熟的人往往知道在什么时候该选择坚持、什么时候该选择放弃。不理智的坚持和懦弱的退缩一样，都是一种不成熟的表现。因此，女士们应该锻炼自己，使自己有一双慧眼和一颗坚定的心，在该坚持的时候一定不能放弃，而在该放手的时候则要毫不犹豫地放弃。

平静、理智、克制

在我们身边，经常会看到一些这样的女士。她们脾气暴躁，为了一点点小事就会大发一顿脾气。倘若稍不如意，她们就会愤怒不已、火冒三丈。虽然女人不一定都像男人那样在发怒的时候大打出手，但还是很容易丧失理智，从而出言不逊，导致人际关系受到影响。当然，我知道，很多人在冲动地发怒之后都会觉得追悔莫及。

我理解女士们的心情，当你们遇到不公正的待遇或是受到什么委屈的时候，选择发脾气这种方法来宣泄的确是个不错的主意。然而，女士们有没有想过，这种方法能给你们带来什么？能够让问题得到解决，还是让对方一起和你分享快乐？我想两者都不是。你的这种做法只会换来别人的反感、厌恶，甚至反抗。威尔逊总统曾经说："如果你是握紧一双拳头来见我，那么我绝对会为你准备一双握得更紧的拳头。可是，如果你对我说：'我们还是坐下来好好谈谈，看看分歧究竟在哪。'那么我将会非常高兴地同意你的意见，而且我们也会发现彼此之间的距离并不很远，而且观点上也没那么大差异。其实，我们之间还是有很多地方存在共同语言的。"

很多女士往往把发脾气看成是人类的天性。的确，人是情感最丰富的动物，会根据他的判断对事物做出反应。因此，在一定程度上，我同意那些女士的看法。可是，女士们有没有想过，真正喜欢发脾气的是那些小孩子，因为他们的心智还不够成熟，克制力也不够强。也就是说，他们的人性表现更加突出一些。可是，作为成年人，女士们应该拥有成熟的心理，也就是说能够做到平静、理智、克制。

曾经有一位女士对我说，她不认为我所谓的“平静、理智、克制”很重要，因为在当今的美国，那也是“懦弱”的代名词。如果她不能以愤怒来反抗一些事情，就不能给自己争取到一些合理的权利。事实果真如此？我不这么认为，因为我的朋友蒂斯娜女士就没有和她那个“吝啬”的房东发脾气，但却达到了她的目的。

蒂斯娜女士住在纽约的一家公寓里。前段时间，她的经济状况出现了一点儿问题，而这时房东却突然提出要抬高她的房租。老实说，蒂斯娜女士当时真的非常气愤，因为房东的行为的确有点儿“趁火打劫”的味道。不过，最后还是理智战胜了发热的头脑，蒂斯娜女士决定采用另一种方法来解决这个问题。她给房东写了一封信，内容是这样的：

亲爱的房东先生：

我知道，现在房地产的行情的确很紧张。因此，我能够理解您提高房租的做法。我们的合约马上就要到期了，那时我不得不选择立刻搬出去，因为涨钱后的房租对我来说有些难以接受。说真的，我不愿意搬，因为现在真的很难遇到像您这么好的房东。如果您能维持原来的租金，那么我很乐意继续住下去。这看起来似乎不可能，因为在此之前很多房客已经试过了，结果都以失败而告终。虽然他们对我说，房东是个很难缠的人，但我还是愿意把我在人际关系课程中所学到的知识运用一下，看看效果如何。

效果如何呢？那位房东在接到蒂斯娜的信以后，马上带着秘书找到了她。蒂斯娜很热情地接待了房东，并且一直没有谈论房租是否过高的问题。蒂斯娜很高明，只是不断地在和房东强调，她是多么喜欢他的房子。同时，蒂斯娜还不停地称赞他，说他是一个深谙管理之道的房东，而且表示愿意继续住在这里。当然，蒂斯娜也没有忘记告诉房东，自己实在负担不起高额的房租。

很显然，那个房东从来没有从“房客”那里受到过如此之礼遇。他显得很激动，并开始抱怨那些房客的无礼行为。因为在此之前，他曾经接到过14封信，每一封都是充满了恐吓、威胁、侮辱的词语。最后，在蒂斯娜女士提出要求之前，房东就主动提出要少收一点儿租金。蒂斯娜又提出希望能再少一点儿，结果房东马上就同意了。

后来，蒂斯娜在和我谈论起这件事的时候说："我真的很庆幸当时没有随便地乱发脾气。虽然那还不至于让我露宿街头，但确实会给我带来很多不必要的麻烦。"是的，女士们，这就是平静、理智、克制的好处。它能让你找到解决问题的最佳途径。

女士们，假如你的财产被别人破坏、你的人格受到别人的侮辱，那么你们会怎么办呢？我想，女士们一定会说："那还能怎么办？当然是做好一切准备，和那些可恶的家伙大干一场。"如果小洛克菲勒在 1915 年的时候也和你们一样，相信美国的工业史就要改写了。

那一年，小洛克菲勒还不过是科罗拉多州一个很不起眼的人物。当时，那个州爆发了美国工业史上最激烈的罢工，而且时间持续了两年之久。那些工人显然已经愤怒到了极点，要求小洛克菲勒所在的钢铁公司增加他们的薪水。同时，失去理智的工人开始破坏公司的财产，并将所有带有侮辱性的词语送给了小洛克菲勒。虽然政府已经派出军队镇压，而且还发生了流血事件，但罢工依然没有停止。

如果真的按照上面那些女士的想法去做，相信她们一定会要求政府严惩那些“暴徒”。可是，小洛克菲勒却没有。相反，他会见了那些罢工的工人，并且最后还赢得了很多人的支持。这一切都要归功于他的那篇感人肺腑的演讲。

在演讲中，小洛克菲勒非常平静，没有显出一点儿愤怒。他先是把自己放在工人朋友的位置上，接着又对工人的做法表示理解和同情。最后，小洛克菲勒表示，他愿意帮助工人们解决问题，而且他永远站在工人一方。

当然，他的演讲远没有这么简单，不过的确是一种化敌为友的好办法。相信，如果小洛克菲勒与工人们不停地争论，并且互相谩骂，或者是想出各种理由来证明公司没有错的话，结果一定会招来更加愤怒的暴行。

我的偶像，美国历史上最伟大的总统之一亚伯拉罕·林肯曾经说过：“当一个人的内心充满怨恨的时候，别人就会对你产生十分恶劣的印象，那么即使你把所有基督教的理论都用上，也不可能说服他们。看看那些喜欢责骂人的父母、骄横暴虐的上司、挑剔唠叨的妻子，哪一个不是这样？我们应该清楚地认识到：最难改变的就是人的思想。但是，如果你能够克制住自己的愤怒，以冷静、温和、友善的态度去引导他们，那么成功的可能性将大很多。”

对林肯的观点我表示同意，而且我还给他找到了一条理论依据。有一个非常古老的格言：“一滴蜂蜜要比一滴胆汁更容易招来远处的苍蝇。”对于人来说也是一样。我们想要解决问题，无非就是想要对方同意我们的观点。然而，你想获得别人的同意，首先就要做对方的朋友。你要让他们相信，你是最真诚的。那就像一滴蜂蜜灌入了他们的心田，而并不是一滴腥臭的胆汁。

当我还是一个小男孩的时候，曾经从隔壁的泰勒叔叔那里借阅过《伊索寓言》，其中一则寓言给我的印象非常深刻，那是有关太阳和风的故事。

一天，太阳和风在一起讨论究竟谁更有威力。风显然很自信，高傲地说：“我当然是最厉害的，因为所有人都害怕我的怒火。看到没有，我一定会用我的愤怒吹掉那个老人的外套。”于是，太阳躲到了云后面，而风则开始愤怒地吹起来。可是，虽然风已经很卖力气了，但老人却把大衣越裹越紧。最后，风终于放弃了，因为它觉得那是个坚强的老头，自己无法征服。这时，太阳从云后出来了，笑呵呵地看着老人。不久，老人就开始擦汗，脱掉了自己的外套。结果很显然，与冲动、激动、不理智的愤怒比起来，温和友善的态度更有效。

能够做到平静、理智、克制不仅可以帮助你们妥善地解决所遇到的各种问题，而且对女士们的身心健康也是非常重要的。女士们回想一下，当你们想要爆发的时候，是不是有这样的感觉？你们会不会觉得心跳在加快，血压在上升，呼吸也变得急促起来。没错，这是由于交感神经过于兴奋引起的。洛杉矶家庭保健研究协会主席阿马尔·杜兰特曾经说："那些爱发脾气的人很容易患上高血压、冠心病等疾病。同时，情绪上太波动还会使人感觉食欲不振、消化不良，从而导致消化系统疾病。而对于那些已经患有这些疾病的人，发脾气也会使他们的病情更加恶化，严重的还会导致死亡。"

我不知道女士们是怎么想的，反正我看到这里的时候真的开始为自己担忧，因为我以前也曾经为了一点儿小事发脾气。不过幸运的是，我现在已经不会了，因为我现在已经有了一套很好的解决办法。

也许这些方法并不一定适合所有的女士，但却给女士们提供了一些建议。你们不妨把它们当作蓝本，然后再结合自己的情况做出调整。我相信，做到平静、理智、克制并不是一件不可能的事。

如何做到平静、理智、克制

◎时刻提醒自己；
◎警告自己要注意健康；
◎先学会做事不冲动；
◎采用各种方式缓解压力。

练就坚韧的意志品质

在我家附近有一家汽车租赁店，店主是一位名叫埃德华·道斯的人。我们相处得非常不错，因此经常在一起聊天。有一次，我们谈论起一个话题，双方都认为凡是那些能够取得成功的人都有一个共同的特点，那就是拥有非凡的、坚韧的、超乎常人的意志品质。其间，埃德华突然问我："你是否知道那位被称为'海中礁石'的纳尼德·巴德奇？"我点了点头，并问他是不是一位精通航海术的人。埃德华点头说："没错，就是他！在10岁以前，他就已经开始采用自学的方式学习有关拉丁文的知识了，所以他才能在那时研读牛顿所写的《数学原理》。在21岁那年，他已经是一位非常优秀的数学家了。后来，他又迷上了航海，于是转学航海术。听说，他还写过一本关于航海术方面的专业书，还被业内人士称为经典。难以想象，这样一个没有接受过正规教育的人居然能做出这样的成绩来。"

没错，纳尼德·巴德奇的确非常伟大，因为他是在克服了重重困难的条件下取得成功的。我想，从来没有人对他说："你这个人无药可救，想成为科学家简直就是在做梦，因为你没有获得过正规的大学教育。"正因如此，纳尼德·巴德奇才给自己练就出了不畏困难的坚韧的意志品质，不顾一切地向着自己的目标前进，采用自学的方式获得了自己需要的知识。对于这类人来说，没有什么意味着不可能，"困难"不过是一个词而已，因为他们有着十分坚韧的意志品质。

然而，很多女士是怎么做的呢？她们会对别人说："不，我不可能成功！其实，并不是我不想成功，而是真的太困难了。我没上过大学，我的身体不好，我家里太穷，我经历过失败，还有……”还有什么？还有数不清的借口。其实，这些都是一种脆弱的表现。那些女士被困难吓得退缩，被外界条件束缚住了手脚。她们不知道该怎么办，也不考虑该怎么办。对于她们来说，最好的办法就是不去招惹那些困难和麻烦。

我想，没有任何东西比疾病更能摧残人的意志了。可事实上，很多成功人士都患有让人“胆寒”的疾病。相信女士们对罗伯·路易·施蒂文森一定不陌生，但你们是否知道，他一生都被疾病所折磨，但却从未让疾病影响过自己的生活和工作。凡是与他交往过的人都有这样一种感觉，施蒂文森永远都是快乐的，并且还把这种精神力量注入到他的作品当中。我相信，如果施蒂文森没有坚韧的意志品质的话，他是绝对不会在文坛中取得骄人的成绩的。

如果女士们还把他当成一个特例的话，那么就看看历史上的那些人物吧。拜伦爵士的脚是畸形的，恺撒是个癫痫病患者，贝多芬在中年后就变成了聋子，拿破仑是个被人小看的矮子，莫扎特一直饱受肝病的困扰，富兰克林·罗斯福是个小儿麻痹症患者，而女作家海伦·凯勒则在小时候就是聋哑人。

女士们想象不到吧？在这些取得辉煌成就的人的背后竟然隐藏着如此巨大的困难和痛苦。然而，他们从来没对别人说过：“不行，这些条件制约了我，我不能前进了。”相信女士们一定都非常羡慕好莱坞著名女影星莎拉·贝拉。的确，能够成为所有男人心目中的偶像是一件让人兴奋的事。可是，女士们是否知道，这位大明星在小的时候被人称为“丑陋的私生女”，而且还有一段非常悲惨的童年生活。然而，她没有退缩过，而是凭借坚韧的意志品质战胜了所有的困难，终于成为好莱坞的“女神”。

女士们，只有具备坚韧的意志品质的人才具有真正成熟的心灵。他们从来不会让困难挡住自己的去路，而是勇敢地、坚强地面对困难、接受困

难，同时还会想尽办法加以克服和解决。这些人从来没有求过饶，也没有绝望过，当然更不会去找任何借口来逃避现实。

著名作家罗阿·斯梅斯曾经写过一本非常具有鼓舞性的传记——《在死神面前的完整生命》，书中讲述的是有关爱慕耳·哈姆的事迹，那个出生在俄亥俄州的可怜的女婴。

当爱慕耳降生的时候，接生她的医生对她父母说："这个婴儿不会存活太长时间。"可是，爱慕耳还是坚强地活了下来，而且一直活到了90岁。虽然在生命中的每一天里，她都要忍受因右半身严重受伤而带来的痛苦，但她却始终没有向死神低过头。她知道自己不可能从事任何体力劳动，因此就开始把所有的精力都投入到阅读之中。后来，在28岁那年，她加入了卫理公会，成为了一名传道士。

女士们千万不要以为爱慕耳以后的生活就一帆风顺了，实际上她曾经遇到过两次足以致命的事故。然而，她从未因此而退缩，也没有放弃自己的信念。后来，她的行为引起了一位大商人的注意，并且在经济上给予了她很大的帮助。就这样，经过几个月的治疗，这位在死神宫殿游历一周的女士终于回到了人间。

后来，爱慕耳将自己所有的精力都投入到了公益事业中。她兴建教堂，创立基金，而且经常给附近的学校和医院提供帮助。在70岁的时候，她终于选择退休，但却从未停止过工作。她把自己通过各种途径，包括讲道、写书、募捐等获得的钱全部用在了教育上。临死前，这位老妇人已经是20多所专业学校和一所大学的名誉董事了。

在爱慕耳·哈姆女士的脑海里，根本没有"困难"这个词。她心中只有一个信念，那就是自己是一个有生命的个体，而且这个生命是有其自身意义的。她活了90年，而且将所有的时间都充分地利用了。同时，爱慕耳·哈姆已经成为"勇气"、"坚韧"等的代名词。

也许我上面所说的那些话会让一部分女士哑口无言，但另外一部分女士则会对我说："卡耐基，我们非常同意你的意见，也很愿意按照你说的去做。不过，很可惜，一切都已经太晚了，我们错过了最好的时机。如今我已经结婚，还是几个孩子的母亲，因此我根本没有机会也没有精力去面对现实的挑战。"

的确，我也承认，如今的社会越来越强调年轻与活力，但这并不代

表其他人就不能成功。我想，抱有那些想法的女士没有一位已经70岁了吧？与那个年龄相比，你们的机会还要多得多。我在纽约讲课的时候，曾经遇到过这样一位学员。她的名字叫波尼，是一位身材矮小，而且已经70岁的女学员。她曾经直言不讳地对我说，她自己真的不知道究竟该如何度过她剩下的时间。

波尼女士曾经在一所学校当过教员，后来因为一些原因被强制退休。为了维持生计，她不得不整天忙于奔波。当然，这对她的经济和精神都是很重要的。在她“众多”的工作中，有一份是她非常喜爱的，那就是到幼儿园去给孩子们讲故事。为了达到最好的效果，波尼总是精心挑选出好的故事，并且还要配上幻灯片来讲解。

当时我问她为什么不考虑把这当成她的事业。也许是受了我的鼓舞，也许是从我这得到了启发，总之当时她显得很高兴，并且告诉我自己已经决定开始她的晚年事业了。她对我说，年纪不是困难，也不是障碍。事实上，年纪大反而是她的优势，因为她现在凭借多年的教学经验，能够把那些故事讲得更加形象、生动。

如何练就坚韧的意志品质

◎多读一些人物传记；
◎对自己充满信心；
◎尝试着藐视一切困难；
◎不要给自己找任何借口；
◎勇于承担一切责任。

不过，事情并不像她想象的那么乐观，前面有很多困难在等着她。首先，资金就是一个很大的问题，因为没有人愿意把钱投给一个已经70岁高龄的老妇人。然而，波尼并没有退缩，而是找到了“福特基金会”，因为她知道，这个组织一直都热衷于文化推广工作。她给基金会递上了一份详尽的计划书，而且还当众给其中的成员试讲了一个故事。试讲的效果非常好，于是基金会决定资助她。最后，这位波尼女士通过自己独特的方式，赢得了很多人的喜欢。

女士们，如果波尼也抱怨说：“天啊，我已经太老了，根本没办法再工作了。”那么今天的美国就会有成千上万个儿童听不到世界上最有趣的故事。她正是凭借自己坚韧的意志品质，藐视了摆在她面前的所有困难，并且把自己的想法付诸行动，才最终取得了成功和胜利。

当我还是个孩子的时候，我曾经认为自己身材太高是一种不正常的表现，因此感到很自卑。许多年后，我终于明白，事实上身高和其他条件一样，可以给我们带来好处，也会给我们带来坏处。而这一切，主要取决于我们的态度。那些不成熟的人总是会把自己与别人不一样的地方看成是一种缺陷、困难、障碍，然后内心渴望自己得到别人的帮助。然而，那些真正心智成熟的人则不是，他们总是先看清自己与别人的不同之处，然后坦然接受它们，继而想办法弥补。萧伯纳非常轻视那些面对困难而选择退缩的人，他说：“很多人都习惯性地抱怨自己的处境不好，进而埋怨环境导致他们不能取得成就。我从来不相信这类鬼话。如果你真的没有心中所希望的那种环境，那为什么不自己去制造一个？”

女士们，迈向成熟的第一步就是先让自己练就出坚韧的意志品质。为此，你们不能再犹豫了，而且应该马上行动起来。

第三章

好品质成就魅力女人

“糊涂”的女人最可爱

很多女士在看到这篇文章题目的时候一定很不理解，说不定她们还会反问我说：“卡耐基先生，你是不是疯了？难道你认为一个女人天生就应该是愚蠢的吗？难道你也和某些男人一样，认为女人只有是个糊涂蛋才是最好的吗？你在书中一直宣称自己是尊重女性、理解女性的，可你为什么还要写一篇这样的文章来侮辱女性呢？”女士们这样想的话，那可真就冤枉了我。事实上，我所说的“糊涂”并不是指一般意义上的糊涂，而是一种将聪明发挥到极致的“糊涂”。

我之所以会想到要给女士们写一篇这样的文章，完全是受我一位朋友的启发。他叫爱弥尔·劳伦，是一位充满激情的诗人。他曾经送给我一首哲理诗，诗中是这样写的：

糊涂最难得，
真正的糊涂是最高明的。
那是一种将自己的才智升华后的智慧；
那是一种虽知晓却不点破的涵养；
那是一种不入世俗的气量；
那是一种让自己远离纷争的快乐；
那是一种豁达的胸怀；

那是一种让自己免于危险的方法。
不管是男人女人，只要他能做到这一切，
他的一生将可以放出绚丽的色彩。

女士们是否已经体会到了这首诗的含义呢？是的，我所说的糊涂不是那种无思想、无意识、无主见的糊涂，而是一种以豁达、宽容的眼光去看待事物的糊涂。虽然世上所有的人都梦想着成为智者，但是如果我们对凡事都较真的话，那么自己也就会陷入无边的痛苦之中。女士们不妨想一想，是不是很多事情你越清楚就越烦恼呢？我们打个比方，世界上真正被病魔夺去生命的人其实并不多，更多的人是被病魔吓死的，因为他们太“聪明了”，所以心中非常清楚疾病对他们来说有多么可怕。

小的时候，我和邻居家的几个小孩子都非常喜欢到达克先生家去玩，因为那里有个慈祥和蔼还很会讲故事的老奶奶。有一次，老奶奶给我们讲了一个“可笑的主妇”的故事。

从前，有一位住在农场的主妇，老是自以为是，自作聪明，很喜欢与人抬杠。有一天，这个主妇正在家中煮饭，突然邻居告诉她，说是街上来了一位算命很准的吉普赛女郎，叫她一块儿去看看。这个主妇一向不相信什么算命的说法，认为那个吉普赛人不过是想借机会骗钱罢了。因此，主妇暗下决心要好好惩治一下那个骗子。

当她赶到时，吉普赛人的面前已经围了很多人。主妇二话不说，马上挤到跟前说：“嗨，你算算我叫什么名字，现在正在做什么。算对的话我给你一个金币。”吉普赛人回答说：“你的名字叫琳达，你现在正在煮饭。”主妇吃了一惊，因为她的确是叫琳达，而且也正在煮饭。不过，她还是不相信吉普赛人会算命，认为这一定是有人事先告诉她了。于是，她回家换了身衣服，改了个发型，又要求吉普赛人给她算命。结果吉普赛人给的答案还是一样。就这样，主妇来回换了几次衣服都没有骗过吉普赛人。不过，当她最后一次去问的时候，吉普赛人说：“你的名字叫琳达，不过你煮的饭已经焦了。”

我清楚地记得，当时我们几个小伙伴笑得前仰后合，都说这个主妇真是可笑，喜欢耍小聪明。那时候，我从这个故事里得到的唯一道理就是：吉普赛人是会算命的。

然而，当今天我再重温这个荒诞故事的时候，却发现里面还暗示了很多深刻的道理。其实，在现实生活中，很多人都和这位主妇一样，喜欢耍小聪明，明知道某些事情的真相，却非要去较真，一定要找出里面的错误。结果呢？他们苦心经营的“饭”变焦了，自己也尝到了苦果。

很多女士之所以不幸，很大程度上就是因为她们太过“聪明”。的确，这些女士智商很高，社会阅历也很深，因此任何问题，任何事情都瞒不过她们的眼睛。于是，她们不允许别人欺骗她们、不能容忍别人占她们的便宜，更加不能原谅那些妄图在她们面前瞒天过海的人。她们毫不留情地当面拆穿了别人的“诡计”，挖空心思地想办法去报复他们。结果，她们自己累得筋疲力尽，而别人也不愿意再去理睬她们。

人际关系学大师海拉尔·乔森顿曾经在他的著作《如何让你成为受欢迎的人》中写道：“在与人相处的过程中，太过较真是最大的忌讳。我一直都认为，撒谎是人类的天性，因为有些时候说谎也是必需的。然而，每个人在内心深处都有一种自我防御的心理。当察觉别人在欺骗他们的时候，他们的自尊心马上就做出反应。在他们看来，这些人的做法无疑是在愚弄他们，是对他们的一种侮辱。于是，他们会想出各种办法进行反击。然而，事实上有些时候谎言并没有那么可怕，只不过是当事人将它看得太严重而已，结果搞得自己和别人都很不愉快。其实，如果人们可以忽略一些谎言的话，那么每个人都可以过得轻松许多。”

我们不妨对待工作“糊涂”些。当然，我并不是让女士们不认真对待工作。我的意思是不要太去计较那些工作中遇到的问题。你的上司可能最

近老是冲你发脾气，你不要认为他是在故意找你的碴儿，说不定他只是心情不好而已。你每天工作8小时，给公司创造了很多利益，可仅仅拿到那一点儿微薄的薪水。你不应该有这种想法，公司拿更多的钱是理所当然的，因为你不是老板，更何况他还要拿出很大一部分来供养像你一样的员工。你的同事整天聚在一起说你的坏话，这让你难以忍受。其实，你大可不必担心，因为他们只不过是嫉妒你罢了。

我们不妨对待朋友糊涂些。你的朋友可能为了某些利益而伤害了你，千万不要因此去怨恨他，因为换作是你也会这么做的。你的朋友曾经在背后说过你的坏话，不要在意，因为那可能是你真的有问题。况且，在背后谈论他人是人类最大的嗜好。也许你的朋友明明有钱却不愿借给身处困境的你，不要埋怨他，可能他还有更大的用处。

我们不妨对待家庭糊涂些。你的丈夫可能和你撒谎说在单位加班，其实他只是偷偷跑出去喝酒。你不要责怪他，因为男人也需要偶尔的放纵。你丈夫拿着一枚廉价的戒指和你说："这是正宗的钻石戒指。"请不要拆穿他，那代表了他的心意。你的孩子把弄脏的床单藏在了衣柜里面，你千万不要手拿床单狠狠地训斥他，因为你小的时候也犯过同样的错误。

女士们，我真的希望你们在遇到上面那些问题的时候表现得糊涂一点儿，这可是人生的大学问。曾经有一位哲人说："聪明的最低境界是糊涂，而它的最高境界依然是糊涂。"每一位女士都不愿做最低境界的糊涂

虫，因为那是一种懒懒散散、玩世不恭、胸无大志的表现。于是，女士们看书、看报、留心观察，逐渐将自己变成了聪明人。我承认，这是一种飞跃，质的飞跃。然而，如果我让女士们再从聪明变回糊涂，恐怕就很少有人愿意了。

实际上，女士们之所以不愿意从智者变为糊涂者，是因为你们认为但凡糊涂者都是可悲的、可笑的，甚至是愚蠢的。可是，女士们有没有想过，这种糊涂有时候恰恰可以帮你们排解生活中的烦恼，让你们不为任何事担忧。这种糊涂并非不明事理，也不是看不清现实，而是一种让自己免受世事困扰的做法。一位哲人曾说："上帝要折磨一个人，首先就赐予他完整的思想。"对于那些太有思想的人来说，痛苦与他们是永远相伴的。相反，那些头脑简单的人却可以每天都过得很快乐。

有些女士太"聪明"了，看清了世上所有的一切。于是，她们开始觉得世界太冷酷了，人与人之间没有感情可言。她们觉得孤独，觉得冷，认为这个世界没有一丝温暖可言。这就结束了吗？不，还远不止这些。"聪明"给你带来最可怕的后果就是失去朋友、失去亲人、失去生活。没人愿意和一个太"聪明"的人在一起相处，每一个人都希望保留住自己的尊严，守住自己的一点儿小秘密。然而，"聪明"的女士却让这些人失去了尊严，失去了秘密。

因此，女士们，请听一听我的劝告，让自己变得头脑简单一些，让自己对人对事糊涂一些。这样一来，你不但不会成为别人眼中的傻瓜，反而会成为他们心目中的女王。

不过，在最后我还必须提醒女士们，如果你们真的还没有从最低境界的糊涂上升到聪明的境界，那么就千万不要去追求最高境界的糊涂。我说过，最高境界的糊涂是以聪明为基础的，它是一种智慧的体现。而如果女士们没有达到聪明的要求，那么你们追求的可就是真正的糊涂了，那种让人变得一塌糊涂的糊涂。

善于倾听让女人更受欢迎

女士们，你们知道什么方法最能够让别人接受你吗？有的女士可能会告诉我："这很简单，把我的优点全部告诉他们，我要用我的语言使他们感受到我的魅力。"如果你真是这样想的，亲爱的女士，那么你就大错特错了。事实上，这种说太多话的做法往往会使别人感到厌烦，尤其是你故意夸大你的优点。因此，如果你想成为一名充满魅力的女士，那么你就应该让别人多说话，尤其要给别人说出自己得意事情的机会。

你们可能想不到，这种做法虽然看起来有些"软弱"，但实际上却充满了智慧，往往可以给你带来意想不到的收获。

汤潘女士是一家大型汽车坐垫生产厂家的销售代表。几年前，全美最大的汽车公司准备购买全年所需的汽车坐垫，这也是这家公司每年年初都要进行的大型采购项目。为了能够获得这项大订单，很多生产厂家都纷纷寄出了自己的样品。经过层层筛选，只有三家厂商进入了最后的竞标，汤潘女士所在的厂家就是其中之一。

说实话，汤潘女士对这次谈判没有多少信心，因为另外两家的实力也都是非常强的，也就是说汤潘女士成功的概率仅有30%。然而，就在竞标开始的那天，汤潘女士居然得了咽喉炎，而且相当严重，嗓子沙哑得连声音都发不出来。汤潘女士有些灰心，认为这次肯定会失败。可是，明知失败也要试一下，于是她还是进了会议室，和那家公司的采购经理、质检员以及总经理见了面。

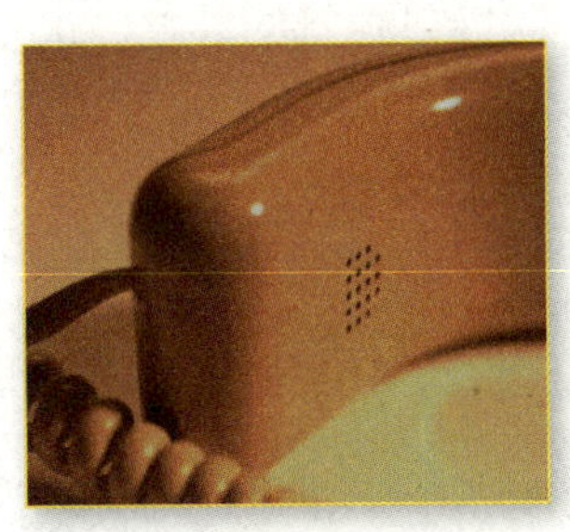

当她见到总经理时，很想向他问好，可是她根本发不出声音来。没办法，汤潘女士只好在纸上写道："对不起各位，我今天嗓子坏了，根本不能说话。"这时，坐在她对面的总经理笑了笑，说道："女士，我在这一行也有很多年了，我想我替你介绍你们的产品，你不会有什么意见吧？"汤潘女士点了点头，表示愿意接受总经理的建议。

当时的场景简直太令人惊讶了，这家公司的总经理俨然成了汤潘女士的代言人。他站在汤潘的立场上，分析了她们厂生产的产品的优点，并和其他生产厂商的产品进行了比较。在整个过程中，汤潘女士没说一句话，只是微笑地点头。经过一阵激烈的讨论后，汤潘女士居然拿到了订单，那可是价值 160 万美元的订单啊！

后来，汤潘女士对我说："我真的感觉上帝在帮我，因为如果那天我的嗓子没哑的话，恐怕我根本拿不到这份订单。现在我终于明白，给别人说话的机会是一件多么重要的事情。那位总经理当时很得意，因为他认为，对于鉴别汽车坐垫质量的好坏来说，他简直是专家。我清楚地记得，他神采飞扬，滔滔不绝，完全把介绍我们的产品当成了自己的事。从那以后，每当我和客户交谈时，总是尽量让他们说话，而且最好是让他们说自己得意的事情。"

对于这一点，并不是只有汤潘女士认识到了它的重要性，另一家电器公司的业务经理卡洛琳女士也对这种做法的魅力深有体会。

那是前几年的事情了，卡洛琳女士受公司老板的委托，来到宾西法尼亚州的一处农业区进行考察。当她经过一家非常干净整洁的农舍时，对陪同的销售代表说："先生，请你告诉我好吗？这里的人为什么都不用电器？"销售代表以前显然碰过钉子，所以有些赌气地说："住在这里的人都是荷兰移民，他们有钱！可是他们是典型的铁公鸡、守财奴，根本不可能购买我们的任何东西。而且，这些乡下人还对我们这种公司很反感，我已经被拒绝过很多次了。”卡洛琳女士不太相信他的话，决定亲自试一试，于是她很有礼貌地敲开了一家农舍的门。

门只开了一个很小的缝，有一位妇人探出了头。还没等卡洛琳开口，妇人就白了她一眼，重重地关上了门。卡洛琳没有生气，而是又一次敲门，说道："请别误会，夫人，我并不是来这里推销什么东西的，而只是想从您这里购买一打鸡蛋。”门开得大了一点儿，不过妇人眼神中依然充满了怀疑。

卡洛琳笑着说："我敢打赌，您的那群鸡一定是多敏尼科鸡。”

妇人有些好奇地问："你是怎么知道的？”

卡洛琳说："因为我家也养鸡，而且从来没见过比你的这群更棒的多敏尼科鸡。”

老妇人的警惕性还是很高，继续问道："恭维是没有用的，既然你家也养鸡，那么何必还来我这里买？”

卡洛琳回答说："很简单，我养的是莱格何鸡，它们只能生出白色的蛋来，而多敏尼科鸡却能生出褐色的蛋来。您一定精通烹饪之道，相信您也知道，用白色的鸡蛋做出的蛋糕要远远逊色于用褐色鸡蛋做出的蛋糕，我一直是这样认为的。”

妇人完全没有了戒心，她来到了走廊中，高兴地说："是的，我也这么认为。哦，姑娘，我想要请你参观一下我的家。”

于是，卡洛琳终于有机会仔细地看一看这位妇人的家了。这时，卡洛琳说："夫人，我注意到你家有一个漂亮的牛棚，那牛一定是你丈夫养的。

让别人说出他们得意的事情的好处

◎为你赢得友谊；
◎让别人对你感兴趣；
◎给你自己创造机会；
◎让别人接受你。

我敢保证，他养牛挣的钱一定不如你养鸡挣得多。”

“噢！当然，你说得太对了！”老妇人兴奋地说，“真该让那个自负的家伙听听这些话，省得他一天到晚总是不承认。”

接下来，老妇人邀请卡洛琳参观了她的鸡舍，而且表示希望从她那里得到一些好的建议。当然，女士们肯定都猜到了卡洛琳会给这位妇人什么建议。

一个星期以后，卡洛琳考察的这一地区都安上了她们公司生产的电器。卡洛琳对那个失败的销售代表说：“你知道吗？我并没有像专家一样上来就建议她买什么电器。我只是想要知道她养鸡的情况，因为那是她最得意的事情。在取得了她的信任之后，我是以朋友的身份建议她买电器的。朋友是不会欺骗朋友的，所以她才决定买我们的东西。”

女士们，我不得不承认，这是我所见过的最有魅力、最成功，也是最有效的推销方法。当然，你完全可以把它运用到你的日常生活中。

女士们，你们知道这是为什么吗？这是因为当别人觉得胜过我们时，他们就会产生一种自尊感和自重感，这一点也是我一再强调的。有了这种自尊感和自重感，他们必然愿意向我们敞开心扉，愿意和我们交朋友。相反，当他们觉得我们胜过他们时，他们就会产生一种自卑感，随之而来的则是嫉妒和猜忌。

各位女士，你们知道如何获得一个成功人士对你的青睐，从而为自己谋得一份不错的职业吗？我可以告诉你们，最好的办法就是让他们讲一讲他们的创业史，因为那是他们认为最得意的事情。

有一次，美国一家著名的大公司在报纸上刊登了一则招聘广告，说是想要招聘一位非常有才能而且经验也很丰富的人来做公司的中层管理人员。可是，虽然有很多人前来应聘，但似乎没有一个被老板看中。

这天，有一位年轻的女士前来应聘，事实上，她的条件并不是很好，而且也谈不上经验丰富。

老板显然有些轻视这位女士，问道：“能告诉我你有什么能力吗？”

女士很镇定地说：“尊敬的先生，我不打算在您的面前吹嘘。事实上，我一直都很敬佩您。我知道，您是一位白手起家的企业家。您凭借着几百美元和一份详细周密的计划以及自己不懈的努力终于取得了今天的成就，您是我心目中真正的英雄。”

老板的眼睛亮了起来，很高兴地说：“是吗？可那些毕竟都是过去的事了。”

女士说道：“可那对我们这些后辈来说却非常有意义。我不奢望能够获得这份工作，但我想从您那里学到更为宝贵的经验。”

这场面试整整进行了三个多小时，老板把他自己如何从一个穷小子变成今天百万富翁的经历全都讲述给了这位女士。最后，老板笑呵呵地说：“今天是我这些年来最开心的一天。那些应聘者从来没有让我有过这样的感觉，他们老是在那里夸夸其谈，说他们是如何如何有能力。事实上，他们的这些功绩在我眼里简直一文不值。女士，欢迎你加入我们的公司。”

女士们，看到了吧，这就是这种技巧的魔力。可能有些女士会问：“作为女性，和那些成功人士打交道的机会毕竟很少，大多数人根本没有辉煌的过去，我不知道该如何让他们说出得意的事。”女士们，如果你们这样想，那就又犯了一个错误。事实上，每个人都有他最得意的事情，关键看你能不能发现。我可以举一个简单的例子，女士们认为对于一对父母来说什么才是他们最得意的事情呢？对了，答案就是他们的孩子。如果你想和一个已婚的而且有了孩子的人成为朋友，那么与其虚伪地称赞他们，还不如发自真心地去和他们谈论一下他们的孩子。因为对于他们来说，孩子就是他们未来的希望，也是他们最最值得骄傲的事情。

我记得有一位哲人曾经说过：“胜过你的朋友，这是获得敌人的最好办法；让你的朋友胜过你，这是获得朋友的最好办法。”的确，女士们，我们为什么不能谦虚一下呢？为什么不能给别人说出自己最得意的事的机会呢？相信我，女士们，只要你这样去做了，那你一定会成为最受欢迎而且最有魅力的女士。

善解人意的女人最迷人

相信很多女士都曾遇到过这样的问题：有些人明知道自己错了，而且他们的确是错了，但就是不肯承认错误。面对这种情形，女士们大多是选择责备，然而结果却是丝毫不见效，甚至还会起到相反的作用。其实，女士们完全可以采用另一种方法，那就是理解他，从他的角度看问题，也就是我所说的善解人意，体贴他人。

要想掌握这一技巧，女士们首先要知道对方为什么会固执地坚持自己的意见。很显然，他那么做一定有原因，只要女士们找到背后的秘密，那么就相当于找到了体谅他、理解他的钥匙。

我的培训班上曾经有一位名叫凯莉的女士。她告诉我，她的丈夫不务正业，不但不把心思花在工作上，反而每周都要拿出 3 天的时间来修理家中的那些花草。在凯莉女士看来，那些经丈夫精心修剪的花草并不比他们结婚时更好看，因此她总是批评丈夫。当然，凯莉的丈夫在面对批评时也不甘示弱，因此家中经常爆发“战争”。

听完她的描述，我知道这是一位不懂得体贴他人的女士，于是我对她说：“你为什么不换个角度考虑？何不尝试一下站在他的角度思考问题？”我的话显然打动了凯莉女士，她沉默了一会儿说：“是的，我知道丈夫一直都很喜欢花草。记得我们在恋爱的时候，他经常会送给我几朵自己种的花。那时候我还常常称赞他有情趣。也许，这次真的是我错了。的确，我丈夫太喜欢花草了，他能在修剪花草的过程中体会到快乐，而我却要剥夺他这种快乐。”

善解人意的好处

◎消除对方对你的敌意；

◎让对方接受你的观点；

◎使对方从你的角度思考问题；

◎顺利地实现你的目的。

如何做到善解人意

◎站在别人的立场上考虑问题；

◎要真诚地向他们表示理解；

◎委婉地表达出你的观点。

女士们知道以后发生什么事了吗？那太神奇了。当丈夫再一次修剪花草时，凯莉兴冲冲地走过去说：“嗨！亲爱的，我今天才发现原来你种的花是这么的漂亮。我相信，如果我们两个一起经营的话，我们的家会变得更美。”“是吗？亲爱的，你真的这么认为？”凯莉的丈夫几乎是眼含热泪地说：“我很久没听到你这么说了。事实上，你一直都反对我这么做。”凯莉笑着说：“可我现在改变主意了。能在工作之余管理自己的花草，这也是一件非常惬意的事情。当然，工作是不能落下的。好了，我们开始吧！”

从那以后，凯莉再也没有责备过丈夫，反而会经常帮他干活。如果实在没时间，那么在丈夫干完活后她也会重重地表扬他一番。就这样，凯莉一家每天都过得很愉快。

看完这个例子之后，有些女士可能会说：“卡耐基真的是一个聪明人，居然能够想到这么好的方法来解决人与人之间的摩擦和矛盾。可惜我不够聪明，要不然我一定也会很好地运用这一技巧的。”女士们，千万不要这样想。我懂得这一技巧并不是因为我比女士们聪明，而是因为我曾经得到过教训。

一直以来，我都喜欢到离我家不远的公园里骑马、散步，这是一种很不错的休闲方式。公园中有很多橡树，那是我最喜欢的植物。当我看到那些可怜的小树被无情的大火烧坏时，我感到非常痛心。事实上，这些火并不是由那些粗心者的烟头引起的，而是由在公园野炊的调皮的孩子们所致。有些时候，那火简直大得吓人，甚至必须要叫来消防队才能扑灭。

其实，这件事早就引起了政府的重视，因此他们在公园里面树立了一块牌子，上面写着：严禁在公园用各种形式引火，否则必将受到罚款或拘禁的处罚。可能是工作人员一时疏忽，这块牌子居然被放在了一个很不显眼的位置上，所以很少有人能看到它。此外，虽然政府在公园里设置了一个骑马巡视的警察，但他好像对自己的职责不太感兴趣，因此火灾还是时常发生。

有一次，我急匆匆地跑到那位警察那里，告诉他公园发生了一场可怕的火灾，应该马上通知消防队。不想，他却冷冰冰地说："这关我什么事？要知道，现在的火还没有烧到我所管辖的区域。"当时我非常生气，并决定从此以后义务担当起森林管理员的角色。于是，我每天都会骑着马在公园里巡视。

那时候，虽然我的出发点是好的，但是我并没有理解到善解人意的重要性。当我看到一群孩子在树下玩火的时候，非常地气愤，一定会想出各种办法来阻止他们。我会走上前，恶言恶语地警告他们，命令他们将火扑灭。如果他们胆敢拒绝我，那我就会吓唬他们说，我一定会把他们交到警察手里的。这一方法也有效，那些孩子听从了我的话，不过是带着厌恶和反感心理听从的。只要我一离开，他们就又会生起火来，而且恨不得将整个公园烧得一干二净。

很多年以后，我已经学会了一些与人相处的技巧了。这时我才发现，当初自己的做法是多么地愚蠢。于是，当我再一次在公园中看到那些淘气的孩子时，我会对他们说："孩子们，这真是太棒了，是不是？让我看看你们在做什么？午餐吗？事实上，当我还是个孩子的时候也很喜欢在外面野炊，直到现在也是。不过我从来不在公园中玩火，因为那是一件非常危

险的事。虽然我可以肯定地说，你们一定会非常小心，但我却不能保证别的孩子也同样小心。那些粗心的孩子看到你们在生火，他们也一定会跟着学，而且在回家的时候还不将火扑灭，接着公园里就会发生一场可怕的火灾。仅仅因为不小心，我们将失去这个美丽的公园，而那些调皮的小家伙们也会因为生火而被捕入狱。我从没打算要制止你们做什么，我也希望你们能从中体会到快乐。不过，快乐地享受一番后，你们千万不要忘记把那些树叶扔得离火远一点儿。还有，在离开之前，你们一定要把火用土盖起来。对了，我还有一个很好的建议，你们下次可以到山丘那边的沙滩上生火，那不会有任何危险。祝你们好运，我的孩子们！”

这些调皮的孩子这次也听了我的话，不过是心甘情愿的。他们觉得，我是从他们的立场上考虑问题的，我是一个善解人意的人。孩子们得到了自尊，也没有了反感，所以他们不会抱怨，更不会抵触。因为在他们看来，我是一个值得信赖的人，也就是说，我用我的魅力打动了他们。

这又和魅力扯上什么关系了？其实，女士们不妨想一想，什么叫魅力？魅力的表现形式是什么？当我们称赞一个人有魅力的时候，是不是也是在说：“我真喜欢他！”对，你只有让别人喜欢你，敬佩你，欢迎你，才能使自己充满魅力。也就是说，做一个善解人意、体贴他人的女人是魅力无穷的。

肯德斯在美国一家杂志社做编辑。他是个十足的“酒徒”，每天都要喝上几杯才肯罢休。后来，酒精使肯德斯生了病，并且他不得不在家养上半年。当时，爱丽丝女士正好担任编辑部主任。她可是一个对酒精深恶痛绝的人。杂志社中有人对肯德斯非常不满，于是就到爱丽丝那里打小报告，说肯德斯是个酒鬼，而且因为喝酒也耽误了很多事。后来，这些风言风语传到了肯德斯的耳朵里。他害怕极了，真怕自己的上司因为这件事而辞退了他。

有一天，爱丽丝女士打电话给肯德斯，邀请他一起吃午饭。餐桌上，肯德斯战战兢兢，不知道该如何是好。爱丽丝看了看他，对服务生说：“请给我们上两瓶香槟酒！”肯德斯简直不敢相信自己的耳朵，问道：“什么？爱丽丝女士，您不是一直都很讨厌酒的吗？怎么今天……”爱丽丝笑着说：“我知道，有时候工作压力太大，或是生活太无聊，来上几杯香槟的确是一件让人感到非常舒服的事情。不过，这只能当成一件消遣的事来做，千万不能沉迷于里面。来，让我们为了你的健康而干杯！”

从那以后，肯德斯再也没有因为喝酒而误事。事实上，正是爱丽丝女士以她自身的魅力感动了肯德斯。因为她让肯德斯知道，自己是十分理解下属的。

如果说肯德斯被爱丽丝征服还多少存在一些“敬畏”原因的话，那么罗曼莎女士则完全是凭借自己的实力。罗曼莎是纽约一家大型剧院的总经理，是一个不善言谈的人。有一次，剧院要上演一场非常不错的戏剧，前来观看的人很多，因此票价从原来的 3 美元涨到了后来的 10 美元。这当然会引起那些顾客的不满，所以经常发生顾客与售票员争吵的事。

有一次，一位顾客对售票员说：“居然涨了这么多，简直太不像话了。”那售票员抬起了头，说：“是的，太不像话了！”这下轮到顾客傻了，不知道该说些什么好。过了一会儿，顾客问道：“刚才那个售票员是谁啊？真的很不错。”店员回答说：“先生，那是我们的老板罗曼莎女士。”

罗曼莎女士正是凭借自己的善解人意，才使得对方放弃了争论，因为顾客感到自己的想法被理解，而他也开始理解剧院的难处。

魅力女人都是“柔道”高手

几年前，我和桃乐丝一起去欧洲旅行，其间我们参观了一场柔道比赛，这是一种从日本传过来的搏击术。与其他搏击比赛不一样，柔道选手之间没有那种激烈的硬碰硬的较量。相反，参赛者往往对对手的攻击采取忍让态度，接着再伺机发动反攻。当时陪同我们的还有一位名叫查尔斯·迪克勒的先生，他对东方文化有着浓厚的兴趣。他告诉我，柔道的发源地是在古老的中国，而中国人是用“以柔克刚”来形容这种搏击术的，这种方法被许多中国人所推崇。

在归国的途中，我和桃乐丝一直在讨论着柔道。突然，桃乐丝说了一句：“如果我们在与别人相处时也能做到以柔克刚的话，那么一定可以避免很多麻烦。”桃乐丝的话提醒了我。的确，我们为什么不能在日常生活中运用这一原理呢？如果女士们真的能够做到“以柔克刚”的话，相信一定可以让你们魅力四射，成为最受欢迎的人。

加利福尼亚州心理学教授斯科尔·塔克拉曾经说：“即使一个人的脾气再坏，当他遇到一个和蔼可亲、笑容满面的人时也很难发作。很多人不明白这个道理，当面对麻烦时，他们往往采取硬碰硬的方法来解决。我们姑且不谈这种方式能不能解决问题，但它一定会让你的形象在别人的心中大

打折扣。”

我一直都认为，除了外貌、气质以外，处世方法是最能体现女士们魅力的地方。我想，没有一个人会把一个斤斤计较、绝不退缩、丝毫不让的女人与魅力联系起来。原因很简单，和这种女人相处都是一件很头疼的事，更别说是喜欢她。相反，如果一个女人对谁都笑容满面，从不发火，而且懂得用最委婉的方法来处理问题的话，那么她将成为众人眼中最有魅力的女人。

以前，我在密苏里州居住的时候，有个邻居叫沙妮娜女士。不知道为什么，所有的人都非常喜欢她，并且亲切地称她为“最讨人喜欢的夫人”。那时候我还很小，对于如何处理人际关系还没有一点儿概念。但在我的印象中，沙妮娜夫人从来没有和谁发过火，也没有与谁争吵过。

记得有一次，隔壁农场的猪跑了出来，把她家种的蔬菜全都啃了个遍，而且还撞坏了篱笆。可以看得出，当时沙妮娜女士非常伤心，因为那些猪破坏了她所有的劳动成果。猪的主人也感到很不好意思，就上门向沙妮娜女士道歉，并表示愿意赔偿一切损失。可是，沙妮娜女士没有要他赔偿，只是接受了他的道歉，并且还告诉他不要把这件事放在心上。老实说，当时我真的替那位夫人鸣不平，因为光用金钱是不可能来弥补她的损失的。不过，我清楚地记得，从那以后，那家农场的主人和沙妮娜女士成为了非常要好的朋友。

直到今天我才明白，沙妮娜女士这种做法是非常正确的。我们试想一下，如果当时沙妮娜女士和农场主大吵大闹的话，情形将会怎样呢？我想，那个人很可能会恼羞成怒，与沙妮娜对峙起来。他会强调说，猪跑出来是谁都不想看到的事，而且他也不是故意这么做的。而沙妮娜女士则会强调不管怎样，他的猪已经给她造成了损失。那么，结果很可能就会演变成一场可怕的争吵。

有些女士可能会说：“卡耐基，你所说的这一切不过是一种处世的技巧罢了，和有没有魅力根本就没有太大的关系。再说，我们怎么能不为自己的利益考虑呢？你这种做法是以牺牲我们的利益为前提的，而我们又能得到什么呢？我想，总是有一些家伙会把我们的这种做法看成是软弱的。”

女士们，这种担忧虽然有一定的道理，但我却认为是多余的。几天前，我和桃乐丝回到密苏里，参加了这位夫人的葬礼。当时，很多邻居都到场了，有一些还是从很远的地方赶过来的。沙妮娜女士墓碑上的碑文是

这样写的：“这里躺着的是世界上最有魅力的女人，她的风度、气质以及宽容和大度让所有人都为之折服。”这就是所有人对沙妮娜夫人的评价。如果女士们想成为最有魅力的人，那么你们就应该用你们的“柔”去打动对方。英国著名的人际关系学大师卡斯·卢卡泽曾经在一次演讲中说：“最成功的女人就是那些能够运用巧妙的方法让别人接受自己、获得别人的好感、让别人感受到她们魅力的人。我承认，好的外表、得体的衣着、迷人的气质等都是成为一个魅力女人所必备的条件。然而，我个人认为，懂得‘温柔’的处世方法却是最重要的，可是很多人却忽视了这一点。这种方法是打开对方心灵的钥匙，是自我介绍的名片。没有了这种‘温柔’，就不可能获得别人的好感，更不会让别人接受你。我一直都认为，在所有的因素中，这种‘温柔’的处世方法是最能体现女性魅力的。”

英国的一个小镇曾经举行过一次评选“全镇最有魅力的女人”的比赛。最后，一位名叫塔莎的女士获得了冠军。相信女士们一定想不到，这位塔莎没有高贵的出身，也没有出众的外貌，更谈不上什么高雅的气质。她只不过是一个餐馆的服务员而已。那么，她为什么会成为全镇最有魅力的女人呢？

原来，塔莎不管对待任何人都十分和蔼。餐馆服务员是一项非常枯燥的工作，很容易让人产生厌烦的心理。因此，我们往往遇到的是粗声粗气、满脸不耐烦的服务员，然而塔莎却从来没有这样过。她的脸上总是挂着笑容，对待每一个人都非常和气，而且说起话来也很温柔。有人曾经开

如何成为“柔道”高手

◎学会对所有人都微笑；
◎说起话来轻声细语；
◎不与任何人发生争吵；
◎学习一切处理人际关系的技巧。

玩笑地说，他真的怀疑塔莎会不会大声说话。

女士们可能会认为，一个冠军或奖牌并不能说明什么，也不能代表所谓的“柔道”女人有魅力，有可能英国那个小镇上的人就是喜欢那种类型的。

事实上，塔莎在餐馆工作的6年里，居然没有发生过一起争吵事件，这在别的餐馆看来简直是天方夜谭。虽然有些人就是抱着找碴儿心理去的，但是他们的“恶意”无一不被塔莎的“柔道”化解。一个不愿透露姓名的人说，他曾经故意到那家餐馆找麻烦。可是不管他怎么刁难，塔莎始终都非常和蔼。最后，这个人实在忍不住了，终于承认自己败在了塔莎的“柔道”之下。

女士们，我不知道你们现在是不是还能找出理由来反驳我的观点，如果真的是那样，那么我只好再给女士们说一件真实的事情。

一个周末，我约了老朋友肯尼迪·克勒曼一起共进午餐。其间，我发现他有些不高兴，就问他是不是发生了什么事。肯尼迪叹了一口气，说：“真不知道怎么搞的，刚来的那个速记员简直笨得要死。作为一个打字员，她居然会经常拼错字，而且速度还很慢，记录也不准确。上帝，我怎么会想到雇用她。”我说：“如果是这样的话你应该和她谈谈，实在不行就辞退她。这么做不是伤害她，因为也许她更适合别的工作。”肯尼迪点了点头，表示同意我的观点。

几年后，当我再一次和肯尼迪说起这件事的时候，他居然有些沮丧地说：“记得我和你提起过的那个速记员吗？真遗憾，她已经准备结婚了，所以只好辞职。”我有些不解地问：“难道你没有辞退她？她不会是在很短的时间里就取得了那么大的进步吧？”肯尼迪笑了笑说：“进步？不，事实上她现在还是经常出错。”我更加迷惑了，就问：“那你为什么没有辞退她？”肯尼迪说：“本来我是打算辞退她的，但是后来我发现我做不到。她虽然工作能力不强，但是却能给整个办公室带来一种非常舒适的感觉。你知道吗？这种感觉以前是没有的。她很温柔，对待每一个人都一样，因此整个办公室工作人员的关系相处得都很融洽。她是人际关系的润滑剂，正是因为有她存在，所以才减少了很多摩擦。”

第二篇

不做女强人，要做强女人

第一章

勇敢做自己

坚持自我

很多女士都喜欢模仿别人，想让自己和别人一样。她们希望能够跟上潮流，或是让自己散发出明星般的魅力。然而，这种模仿似乎并没有给女士们带来成功或是快乐，相反会让她们感到焦虑、痛苦，而且这种焦虑、痛苦是和失败联系在一起的。

我承认，对成功和快乐的渴望是女士们模仿别人的出发点，但事实已经证明这是一种很不明智的做法。当任何一位因为模仿别人而苦恼的女士向我寻求帮助时，我总是会告诉她们相同的一句话："做你自己，那是最快乐的，也是最好的。"

有一次，我到一位朋友家做客，正好他的邻居爱迪丝太太也在。这位体型有些胖而且长得并不算漂亮的爱迪丝太太给我留下的第一印象是活泼、开朗、快乐。我们之间很快就没有了陌生人初次见面的那种陌生感，彼此都给对方留下了很好的印象。爱迪丝太太很健谈，尤其喜欢给我们讲述一些她年轻时候的事。让我大吃一惊的是，就在几年前，爱迪丝太太还每天都生活在不开心和忧虑之中。

爱迪丝太太告诉我，她以前是个很敏感而且很羞怯的小女孩。那个时候她就已经很胖了，而且两颊还很丰满，这样使她看起来更加胖。她的母亲是个非常古板的农村妇女，在她看来，女人最愚蠢的做法就是穿太漂亮的衣服。同时，爱迪丝的母亲还不赞成穿紧身衣，因为她认为衣服太合身

的话很容易撑破，还是做得肥大一点儿好。这位母亲不光自己这样打扮，而且还要求她的女儿爱迪丝也这样打扮。说实话，这让爱迪丝十分苦恼，但却又无可奈何。她不敢参加任何形式的聚会，也没有任何开心的事。在那时，她把自己当成怪物，因为她和别人不一样。

后来，爱迪丝太太嫁给了阿尔雷德先生。为了能够融入这个新家庭，爱迪丝太太开始模仿身边的人，包括她的丈夫和婆婆，但这一切总是不能如愿。她不是没有努力过，但每次尝试的结果都是适得其反，甚至将她推向更糟的境地。渐渐地，爱迪丝太太变得越来越紧张，而且很容易发怒。她不愿意接见任何朋友，也不想和任何人说话。她意识到，自己是彻底地失败了。

爱迪丝太太整天提心吊胆，因为她害怕有一天自己的丈夫会发现事情的真相。她非常努力地装出快乐的样子，甚至有时候过了头。最后，爱迪丝太太实在不能忍受这种折磨了，她甚至想到用自杀来结束这种痛苦。

我对爱迪丝太太讲的故事非常感兴趣，追问道："爱迪丝太太，我现在更想知道您是怎么改变自己，变成现在这个样子的。"

爱迪丝太太笑了笑说："改变自己？没有，根本没有。事实上，现在的我才是真正的我。我必须要感谢我的婆婆，是她的一句话让我有了今天的快乐。"原来，有一天，爱迪丝的婆婆与她谈论该如何教育子女时说："我觉得我是一个成功的母亲，因为我知道，不管发生什么事，我都要我的孩子们保持他们的自我本色。"天啊，婆婆的一句话就像一道灵光一样闪过爱迪丝的头脑，她终于知道了自己不开心、不快乐的根源。从那天起，爱迪丝开始按照自己的

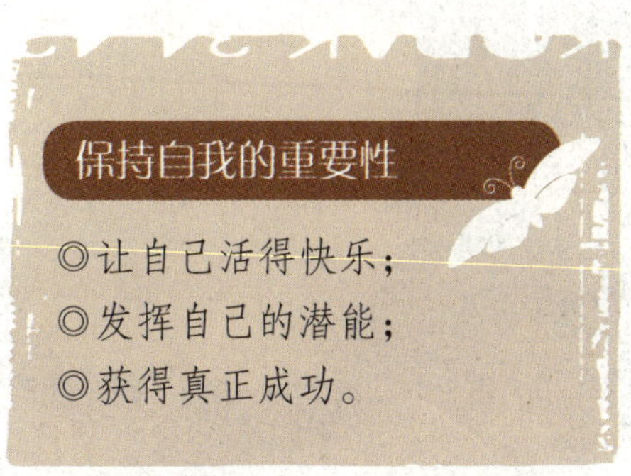

保持自我的重要性

◎让自己活得快乐；

◎发挥自己的潜能；

◎获得真正成功。

意愿穿衣打扮，也开始按照自己的兴趣参加了一些团体。慢慢地，爱迪丝的朋友多了起来，她自己也变得越来越快乐。

我清楚地记得当时我给爱迪丝太太精彩的“演说”鼓了掌，而且称赞她是我所见过的最有魅力的女性。爱迪丝太太有些不好意思地说：“其实没什么，这就是我。”

女士们，你们必须要牢记一点，保持自我是一件重要的事情。如果你做不到，那么你永远都不可能成为一个快乐的女性，因为你总是活在别人的影子里。

我的朋友基尔凯医生曾经跟我说：“保持自我这个问题几乎和人类的历史一样久远了，这是所有人的问题。”事实上，大多数精神、神经及心理方面有问题的女性，其潜在的致病原因往往都是不能保持自我。

我曾经和好莱坞著名导演山姆·伍德进行过一次谈话。他告诉我，现在年轻女士太没有自我了，在好莱坞，青年女演员去模仿他人的现象是相当严重的。伍德说：“她们都想成为一个二流的拉娜·特勒斯，却并不想成为一个一流的自己。实际上，这种做法让观众不好受，也让那些姑娘们

自己痛苦。”

我非常同意伍德的这些话，因为我知道一个这样的例子。

一名公车驾驶员有一个梦想成为歌星的女儿。但是，上帝并不怎么眷顾这个女孩，因为她长得很一般，而且嘴巴很大，还长有龅牙。当她第一次来到纽约一家夜总会唱歌的时候，她为自己的龅牙感到羞耻，几次想要用上嘴唇遮住它。这个女孩希望通过这种遮掩来使自己显得更加高贵，但却反倒把自己弄成了四不像。如果她这样下去，失败是肯定的。

不过上帝给了这个女孩一次机会，那天晚上有一位男士非常欣赏她的歌，但他也直言不讳地指出了女孩的缺点。男士说：“我非常欣赏你的表演，但我知道你一直想要掩饰什么东西。我不妨直说，你一定认为你的牙非常难看。”女孩听到这的时候已经非常尴尬了，但那个人丝毫没有停下来的意思，而是继续说：“龅牙怎么了？那不是犯罪的行为。你不应该去掩饰它，或者你根本就不应该去想它。你越是不在乎它，观众就越爱你。另外，这些让你认为羞耻的龅牙说不定哪一天会变成你的财富。”

女孩接受了他的意见，真的不再去考虑她的龅牙。后来，这个女孩终于成为了家喻户晓的明星，她就是凯丝·达莱。

有人做过专门的研究，其实我们每个人都具备成为伟人的潜质。之所以没有成为伟人，是因为我们不过只用了10%的心智能力，而剩下那90%却一直不为我们知道。这其中最主要的原因就是人们不能保持自我，正确地认识自我，从而发挥自己的潜能。

女士们，你们是否还在为不能惟妙惟肖地模仿别人而感到痛苦呢？我真诚地奉劝你们，保持自我才是你快乐的最好方法，也是让你获得成功的最好选择。我非常有资格谈论这个话题，因为我也曾经很愚蠢地去模仿他人。我清楚，我为我的模仿付出了惨重的代价。如果我能早一点儿发现这些，说不定我会比现在做得更好。

当我刚刚从密苏里州出来时，首先选择了纽约这个城市，那里有我向往的学校——美国戏剧学院，因为我一直都渴望自己能够成为一名优秀的演员，当然我相信很多女士都和我有一样的想法。我当时很喜欢自作聪明，因为我想出了一个很简单、很容易成功的愚蠢办法，那就是好好研究一下当时的几个著名演员，然后把他们的优点集中在我一个人身上。这大概是我这辈子做出的第二愚蠢的事了，因为还有一件事更加愚蠢。我花费了很多年去模仿别人，最后我发现我什么都不是，因为我根本成不了别人。相反，我能做得最好的只有我自己。

那次经历真得很惨痛，我曾经下定决心以后再也不去模仿他人。可谁知，几年后，我居然又犯下了我这辈子做出的最愚蠢的事。当时我正计划写一本有关公众演说的书，于是我又冒出了那种想法。我找来了很多很多有关公众演说的书，因为我想吸取他们的精华，然后使我的书包罗万象。事实证明，我错了，这是一种不折不扣的傻瓜行径。我居然妄想把别人的想法写成自己的文章，这种东西没人会看。就这样，我一年的工作成绩全都变成了纸篓中的废纸。

女士们，请你们接受我的建议，然后真的开始改变自己。事实上，很多成功的女性都是因为保持了自我才取得了骄人的成绩。女士们一定对那位纽约市最红的女播音明星玛丽·马克布莱德非常崇拜。你们知道吗？当她第一次播音的时候，她也曾经试着模仿一位爱尔兰的播音明星，因为当时她很喜欢那位明星，而且很多人也非常喜欢那位明星。可是很遗憾，她的模仿失败了，因为她毕竟不是那位明星。

面对失败，玛丽·马克布莱德深深地反思了自己，最后她终于决定找回自己本来的面貌。她在话筒旁边告诉所有的听众，她，玛丽·马克布莱德，是一名来自密苏里州的乡村姑娘，愿意以她的淳朴、善良和真诚为大家送去快乐。结果怎样大家都看到了，她现在根本不需要去模仿别人，甚至还会有很多人去模仿她。

女士们，我希望你们永远记住，你，美丽的女士，是这个世界上唯一的、崭新的自我，你的确应该为此而高兴，因为没有人能够代替你。你应该把你的天赋利用起来，因为所有的艺术归根结底都是一种自我的体现。你所唱的歌、跳的舞、画的画等，一切都只能属于你自己。你的遗传基因、你的经验、你的环境，等等，一切都造就了一个个性的你。不管怎样，女士们，你们都应该好好管理自己这座小花园，都应该为自己的生命演奏一份最好的音乐。

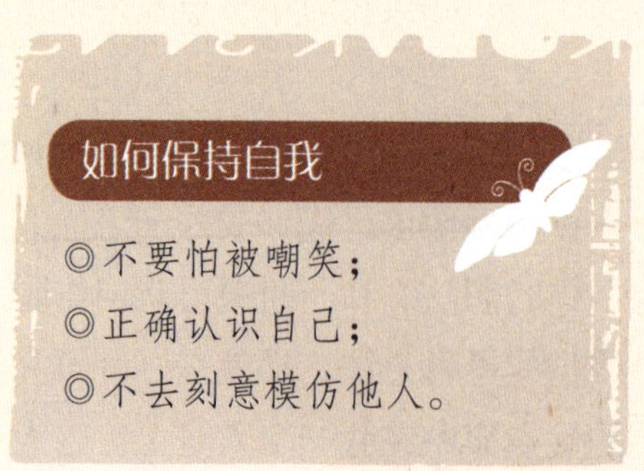

接受不完美的自己

五年前，我培训班上的一位女士找到了我，希望我能够给她提供一点儿建议，因为她现在实在是忍受不了生活的压力了。

女士告诉我，她应该算得上是一个幸福的女人，因为她的丈夫是一个事业有成的政府官员，而且做事很积极，也颇具上进心，当然也比较独裁。可是，正是因为丈夫的成功，所以才给这位女士带来了无尽的烦恼。原来，由于丈夫的工作关系，这对夫妇的社交圈很自然地就以先生的朋友为主。这些朋友大都是有声望、有地位，而且也很富有的人。在这种环境里，女士觉得自己太渺小了，因为她完全不能把自己的个性发挥出来。虽然她有着善良和纯朴的本质，但这些似乎都被别人忽略甚至于藐视了。因此，她越来越不相信自己，越来越为自己不能达到别人的要求而痛苦。同时，她也越来越不喜欢自己。

虽然我马上判断出这位女士的问题并不是不能适应环境，而是不能适应自己，但当时我并没有给这位女士明确的答复。不是我不想帮她，而是因为当时我自己也没有认识到喜欢自己的重要性。后来，为了帮这位女士解决问题，我特意去了趟曼哈顿，去拜访我的老朋友司麦理·布勒敦医师，希望能从他那里得到一点儿建议。

布勒敦听完我的叙述后对我说："戴尔，这位女士最大的问题就是不能勇敢地、快乐地接受她自己。在她心里，始终期望自己能够变成另外一个完全不属于自己的人。"

我点了点头说："我知道，我的朋友，但我更想知道如何帮助她。"

布勒敦想了想，说："她现在最需要明白的是，任何一个人都具有一定的作用，而且完全可以在日常的生活中把它表现出来。不过，这种作用并不是通过依靠别人或模仿别人表现出来的，而必须是通过自己的个性来

学会喜欢自己的好处

◎让自己充满信心；
◎使自己活得更加快乐；
◎产生不懈的动力；
◎让自己明白自我存在的价值和意义。

表现的。我相信，只要能够明白这一点，她就一定会变得成熟、快乐、自信。”

我说：“你说得很对，布勒敦医师，我的想法和你的是一样的，只不过我以前还不能确定。”

布勒敦接着说：“戴尔，你必须承认，喜欢自己是每个人获得健康成熟的必要条件。但在拥有这个条件之前，你首先要明白的是，这种自爱并不是指那种自私的想法。它不过是一种自我接受，是一种既清醒又实际的接受自我的做法，是人性尊严和自重的体现。对自己表示适当的自爱，这对我们每一个正常人来说都是健康的。不管是为了从事工作还是为了达到某种目标，这种自爱都是必要的。”

我终于完全理解了布勒敦的话，也从内心体会到了喜欢自己的重要性。那位女士之所以不快乐，就是因为她评判自我的第一步就已经走错了，因为她把别人当成了自己的评判标准。后来，我把这些话告诉给了那位女士，让她无论如何要给自己建立起一套属于自己的价值观，然后再把这些当成自己的生活依据。最后，这位女士真的成功了，也变得成熟了，

因为她再也没有苦恼过。

女士们，我不知道你们怎么看待喜欢自己的，是不是依然把它当成一种没道理的、自私的做法。我必须提醒各位女士，学会喜欢你自己是有很大好处的。

各位女士，在你们学会喜欢自己之前，首先要做到的就是不要害怕喜欢自己，因为喜欢自己完全是一种成熟的表现。女士们可以细心观察一下，那些思想真正成熟的人，往往都能适度地忍耐自己，就像他们也能适度地忍耐别人。这些人知道，每个人身上都是有弱点的，自己也不例外，因此他们从不为一些小小的过错而感到痛苦。

事实上，在我之前就已经有很多人在研究喜欢自我的重要性了。哥伦比亚大学教育学院的亚斯·卡斯教授一直都坚信，不管是成人教育还是儿童教育，首先要做的就是让学生了解自己，然后再鼓励他们拥有健康正确的接受自我的态度。他曾经为全美的教师写过一本名为《教师，面对自我》的书，书中写道："教师是一个充满了辛苦、满足、希望和心酸的职业。对于每一个教师来说，自我接受都是非常重要的。"

我对卡斯教授的观点是赞同的，因为我能够看到，这个社会充满了太多竞争，现在的人们总是会以个人物质上的成就来衡量一个人的价值。如今，人们热切地追求着名利，去做着枯燥的工作。所有人，当然也包括各位女士都感到自己的灵魂找不到寄托。这时，人们很容易迷失自我，从而不能认同自我。

幸好，还有一些人发现了这一点，并且提出了很好的建议。哈佛大学心理学家卢伯·怀特先生曾经说："作为一个现代人，必须要学会调整自己，否则就难以适应环境带来的各种压力。"是的，的确是这样。女士们，难道你们没发现吗？我们周边有多少人能够真正地具有自己的个性，又有多少人能够真正地清楚自己的主张？一旦我们的行为与我们所接触的社交和经济圈子相违背，那么我们就会马上感到不安或是不快乐，接着就会产生一种失落感和迷惑感，最后就开始不喜欢我们自己。

女士们，我可以教你们一种判断一个人是否喜欢自己的方法。这个方法就是看他是不是对自己过分地挑剔。

有一次，我的演讲课上来了一位女学员。下课后，她找到我，并向我抱怨自己的演讲没有达到她所期望的效果。女学员说："这次演讲简直糟糕透了，因为当我站起来的时候，就已经认为自己简直愚蠢到了极点。我感到不自信、胆怯，而且还很笨拙。可是，训练班上其他成员都显得准备充分，表现得非常有自信。这时，我更加害怕我的缺点，让我真的没有勇气继续讲下去。”

我笑了笑说：“你说得很好，你把你自己的缺点说得非常详细，也非常准确。但是我不明白，为什么你老是把眼睛放在自己的缺点上？你的演讲不好并不是因为你有太多的缺点，而是因为你没有把你的优点发挥出来。”

我个人觉得我所说的是正确的，因为这位女学员后来做得很不错。女士们，你们不应该老是盯着自己的缺点看，而不去欣赏自己的优点。事实上，不管是普通人，还是那些在某一领域有所建树的人，在他们身上以及他们的成就上，都是存在缺点的。威廉·莎士比亚，他的作品中有很多常识性的历史和地理错误，但这并没有影响他成为世界级的文学巨匠。还有狄更斯，他的作品中有很多地方太过矫情，不过又有谁去关注这些呢？正因为在他们身上有着耀眼的优点，所以才会让人们忘记他们的缺点。

女士们，你们要学会喜欢自己，首先要做的就是让自己有足够的耐心去面对自己的缺点。当然，我必须澄清，这种做法并不是让女士们放弃自己的原则，降低对自己的要求。而是希望女士们懂得这样一个道理——没有一个人是完美的。

我曾经参加过一个组织，在里面结识了一位女士。通过相处，我发现这位女士是一位不折不扣的完美主义者。她活得太累了，每件事都要力求达到最佳效果。因此，不管事情多小，多烦琐，她总是要亲自去做，甚至写一份小小的报告都要花费很长时间。至于说一些复杂的事情，她更是非要搞得自己筋疲力尽为止。最后，她终于把每件事都做得完美了，至少她是这样认为，但这却是一种让人讨厌的完美。

什么叫完美？那就是一种残酷的自我主义。完美主义者总是向别人表示：让我做得和别人一样好，这是远远不够的，我必须要超越别人。我们没有目的，也没有目标，更不想要什么成就，只是想证明自己能胜过别人。可事实呢？完美主义者也一样犯错，就像普通人那样。不过，他们不能忍受这种状况，会开始恨自己，不喜欢自己。

事实上，如果你对自己太过挑剔，那么不喜欢你的不仅仅是自己，还

有别人。道理很简单，连你都不喜欢自己，别人有什么理由喜欢你？

何必对自己如此地苛刻呢？为什么不能宽容自己的缺点呢？为什么不能喜欢你自己呢？我可以告诉女士们一个让你喜欢自己的最有效的方法，那就是独处。

芝加哥一家心理医院的一位医师说："人们总是习惯在晚上回想一天的活动，而且经常是在床上进行的。我非常喜欢这种方式，因为它是与自己相处的最好方法。"实际上，独处对我们来说真的有很大的益处。安妮·林柏曾经说过："当我们与自己的内心沟通时，我们就可以和别人沟通。然而，只有当我独处时，我才能发现其中的真谛。"

女士们，我真心地希望从今天起，你们能够喜欢自己。试想一下，如果我们总是要依靠别人才能给自己赢得快乐感和满足感，那么这就无疑是给他人增加了一种负担，而这势必也就会影响到我们彼此之间的关系。成熟的个性是什么？那就是喜欢、欣赏和尊重我们自己，让我们拥有自己的个性。这不仅可以让你变得健康、快乐，也可以增强你与人相处的能力。

能听意见，也有主见

直到现在，有一件事一直埋藏在我的心里。每当想起它的时候，我的心中总是充满了愧疚和歉意，这种感觉从未减弱过。

那时候我还是瓦伦斯堡州立师范学院的一名学生，而且也是一名热衷于参加辩论和演讲的积极分子。有一次，学院举办了一场辩论比赛。这场比赛很重要，因为最后胜出的冠军可以代表整个学院参加全国性的学员辩论比赛。对于我们这些“狂热分子”来说，这场比赛的意义自然非常重大。当时，我和几名同学报名参加了选拔赛，而且还很荣幸地被推选为队长，因为我在当时已经算得上小有名气。在最初的几场比赛中，我们发挥得非常突出，一路杀进了决赛。其实，当时的条件对我们很有利，因为对方在这方面的能力都要稍逊于我们。本来，我们队完全有获胜的把握，然而就在这时，我犯下了一个严重的错误——官僚作风。

也许是比赛的压力太大，也许是我被胜利冲昏了头脑，在为决赛做准备的时候，我开始变得专制起来，因为我认为只有按照我的思路去准备才能最终取得胜利。当时，我的队员们提了很多不错的建议，而且也确实都很有道理。然而，那时的我却根本听不进去。每当他们要求我采纳意见的时候，我总是说：“我是队长，你们的意见只有经过我的允许才能通过。”就这样，整个准备过程都在我的意志操纵下进行着，一直到比赛那天。

决赛终于开始了，应该说我们的开头还是不错的。随着比赛的进行，我们和对方的辩论到了白热化的状态。就在这时，我发现对方提出的很多问题都是我没有想到的，但我的队友们曾经想到过。因为没有对那些问题做好充分的准备，所以我们当时显得有些手足无措。最后，我们输掉了那场比赛。

赛后，我感到很失落，因为这场比赛的失败是由我一手造成的。本来，站在领奖台上的应该是我们队，可如今却是别人。虽然我的队友们没有责怪我，但我看得出，他们很失望，也很伤心。只有一个人在私下偷偷和我说："戴尔，说实话，我们对你这次的做法真的很失望。"老实说，那大概是我生平听到过的最让人难过的话了。

坦白说，我真的不愿意再提起那段往事，它给我的伤害实在太深。如果不是因为我的固执己见，那么我的队员和我就不会留下如此大的遗憾。因此，我考虑再三，还是决定把这件事告诉各位女士，希望你们能够引以为戒。

现在回想起来，那时的我真是心智太不成熟了，因为我根本听不进别人的意见。后来，我仔细分析了当时的情况，找出了导致我固执的根本原因。

听不进别人意见的原因

◎对自己的能力和判断力过于自信；
◎好胜心强，希望证明自己的观点是正确的；
◎疑心较重，不信任别人。

其实，听不进别人的意见这种情况在很多女士身上都有，甚至包括那些和我年纪差不多大的女士。加利福尼亚州立大学校长、著名的心理学博士卢卡多·哥伯曾经说："自信是一种好的心态，也是一种成熟的心态。只有自信的人才能最终取得成功。然而，如果盲目自信，不肯听取任何人的意见，那么这种心态则是相当的不成熟。"后来，哥伯博士在他的著作《做一个成熟的人》一书里，对这种不成熟的心理做了详细精辟的阐述。书中这样写道："一般情况下，两个群体的人容易产生这种不成熟的心理。其中，第一种是那些涉世不深，但又年轻气盛的人。他们往往刚刚具备独立思维的能力，很希望能够得到别人的承认。他们将自己的意见看成是世界上最神圣的东西，不

允许任何人侵犯它。因此，别人的意见对于他们来说无疑是最刺耳的东西。第二种则是那些有一定能力和社会阅历，但还没有真正成熟的人。这些人已经从年轻的幼稚中脱离出来，所以他们对自己各方面的想法非常自信。当面对年轻人的建议、同龄人的建议，甚至比自己成功的人的建议的时候，他们往往会选择排斥，因为他们觉得自己已经具备很强的判断能力了，别人的想法并不会比自己的高明多少。”

不知道女士们如何认为，我个人觉得博士的话还是很有道理的。就拿我来说，那时的我之所以听不进我的辩论队友的意见，主要就是想让他们知道，只有我才是真正的辩论天才，也只有在我的领导下团队才能取得胜利。也就是说，整个辩论队的成功应该全靠我一个人，别人不过是我命令的执行者而已。至于说第二种类型，其实在现实生活中很常见。我们是不是经常看到这样的情形，在一个公司里，部门经理在给本部门的员工安排任务的时候往往采用一种强迫性的、命令性的、不可怀疑的语气，而各个部门在进行讨论的时候，那些经理们则喜欢各执一词，似乎谁也不能说服对方接受自己的意见。

听不进别人意见虽然只是一种不成熟的表现，但是却会给女士们制造很多不必要的麻烦。道理很简单，没有一个人可以保证自己在任何情况下都是正确的。不管是谁，他在思考问题时总是习惯性地陷入自己的思维模式。这样一来，势必就会把思维陷入一条狭窄的单行道内，从而使问题得不到很好的解决。很多女士不同意我的说法，认为她们不会犯下如此愚蠢的错误，觉得我是在杞人忧天。事实上，当你们有了这种想法的时候，就已经犯下了不听别人意见的错误。

有些女士可能会说："既然你劝我们要听别人的意见，那好，我们就广泛地采纳别人的意见。只要是别人提出的建议，我们就一概接受。"芝加哥心理学教授斯科尔·德莱克曾经说过："世界上有两种人最不成熟：一种是听不进别人意见的人；另一种是盲目轻信别人的人。"

前不久，我的一位女学员拉诺夫人找到我，希望我能够给她提供帮助。她告诉我，最近自己非常烦恼，因为她不知道该如何解决眼前的困难。原来，拉诺先生失业了，这使本来就不富裕的家庭马上陷入了财政危机。为了帮助家庭摆脱经济危机，也为了让丈夫能够安心工作，拉诺女士决定走出家门，找一份力所能及的工作来干。为此，她咨询了很多人，希望能从他们那里得到一些好的建议。然而，就是这些人的建议才使得拉诺女士不知所措。

拉诺的丈夫劝她不要找工作，认为男人就应该养家糊口，而她的表姐则大力支持她去找工作，因为她认为女人就应该独立。此外，在对工作的选择上，她的亲戚朋友们在意见上也发生了分歧。有的人认为她应该找一份轻松一点儿的工作，因为那样会让她还有精力来照顾家庭；有的人则认为应该找一份薪水多一点儿的工作，因为拉诺的主要目的就是为家庭缓解财政危机；有的人又认为不应该去挑三拣四，因为一个已婚的女人找工作并不是一件很容易的事……总之，每个人都给拉诺提了一个建议，而且每个建议听起来也都很合理，这让拉诺很苦恼，因为她不知道究竟该采纳谁的建议。

当拉诺问起我的建议

没有主见的原因

◎对自己极度不自信；
◎依赖心理过强；
◎习惯惰性思维，不愿意独立思考。

如何做到能听意见，也有主见

◎对自己充满信心，但不可盲目自信；
◎充分分析自己的情况；
◎理智分析别人的意见；
◎在相信自己的基础上信任别人。

时，我对她说："拉诺夫人，你为什么要问我？难道最了解情况的不是你自己吗？的确，那些人给你提的建议都非常好，你也应该对他们表示感谢。可是，他们都是从自己的角度考虑问题的，并不一定就适合你的情况。我觉得，现在最好的意见就是你自己的，因为那才是最符合你情况的。"拉诺女士摇了摇头说："不，卡耐基先生，我一直都很失败，很少做出正确的判断。再说，我已经习惯听别人的意见了。好吧，既然你不肯帮助我，那我就去找找别人。"

真的是我不愿意给她提供帮助吗？事实并非如此。其实，我已经给了那位女士建议，只不过她自己没有觉察出来而已。我想，拉诺夫人恐怕到最后也没有找到一份工作，因为她根本不知道自己要做什么、该怎么做。

我曾经考虑过，如果非要我在"固执己见"和"没有主见"中选择一个，那么我宁可选择前者。因为"固执己见"虽然可能让我偏离正确的方向，但我毕竟是去做了，而且是按照自己的意思去做了。相反，"没有主见"则可能让我错过解决问题的最佳时机。这是因为，如果一个人没有主见，那么他满脑子里装的都是别人的意见。他会觉得这个人说得有道理，那个人讲得也不错，采用哪个意见都可以，采用哪个意见又都不太合适。于是，这些人会犹豫不决，裹足不前，最后浪费掉了一次次的机会，使得事情越来越糟。

不过，在最后我还是要和女士们强调一点，固执己见也好，没有主见也罢，都是一种心智不成熟的体现。对于女士们来说，具有哪一种心态都是不正确的，因此女士们要做的就是看清形势、看清自己，使自己尽快地成熟起来。

永远爱自己

“人一生可以说共诞生过两次：第一次是为生命而诞生，第二次则是为生活而诞生。正因为人诞生两次，所以人的自尊自爱也就发生两次：第一次的自尊自爱是相对于自然生命的，而第二次的自尊自爱则是相对于人的社会生命的。如果你生命中的第一次自尊自爱没有发生，那么第二次自尊自爱也就无从说起了。只有第一次自尊自爱的人是不可能放出人性的光辉的。人诞生两次才能算是一个完整意义上的人，而自尊自爱也只有发生两次才能发展成为一个真正统一的、完美的人生。”

这段话出自卢梭之口，它深刻地揭示了人生的真谛。女士们，我想你们无一例外地都想得到别人的尊重和爱，这是每一个有思维的人都渴望的。的确，只有从别人的身上体会到了尊重和爱，这样的人生才有意义，才快乐。然而，很多女士在追求这种尊重和爱的时候往往忽略了一个非常重要的前提，那就是自尊自爱。

以前，我在密苏里州居住的时候，我们镇上有个女孩非常有名，大家都叫她“疯丫头”——卡拉。那时卡拉还不到 20 岁，在一所中学念书。听人说，卡拉是个非常漂亮的女孩子，只可惜我从来没见过。关于卡拉的事，我都是从别人那里听来的。人们都说，卡拉是个性格豪爽、不拘小节的姑娘。虽然那时的我心智还不算成熟，但我听得出来那句话里含有讽刺的意思。

曾经有人这么说过：“这个小镇人杰地灵，出过很多优秀的男孩。可是，如果你没有成为过卡拉的男朋友，那么你就永远算不上这个镇上真正优秀的男孩。”据说，卡拉交的男朋友完全可以组建一个小的公司，而且这些人个个都很出色。卡拉从来没有认真对待过感情，因为在她看来，恋爱不过是场游戏罢了。她和每一个男朋友相处的时间都不会超过 3 个月。感到厌烦的时候，她就会马上寻找一个新的目标。就这样，卡拉浑浑噩噩地度过了自己的青春时期。

后来，卡拉到了谈婚论嫁的年龄。可是让她始料未及的是，居然没有一个人愿意娶她，就连一直对她都不死心的那些人也不愿意。他们告诉卡拉，她只适合当情人，而不适合当妻子。因为没有一个人会愿意娶一个不自爱的、没有尊严的女人。他们之所以疯狂地追求卡拉，不过是想寻找一下新鲜感和刺激罢了。至于结婚，他们和卡拉一样，根本就没有考虑过。

两年前，我回到了老家密苏里。当和儿时的伙伴聚会时，我们说起了卡拉。我问我的那位朋友：“还记不记得镇上那个卡拉？虽然我没见过她，但听说她非常迷人，而且还有很多追求者。不知道这个疯丫头现在过得如何。”我的朋友摇了摇头说：“卡拉现在的处境非常糟。因为她自己的原因，没有人愿意娶她。没办法，她只好嫁了个又穷又丑的男人。那个男人是个十足的恶棍，吸毒、赌博，而且还酗酒。后来，男人为了满足自己的需要，居然逼卡拉去做妓女。当卡拉反抗时，那个男人居然说：‘少在这里装清高，谁不知道你的老底？其实，你早就已经成为大家公认的妓女了。’卡拉虽然很伤心，但是她也别无选择，因为她也要生存。这一切能怪谁呢？只能怪卡拉自己。”

是的，这一切能怪谁呢？在现实生活里，女士们必须要养成自尊自爱的习惯。道理很简单，因为只有懂得自尊自爱的女人，在生活中才能树立起自信，才能自强不息。同时，只有懂得自尊自爱的女人，才能得

到别人的尊重和爱。女士们只有懂得了自尊自爱，才能真正珍惜自己的生命和人格，才会真正意识到生命的价值，从而鼓起勇气面对人生。女士们有了自尊自爱，就一定可以维护自己的正当权利，并且勇敢地承担起做人的责任。

有一次，我的一位女学员来找我，希望我能够帮助她教育孩子。我对她说："对不起，女士，我并不是这方面的专家。如果你有需要，我可以给你介绍一位专门研究儿童教育的朋友。"那位女士并没有听我的劝告，还是希望我能帮她。没办法，我只好答应了。

那位女士对我说："我真不知道我的小杰克是怎么了，他居然会做出那种事，他今年才不过12岁而已。你知道，卡耐基先生，小孩子总是会犯错误的，因此挨批评也是难免的。可当我批评杰克时，他居然顶嘴说：'你没有资格批评我，你是个无耻的、没有尊严的人。我没有你这样的母亲，我为你而感到羞耻。'天啊，这是一个孩子应该说的吗？我一定是做错了什么，要不上帝为什么会这样惩罚我？"

当时我也很好奇，因为我不知道为什么这位女士的孩子会这样对待他的妈妈。于是，我叫这位女士把她的孩子带到了我家。经过我的一番努力，那位名叫杰克的孩子终于开口了。他对我说："我恨我的妈妈，因为她没有尊严。我妈妈很势利，见到有钱有权的人就想去巴结。有一次，我亲眼看见她把一个男人领回家，并向他大献殷勤。那个男人很正直，没有答应我妈妈，还说我妈妈不知自爱。后来我才知道，那个男人是爸爸公司的经理，妈妈那么做是想让他升爸爸的职。虽然我在心里很清楚，妈妈这么做是为了整个家，但我

自尊自爱的重要性

◎让自己的生命体现真正的价值；
◎获得别人的尊重和爱的基础；
◎做一个真正意义上的人的必要条件。

还是不能原谅她。后来，我爸爸被他们的经理解雇了，因为经理认为这一切都是我爸爸一手策划的。还有很多很多事，我妈妈的做法太令我失望了，我无法容忍一个不知自尊自爱的女人做我的母亲。”

女士们，也许你们的心灵已经被杰克的话震撼了。是的，就连一个小孩子也对不知自尊自爱的人抱有鄙视的态度，更不要说一个成年人了。女士们，我真心希望你们牢记本篇文章中的每一句话，因为你们只有做到自尊自爱，才会拥有快乐的人生。

自爱代表着自己爱自己，对自己好一点儿，从而将自己的生活变得美好、精彩，而且还很有品质和品位。不要因为受到一点点伤害就自暴自弃，也不要为了得到某些东西而妥协，更不要因为别人的不爱而放弃对自己的爱。对于一个女人来说，只有懂得了自爱，才能真正懂得如何去爱别人。

此外，女士们在社会中生活一定要有一种“平等”的心态。这种平等意味着两者之间在地位上、感情上没有高低贵贱之分，而创造平等的来源就是自尊。如果为了得到某些东西，哪怕是爱，而放弃自己最起码的做人尊严，那么你的人格也就荡然无存了。如此一来，你与对方相比，就已经

处于下风了。你不但得不到对方的认可与尊重，反而会成为对方眼中一个毫无尊严、卑躬屈膝的人。更加可怕的是，这种人格的尊严一旦失去了，就再也不可能找回来了。

琳达在一次舞会上认识了罗杰。她对罗杰一见钟情，并认定他就是自己生命中的白马王子。两人的感情发展很快，并在认识的第一天晚上就同居了。在开始的那段时间，琳达和罗杰的确过了一段甜蜜的生活。

然而，好景不长，琳达很快就发现罗杰有事情瞒着她。最后她才得知，原来罗杰已经是个有家室的人了。很多人都劝琳达离开罗杰，可琳达却根本听不进去。她坚持认为自己和罗杰是真心相爱的。后来，罗杰主动找到琳达，并和她提出分手。但此时的琳达已经陷得太深，根本无法自拔。不管罗杰怎么打骂她，琳达就是不同意。最后，罗杰告诉她，只要她能够拿出 10 万美元，那么他就愿意和妻子离婚。为了找到自己的“幸福”，琳达四处借钱，终于凑够了 10 万美元。然而，现实却跟她开了个不大不小的玩笑，罗杰在拿到钱以后就远走高飞了。

临走前，罗杰留下了一张字条，上面写道：“这一切的结果都是你自己造成的。我认识你的时候正是最失意的时候，因为我和太太当时的感情很不好，而且已经决定离婚。本来，我还以为你是我的第二次真爱，可是事实却让我失望。我们才认识一天，你就已经和我同居，这让我感到你是一个轻薄放荡的女人。我已经和你说得很清楚了，我们不可能在一起，可你非要坚持，而且不管我怎么辱骂你，你从来都没有反抗过，甚至还愿意筹集那 10 万元钱。这一切让我觉得你是一个没有自尊的女人。一个没有自尊且不自爱的女人有什么资格得到一个男人的爱？你不过是一个玩偶而已。”

琳达女士为自己的行为付出了代价，而且是非常惨痛的代价。我想，如果琳达女士想得到真正幸福的爱情，那么她首先就要学会自尊自爱。

在最后，我还有一点要提醒女士们，那就是自尊自爱并不等于傲慢无理、目空一切。所谓的自尊自爱是指既尊重和爱自己，也尊重和爱别人。自尊自爱的目的是不让自己受太大的委屈，也不让自己放弃做人的尊严。想要让你的生命有意义，想要获得快乐的人生，那么女士们就必须首先学会自尊自爱。

第二章 做内心强大的女人

自信的魅力是永恒的

一年前，被称为美国商业女奇才的劳伦·斯科尔斯接管了一家濒临破产的纺织工厂。这家工厂已经连续三个月没有拿到一份订单了，员工们的情绪十分低落。不过，经过细致研究以后，劳伦相信，她自己有能力让这个工厂重新振作起来。不过，她心里非常明白，现在最重要的并不是解决工厂的问题，而是想办法唤起员工们的斗志，消除他们的恐惧，让他们树立起自信心。于是，她召开了一次全体员工大会。

在会上，劳伦并没有给员工们阐述自信的重要性，也没有夸口说自己一定能让工厂起死回生。她只是在开头问员工："诸位员工，你们认为，一个健全的人和一个身体有残疾的人相比，哪一个更容易取得成功？"员工不知道她要说什么，只好都说是健全的人。劳伦点了点头说："很多人都这么想，可我却不同意。有一次，我和两个人一起去探险，一个人是聋子，另一个是瞎子。我们计划到一座风景秀美的深山中去旅行，可不想半路却被一道地势险恶的峡谷阻拦住了。当时我真的很害怕，因为我看到峡谷很深，而且涧底的水流也很急。最要命的是，通往对面的唯一通道居然是几根光秃秃而且还颤悠悠的铁索。我心里非常清楚，一旦我从上面掉下来，一定会没命的。"底下的员工有了反应，神情也显得很紧张。劳伦接着说："本来，我以为我的两个伙伴也一定和我一样吓得半死，可不想她们居然一点儿不害怕，反而很从容地走了过去，留下我一个人在对面。事

后，我觉得很奇怪，就问那两个人是怎么回事，那个瞎子告诉我，她眼睛看不见，所以不知道山高桥险，于是平静地走了过去。那个聋子则对我说，她的耳朵听不见，因此不知道脚下的河水在咆哮，这样恐惧心理就减少了很多。”员工们一个个都表现出一副恍然大悟的样子。这时，劳伦进入了主题：“诸位，正是因为我太‘健全’了，所以我考虑得太多，从而没有勇气走过去。实际上，阻碍我前进的并不是峡谷和铁索，而是我自己对现实的恐惧。如今，你们当中有很多人对我们厂现在面临的状况感到恐惧，心态就和那时的我是一样的。”

那次会议以后，那家纺织厂的员工一个个都斗志昂扬，很快就使整个厂子重新振奋起来。当我问他们为什么会发生如此之大的变化时，员工们和我说：“我们才不想让恐惧心理阻碍我们的前进。”

女士们，我们暂且不去追究劳伦所讲的故事的真实性，但其中确实给我揭示了一个非常深刻的道理：自信是一种信念，同时也是一种意志，而恐惧则是这种信念和意志的最大敌人。如果我们对某一件事情充满了信心，那么我们就不可能在这方面感到恐惧。相反，如果我们没有信心，那么恐惧的心理将会越来越强烈。

恐惧大致可分为八种，最可怕的莫过于贫穷、衰老和死亡。这是正常的心理，因为我们每一天都将自己的身体当成奴隶一样驱使，目的就是为了摆脱贫穷，同时也是想为自己将来的年老储备一些金钱。这些恐惧给我们带来了很多压力，也使我们变得越来越不自信。它不但没有把我们带入希望之中，反而将我们拖入了最不希望看到的状况。

对于人类来说，有一件事情是长久以来都不能弥补的，那就是人类不知道该采用怎样一种明确的方法促使每个人都发挥出充分的自信来。这真的很可悲，看看我们的教育，几乎没有一位老师能够在教授完学生知识之后，再把那种已知的能够发展自信的方法传授给他们。这不是美国的问题，而是整个人类的失败，也是整个人类文明的重大损失。我一直都

恐惧的类型

◎恐惧受到别人的批评；
◎恐惧自己的健康状况不佳；
◎恐惧自己会失去爱；
◎恐惧失去原有的自由；
◎恐惧自己变老；
◎恐惧死亡；
◎恐惧贫穷。

认为，凡是那些对自己没有信心的人，都不能算是曾经接受过正常、正规的教育。

女士们，任何人都会产生恐惧，这是大自然创造人类时留下的“礼物”。然而，真正心灵成熟的人是不会让恐惧伤害到他们的自信心的，因为他们有足够的勇气去面对眼前的所有困难。如果你的某些方面被恐惧控制了，那么你就不可能在这一领域取得任何有价值的成就。一位哲人曾经说：“恐惧就是关押意志的监牢。它偷偷跑入你的脑子里，并在里面躲起来，伺机行动。恐惧是恶魔，因为它会带来迷信，而迷信则像一把短剑，一把被伪善者用来刺杀你灵魂的短剑。”

相信很多女士都知道卡尔·沃鲁达，那个在全美最著名马戏团工作的杂技演员，也被称为“全美走钢索第一人”。他在接受媒体采访时，曾信心十足地说：“我人生的真正意义就是在钢索上行走，其他的任何事情都不能让我感兴趣。”就是在这种自信心的作用下，卡尔每一次走钢索的表演都非常成功。

然而，就在1946年，卡尔在一次表演中不慎从钢索上掉了下来，结束了自己年轻的生命。很多人对此都不理解，不明白为什么身经百战的卡尔会犯下如此致命的错误。后来，卡尔的夫人道出了其中的玄机。原来，就在那次表演的三个月前，卡尔突然对自己失去了信心，害怕自己会表演失败。他经常会问太太：“亲爱的，如果我真的掉下去了怎么办？”

女士们也许会问，是不是卡尔当时已经预感到自己将会发生事故呢？不，那不过是迷信的说法而已。事实上，正是因为卡尔对走钢索产生了恐惧，所以才把大量的精力放在了如何避免失败上，没想到最后真的掉入了失败的深渊。

很多人都习惯性地将失败的原因归咎于自己的能力、经验，以及外界环境等因素，反而忽略了心理因素的影响。我并非不承认人的成功是受很多条件制约的，但我一直都认为，心理上的恐惧才是导致失败的最根本原

因。

自信的人从来都不会被失败吓倒，虽然他们也会理智地去看待目前所面临的困难和问题，但却把绝大多数精力放在如何克服困难上。然而，那些具有恐惧心理的人却反其道行之，将所有的精力都放在了如何避免失败上。诚然，注意避免失败的确对成功有着很重要的作用，然而恐惧会让那些人的心理放在害怕失败上，从而想尽办法考虑如何逃避困难。于是，他们不去考虑如何成功，而是在想如何躲避，因此失败也就成为了必然。

所有的成功人士，我是说所有，没有一个例外，都对自己充满了信心。他们对自己的才能有信心，对事业、对追求充满信心。在他们眼里，失败不过是成功路上的一块小石子或一条小水沟，自己一定能够迈过去。正是因为他们自信，所以他们无畏；正是因为他们无畏，所以他们才会成功。

相反，那些缺乏自信的人却无时无刻不在怀疑自己的能力，并且对已

经面对的和前方未知的困难充满了极度的恐惧。他们将自己塑造成了一个失败的形象，而且总是给自己这样的心理暗示："我不可能战胜所遇到的困难，也不可能会在挑战中获胜，因为很多条件都制约了我。"这些人往往具备两种特点：一种是绝对过分地高估现实所面临的各种困难和阻碍，另一种则是绝对过分地贬低了自己的能力，放大了自己的缺点。于是，他们感到恐惧、自卑、消沉，最后选择退缩和逃避。慢慢地，他们会满足于这种逃避的生活，从而主观上接受失败的后果。

由此可见，自信对于女士们心灵发展的成熟以及事业发展的成功都有着极为重要的意义。美国著名心理学家唐波尔·帕兰特曾说过："人对成功的渴求就是创造和拥有财富的源泉。一个人一旦拥有了这种愿望，并且能够不断对自己进行心理暗示，从而用潜意识来激发出一种自信，那么这种信心就可以转化为一种非常积极的动力。事实上，正是这种动力促使人们释放出无穷的智慧和能量，从而帮助人们在各个方面取得成功。"

我非常同意他的观点，因为有人就曾经把这种自信心比喻为"人类心理建筑的工程师"。在现实生活中，如果人们能够将思考和自信结合起来，那么人类就会将自己的智慧发挥出无限的激情。每一个成功者都拥有一颗成熟的心，而自信又是获得成熟心灵的首要条件。那些有方向感的信心让我们对每一个意念都充满了力量，使自己有勇气去驱动成功的车轮。不管前面的路有多坎坷，也不管路上有多少困难，你们都能无止境地攀登上成功的高峰。曾经有一位诗人朋友送给我一首诗，现在我把它转送给各位女士：

自信是我的生命，
也是我的力量。
它为我创造了无尽的奇迹。
自信是我们创立事业的根本，
敦促我们不计劳苦，勇往直前，让我们的人生大放光彩。

用真心打败孤独

几个月前，我夫人应邀参加了加利福尼亚州一所大学举办的女青年晚宴聚会。回到家以后，我发现她有些不太开心，于是我问她是否在晚宴上遇到了什么不愉快的事。她没有直接回答我的提问，而是对我说："20 世纪最流行的疾病是孤独。"我夫人的话使我有些不知所措，我不明白为什么她会突然和我说这些。我夫人告诉我，这是她在晚宴上听到的，是那所大学的校长在她的演讲中提到的。

说实话，各位亲爱的女士，本来我是极不情愿承认这一事实的。但是，孤独确实就在你们中间，很多人的快乐都被孤独剥夺了。那位校长说，由于各种各样的原因，人们无法使亲情和友情持久，整个时代就像陷入了冰冷的北极，人们的内心感到十分寒冷。是的，这位校长的观点是很有见地的，因为就在几年前，我曾经遇到过一位孤独的妇人。

那位妇人是我的朋友，她的丈夫在几年前去世了。她陷入了无法自拔的悲痛中，开始卷进千万孤独大军的队伍里。她被孤独折磨得痛苦不堪，甚至于想到了离开这个世界。最后，她想到了我，希望能够从我这里获得一丝帮助。

我用上了所有能想到的词来安慰她，告诉她虽然在中年失去自己的爱人是一件非常痛苦的事，但是随着时间的推移，一切都可以重新开始，她完全可以给自己建立起新的幸福。可惜的是，她似乎对我的劝说不领情，绝望地对我说："这一切都不可能了！我还会有什么幸福吗？不，根本没

有！我的丈夫离开了我，我也不再有年轻的容貌！如今孩子们也都已经长大成人了，我还有什么希望呢？”从她的话里我已经判断出来，这位可怜的妇人已经得了严重自怜症。最可怕的是，她根本不知道该如何治疗它。我曾经试图规劝她，让她敞开自己的心扉，去结交新的朋友，培养新的兴趣，不要老是沉浸在过去的痛苦之中。可是她并不接受我的意见，依然我行我素。最后，因为自怜症导致的孤独使这位妇人没有了朋友，没有了兴趣，也没有了希望，甚至和自己孩子们也都反目成仇。当我们再次见面时，她依然还是感到孤独，而且还在向我抱怨这个世界太过冷漠。

事实上，真的是这个世界太冷漠吗？不，实际上真正冷漠的是这些孤独的人。女士们，如果你也是孤独的人，那么你就扪心自问，你们是不是把别人对你的爱和友谊当成了上天赐给你们的礼物？我想是的，而这也是人们产生孤独感的最根本原因。

女士们，你们必须明白，如果你想成为受欢迎的人，拥有快乐幸福的生活，那么就必须自己做出努力和付出。任何人都不会没有理由地去爱一个人，也不会没有理由地去和一个人做朋友。如果你想获得真正的幸福，那么你就不要去奢望别人布施，因为这些东西是需要你自己去争取的。

一个生活在人群之中的人其实并不会孤独，而之所以会有很多人患上 20 世纪最流行的疾病，主要是因为这些人不能对别人敞开自己的心扉。当他们失去一部分亲情或友情时，他们就认为自己受到了极大的伤害，开始同情和可怜自己的遭遇，于是产生了自怜症。这些人不明白，在现代社会中，如果你不去主动向别人表示友好，是不会有人帮你排解孤独的。

幸好并不是所有的人都和我那位朋友一样，有些人还是很有毅力去战胜孤独的。

梅森太太是我的一个远房亲戚，今年约有60来岁。事实上，她的遭遇也是十分悲惨的，因为她也曾经遭受过丧夫之痛。在开始的时候，她也不能从痛苦中解脱出来，因为在这之前，丈夫就是她生活的全部，也是她最最关爱的人。虽然她十分痛苦，但她明白这一切都已经过去了，必须重新开始。于是，她把自己所有的精力全都集中于自己唯一的嗜好——画画上，希望能够借此找到精神寄托。

事实证明，她成功了。开始的时候，她只是想借助作画来减轻自己的痛苦。后来，她已经完全被这种艺术创作迷住了，根本没有心思去考虑别的事情。她不仅摆脱了过去的悲伤，而且还凭借着这个嗜好创出了自己的事业。现在，她已经是一个能够经济独立的单身女性了。

在她走向成功的这段时间里，她也经历过很多困难。一开始的时候，她几乎不想和任何人打交道，因为以前她主要的伴侣就是丈夫。不过，她一直没有放弃过努力，因为她每天都会问自己："我应该怎么做才能让别人接受我？"

后来，她做到了。因为她虽然忙着作画，但这并没有耽误她去拜访其他朋友。她总是会拿出一些自己认为不错的画，然后亲自去拜访朋友，和他们一起共进晚餐。真的，那些人没有一个拒绝过她，而是非常欢迎她，以至于后来经常有人会打电话责怪她，问她为什么很长时间没去他家拜访。

我的这位远方亲戚告诉我说："我现在终于知道让别人接纳自己的最好办法了，那就是你必须主动出击，向别人表示出你希望他们能够接纳你。"

是的，她之所以能够战胜孤独，主要是因为她首先战胜了自怜。女士们，当你们遇到生活的打击时，请你们鼓起勇气，走向那充满温暖的人群当中。你们要告诉自己，你们应该认识新的人，你们应该去结交新的朋友。不管在哪里，我们都应该高高兴兴地让别人与我们分享快乐。

在我的培训班上，每当我遇到女性学员时，总是会强调她们一定要有战胜孤独的勇气。这并不是说我有什么性别歧视，而是因为女性确实是容易陷入孤独的群体。有人做过统计，证实了结婚后的女人往往要比男人长寿。也就是说，当她们的先生活着的时候，女士们会开心、快乐，根本不知道孤独是什么滋味，然而一旦她们的先生离她们而去，那么就会变得忧虑和自怜，最后陷入孤独的境遇。不过，女士们如果真的下决心摆脱孤独，我相信你们一定可以做到的。

战胜孤独的方法

◎让自己不去回忆痛苦的过去；
◎积极参加各种活动；
◎布置自己的生活计划；
◎培养自己的兴趣爱好；
◎真诚而主动地和别人接触。

有一次，一位女士跟我说："由于工作的原因，我和家人要经常变更居住地点。我有丈夫，也有孩子，而且还有一份很不错的工作，可是为什么我还是感觉那么孤独呢？"我问那位女士："你有什么兴趣爱好吗？"女士回答说："没有，我根本没心思去做其他事。"我又问她："你是如何安排下班后的时间呢？"女士回答说："安排？根本谈不上，因为我没有闲心。"

我找到了这位女士的病因，因为她生活在大都市，而且经常要改变自己的居住环境，这样使得她无法保持住身边的友谊。然而，这些只是客观的原因，真的原因还是因为她没有首先向别人伸出友谊之手。我不明白她为什么没有兴趣去做其他事情。当她到达一个新地方时，实际上她是有很多事情可以做的。她可以先去参观一下教堂，或是找一个自己喜欢的俱乐部加入，因为这些都可以增加她认识别人的机会。此外，她还完全可以参加一些培训课程，因为那样既可以让她学到很多东西，也可以让她与陌生人建立起珍贵的友谊。地铁是最方便的交通工具之一，可如果你不往投币箱内投入硬币，然后再去转动那个旋转门的话，我想地铁对你来说恐怕没有任何实际意义。

很多年前，我在纽约的一家公寓里认识了两位迷人漂亮的女孩，她们都有一份令人羡慕的工作，而且都有一份难得的进取心。不过，由于个性和心态的原因，其中一位女孩最后终于获得了成功，而另一位女孩则在失败后又返回了老家。

原来，成功的那位女孩从没有感到过孤独，因为她有着过人的智慧。一个单身女孩来到纽约这样的大都市，应该说产生孤独感是不可避免的，可是她却从来没有过。她把自己的一切生活都计划得很详细，因为她不想让自己过得太空虚。她在附近找到一间教会，而且经常参加里面举行的各种活动。她还参加一个研讨会，甚至为了交朋友而去学习如何改变个性。她把钱财看得很轻，每个月的薪水有很大一部分用来交际。在她创业的那段时间，她每一天的生活都是丰富多彩的。

而那位失败的女孩呢？她来到纽约后也同样有孤独感。可是，她并没有把自己的生活安排得很有条理。她也渴望朋友，不过寻找朋友的方式却是借助于酒吧和一些娱乐场所。最后，她也终于加入了一个俱乐部，可惜是戒酒俱乐部。

女士们，我相信你们都是非常聪明的，一定可以看出为什么同样来自外地，同样都有孤独寂寞感的两个女孩，到最后却有不同的命运。我知道，有时候在大都市生活会比在农村的小城镇更容易让人产生孤独。我更明白，如果你想不再孤独，那么你就必须花点儿心思去结交朋友，而且还必须让这些朋友接受你。

爱和友谊是上帝赐给人类最美好的礼物，可是这些最美好的礼物却不是白白地赐予每个人的，它需要人们为它付出真诚和真心。如果女士们做不到这一点，那么你将得不到上帝的礼物，而只能得到最可怕的惩罚——孤独。孤独的人是最不幸的，然而这些不幸却又是她们亲手造成的。因此，女士们，要想摆脱孤独，仰仗别人是不可能的，你们必须通过自己努力，使自己快乐起来。

不被批评的箭刺伤

我相信，每一位女士都不会认为自己是一个完美的人，因为不管是谁，都不可能是完美的。既然女士们并非完美，那么你们就一定会犯错误，而犯了错误就一定会受到别人的批评。事实上，有些时候即使你没有犯错误，但也一样会受到别人的批评，因为这些批评是充满恶意的责难。如果我在这里问各位女士是否能够把别人的批评不再放在心上，大多数女士给我的答案都会是“不能”。

是的，每一位女士在生活中都曾经遭受过别人的批评，不管这种批评是善意的还是恶意的。大多数女士面对批评时，往往是不能接受的。她们常常会被这些批评搞得愤怒、懊恼、忧虑，或是烦躁不安。

有一次，我的培训班上来了一位女学员，名叫爱丽丝·波恩纳。她是一个成功的女性，因为她是美国一家大公司的副总裁，这对于一个女性来说，已经是非常难得的了。可是，这位在别人眼里看来很成功的女士，却并没有在她的工作中体会到一丝的快乐。

“卡耐基先生，我请你帮帮我，因为我实在受不了现在的处境了。”爱丽丝痛苦地说，“我希望自己能够做得足够好，而实际上我已经非常努力了。可是，我还是不能让所有人满意，因为他们似乎都以挑剔的眼光看待我。”

通过一段时间的交流，我发现，爱丽丝是一个对别人的批评非常敏感的人。在公司里，她渴望做到尽善尽美，希望所有人都把她当成一个完美的领导。一旦有人对她提出批评意见，哪怕是很小的一个批评，她也会为此烦恼上几天。

为了让所有人都不再批评自己，爱丽丝做了很多努力，但这些努力往往弄巧成拙。她常常为了取悦一个人而得罪了另一个人，接下来又为了取悦第二个人而使其他人对她有意见。现在她发现，自己已经完全不能从别人的批评声中自拔出来了，因为为了不让别人批评她，她总是在取悦很多人的同时，又得罪了很多人。

我非常理解爱丽丝的心情，也非常同情她的处境。为了帮助她摆脱这种无尽的烦恼和痛苦，我决定用一些成功女性的事例来激励她。

于是，我对爱丽丝说：“亲爱的爱丽丝女士，我有个问题想问您，您

觉得您和罗斯福总统夫人比起来，哪一个更加成功？”

“您一定是在开玩笑，我怎么可能与总统夫人相比。”爱丽丝吃惊地说，“她在我的眼中是最成功的女性。”

我笑了笑，对她说：“是吗？那太好了！你知道吗？罗斯福夫人完全可以算得上是拥有朋友最多以及拥有敌人也最多的白宫夫人。事实上，罗斯福夫人也是受到批评最多的白宫夫人。”

爱丽丝有些不相信我的话，问道：“这不可能，像她这样的女性是不应该得到批评的。”

我说：“可事实上是有的，我曾经采访过罗斯福夫人，问她是如何对待那些恶意的指责的。她告诉我，她曾经也是一个非常害羞而且害怕受到别人批评的女孩。那时候，她对别人的批评有着很深的恐惧。有一次，她跑到她的姑妈那里，问她姑妈：‘姑妈，我很想做一些事情，却总是害怕被别人批评。’姑妈看了看她，对她说：‘不管做什么，只要你认为是对的，那就请你大胆地去做，根本没必要在乎别人的说法。’从那以后，罗斯福夫人就把这句话牢记在心，而且也把它变成了她在白宫岁月中的精神支柱。”

听到这儿，爱丽丝恍然大悟，马上明白自己以后该怎样处理那些批评声了。她高兴地对我说：“我明白了，我是领导，那就势必逃脱不掉被别人批评。与其把它们放在心上，还不如学着习惯和适应它们。只有这样，才能让自己快乐起来。”

事实证明，爱丽丝做到了，现在她已经是一名成功并且快乐

在乎别人批评的危害

◎使事态更加严重；
◎损坏你的健康；
◎让你的情绪失控；
◎使你失去生活的快乐。

的女性了。可是似乎很多女士并不能像爱丽丝那样明白这个道理，她们在面对别人批评的时候总是会耿耿于怀，或者马上站起来反击。实际上，女士们的种种表现都说明了一点，那就是你们还无法做到不被批评的箭刺伤。女士们，你们必须清楚，将别人的批评放在心上是一件非常危险的事。

我必须承认一点，那就是以前我也并没有做到将别人的批评不放在心上。那是几年前的事，一位《纽约太阳报》的记者参观了我的成人培训班。也许这名记者是有意的，但也许他是无心的，总之他在报纸上发表了一篇文章，对我的工作及我个人进行了攻击。我当时愤怒极了，怒火冲昏了头脑，我认为这是对我人格的一种侮辱。我给报社的主编打了电话，要求他必须马上再刊登一篇文章，内容是否定那篇攻击我的文章。我认为我有义务教会那名记者，犯错误是要受到惩罚的。

后来，报社主编按照我的意思去做了，而我当时也得到了心理上的满足。可是，当我现在再想起这件事的时候，心中并没有一丝得意的意思，相反却充满了愧疚。因为我现在才意识到，购买《纽约太阳报》的读者有一半可能根本不会看到那篇文章，而那些看到文章的读者又有一半的人根本不会用心去看它，就算那些很用心去看它的读者，估计也会在几周内将这件事忘得一干二净。

女士们，我并不是空口无凭地在这里说。我必须让女士们清楚，你们之所以会把别人的批评太放在心上，主要是因为你们过于高估自己在别人心目中的地位了。事实上，只有你自己才关注那些批评的话语，至于别人，他们只有时间去考虑自己，才不会浪费时间去思考你的事。对于他们来说，晚餐该准备点儿什么要远比你是死是活重要得多，因为没有人会去真正地关心别人的事情，你也一样。

我想我这么说已经够明白了，就拿爱丽丝举例。她认为别人对她的批评是公司里每个人都很在意的事，而实际上别人根本没有将这些事放在心上。结果，为了能够平息一些人的怨气，她又得罪了另一些人。就这样，她真的让所有人都对批评她感兴趣了，因为她得罪了所有的人。

女士们，如果你们能够笑对那些批评，那么你们就真的能够过上快乐的生活了。这一经验，是我从海军少将巴斯勒那里学来的。

巴斯勒是美国海军中最会耍派头的一名少将。他告诉我，他以前年轻

的时候也非常敏感，因为他十分渴望能够成名，所以他很在乎自己给别人留下的印象。巴斯勒说，他自己以前真的太在乎别人对自己的评价了，哪怕是对他一丁点儿的批评，他也会好几天睡不好。在部队生活了几年之后，巴斯勒不仅磨练出一身结实的肌肉，而且还培养了自己坚强的性格。少将笑着对我说："我以前真的很可怜，因为我曾经被人称为流浪狗、毒蛇和奇臭无比的臭鼬。夸张一点儿说，所有能在英文词汇中找出来的肮脏词语，别人都曾经在我身上用过。可是如今，当我听到有人辱骂我时，我连一点儿最基本的反应都懒得做。"

事实上，巴斯勒很快乐，因为任何批评之箭都无法伤害到他。可是女士们并不快乐，因为女士们的自尊心根本受不了那支利箭的伤害。女士们面对别人的批评或是辱骂时，根本不可能做到没有一丝反应，她们或是非常难过，或是也以批评和辱骂作为还击。

相信很多喜欢听广播的女士对朱丽亚·罗斯并不陌生，因为她是有名的电台女主播。事实上，这名聪明的女主播不但擅长播音，而且心理素质还非常过硬。每周日下午，朱丽亚总是要主持一档音乐节目，并且还总是喜欢加上一段音乐评论。可是，有一次，一位听众给她写信说，她是一个不折不扣的骗子、白痴、毒蛇。面对这样的语言，朱丽亚并没有任何过激的举动，而是在下一次的节目中，把这封信念出来了。不想，这个观众不依不饶，紧接着又写了一封恶毒的信。而朱丽亚在广播中说："看来这位观众是改变不了对我的印象了，因为他坚持认为我是白痴和骗子。"

女士们，难道你们不佩服朱丽亚的真诚和大度吗？如果不是这样的话，她怎么可能如此轻松地对待别人对她的批评呢？事实上，如果女士们不能正视别人的批评，那么不仅会使自己的生活变得烦恼、忧虑，同时还不可能取得真正意义上的成功。

相信女士们都知道我是很崇拜林肯的，而且对他也有一定的研究。林肯是政界的领袖，如果他和女士们一样，把别人的批评看得非常严重的话，恐怕他早就精神失常了。美国的麦克阿瑟将军，英国的丘吉尔首相，他们都十分欣赏林肯的一句话："对于那些恶意的攻击，只要我不做出任何反应，那么这些责难就变得没有意义，而且事情很快就会结束。"

各位亲爱的女士，我希望你们能够真正地弄明白林肯的话。你们记住，不管什么事，只要尽力就好了，永远不要让批评的箭刺伤你的心。我们在生活中总是会遇到各种各样的批评，既然批评我们无法避免，那么我们就别再放弃选择是否要受它干扰的权利了。

最后，我必须强调一下，我说女士们不应该把别人的批评放在心上，这些都只是针对那些恶意的批评。至于那些善意的、而且对我们有很大帮助的批评，我们也应该接受，因为那样才会促使我们成熟起来。

赶走内心的倦怠感

艾瑞是一家公司的职员。一天，她回家的时候显得非常疲惫。是的，她太累了，感觉头疼、背疼、没有食欲，唯一想做的就是上床休息。母亲心疼艾瑞，一再劝说她还是吃一点儿。没办法，艾瑞只好坐在餐桌前，象征性地吃了几口。这时，餐厅里的电话突然响了起来，原来是艾瑞的男友邀请她去跳舞。再看看这时的艾瑞，完全变了一个人。她兴奋地冲上楼，穿上漂亮的衣服，飞一般地冲出门去，一直玩到凌晨3点才回家。她不但没有感到疲倦，反而是兴奋得睡不着觉。

女士们可能会问，究竟是什么原因让艾瑞在瞬间就产生了两种截然不同的表现呢？难道说之前艾瑞的疲倦是装出来的？当然不是。艾瑞对她的工作不感兴趣，产生了厌倦感，所以她感到非常疲倦。然而对于男朋友的盛情邀请，艾瑞则是兴趣十足，所以她才会显得非常兴奋。因此，我们不妨下这样一个结论：引起疲劳的一个主要原因就是倦怠感。

事实上，在这个世界中有很多个艾瑞，也许你就是其中一员。与生理上的操劳相比，情绪上的态度更容易使人产生倦怠感。我并不是毫无根据地在这里乱下结论，早在几年前，著名的心理学家约瑟夫·巴莫克博士就已经通过实验证明了这一点。

博士找来了几个学生，让他们做了一系列枯燥无聊的实验。结果，学生们都觉得烦闷、想睡觉，有的还说自己感觉头疼、心神不宁，甚至胃不舒服。可能有些女士们会认为这些症状都是因为倦怠而想象出来的，事实并非如此。博士还给这些学生们作了新陈代谢检测，检测结果显示：在这些人感到厌倦的时候，体内的血压及氧的消耗量都有着明显地降低。同样，一

倦怠感的危害

◎让你对工作失去兴趣；
◎让你没有信心工作；
◎降低你的血压和氧气的消耗；
◎使你感到身心疲惫。

如何克服倦怠感

◎自己和自己比赛；
◎假装自己快乐；
◎每天都鼓励自己。

份无趣的、缺乏吸引力的工作往往会促使代谢现象加速。

可能一个实验不能使女士们信服，但我是相信的，因为我曾经有过亲身经历。一年前，我独自一人到加拿大洛基山中的路易斯湖畔度假。为了能够钓鱼，我不惜穿过高高的灌木丛，跨过无数个倒在地上的横木，最后到达珊瑚湾。想象一下，8小时的颠簸啊，这需要消耗多大的体力。然而，我却没有一丝的倦怠感。为什么？因为我在路上一直都在想："我马上就能钓到好几条肥美的大鳟鱼了！"正是这种兴奋的心情使得我不知疲倦。可是，如果我对钓鱼没有一点儿兴趣的话，那恐怕就会是另一种场景了。在一座海拔达7000英尺的地方来回奔走，这的确是一件累人的事情。

很多女士都把登山看成是一件非常消耗体力的事情，认为在所有体力劳动中这是最累人的。然而，储蓄银行的总裁基曼先生却对我说，其实登山一点儿都不累人，相反倦怠感才更容易使人劳累。

那是二战后的第10个年头，加拿大政府委派登山俱乐部提供一些指导人员，负责训练维尔斯亲王的森林警备队。当时，我们的基曼先生就是指导员之一，那时他已经有50多岁了，而其他指导人员的年龄也都在40岁以上。

艰苦的训练开始了，他们走过很多险峻的地方，整整进行了15个小时的登山活动。最后，那些年轻的队员全都疲惫地坐在地上休息。

是不是真的因为体力不支而感到疲惫？难道我们的皇家警备队就如此不济吗？不，答案显然不是。这些人不喜欢爬山，早在一开始就有人吃不饱、睡不香，这才是导致疲劳的原因。再看看基曼先生和他的伙伴，他们都是"老家伙"了，体力比年轻人差得远，可是他们却没有筋疲力尽。他们有些兴奋，晚饭后还一直谈论着白天遇到的事情。事实上，因为他们喜欢爬山，所以才不会觉得累。

事后，基曼先生对我说："如果说是什么导致人们的工作能力降低，那么答案恐怕就只有倦怠。"

如果女士们不是一个体力劳动者，那么你们的工作更不可能让你觉得疲劳。实际上，那些已经完成的工作并不会使你疲劳，相反那些没有做的工作却始终困扰着你。比如，昨天你的工作老是被打断，很多事情都进展得非常不顺利的话，那么你一定会觉得所有的事都出了问题，因为你感觉这一天你没有做任何工作。这样，当回家的时候，你就感觉到自己已经身心疲惫到了极点。

到了第二天，办公室里的工作突然一下子变得顺利起来。于是，你完成了比昨天多几倍的工作，可是你回到家的时候依然神采飞扬、精力充沛。我相信很多女士都有过这种经历，我也有过。因此，我们可以断定，疲劳往往并不是因为工作而引起的，实际上罪魁祸首是烦闷、不满和挫折。

那么究竟该怎么做才能克服这种倦怠感呢？其实很简单，那就是做自己喜欢做的事。只要你能在工作中体会到乐趣、成就感和满足感，那么你就不会感到疲劳了。很多女士会认为我的说法是一种理想主义，因为并不是所有人都能找到一份自己喜欢的工作。的确，很多工作都是枯燥乏味的，但这并不代表它不能给你带来乐趣。速记员大概是世界上最枯燥的工作了，然而有人却能从中体会到乐趣。

有位女速记员在一家石油公司工作。她每个月总有很多天要处理一些乏味无聊、令人厌烦的东西，比如填写租约的表格或是整理一下统计的资料。这些工作简直无聊透顶，因此她不得不想办法改变工作方式，以便使她有兴趣干活。于是，她把自己当成对手，每天都进行比赛。中午的时候她会记下上午填了多少表格，然后告诉自己下午一定要尽力赶上。下班前，她再把一天的工作量全都计算出来，然后敦促自己第二天一定要想办法超过它。结果，她比其他任何一个速记员做得都要快。

虽然这位女速记员没有得到老板的称赞，也没有加薪，但是她却从此不再感觉疲劳，而且这种方法也对她产生了鼓励作用。她采用巧妙的方法使原本枯燥的工作变得有趣，而且也使自己充满了活力，于是在那一段时间，她从工作中得到的是快乐与享受。

维莉小姐也是一位速记员，每天也做着枯燥乏味的工作。一天，一个部门的经理要求她把一封很长的信重打一遍，维莉当然极不情愿。她告诉那位经理，重打这封信是在浪费时间，因为只需要改几个错别字就可以了。然而那个经理也很固执，非要坚持自己的做法，并表示如果维莉不愿意做，那么他就会找别人做。无奈，维莉只好答应经理的要求，因为她不想让别人趁机取代了她的工作，而且这份工作本来就该她干。于是，维莉没有了怨言，就试着让自己喜欢这份工作。开始的时候，维莉很清楚自己是在假装喜欢自己的工作，然后过了一会儿她就发现，自己真的开始有点儿喜欢了。同时，她还发现，一旦自己喜欢上了这份工作，很快就使工作效率有了很大的提高。正是在这种心态的作用下，维莉总是能用很短的时间处理好自己的工作。后来，公司的老总把她调到自己的办公室做私人秘书，因为他看到维莉总是高高兴兴地去做额外的工作。

其实，维莉小姐的做法与著名的哲学家瓦斯格教授的“假装哲学”不谋而合。瓦斯格教授曾经说：“如果我们每个人能够假装自己快乐，那么这种态度往往会让你变得真的快乐。这种做法可以减少你的疲劳、紧张和忧虑。”

著名的新闻分析家卡特本曾经在法国做推销员。当时，他这个不懂法语的外乡人必须在巴黎挨家挨户地推销那种老式的立体幻灯机。在别人看来，他的推销工作一定更加困难，至于说业绩，实在难以想象。然而，卡特本却在做推销员的那一年足足赚了 5000 法郎，是当时法国年薪最高的推销员之一。卡特本说，那一年的收获比他在哈佛读一年大学还要多。如今，他完全可以把国会的记录卖给一位巴黎妇女。

当然，在这其中卡特本付出了比常人多几倍的努力。然而，他之所以能够突破重重困难，就因为他一直有这样一个信念：我一定要让自己的工作很有趣。每天早上，他总会对着镜子说：“卡特本，如果你想要生活的话就必须做这份工作，既然必须做，那么为什么不让自己快乐一点儿呢？当你敲开别人的大门时，何不把自己当成一名出色的演员，而你的顾客就是你的观众？你所做的一切就像是在舞台上表演，你应该把兴趣和热诚投入其中。”正是有这些话的不断鼓励，才使他原本讨厌的工作变成了有趣的探险，这的确让人有不小的收获。

在一次采访中，我问卡特本先生是否有什么话对青年人说。他想了想，说道：“每天早上都不妨自言自语一番。我们需要的是精神，是智力上的活动。因此，每天都不妨给自己打打气，让自己充满信心。”

的确，卡特本先生的话很有道理。如果我们每天都能和自己说说话，那么就可以逐渐让我们明白究竟什么是勇气，什么是幸福，什么是力量。这样一来，你的生活就会变得非常愉快，不再有任何的烦恼。

第三章

你的情绪你做主

做自己情绪的主人

那是很多年前的事了，那时候我的事业才刚刚起步。女士们都知道，创业初期是很累人的，每天似乎都有忙不完的事。于是，为了减轻自己的负担，我决定请一个女秘书。后来，在一位朋友的介绍下，我雇用了一位名叫丽莎的小姑娘。我必须承认，丽莎的能力很强，的确让我轻松了很多。然而，只要是人就一定会犯错误，丽莎也不会例外。

这天，我在检查文件的时候发现，丽莎居然粗心地把一份很重要的文件搞错了。当时的我也并不成熟，所以就狠狠地批评了丽莎一顿。后来，当冷静下来的时候，我觉得自己的做法有些不妥，于是又向丽莎道了歉。

本来，我以为这件事很快就会过去，然而并非如此，丽莎从此变得一蹶不振。她是个挺细心的姑娘，平时很少出错，可从那以后，她的工作却频频出错。不光这样，我还发现她工作的时候常常心不在焉，有时候我连叫几声她都听不见。我不知道丽莎是怎么了，难道就是因为我批评了她？不，我觉得不应该是，因为被别人批评也是一件很平常的事，不应该给她造成这么大的影响。

几天以后，我的那位朋友打电话给我，问我丽莎最近是不是出了什么事。我把丽莎的工作情况简单说了一下，并问他是如何知道的。朋友告诉我，丽莎的父母找到他，说丽莎最近变得沉默寡言，而且还非常容易发脾气，常常因为一件小事就和父母大吵一架。我似乎已经明白了其中的原因，于是在挂掉电话以后，我把丽莎叫到了办公室。

我问丽莎："有什么可以帮你的吗？我知道你最近的情绪很不好！首先，我为我那天的行为道歉，因为我的行为受到了情绪的控制。真是对不起！"

丽莎对我说："不，卡耐基先生，这和你没有什么关系！即使你今天不找我，我也正打算向您辞职。实际上，从那次您批评我之后，我就对自己丧失了信心。现在，我根本没有办法集中精神工作，因为我老是担心出错。可我发现，我越是担心就越出错。不光这样，每天回到家的时候，我不愿意和父母多说话，而且心情非常烦躁，常常和父母吵架。对不起，卡耐基先生，我真的做不下去了，因此我还是决定辞职。"

老实说，当时我真的很想帮助丽莎，可是我却想不出一个好的办法。无奈，我只好同意了她的请求。事后，我专程前往华盛顿，到那里去拜访美国著名的心理学家约翰·华莱士，希望从他那里得到一些好的建议。

华莱士告诉我："丽莎这种做法是典型的情绪失控，而戴尔你也差一点儿做出同样的蠢事。从严格意义上讲，情绪不过是一种心理活动而已，但你千万不能小看它。事实上，它和一个人的学习、工作、生活等各个方面都息息相关。如果一个人的情绪是积极的、乐观的、向上的，那么这无疑就有益于他的身心健康、智力发展以及个人水平的发挥。反过来，如果一个人的情绪是消极的、悲观的、不思进取的，那么这无疑就会影响到他的身心健康，阻碍他智力水平的发展以及正常水平的发挥。"

我同意他的说法，于是追问道："那有什么办法能够解决这个问题吗？"

华莱士笑了笑："很简单，做自己情绪的主人。"

女士们，不知道你们在读完上面的故事以后有什么感想，是不是觉得自己有时候也和丽莎一样？有人曾经说，女人是最情绪化的生物。我对这句话有些意见，因为它的言外之意就是说女士们都无法控制自己的情绪，都是情绪的奴隶。虽然不愿意承认这是真的，但事实却让我哑口无言。很多女士都被自己的情绪所拖累，似乎所有的烦恼、忧闷、失落、压抑和痛苦等全都降临到了自己的身上。她们的生活没有了快乐，开始抱怨这个不公的世界。她们每天都祈祷上帝，希望她能早一天将快乐降到自己身上。

控制自己情绪的方法

◎在必要的时候宣泄自己的情绪；
◎对自己做出正确的评价；
◎抱着一切顺其自然的心态。

其实，女士们何必如此呢？人是世界上感情最丰富的动物，也是情绪最多的动物。喜、怒、哀、乐对于每一个人来说都是再正常不过的事情了，何必让那些小事打扰了我们正常的生活呢？其实，女士们只要进行一定的自我调整，是能够让自己成为情绪的主人的。可是为什么还是有很多女士做不到这一点呢？答案就在下面的这个例子中。

有一次，我的培训班上来了一位非常苦恼的女士。她对我说："卡耐基先生，帮帮我好吗？我真的难过死了！"我问她究竟发生了什么事。她回答我说："是这样的，我真的受不了自己的脾气了（请注意，她是说自己的脾气，而不是情绪。显然，她没有认识到本质的问题）。我不明白，为什么身为一个女人我竟然会如此的情绪化？我管不住我的脾气，经常会因为一些鸡毛蒜皮的小事大发脾气，有时候还又哭又闹。我知道这样做不好，可我也没办法。"我说："既然你知道自己的问题所在，为什么不试着

控制它呢？”女士显然有些激动，大声说：“我怎么没有控制？我试过了，可那根本不管用！一切都发生得太快了，我还没来得及多想就已经做出了判断。事实上，这一切都不是出自我的本意。”

女士们，你们找到答案了吗？实际上，人之所以会被情绪控制自己，主要是因为当人们周围的环境变化得过快时，人们的潜意识会告诉自己：“不，决不能让自己受到伤害，我一定要保护自己。”的确，这时候人的情绪就会指导人将自己变成一只蜷缩好的、准备战斗的刺猬，会毫不留情地攻击给你施加伤害的人。这也就是我们所说的情绪失控。

其实，很多女士都知道控制情绪的重要性，不过她们在遇到具体问题的时候却往往会败下阵来。她们会说：“我知道控制情绪的重要性，也梦想着成为情绪的主人。可是，控制情绪实在是一件太困难的事情了。”显然，她们是在向别人表示：“我做不到，我真的无法控制自己的情绪。”还有的女士习惯于抱怨生活，她们总是说：“我大概是世界上最倒霉的人了，为什么生活会对我如此不公？”言外之意就是在对别人说：“这不能怪我，是生活环境逼迫我这样做的。”正是这些看似合理的借口使女士们放弃了主宰自己情绪的权力。她们在这些借口中得到安慰和解脱，从而没有勇气去面对失控的情绪。

因此，女士们如果想主宰自己的情绪，成为情绪的主人，首先就要让自己有这样的信念：我相信自己一定可以摆脱情绪的控制，无论如何我都要试一试。只有这样，女士们的主动性才能被启动，从而真正战胜情绪。的确，让自己拥有自我控制意识，是打赢这场战争的最关键一步。

罗琳是位情绪化非常严重的女士，经常会和身边的朋友大吵大闹。其实，她对此事也非常苦恼，因为这使她失去了很多朋友。为了能够帮助自己，罗琳报名参加了我的培训课。然而，几天下来，罗琳似乎并没有得到她想要的东西。于是，她在私下里找到我。

她问我：“卡耐基先生，你说的那些道理我都明白，可是我到现在还是不知道该如何解决我的问题。事实上，你的课程并没有给我提供很大的帮助。”

我回答说：“是吗？好，那我首先要弄明白你是否愿意改正你的缺点。”

罗琳又开始激动了，她没好气地说：“你在说什么？难道我不想改正吗？如果是那样的话，我就不会来这里听你讲课了。你以为改变一个人真

的那么容易吗？我现在已经坚信我不可能改正这个错误了。”

我笑着对她说：“是吗？罗琳女士！你认为你不可能改变自己？可我不这么认为。我觉得你之所以没有成功，完全是因为你对自己没有信心。你没有勇气去面对你的情绪化，你更加没有信心战胜它，所以你不会成功。”

尽管罗琳女士当时表现得满不在乎，但我知道她已经相信了我的话。后来发生的事情证实了我的猜测，因为罗琳女士正在一点点地改变自己。

其实，控制自己的情绪并不是一件非常困难的事，只要女士们掌握了一定的方法，还是完全可以做到的。

在这里，我还有一个小技巧要交给女士们，那就是当你们心中产生不良情绪的时候，不如选择暂时避开，把自己所有的精力、注意力和兴趣都投入到其他活动之中。这样就可以减少不良情绪对自己的冲击。

卡瑟琳有一段时间非常失意，因为她经营的一家小杂货店破产了。很多人都为她担心，怕她做出什么傻事，因为那家杂货店倾注了她太多的心血。谁知，卡瑟琳非但没有垂头丧气，反而对她的朋友说：“现在我已经欠了银行几百美元，所以我必须到外面去避避难。”就这样，卡瑟琳独自一人到外面去旅游，并借此打发掉了心中的烦闷。

女士们，我们的先人曾经为了自由战斗过，而今天你们依然是在为自由而战。你们的对手是自己的情绪，只有你们战胜了，成为情绪的主人，才能让你获得真正的自由之身，才能过得幸福快乐。

学会放松，解除疲劳

女士们，你们感到疲劳吗？在我的培训课上，有很多女士不止一次地向我抱怨说，她们太累了，每天都生活在疲劳之中。

一位名叫露易斯的女士曾经和我说："卡耐基先生，我真的不知道生活对我来说意味着什么。我每天都生活在疲劳之中。白天我需要去上班，而且要忍受着老板的责骂以及那些烦人文件的折磨。晚上下班之后，我还要料理家务，照顾我的丈夫和孩子。我太累了，现在真的体会不到一丝的快乐。"

我问露易斯女士："你为什么会感到这么疲劳？你每天晚上不是休息得很好吗？"

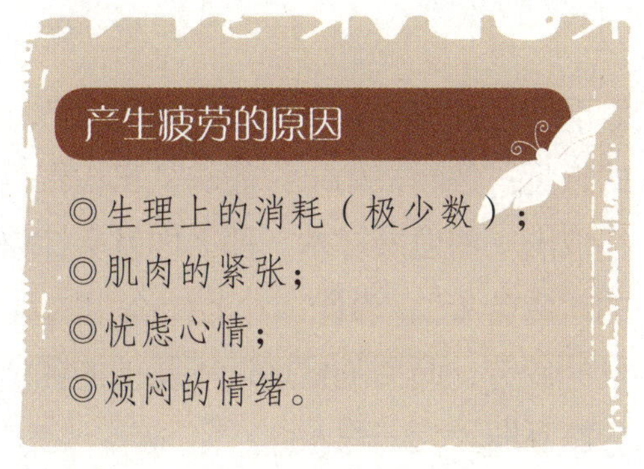

"天啊，卡耐基先生，您这简直是在开玩笑！"露易斯显然有些不高兴，说，"您难道认为那短短几个小时的休息可以弥补我这一整天的疲劳吗？"

当时，我真的替露易斯女士感到惋惜，因为到那时为止她都没有对疲劳这个东西有一个正确的认识。实际上，导致她如此疲劳的原因并不是来自外界，而是完全出自她自己。

女士们可能对我的说法不相信，认为我这是一种不讲道理而且不近人情的说法。但是，不管你们相信不相信，事实就是这样。早在几年前，科学家们通过研究就已经得出这样的结论：不管你做什么工作，只要属于那些并不需要付出很大体力的工作，那么你就根本不可能产生疲劳。我并不是没有凭据地在这里下结论，因为科学家们发现，当血液经过人类正在活动着的大脑时，是根本不会出现疲劳现象的。

我必须在这里解释清楚，我并不是否认人体会产生疲劳。如果你能够从一个正在从事体力劳动的人的血管中提取出一些血液样本，那么你就会

发现在里面确实是充满了“疲劳素”，而这也导致那些人产生了真正疲劳的感觉。然而，如果你能够从正在聚精会神地搞研究的爱因斯坦的血管中提取出一些血液样本，那么你就会惊讶地发现，在这里面根本找不到一丝的“疲劳素”。为什么？为什么用脑量如此之大的科学家爱因斯坦没有一丝的疲劳，而用脑量远远不及他的各位女士却会每天都感觉那么疲劳，就像露易斯太太一样？

针对这一问题，我曾经请教过美国著名的精神病理学家唐纳德教授，他非常肯定地告诉我：“不管你承认不承认，那些健康状况良好的脑力工作者其实是根本不会疲劳的。如果他们真的感到疲劳，那么就一定是由于自身的心理因素导致的，或者也可以说是情绪因素。”我赞同唐纳德教授的话，因为有人早就提出过这一理论。女士们如果不相信，可以去翻看英国著名的精神病理学家哈德菲尔德的著作《权力心理学》，里面曾经说过：“精神因素是导致大部分疲劳产生的原因，真正的疲劳，也就是指那些因为生理消耗产生的疲劳，是非常少的。”

后来，我把我所知道的这些东西告诉了露易斯女士，希望对她能有帮助。露易斯告诉我：“您说得很对，我每天确实都很疲劳，而这些疲劳实际上产生于我的忧虑和烦躁。我对我的工作不满意，我对我的家庭不满意，于是我不开心、烦躁、忧虑，每天都是带着头疼回家的。卡耐基先生，我真的需要您的帮助。”

我知道，露易斯确实需要帮助，因为她在和我说话的时候就显得非常疲劳。这时，我给了她一张纸，那是一份纽约生命保险公司的宣传单。在这份宣传单上，印着这样几句话：不管你的工作多辛苦，实际上都很少会导致你产生疲劳，特别是那些经过了休息和睡眠之后依然不能解除的疲劳。你必须承认，紧张、忧虑，以及心乱如麻才是导致你身心疲惫的主要原因。可是，很多人并不这样认为，因为他们常常把这些归罪于身体或是精神上的操劳。你们必须牢记，紧绷的肌肉本身就在工作，所以你们要想缓解疲劳的最好办法就是放松自己。

这些话其实并不是仅仅给露易斯女士一个人看的，因为很多女士也正面临着和露易斯一样的难题。女士们，你们现在应该做的是检查自己，看看自己是不是处于紧张、慌乱和忧虑之中。你们保持住现在的表情和姿态，照一照镜子，看看你们的眉头是不是正在紧皱，看看你们脸部的肌肉是不是都紧张地收缩在一起。你感觉一下，自己的双肩是不是绷得很紧，你是不是很轻松地坐在椅子上。如果你现在没有感觉自己就像一只毛绒玩具那样松弛的话，那么说明你很紧张，很忧虑，很烦乱，也说明你正在给自己制造疲劳。

相信女士们已经明白我要说什么了，的确，紧张其实才是导致疲劳的罪魁祸首，然而这种紧张却是女士们自己的情绪造成的。当然，这些导致紧张的情绪不可能是那些积极的，而是那些厌烦、不满以及各种焦虑等消极情绪。它们在无形中消耗掉了女士们很大一部分精力，使你们的精力衰退、四肢无力，最后让你们变得身心疲惫，感到疲劳。因此，我们应该说，大部分所谓的疲劳，都指的是精神疲劳。

女士们现在一定迫切地想要知道如何才能缓解自己的精神疲劳。其实，那份保险宣传单就已经教会了我们方法，那就是放松！放松！再放松！不管在什么时候，都要学会放松自己。

我曾经采访过著名的小说家薇姬·鲍姆，闲谈间，她给我讲了一个她童年发生的趣事。有一次，调皮的薇姬一个人跑到野外去玩，结果半路上不小心摔伤了自己的膝盖。这时，有一位老人走过来，把她扶了起来。老人一边帮她掸去身上的土，一边和她聊天：“小姑娘，我年轻的时候，曾经是一个马戏团里的小丑。你知道，小丑是要做出很多滑稽的动作来引得

别人发笑的，而很多动作是很危险的。不过，我从来没有把自己弄伤过，因为我知道如何放松自己。小姑娘，你之所以会受伤，就是因为你不懂得如何放松。你应该把自己想象成一个很旧很旧的手帕。”

接着，老人教会了薇姬如何放松自己的方法，而且临走前还特意叮嘱她说：“记住，把你自己想象成一张很旧很旧的手帕，那样你就会真正地放松自己了。”

其实，很多智慧都是来自于普通人，就像这个老人一样。女士们，你们也完全可以按照老人的话去做。你们应该时时刻刻、随时随地地放松自己。但一定要记住，千万不要紧张地告诫自己要放松，因为那样你实际上又给自己制造了新的紧张。

学会放松并不是一件非常困难的事，尽管你可能会花上很长很长的时间来改变目前的坏习惯，但这种努力是绝对值得的。因为如果你真的学会放松自己，赶走疲劳，那么你的一生都有可能随之改变。有的女士可能会问：“我应该从什么地方开始呢？是从放松我的大脑开始，还是从放松我的精神开始？”不，女士们，这些都不是你们要做的。你们现在应该做的，是首先学会放松你们的肌肉。

我们还是来做个实验吧！女士们可以把放松的目标锁定在眼睛上，不过你还要紧张一会儿，因为你必须先看完这段文字。你把身体靠在椅子上，慢慢地、轻松地闭上你的眼睛，然后心里对自己说：“放松，放松，

放松自己的方法

◎让自己随时保持轻松；
◎不让自己在紧张的环境下工作；
◎每天自我检查几次；
◎晚上必须做一次总的反省。

不去皱那可恶的眉头，放松，放松，接着放松，再放松……”不要停，女士们，你们至少应该持续一分钟左右。

怎么样，女士们，是不是已经开始有感觉了？我有了，因为我也正在运用这一方法。我的眼部肌肉开始听话了，我的整个脸也不紧张了。我仿佛觉得有一只无形的手将所有的紧张都赶走了。我并不是随便地把眼睛选为试验部位的，因为导致人产生疲劳的最主要器官就是眼睛。华盛顿大学的埃瑞克·约翰逊博士曾经说过，一个人一旦能够放松了自己眼部的肌肉，那么他就完全可以让自己免于忧烦的困扰。这是因为，人眼部神经所消耗的能量约占全身神经消耗能量的四分之一。

女士们，接下来，你们完全可以按照这个方法去赶走你们脸上、颈部、双肩，以及整个身体的紧张。

有一点我必须承认，这个方法并不是我总结出来的，而是女高音歌唱家嘎丽·卡西传授给我的。有一次我应邀去参观嘎丽的演出，开始前我到后台去看望她。不想，我看到嘎丽正坐在椅子上放松自己的肌肉，当时她的整个下颚都非常松弛地下垂。我问嘎丽为什么要这样做，她告诉我这是她出场前放松自己的最好办法，而且这使得她从来没有觉得累过。

我从嘎丽那里学来了经验，然后又告诉给了各位女士。后来，我为了让我自己每天都生活得快乐，不至于被疲劳困扰，就在我的办公桌上摆了一个白色的旧手帕。每当我精神紧张的时候，我都会把它拿起来，反复体会它在手上软绵绵的感觉。这时，我就提醒自己，一定放松，放松，就像这只手帕一样。如果你是一名家庭主妇，你还可以找一只毛茸茸的懒猫，因为我从来没见过猫会因为紧张的情绪而精神崩溃。

心理健康，平安快乐

我猜想，很多女士在看到这一章题目的时候都会觉得奇怪："怎么？卡耐基决定改行了吗？他怎么想起要写一篇有关女人日常保健的书呢？"事实并不是女士们想的那样。如果女士们确实患上了身体上的疾病，那么最好的解决办法就是去医院看医生而不是在这里读我这本书。如果女士们因为忧虑而使自己失去健康，那么这一章对你们就非常有用了。

阿里科谢·卡若厄博士曾经说过："一个商人如果不懂得如何抗拒忧虑，那么他一定会早死很多年。"我对他的这种说法有些异议，因为在我看来，不只是商人，家庭主妇、职业妇女等都是一样的。我并不是凭空捏造的，因为有事实可以证明我的说法。

那一年，我到得克萨斯州度假，在火车上遇到了多年不见的老朋友德贝尔博士。如今，他已经是一家大医院的主要负责人了。当我谈起忧虑对人的影响时，德贝尔是这样说的："你说得很对，戴尔！我是医生，最清楚是什么原因导致人们患病了。事实上，在我接触的所有病人中，有三分之二的病人只需要抗拒忧虑和恐惧就可以战胜疾病。我不是说他们没有病，他们有病，而且非常严重。不过，我在叙述时必须在那些病人所患的诸如胃溃疡、心脏病、失眠、头疼等疾病的前面加上'神经性'这个词。你知道吗？对疾病的恐惧会使你无比忧虑，而忧虑又使你感到紧张，接着又影响你的胃部神经，然后你就得了胃溃疡。"

是的，不光是德贝尔博士这么认为，约瑟夫·蒙达德博士也在他的《神经性胃病》这本书中写道："并不是因为你吃了什么东西才导致你产生胃溃疡，实际上真正的病因是你在发愁什么事情。"

女士们，你们明白我所说的意思吗？忧虑才是产生很多疾病的罪魁祸首。有关专家曾经指出：心脏病、高血压以及消化系统溃疡这三种疾病在很大程度上说都是由于忧虑的情绪所引起的。很多女士有上进心，或是说有野心，她们希望自己成功，或是希望在自己的帮助下使丈夫获得成功，这些想法本来都无可厚非。然而，她们对成功的渴望太强烈了，每天都让自己生活在忧虑之中。我真的不明白，即使你成为全世界的女王那又代表什么呢？我想你不过是要每天吃三顿饭，然后晚上睡在一张床上而已。我姑妈是个普通的农妇，没有人知道她，可她却活到了 88 岁。

女士们，我可以保证，在此之前，你们绝对没有认识到忧虑对健康的真正损害。著名的精神学专家梅奥兄弟对外宣称，在他们治疗的病人中，有绝大部分人的精神是非常正常的。他们所谓的精神疾病其实是悲观的情绪以及那些烦躁、忧虑、恐惧等。

在 2300 多年前，所有的医生都没有意识到人的精神和肉体是统一的，应该合并治疗。如今，很多人已经发现了这一真理，并且开设了一门新的学科——心理生理学。的确，这门学科诞生得正是时候。因为长时间以来，人类已经消灭了很多由细菌引起的可怕疾病，比如天花、霍乱和其他传染病。可是，我不得不遗憾地说，时至今日，人们还没有能力有效地治疗那些由忧虑引起的疾病，而且这种疾病给人类带来的灾难正日益壮大。

曾经有医生说，在“二战”期间，美国每六个妇女中就有一个人患有精神失常。天啊！是什么原因导致这种事情发生！虽然到现在也没有人能准确地说出原因，但我认为很有可能是由于对现实的恐慌和忧虑造成的。当人们不能适应现实时，她们就会选择逃避，让自己生活在脑海的世界里。

在我动手写这篇文章的时候，我书桌右上角就放着《不再忧虑，拥有健康》这本书，书中对忧虑的危害有很精辟地阐述。

忧虑很可能要了你的命。女士们不必认为我在夸张，因为在我家对面的一栋房子里住着一位因忧虑而患上糖尿病的老妇人。那一年，她所购买的股票全都大跌，结果她也再没有起来过。

很多女士一定不会相信忧虑的情绪会和关节炎有关，可事实上这却是真的。美国康奈尔大学的罗斯·萨斯尔博士是治疗关节炎的权威人士，他曾经说过：“如果一个人的婚姻生活很不好，那么他就有可能患上关节炎；如果一个人经济上出现了问题，那么他也容易得关节炎；如果一个人长期感到寂寞、孤独、忧虑或是愤怒，那么他

忧虑对健康的危害

◎ 对你的心脏产生很坏的影响；
◎ 可能产生高血压；
◎ 会让你患上风湿病；
◎ 小心胃溃疡；
◎ 感冒也和忧虑有关；
◎ 甲状腺同样害怕忧虑；
◎ 糖尿病人都很忧虑。

得关节炎的几率将是普通人的几十倍。”

罗斯·萨斯尔博士并没有骗我们。我妻子有一个朋友，身体一直都很健康。经济大萧条时期，她丈夫失去了工作，整个家庭都陷入了经济危机。祸不单行，煤气公司因为她家不交煤气费而切断了煤气，而银行也把她作为抵押用的房子没收了。这位太太受不了这种突如其来的打击，一下子就患上了关节炎。在那段时间里，尽管她尝试了各种手段，但都不见效。最后，直到大萧条结束，家里的经济改善之后才算完全康复。

还有一点我必须要告诉女士们，那就是忧虑会摧毁你们最看重的资本——年轻美丽的容貌。我曾经拜访过著名女星莫勒·阿巴鄂，她对我说她从来不会感到忧虑。这并不是说她每天都可以生活得无忧无虑，而是因为她十分害怕忧虑会毁掉她最重要的资本——美丽的容貌。她对我说：“在我刚踏入影视圈的时候，每天都生活在忧虑之中。我害怕极了，因为我是只身一人来到伦敦的，在这里我一个朋友都没有。可是我需要生活，因此必须要找一份工作来养活自己。我和几个制片人谈过，但他们都不打算起用我。那段生活真的很悲惨，因为忧虑和饥饿同时困扰着我。有一天，当我透过镜子看我自己时，发现忧虑已经开始摧毁我的容貌了。我看到了忧虑的皱纹，于是我告诫自己，从此以后再也不会让自己忧虑，因为那会毁掉我的容貌。”

的确，恐怕没有哪一件武器比忧虑对女人容貌的杀伤力更大。忧虑会让你整天愁眉苦脸，会让你终日咬紧牙关，会让你的头发早日变白，更会让你的脸上长满皱纹。

在美国，心脏病已经成为威胁人类健康的头号杀手。第二次世界大战期间，美国大约有30多万人死于战场，却有200多万人死于心脏病。在这200多万人中，又有将近一半的人是由于忧虑而引发心脏病的。是的，如果不是这种原因，阿里科谢・卡若厄也不会说出那句话。

东方的中国人和生活在南方的美国黑人很少患有这种因忧虑而引起的心脏病，这是因为他们的传统文化告诉他们遇事一定要沉着冷静。有人做过统计，每年死于心脏病的医生要比农民多出二十几倍，这是因为医生总是过着很紧张的生活。

很多人都认为全世界每年会有很多人被可怕的传染病夺去生命，然而实际上每年死于自杀的人数要远远高于死于传染病的人数。造成这一可怕现象的根本原因就是忧虑。

在古代，如果一个将军想要让他的俘虏得到最残酷的惩罚时，总是会把他们的手和脚全都捆起来，然后在他们的头顶上放一个不断滴水的袋子。水滴并没有杀伤力，它只不过是一滴一滴默默地向下落。开始的时候，那些水滴的声音还很小，但是几个昼夜之后，那些声音已经大得像是木槌敲击地面了。俘虏们受不了了，他们精神失常了，这的确是比死亡还要可怕的一件事。

忧虑就是那一滴滴的水珠，它不停地向下落着，慢慢地折磨着你的心灵，最后让你精神失常而选择自杀。

在我还是个孩子的时候，每个礼拜天都会到教堂去听牧师讲道。当牧师给我们讲述可怕的地狱时，我简直吓得半死。我知道牧师这么做是为了让我们有一种恐惧感，好让我们这些孩子长大之后不去做一些邪恶的事。然而，善良的牧师却忽略了很重要的一点，那就是他从来没和孩子们说过，我们因为恐惧地狱所产生的忧虑要远比那无情的大火更可怕。举个简单的例子，如果你总是生活在地狱之火的忧虑中，那么你迟早会有一天患上最可怕的疾病——狭心症。

这种疾病太可怕了，它所带来的痛苦要远比地狱之火强大得多。每当它发作的时候，你会在心底无助地呼喊："万能的主啊！伟大的上帝啊！帮帮我吧，我实在受不了了。如果能够让我摆脱这种病痛的折磨，那我以后绝对不会再为任何事情感到忧虑了，而且是永久性的。"

对不起，也许我在写这篇文章的时候犯了一个很严重的错误，因为我把忧虑说得太可怕了，这很有可能让女士们因此而产生新的忧虑。不过，我说的这一切都是真的，而且我也从心底希望女士们能够健康长寿。女士们，要想获得健康的身体并不难，因为你只要保持住一颗平常心就一定不会患上忧虑症。不要担心你做不到，因为只要是一个正常的人都可以做到，而且是绝对可以做到。事实上，我们每个人都比想象中的那个自我坚强得多，有很多潜力是我们所不知道的。

我相信，女士只要拥有了克服忧虑的信心，就一定会让自己生活得快乐无忧，而那时你们将会有一个健康的身体。

调节情绪，找回睡眠

相信很多女士都有过备受失眠折磨的痛苦经历。在我的训练班上，不止一位女士对我说："天啊！我简直受不了啦！为什么别人每天晚上都能美美地睡上一觉，而我却不可以。"事实上，真正折磨这些女士的并不是失眠，而是失眠所引起的忧虑。

几年前，我的一个学生莎拉·森得雷患上了非常严重的失眠症，还曾经差一点儿自杀。她原原本本地给我讲述了那段痛苦的经历。

以前，莎拉的睡眠情况非常正常，每天晚上都睡得很熟，就连闹钟的声音都不能吵醒她。当时，她为自己的"嗜睡"非常苦恼，因为每天早上都会迟到，还差一点儿因此丢掉了工作。后来，在朋友的建议下，莎拉开始在睡觉前把自己的精力全部集中在闹钟上。这个方法很有效，因为莎拉从那以后再也没迟到过。不过，这种有效的方法也有副作用，它让沙拉患上了失眠症。

从此以后，莎拉每天都饱受失眠的困扰。她被嘀嗒、嘀嗒的闹钟声搅得心绪不宁，整夜都是翻来覆去地睡不着觉。渐渐地，莎拉感到自己病了，因为每天早晨她都感到既疲劳又忧虑。这种糟糕的状况持续了八个星期后，莎拉受不了了。那时，她坚信自己终有一天会精神失常，因为她在晚上常常会来回走动几个小时，有时甚至还想以自杀的方式解决这一切。

最后，莎拉实在没办法，只好去看医生。医生告诉她："莎拉，很遗憾，我真的没法帮你，而且也没有任何人可以帮助你，因为这一切的根源都在你的身上。不过，我倒是可以给你一点儿小建议，说不定会对你有所帮助。每天晚上，当你躺在床上以后，你就不要去想任何事情。我知道你会睡不着，但你不需要去理它。你只要告诉自己，睡不着觉并不能影响你，就算你清醒地在床上躺一个晚上，那也是无所谓的事情。你要时刻提醒自己，失眠并没有什么可担忧的，只要能够躺在床上，就是得到了休息。"

后来，莎拉照着去做了，而且效果相当显著。两个星期过去了，莎拉再也没有失眠过。一个月过后，莎拉每天都能保证自己拥有 8 小时的休息时间了，而她也再不认为自己的精神有问题了。

女士们，现在你们是不是还会依然固执地把自己的痛苦归罪于失眠呢？事实上，有很多成功人士都患有不同程度的失眠症，但由于他们没有去忧虑，所以并不感觉痛苦。

罗莎·阿特迈斯是国际知名的服装设计师，也是一位“顶级”的“失眠大师”，因为她一辈子都没有睡过一次好觉。

早在上大学的时候，罗莎就一直被失眠症所困扰，而且似乎没有什么方法能够治疗它。最后，罗莎放弃了，决定不再去考虑失眠，而是想办法充分地利用自己清醒的时间。于是，当睡不着觉的时候，她再也不会在床上翻来覆去了，而是走下床来，读读书或是搞一些创作。结果让所有人都很吃惊，罗莎非但没有让失眠折磨得筋疲力尽，反而成为华盛顿市立大学的一名奇才。

罗莎参加工作后，她的失眠症没有一丝减轻，不过她从没有忧虑过。每当人们问起时，她总是幽默地说：“着什么急？大自然会眷顾我的。”的确，罗莎说得一点儿都没错。虽然她每天都失眠，但健康状况却非常良好。事实上，罗莎比其他年轻人更有优势，因为当别人正在熟睡的时候，她已经完成很多工作了。后来，罗莎终于凭借自己的“优势”成为当时华盛顿最年轻的服装设计师。

我再说一件关于罗莎的神奇之事，女士们知道罗莎活到多大吗？81岁。一个一辈子都没睡过几个舒服觉的人居然活到了81岁。我想，如果她一直都在为自己的失眠而感到忧虑，恐怕她早就亲手毁了自己的一生了。

女士们，虽然我们每个人一生都会花费掉三分之一的时间来睡眠，但实际上没有几个人知道睡眠究竟是怎么回事。事实上，我们往往是把睡眠当成一种习惯，其实也就是一种休息状态。我敢保证，每一位女士都有这样的困惑：“我一天到底该睡几个小时？如果我不睡觉究竟会给我带来什么样的后果？”曾经有一位女士跟我说，她觉得自己要死了，因为最近她失眠很严重。真的是这样吗？我们来看看一个“一战”老兵的例子吧。

保罗·科恩，匈牙利士兵，第一次世界大战期间脑前叶被子弹打穿。他很幸运，那颗子弹没有要了他的命，可是等他好了以后，却再也没有办法像正常人那样睡觉了。他看了很多医生，但都没有效果，以至于后来有的医生给他使用了镇定剂、麻醉药，甚至是催眠术，但这一切都是徒劳无功的。

当时，所有的医生都给出一个结论，那就是保罗绝不会活得很长。可事实呢？战争结束后，他给自己找了一份工作，而且还非常健康地生活了很多年。他虽然会在晚上躺下来闭上双眼，但却并不能睡着。他的病例在医学史上留下了一个谜。

保罗的例子推翻了我们对睡眠的一个错误认识，那就是失眠其实没有我们想象的那么可怕。纽约大学的拉斯涅尔教授是世界知名的睡眠问题研究专家。他曾经在一本学术杂志上说过，失眠症虽然一直困扰着人类，但它并不会导致人类的死亡。恰恰相反，人们由于自己患上失眠症而产生忧虑，从而使自己的抵抗能力和体力有所下降，所以才给那些致病细菌提供了侵入我们体内的机会。因此，人们必须正视一个问题，那就是这种身体的损害并不是由失眠引起的，而是由于忧虑。

怎样才能让自己安稳地睡上一觉呢？第一个必要的条件就是使自己获得安全感。从人类产生意识开始，就对

黑暗有着莫名的恐惧。特别是女士们，当你们独处在一个黑暗的房间里时，这种恐惧感更加强烈。相反，如果这时候有一位强壮的男士睡在身边，女士们的这种恐惧感就会减轻很多。因此，如果我们想战胜忧虑，那么就必须给自己找一种比我们强大得多的力量，让它一直保护我们到天亮。英国医药协会的一位教授在发表演讲时曾经强调："祈祷，是使人进入睡眠的最好方法。它一定能够让你的思想和神经得到镇定和放松。我还要加上一句，把你自己交付给万能的主吧，接着你就可以放松自己了。"的确，因为在虔诚的基督徒眼里，上帝是无所不能的，是他们最有力的保护者。

如果女士们不想再为失眠症而忧虑，那么就请你们遵照下面的几个方法去做。

克服失眠忧虑的五个方法

◎晚上睡不着觉的时候不要在床上翻来覆去，不如起来看看书或是做一些工作，直到想睡为止；
◎没什么可担心的，因为还从来没有一个人因为严重缺乏睡眠而死；
◎如果你认为上帝是存在的，那么就请你试着祈祷；
◎想让自己进入梦乡的最好办法就是保持全身放松；
◎如果你不是一个能自觉的人，那么你就强迫自己去做各种运动。

第四章

给心灵洗澡

利用闲暇，愉快享受

在很久以前，我曾经也是一个被忧虑困扰的人。特别是在我的事业刚刚起步的时候，我每天都被工作拖累得疲倦不堪。虽然当时我知道这种状况不会持续很久，但我也必须承认，那段时光真的让人不堪回首。也许，人只有在经历过一些事情以后才能真正成长。我想，如果那时的我有如今的心态，也不会每天过得那么狼狈了。

女士们可能不知道我在说什么。我知道，很多女士，特别是那些职业女士，她们每天的日程表都安排得满满当当的。她们需要很早起来，因为做早餐是她们一天的第一项工作。接着，她们还要收拾餐具，然后再匆匆跑出家门。在单位熬了 8 个小时之后，她们拖着疲惫的身子回家了，可是依然不能休息。因为她们要做晚饭、收拾房间，有时还要洗衣服。这些女士大概是世界上最忙的人了，因此在她们的时间观里根本没有闲暇时间这个概念。当然，快乐这个词更加不会和她们扯上任何关系。她们最要好的朋友就只有忧虑。

有一次，我到巴黎去拜访我的一个远房表姐。我们已经有很多年没见了，表姐是在我 12 岁的时候嫁到巴黎的。表姐对我的到来感到非常高兴，还吩咐仆人要好好招待我。我发现表姐消瘦了许多，而且眼睛里也没有了昔日的光彩。我很长时间没见她了，所以有很多话想要和她说。可是，表姐似乎并不愿意，因为我的到来打乱了她的计划。

我到她家的时候已经是傍晚了，可表姐似乎正打算出去。一阵寒暄之后，表姐对我说："戴尔，你在家里先休息一下好吗？我必须得走了，因为我要去参加一个很重要的课程。"我点了点头表示理解。于是，表姐匆匆忙忙地跑出了家门。

拥有闲暇时间的重要性

◎缓解心理上压力；
◎释放紧张情绪；
◎尽快地使自己恢复精力。

吃完晚饭后，我和表姐家的老仆人聊起天来，问他表姐最近过得如何。老仆人告诉我，表姐最近过得很累，因为他丈夫已经失去了那份体面的工作。现在，她不得不和丈夫一起承担养家糊口的责任。虽然她不需要做家务，但是她总是会利用一切时间去赚钱。刚才她就是跑去给一个小女孩上钢琴课。我觉得很吃惊，就问："难道我表姐没有闲暇时间来放松自己？"老仆人叹了口气说："如果睡觉不是必须要做的事情，恐怕太太会选择一天工作24个小时。"这下我终于明白为什么我觉得表姐变了许多，原来这一切都是忧虑造成的，而导致忧虑产生的罪魁祸首就是"没有闲暇时间"。

亚历士多德曾经说过："人唯独在闲暇时才有幸福可言，恰当地利用闲暇时间是一生做自由人的基础。"的确，闲暇时间对于我们每一个普通人来说都是至关重要的，各位女士也同样不例外。新泽西公立医院的精神科主治医师约翰·克雷曾经说：“人的精神如果总是处于紧张状态的话，很容易导致各种精神疾病的产生，而合理充分地利用闲暇时间则是缓解精神紧张的最佳方法。随着社会环境的变化，人们面临的生存压力也越来越大，因此很多人开始忽视闲暇时间。他们把享受闲暇时间看成是一种浪费生命的行为，认为那种做法会让自己陷入困境。实际上，为了能够适应整个社会环境，人们必须学会给自己减压，也必须让自己得到放松。否则，压力会让你精神衰弱、情绪紧张，继而会剥夺你的快乐和幸福。”美国国家疾病研究中心的研究人员经过研究发现，一个人每天至少需要有1到3个小时的时间来做一些没有压力、轻松愉快的事情。如果没有这1到3个小时，

那么人就容易变得焦躁不安、精神脆弱，甚至还会引发自杀倾向。此外，如果人的压力长期不能得到释放，那么就很容易给人造成心理上的负担，从而让人产生疾病，诸如胃溃疡等。而这些疾病其实是完全可以避免的，因为它们来自病人的心理。

相信现在女士们应该理解我在本文开头所说的那段话了。是的，那时候的我也不知道闲暇时间的重要性。为了实现自己的目标，我需要每天查找大量的资料，同时还要抽时间拜访很多人。我每天的工作时间超过了15个小时，同时还要再另拿出一到两个小时来备课。我真不知道自己当时是怎么过来的，只记得那时的我没有一天感到快乐。

如果我能够在那时想办法让自己拥有点儿闲暇时间，相信我也不会感到那么累。同时，我必须承认，那时候我的事业开展得并不顺利，因为我经常会发昏地不知道自己在做些什么。这些责任都该归咎于无休止的工作，要是我能早一点儿领悟，说不定会做得更漂亮一些。

我走过的弯路不希望女士们再走，因此我恳请女士们接受我的建议。不管你们身上的担子有多重，也不管你们每天的工作有多忙，善待自己，让自己拥有点儿闲暇时间是一件非常重要的事。

有一次，当我在课堂上说出这句话时，一位女士马上就站起来反驳我的观点。这位女士大声对我说："卡耐基先生，你不觉得你的这种说法太理想化了吗？闲暇时间，难道我们不愿意享受生活吗？可现实是不允许的。我和丈夫住在一间公寓里，那个该死的房东每个月都会准时来收取房租。此外，水费、电费、煤气费、孩子的教育费，以及其他日常开支，哪一项不需要钱？难道像你说的，我们每天都给自己找出几个小时的休息时间，就能让自己过得快乐？笑话，当你看到我们房东那张可恶的脸的时候你就不会这么认为了。如果我有一个月不上班，那我们家肯定会陷入财政危机的。"

面对这位女士咄咄逼人的提问，我丝毫没有感到愤怒，也没有一丝的惊讶，因为我知道这正是很多职业女性所遇到的难题。于是，我问这位女士："那你每天下班之后没有时间吗？"那位女士有些不高兴地说："难道你认为一个女人不做家务是应该的事情？准备晚餐、洗衣服等家务活，哪一项不需要花费时间。通常，干完所有的事以后，已经很晚了。哪还有什么时间来享受生活？至于说周六周日，更谈不上休息。因为平时没有时间，所以我们只好在休息的时候来一次大扫除。”我笑了笑说：“我妻子和你的情况是一样的，但她总是会在八点以前就做完所有的事情，而且每周末也不需要搞什么大扫除。”那位女士显然不相信我的话，于是我接着说：“我妻子买了一台洗衣机，虽然那会花一些钱，但绝对物有所值。她每天回家之后总是会先把该洗的衣服放在洗衣机里，然后着手准备晚餐。吃完晚饭后，她会借收拾餐桌的机会再清理一下家中的杂物。等到第二天早上，她只需要准备早餐，然后再简单做一些清洁工作就可以了。因此，我太太从来没有遇到过你的问题，因为她把一切都安排得很有秩序，而且她处理事情的效率也很高。”那位女士显然明白了我的话，因为她冲我做出了一个恍然大悟的表情。

女士们，合理地安排时间，有秩序地处理手头工作是提高你的工作效率的最佳办法。只要工作效率提高了，那么拥有闲暇时间就不是一件不可能的事。如今，科学技术每天都在以惊人的速度发展，许多帮助人干活的机器都被发明出来。可能这些东西比较贵，比如电冰箱、洗衣机、吸尘器等，女士们会认为没有必要花钱购买。然而，我认为女士们大可不必这样想。如果让我花很少的钱来换取快乐的感觉，那么我会毫不犹豫地选择。倘若女士们非要算一笔经济账，这种投资也是很有价值的。道理很简单，这些机器为你节省了很多时间，使你能够得到充分的休息和放松。这样一来，你就会有愉快的心情和充沛的精力去迎接新的工作了。这无疑是一种最明智的选择。

不过，必须注意的是，并不是拥有了闲暇时间就达到我们所要的效果了。事实上，如果女士们不能把这些闲暇时间充分利用，那么还是无法起到事半功倍的效果。因此，有了闲暇时间之后，女士们面临的又一个问题就是如何充分合理地利用闲暇时间。

对于这一问题，我无法给女士们一个确切的答案，因为每个人的情况都是不一样的。不过，但凡那些在事业上取得成就的人，都有一个利用闲暇时间的秘诀。享有盛名的"奥林比亚科学院"是由爱因斯坦组织的，这个学院每天晚上都会召开一个例会，而这段开会的时间对于爱因斯坦来说就相当于是闲暇时间了。不过，爱因斯坦很聪明，经常在会上为参加者准备一些上好的茶。于是，他们这些科学界的泰斗在一起边品茶，边讨论，很多非常重要的科学创见都是在例会上产生的。

实际上，爱因斯坦是把闲暇时间转变为工作时间了，只不过是更换了工作场景。然而，虽然同样是工作，但爱因斯坦在例会上得到了放松，而且还受到了不少启发。应该说，爱因斯坦利用闲暇时间是成功的，因为他已经达到了自己的目的。

那么女士们究竟应该怎么做呢？很简单，找一些自己最感兴趣的事情。如果你喜欢文学，那么就利用闲暇时间多读读书；如果你喜欢音乐，那么就利用闲暇时间多听听歌；如果你喜欢诗歌，那么不妨在闲暇的时候写上一两首诗；如果你真的是太疲惫不堪了，那么你就不妨美美地睡上一觉。总之，利用闲暇时间的一个准则就是：让自己获得愉快享受。当然，如果你的行为可以让你从一个侧面充实自己的话，那就更加完美了。

记住最得意的事

女士们，你们最得意的事情是什么？我想，大多数女士在听到这个问题之后，都会回答我说："哦！这个应该让我想一想，你问我什么事情最得意，我还真不好说。"既然女士们认为回答这个问题有些困难，那就请你们先听听我的故事，也好借这个机会想一想。

有一次，我在英国伦敦的街道上遇见了我以前的老朋友贝迪女士。我们有很多年没见面了，所以我邀请她一起共进午餐，也借此机会叙叙旧。闲谈间，我发现贝迪女士变化很大。她以前是个十分忧虑的人，几乎每天都生活在痛苦和烦恼之中。而如今，坐在我对面的则完全是一个幸福快乐的女人，在她的脸上根本看不出一丝的不开心。当时，我已经有要写《人性的弱点》那本书的想法了，所以我就向贝迪女士咨询好的方法，看她是怎么变得如此快乐的。

我问贝迪："我真不敢相信，你的表现让我大吃一惊。告诉我，是什么让你赶跑了忧虑？难道你最近几年都很得意？"贝迪笑了笑说："戴尔，你说得没错，这几年我真的都很得意。我几乎每天都在想那些得意的事。"

我说："那我真该祝贺你，因为你确实挺幸运的。"贝迪摇了摇头，说："不，并不是我幸运，而是因为我自己每天都要让那些最得意的事在我的脑海中萦绕。戴尔，你知道什么是我最得意的事吗？其实那些东西似乎并不值得称道。我现在很健康，而且还有一份不错的工作。另外，我有一个爱我的丈夫和可爱的女儿。这些东西都是我所得意的。"

我有些不解地问："贝迪，我不明白，这些东西看起来很平常，每个人都拥有，怎么能说是你最得意的事呢？"

贝迪若有所思地说："你知道，我以前一直生活在忧虑之中，特别是1943年刚开始的时候。那年春天，我经营的那家杂货店倒闭了。我不仅为此赔上了所有的积蓄，而且还欠下了很大的一笔债，最少也要7年才能还清。我当时认为我失去了一切，所以丧失了所有的斗志和信心。我像一只打了败仗的公鸡，垂头丧气地走在大街上。我本来打算到银行借点儿钱，然后为自己找一份工作。可是我当时真的没有勇气振作起来了，直到那个人的出现。"

我知道贝迪一定遇到什么特别的事了，所以赶忙追问："到底发生了什么事？"

贝迪说："那天我独自一人走在大街上，忽然间看到对面有一个没有双腿的人。他坐在一块安有溜冰鞋轮子的木板上，靠两根木棍来支撑和划动自己。当他艰难地来到我这边时，突然向我发出了真诚的一笑，说道：'早安，女士，今天的天气真不错。'我听得出来，他的话里没有一丝的悲哀，反而是充满了朝气。我突然感到，我与他比起来真的幸福多了，至少我还有两条健康的腿，难道我不应该为此得意吗？从那以后，我终于振奋起来，而且让自己不再觉得有任何的忧虑了。如今，我已经开了一家百货商店，这次到伦敦就是找厂商洽谈业务来的。"

我突然间觉得贝迪是个很伟大的女性，因为她已经领悟到了人生的真谛。女士们也应该向贝迪学习。现在，我应该公布开头那个问题的答案了。其实，人一生最得意的事就是满足于自己拥有而别人没有的东西。

从见过贝迪以后，我也告诉自己要像她那样。于是，我在浴室的镜子上贴了一段话：

当我还愚蠢地为自己没有一双漂亮的皮鞋而难过时，一个没有双脚的人出现了。

这样我每天早上洗漱的时候都可以看见，而那些所有的难过顿时都消失得无影无踪。

女士们，你们现在应该做什么？你们应该马上问问自己："难道我得到的这些还不够吗？是什么让我每天都生活在烦恼之中？为什么我总是不能提起精神呢？"我可以和女士们打个赌，当你们问完自己这些问题后，你们多半会发现，其实很多事情都是那么地不值一提，那么地没有意义。

我承认，在生活中人总是会遇到这样或那样的麻烦，尤其是各位女士，你们的麻烦似乎比男士要多一些。然而，如果我们细心地观察会发现，实际上我们做的所有事有绝大部分都是很顺利的，只有一小部分存在麻烦。因此，女士们，我要告诉你们一个快乐的秘诀，那就是将你的注意力集中在那绝大部分顺利的事上，每天都盘算你所得到的恩惠，让最得意的事常在你的脑海中萦绕。

在这里，我有几句话送给各位女士，希望它们能对你们有所帮助。

◎在英国的很多教堂里，都可以看到"感恩"这两个字，我们应该把这两个字牢记在心。
◎乔纳森·斯威福特（一位悲观的小说家，《格列佛游记》的作者）说过："合理的饮食、快乐的心情是世界上最好的医生。"
◎哲学家叔本华说："人往往把重心放在那些自己所没有的东西上，而很少考虑自己已经拥有的。这种想法实在是比战争还可怕。"

女士们，我希望你们能够牢记这些话，因为它们的确是正确的。只要女士们愿意，你们完全可以把自己所拥有的一切变成巨大的财富，而且这些财富要比所罗门王的宝藏还要多。那样，你会比所有人都开心和满足。怎么？女士们不相信？那好，如果给你一百万美元来交换你的双眼，同意吗？或者拿出很多很多钱来交换你的双手、双脚、健康、孩子，或是幸福的家庭？我想，即使我把全世界的财富都送给你，女士们也一定不会同意的，因为那样就失去了生命的意义。

我非常清楚，很多女士都对做家务深恶痛绝。那些烦琐的、没完没了的事情让她们很烦恼，而且这些事情即使做得再好，也似乎称不上是什么得意的事情。其实，事实并不像女士们想象的那样，你同样可以在家务中体会到快乐。为了让女士们相信我的话，我给你们推荐一本名叫《我希望能看见》的书，作者是一位名叫达安的老妇人写的。

达安几近失明五十多年了。虽然她的左眼还能发挥作用，但上面却布满了斑点。每当她想要看书的时候，必须要离得很近很近。可是，达安从来没有灰心过，更没有去祈求别人的怜悯。她从小就很要强，靠着自己顽强的毅力，最后居然拿到了两所大学的学士学位。

后来，达安女士在新泽西州一家小村庄做教师，接着又到了南达科他州一家学院教授新闻学写作。她在那里教了 13 年的书，经常会参加各种俱乐部的演讲和集会。她曾经对别人说，自己知道无法克服失明给自己带来的恐惧，所以只好以积极乐观的态度面对一切。

就在 1943 年，52 岁的达安迎来了一生的转折。美国一家著名的眼科医院为她做了治疗手术，使她的视力恢复了很多。达安太兴奋了，每天都生活在快乐之中。她认为，自己目前的生活简直太幸福了。有了一定视力的她，看什么都觉得非常美丽，甚至于在池子边洗碗，也被认为是一件非常兴奋的事。

达安说："我可以看到那些盘子上的泡沫，感谢上帝，我能看到它们。我轻轻捧起一个肥皂泡泡，把它拿到光下看。天啊！五颜六色，真是太美丽了。当感觉有些累的时候，我可以顺着厨房的窗户向外看，居然会偶尔看到飞翔的云雀。我真应该感谢命运，感谢万能的主，是他赐给我那么多美好的东西，使我享受到人间的快乐。"

女士们，你们可曾发现洗碗时盘子上的泡沫是美丽的吗？你们可曾为自己拥有这么舒适的生活而感谢上帝吗？不，你们没有过，因为你们认为这不是什么值得得意的事。我们都应该感到惭愧，因为我们每天都生活在美妙的童话中，却要比达安太太的视力还差，因为我们看不到一丝的快乐与幸福。

几年前，我在学习新闻写作的时候认识了露西小姐。她给我讲了一段自己的亲身经历，一段因为烦恼而差一点儿酿成悲剧的经历。

露西是个很有能力的女性，每天的工作和生活都安排得很紧。她需要学习一些知识，还需要去主持演讲班，同时还要参加各种宴会和舞会，这种忙碌的生活直到那天早上才完全结束。医生告诉她，她已经累垮了身体，必须要卧床休息一年，否则她的健康将受到极大的损害。她崩溃了，因为对她来说，一年后自己就成为了一个废人。她无法接受现实，更不能乐观地面对。她不得不按照医生的指示去做，尽管这对她来说是巨大的灾难。

这天，一位名叫鲁德福的艺术家前来看她。当她向鲁德福倾诉自己的苦衷时，鲁德福说："你觉得这一年是灾难吗？我不这样认为。你完全可以把它当成财富，因为你可以借助这个时间好好休息一下，然后静静地思考。我相信，12 个月以后，你会发现一个新的自己。"

露西做到了，她接受了鲁德福的建议。有一天，她从广播里听到了这样一句话："你所说的任何事都是对你内心的反映。"露西受到了前所未有的震动，她下定决心，只把心思放在那些她拥有的东西上，包括健康和快乐的思想。她为自己虽然卧床但却没有痛苦而感到庆幸，为自己能够有精力去读书和接见朋友而高兴。最后，露西振奋起来了，也变得非常非常快乐。每当说起那段经历时，露西总是会说："那段时间太美好了，因为每天我都在为我自己所拥有的一切而感到得意。"

女士们，世界上任何一笔财富都比不上快乐，然而能够只把精力放在每件事理想的那一方面，又是获得快乐生活的最佳途径。女士们，你们每天清晨都应该做一件事情，那就是清算一下自己所拥有的财产。当然，这些财产是你所拥有的和得意的事。

学会找人倾诉心事

女士们，我想没有一个人会把生病看成是一件非常快乐的事。的确，我也不这么认为。然而，事实上，在现实生活中，很多女士，特别是一些家庭主妇，她们总是在给自己制造着各种各样的疾病，而这些疾病的根源就是忧虑。

我知道，当我说出这些话以后，肯定会受到很多女士的反驳，因为她们认为自己并不像我说得那样脆弱，更没有理由给自己找麻烦，制造什么疾病。可是，我还是要固执地说，我所说的一切都是事实，因为这是我亲眼所见的。

有一年秋天，我和我的助手一起到波士顿参加了一次世界性的医学课程。不过，虽然它表面上被称为医学课程，然而实际上却是一种临床心理学实验。当我到达那里以后，负责人告诉我说，这个课程每隔一周就要举行一次，而参加的人员（当然，这是指那些病人）在进场之前都要进行彻底的身体检查。最后，那位负责人还告诉我，这个所谓的课程真正的名字其实是叫应用心理学。它的目的就是帮助那些被忧虑所困的人，而这些人大多数都是家庭主妇。

我对这件事非常感兴趣，因为它完全算得上是一门新兴的学科。于是，我找到了它的创始人约索夫·布拉特博士，和他进行了一次长谈。他把成立这个课程的来龙去脉都告诉了我。

约索夫对我说，他已经在波士顿医院工作很多年了。在这些年里，他接待了成千上万的病人。然而，令他惊讶的是，那些前来求诊的病人，尤其是那些家庭主妇，在生理上其实根本没有一点儿毛病。可是，不管他怎么劝说那些病人，她们就是不相信，总认为自己的身体就是得了某种可怕的疾病。约索夫告诉我，有一次，一位女士来看病，说自己患上了关节炎，两只手都不能再继续使用，而实际上那不过是骨骼产生的正常现象。又有一次，一位女士告诉他，自己一定是患上了胃癌，因为她的肚子老是觉得很胀。其实，她不过是有点儿疝气罢了。此外，有的女士怀疑自己得了颈椎病，因为她老是脖子疼；还有的女士认为自己得了脑瘤，因为她老是感觉头疼。所有这些女士都无一例外地告诉约索夫，她们

向别人倾诉的好处

◎释放你的压力；
◎排解你的烦恼；
◎缓解精神上的紧张；
◎使自己健康快乐；
◎让你保持年轻的容貌。

缓解压力的运动方法

◎感觉疲倦的时候，让身体平直地躺在地板上，并可以做转身运动。记住，每天两次。

◎闭目养神，想象空间、事物以及自然，让自己和它们融合在一起。

◎如果不能躺下，那就坐在一张椅子上，两只手掌向下平放在大腿上，就像埃及的雕像一样。

◎从脚趾开始，然后是腿、腰、背、颈椎，最后是头部，让它们依次得到活动，放松。

◎慢慢调匀你的呼吸，不让它那么急促。

◎把脸上的皱纹抹平，松开皱紧的眉头，张开紧闭的嘴巴，每天多做几次，效果很不错。

真的是得病了，因为她们确实能感受到疼痛。可是，当约索夫给她们进行了最彻底的、最科学的医学检查之后发现，其实这些女士根本就没有一丝的疾病。后来，约索夫针对这一问题请教了那些经验丰富的老医生，从他们那里获得的都是同一个答案：疾病就在她们的心里。

约索夫知道，如果自己固执地告诉那些病人，她们完全可以回到家里，然后把这些疼痛和不舒服的感觉忘掉，那么这无疑是一点儿用处都没有的。他心里非常清楚，这些女士本身也都不希望生病，如果真的能够让她们轻易地忘掉痛苦的话，恐怕这些女士早就照着去做了。事实上，正因为大多数女士做不到这一点才让约索夫非常地头疼。后来，约索夫就开设了这样一个课程。

女士们，你们相信这个课程会产生很好的效果吗？我想你们在最初肯定不会相信，因为当时大多数医学界的人也都持怀疑态度。然而，事实证明了一切，这个课程的确收到了意想不到的效果。如今，这个班已经开办了18年，有很多很多的病人都从这里毕业，而且是健康的。此外，还有一些病人居然愿意在这里一连上几年的课都不感到厌烦。女士们这次相信了吗？如果你们还不相信，我可以给你们讲个事例。

为了证实约索夫说的都是真的，我特意找了一位在这里坚持学习了9年而且很少缺课的女士做了一次谈话。这位女士很开朗，也很健谈。她告诉我，当刚来到这里时，她坚信自己的肾脏和心脏一定患有疾病。

“我当时真的非常紧张，每天都生活在忧虑之中。”这位女士笑着说，

"你知道吗？我那时候经常会莫名其妙地看不见东西，因此我常担心自己会不会失明。"

我问她："那你现在是什么感觉？"

女士回答说："现在？难道你还看不出来吗？我现在很自信，而且健康状况也十分良好，心情也十分愉快。我以前老是觉得烦恼，甚至有时候希望能够用死来逃避。幸亏我来到了这里，因为我在这里首先认识到了忧虑的危害，然后我又知道如何克服忧虑。我现在见到每个人都会说，如今的我简直是太幸福了。"

我仔细观察了一下这位女士，她看起来也就40来岁，然而她的怀里却抱着一个熟睡的小孙子。我真的有些不敢相信，这个课程怎么会有如此之大的魔力？它完全使一个原本忧虑的女士变成了一位性格开朗、健康活泼，以及充满活力的女士。为了找到答案，我请教了这个班的医学顾问卢斯·谢菲特，请她告诉我是什么方法帮助了那些忧虑的女士。

卢斯笑着说："其实也没什么高深的秘诀。我只是告诉我的病人，她们应该找一个最信任的人，然后向他们说出自己想要说的一切，让那些倾听者接受自己的问题。这种方法，在我们应用心理学上被称为净化作用。通常，我们会承担这一角色，让病人把所有的问题都说出来。如果一个人把忧虑埋在心里，那么他就很容易产生精神上的紧张。你，我，还有那些病人们，都需要别人来和我们一同承担所遇到的难题。对了，我们这里还

客观地认清事实的方法

◎女士们不妨把自己假设为第三者，以别人的身份来进行事实搜集。这样一来，我们就可以让自己保持客观、超然的态度了，同时也有助于女士们克制自己的情绪。

◎女士们可以把自己设置成对方律师的身份，然后再寻找和忧虑有关的事实。也就是说，女士们在搜集事实的时候也要搜集那些对你不利的，也就是和你希望相违背的或是你不愿意面对的事实。接着，你再把正反两方面的事实都写下来，这时你往往会发现，真相就在这一正一反之间。

有一句口号，那就是说出你的心事。”

我真是不枉此行，因为我在这里得到了一条最最宝贵的经验。从那以后，我没有感到过忧虑，因为每当我觉得心情不快时，总是会找一个人倾诉。

女士们，你们真的应该相信这种方法，因为它确实是有效的。为了让女士们能够信任它，我特意为这种心理应用学找到了理论依据。从心理学角度来说，这种方法其实就是以语言的治疗功能为基础的。实际上，早在弗洛伊德时期，很多心理学家就已经提出，一个病人，不管他患有多重的病，只要他能够说出来，那么就一定可以把他内心的忧虑释放出去。这些心理学家还说，尽管我们谁都不能说出人为什么会这样，但是人在说出自己心里的烦恼之后，整个人确实可以变得非常畅快。

各位女士，如果你们下一次再碰到什么情感上的难题时，你们还会选择一个人承受吗？不，你们不会，你们应该找一个人，和他说说自己的心事。当然，我并不是说可以没有目标性地找人。我们找的那个人，应该是值得我们信任的，可以是亲人、朋友，也可以是邻居、同事、医生或是神父。总之，你应该对那个信任的人说：“我真的希望你能够帮我。一直以来，我都被一个问题所困扰，我真心地希望你可以耐心地听我说，然后给我一点儿建议。你知道，旁观者清，也许你能给我意想不到的灵感，可以帮我渡过难关。”

如果你真的实在是找不到合适的人选，那么我就建议你去找心理医生。大多数心理医生是很有职业操守的，他们工作中一个很重要的部分就是倾听。我想，他们会成为你们诉苦的最忠实的听众。

不过，虽然我承认波士顿这家医院的课程很有疗效，但我更加倾向于“防患于未然”。我认为，与其得了忧虑症以后再去医治，还不如在事前想办法避免。因此，我在这里给女士们一点儿建议，这是一些很容易做到的事情。

1. 给自己准备一个“心灵记事簿”。

当你看到一些好的、可以给你灵感的或是能鼓舞你斗志的文字时，你就把它们记在这个本子上。当你遇到什么难题时，当你提不起精神时，就把它们拿出来，默念几遍。不过女士们要注意，这个本子要保存好，因为积少才能成多。

2. 别让别人控制你的情绪。

也许你的丈夫有很多让人难以忍受的缺点，不过你必须承认，如果你的丈夫真的是一个十全十美的圣人，恐怕你也成不了他的妻子。曾经有一位女士把自己的丈夫称为“害虫”，整天都在挑剔丈夫。后来，当医生告诉她丈夫得了绝症以后，她却把丈夫的优点一一列了出来，而且很长很长。所以女士们，当你在牢骚和抱怨的时候，请你先想想别人的优点，也许那些正是你梦寐以求的。

3. 对你周围的事情感兴趣。

你不可能是孤独的，因为你总是要有邻居的。因此，对那些有缘和你住在同一条街上的人，你应该产生一种非常友善也很健康的兴趣。有人做过试验，他们让一个没有朋友的女士根据自己的想象给邻居编故事。后来，这位女士养成了碰到人就聊天的习惯。今天，她已经非常快乐了。

4. 事先做好准备。

这一点其实很简单，大多数女士感到忧虑是因为除了要拖着疲惫的身体去做那收入微薄的工作外，还要分出一部分精力来做该死的家务。你们可以在头天晚上睡觉之前就把第二天的工作内容安排好，这样就不会觉得既麻烦，又让人接受不了。

5. 学会让自己放松。

放松是缓解紧张和疲劳的最好办法。记住，紧张和疲劳最容易使你变得苍老，它们是你年轻漂亮外表的杀手。其实你们要做的很简单，那就是选择各种各样的方式来放松自己，可以是很小的动作，也可以是大一点儿的动作。

第三篇

做高情商的女人

第一章

有让自己快乐的能力

与人为善，快乐自己

在动手写这本书之前，我曾经到西雅图去拜访了罗西·鲁伯博士。在见到她之前，我认为她现在一定过得很痛苦、颓废，因为她已经在床上瘫痪二十多年了。然而，当第一眼看到罗西博士时，我就意识到自己当初的想法简直太可笑了，事实上，她现在每天都过得很开心，也很充实，尽管她依然不能下床。

一阵寒暄之后，我问罗西博士，是什么样的动力使她能够如此快乐地面对人生。罗西笑着和我说："说实话，戴尔！如果你不是我最好的朋友，我真的没有时间和你在这里做长时间的交谈。你想知道我为什么会如此乐观和快乐，很简单，那就是与人为善，帮助别人。"

原来，罗西在瘫痪以后并没有对生活失去信心，也没有被忧虑所困扰。她在心里始终都默念着威尔斯王子的那句话："我应该为别人提供帮助。"她让朋友帮她搜集了很多残疾病人的姓名和地址，然后分别给他们写信，鼓励他们勇敢面对生活，快乐面对现实。后来，罗西博士组织了一个残疾人俱乐部。在里面，大家经常互相写信，交流各自的感受。如今，这个残疾人俱乐部已经成为一个国际性的组织，而罗西也是整个活动中最大的受益者，因为她得到了快乐。

女士们，你们是否每天都觉得生活枯燥乏味呢？你们是否从生活中找不到一丝的乐趣呢？你们应该向罗西博士学习，因为罗西博士与你们比起来要不幸得多，可是她却从与人为善、帮助别人中得到了很大的乐趣。

有一位非常有名的心理学家曾经和我说过：“当我对我的病人进行治疗时，我总是会告诉他们，不管在什么情况下，他们每天都应该找一个人作为目标，然后努力地使那个人得到快乐。我可以保证，他们绝对会在两周之后变得健康快乐。”

我非常同意这位心理学家的话，因为罗西博士和别人最大的区别就在于，她把与人为善，给予别人快乐看成是一种最大的快乐。事实上，罗西博士的想法和萧伯纳不谋而合。萧伯纳曾经说过：“真正不快乐的人往往都是那些以自我为中心的人，因为他们总是在抱怨世界不能按照他的想法改变。”

各位女士，我在这里劝说你们与人为善，并不是为别人考虑，实际上恰恰是为女士们考虑。人生活在社会中，没有朋友应该说是最苦恼的一件事。然而，如果你能够与人为善，那么你就会为自己赢得很多的朋友，同时也会使你体会到生活的真正乐趣。

与人为善，把给予别人快乐看成是最大的快乐，每个女人都会变得更加快乐，更加充实。

曾经有一位名叫莱斯的女士给我写信。在信中，她给我讲了一个真实感人的故事。现在，我决定把它讲给各位女士，希望你们能从中得到一点儿启发。

莱斯女士的命运是很悲惨的，因为在她还是个孩

子的时候，父母就相继离开了她。后来，她被镇上的一对好心夫妇收养了，并说只要她能够做到不说谎，不去偷窃，而且还能听话干活，那么她就可以一直留在这个家里。

这三句话深深地印在莱斯的心里，莱斯把它们当成了自己的“圣经”，并时刻告诫自己不管在什么时候都必须遵守它。可是，一切并不像小莱斯想象的那么简单，尽管她已经非常努力地去做了，但她还是摘不掉“小孤儿”的帽子。她开始上学后的第一个星期，情况简直糟透了。班上的很多小朋友都不愿意和她玩，而且还经常取笑她难看的眼睛。更有一次，一个女孩居然把她头上的帽子抢了过去，用水把它灌坏，而且还说之所以这么做是为了浇浇她的木头脑袋，让她能够清醒一点儿。

听到这儿的时候，我和莱斯女士开玩笑说：“那你真应该和她们大吵一架。”莱斯也笑了笑，说：“是的，卡耐基先生，以前我也是这么想的。可是收养我的那位夫人对我说，我不应该对他们怀有敌意，而是应该让他们成为我的朋友。她还告诉我，如果我与他们友善地交往，并且主动向他们提供帮助，那么我将会成为他们的朋友，而不再是小孤儿。”

莱斯女士真的那样做了。她开始帮助班上那些成绩差的同学，因为她的成绩是全班最好的。她帮助同学辅导功课，还帮他们写辩论稿。不光这样，莱斯女士还主动和身边的人交往，帮助邻居们砍柴、挤牛奶或是喂牲口。

后来，两位老人去世了，莱斯也到外地去上学。当她大学毕业后第一天到家的时候，居然有两百多位邻居过来看她，而且还有人是从 80 公里以外的地方赶来的。

我对莱斯女士说：“你真快乐，莱斯！有那么多邻居发自真心地关心你，这让很多人羡慕不已。”莱斯十分自豪地说：“是的，您说得很对。可是您不要忘记，这一切都是我自己争取来的。因为与人为善的是我，我给我的邻居们提供帮助，所以他们才会那么愿意和我做朋友。我真的很庆幸当初听了她的话，否则我不会像现在这么快乐。”

我不禁为莱斯女士高呼“万岁”，因为她不仅知道该如何交朋友，更知道如何才能让自己快乐。可是，很多女士却并不像莱斯女士那样明智。她们不愿意给别人提供帮助，更不知道与别人友善交往的重要性。不过，这些女士也为自己的行为付出了代价，因为她们不是快乐的人。因此，我认为有必要在这里和女士们交待清楚，与人为善究竟对我们个人有什么好处。

与人为善的好处

◎让你快乐地生活；

◎使你结交更多的朋友；

◎让你的敌人变成你的朋友；

◎让你的人际关系变得和谐、融洽；

◎使你健康长寿。

女士们，你们现在应该对与人为善的魔力有所了解了吧！但是，我希望各位女士在看完前面两个例子之后，一定不要误把与人为善理解为同情和包容。实际上，与人为善是一种爱的表现，是一种高尚情操的表现。

萧伯纳有一次在大街上行走，突然间被一个骑自行车的年轻人撞倒在地。看得出，年轻人很慌张，因为他认识这位“声名显赫”的文学家。萧伯纳却幽默地和这位年轻人说：“真不走运，本来你可以借这个机会出名的，只可惜你没有把我撞死。”年轻人不好意思地笑了，而刚才那种非常窘迫的表情也随之消失了。如果萧伯纳不能对这名年轻人无意的过失宽容的话，那么他的形象一定会在公众心中大打折扣。

女士们，当你想要获得快乐的时候，那么你首先要做的就是使你身边的人快乐，因为爱是相互的，也是可以传染的。这个道理，是我的朋友托尔·怀恩女士告诉我的。

怀恩曾经有一段时间真的很难过，整日都处于自怜和忧虑之中，因为她的丈夫已经离她而去。每当圣诞节要来临的时候，怀恩女士的心情都非常的糟糕，因为这使她更加思念和丈夫在一起的日子，以至于后来她开始惧怕圣诞节。

这一年的圣诞节，怀恩女士怀着痛苦的心情漫无目的地在街上走着。渐渐地，她来到了一处离城镇很远的小教堂，这是她以前没有来过的地方。怀恩女士有些累了，她走进了教堂，坐在教友椅上欣赏着一位手风琴手演奏的《平安夜》。也许是太累了，怀恩女士慢慢地睡着了。

当她醒来时，眼前出现了两位小姑娘。可以看得出，这两位小姑娘的

家境并不怎么好，因为她们身上的衣服已经很旧了。怀恩走过去，问她们两个为什么没有和父母一起来。这两个小女孩告诉她，她们是孤儿，父母早就双亡了。这时，怀恩感到无比地惭愧，因为和这两位小女孩比起来，自己简直是生活在天堂里。怀恩带着她们看了圣诞树，而且还给她们买了很多糖果、零食以及各种小礼物。

怀恩告诉我，从那以后，她再也没有忧虑和痛苦过，因为她体会到了真正的快乐和幸福。这次经历告诉她，如果想使自己开心快乐，那么首先要做的就是让别人开心。

有些女士可能会认为我的话有些脱离实际，而且还太过理想化，如果能够遇到我刚才所说的那些事情，她们也能和那些人一样。可是我要和女士们说，不管你的生活多么单调，但你每天总是不可避免地与一些人交往。那么，你又是怎么对待他们的呢？我仅举一个例子，当你们从辛苦的邮差手上接过家人或是朋友寄给你的信或是照片的时候，你们是否会对邮差表示关心或问及他们的家人？我想，大多数女士们做不到这一点，因为她们并不认为杂货店售货员、擦鞋童或是送报生有什么重要性。可是我要和各位女士们说的是，这些人和你一样，都是一个完完整整的人。他们同样有着美好的梦想和崇高的理想。他们也渴望成功，渴望得到别人的关心，渴望和别人一起分享。可惜，你们没有给他们机会。女士们，请你们马上改变自己吧，就从你明早看到的第一个人开始。

不完美，也快乐

两年前，我的培训班上来了一位女士，名叫苏珊。应该说，苏珊是幸运的，因为上帝赐给了她许多美好的礼物——漂亮的外表、迷人的气质以及一份令人羡慕的工作。可是，我真的不明白她为什么要来参加我的培训课，在我看来她根本不应该来，因为她报的课程是“如何抗拒忧虑”。

当我问她原因时，苏珊苦恼地和我说：“卡耐基先生，也许我在外人眼里真的应该是最快乐的女性，可实际上我也有自己的痛苦。我的确有漂亮的外表，但我的头发却是黑色的。我相信，如果它是一头漂亮的金黄色头发的话，那么我将更加魅力四射，可惜的是我没有。至于说工作，天啊，那更加让我苦恼。虽然我已经做得很不错了，但很多地方还有遗憾。如果不是中途发生某些变故的话，我现在应该已经做到经理的位置上了。还有很多很多事情，都给我留下了遗憾。我被这些遗憾所困扰，没有一天过得快乐。上帝啊，难道就不能让我变得更完美一些吗？”

听完苏珊的叙述，我马上判断出导致她忧虑的最根本原因，我称其为“完美主义综合症”。于是，我对苏珊说：“苏珊，你为什么要如此折磨自己呢？我承认，在生活中我们总是会遇到很多不完美的事情，而且不管我们怎么努力都不能弥补这些缺憾。虽然我们不能保证事事完美，但却可以选择跳出不完美的心境，不让自己在不完美中哀叹。相信我，苏珊，只有这样做才能让你变成一个真正意义上幸福、快乐的女士。”

这件事给我的印象非常深，因为从第二天起苏珊就没有再来上课。后来，她打电话给我，对我说：“谢谢你，卡耐基先生，是你让我重新找回了快乐、幸福。如果没有您的一番话，相信我现在依然沉浸在缺憾的痛苦之中。现在，我终于明白了，追求完美其实就是在不断地折磨自己。”

我真的替苏珊感到高兴，因为她已经是世界上最快乐、最幸福的女人了。然而，很多女士却依然在忍受着不完美的折磨，使她们变得失眠、焦虑、烦躁、不安。当我试图劝说她们的时候，有些女士却对我说：“卡耐基先生，你怎么可以这么不负责任地说呢？我们怎么可以和苏珊相比？我们没有漂亮的外表、迷人的气质，更加没有一份令人羡慕的工作。对于我们来说，几乎没有一件事可以让我们感到骄傲、自豪。试问，在这种情况下，我们怎么可能过得幸福快乐？”

这番话并不是我对女士们内心想法的大胆猜测，因为就在昨天，一位体型微胖、相貌平平的家庭主妇就是这样和我说的。我没有直接回答她的问题，而是反问道：“您有孩子了吗？”妇人有些吃惊地说：“当然，而且还有三个。”我点了点头，继续问：“那您家里每个月的开销够吗？孩子们的学习成绩都怎么样？你丈夫对你怎么样？”妇人想了想，说：“这个……我丈夫虽然是个小职员，但是他每月挣的钱也足够我们一家人生活。我的三个孩子都很懂事，学习成绩也都非常棒。还有，虽然我们结婚已经有十几年了，但我丈夫还是像以前那样爱我。我承认，这是很难得的。”我笑了笑，说：“既然这样，还有什么不满足的？”妇人恍然大悟，对我说：“谢谢你，卡耐基先生，您说得没错，我应该感到幸福和快乐。”

虽然苏珊女士和那位主妇都被“不完美”折磨过，但幸运的是这种折磨仅限于她们自己。可是，有些人却把对完美的追求强加在了别人身上，这种做法真的是害人害己。

有一次，我去加利福尼亚州拜访哲学家约翰·乔纳森，和他谈论起人应该如何看待完美。他和我说，最近他正在研究佛教的一本名为《百喻经》的书，里面记载了很多寓意深长、发人深省的故事，其中有一个故事就和完美有关。

古印度时期，有一位非常富有的商人。商人的妻子很漂亮，两个人也很恩爱。在其他人眼里，他们大概是世界上最最幸福的夫妻了。可是，商人却始终对一件事耿耿于怀。原来，虽然他的妻子是个天下少有的美人，但却长了一个酒糟鼻子，这无疑会给所有人都造成一种美中不足的感觉。他妻子对此也很苦恼，每天都对着镜子不停地抚摸那只丑陋的鼻子，心中感到无比伤心。

有一天，商人到外面去经商，途经一个贩卖奴隶的市场。他看到广场中央聚集了很多人，于是也凑了过去。原来，一个奴隶贩子正在向围观的人介绍着一个瘦弱单薄的女子。商人本来不想买奴隶，但就在他刚要走的时候却突然发现，那个女奴隶虽然相貌一般，但却有着一个漂亮迷人的鼻子。商人心里非常高兴，认为这一定是天神赐给他的礼物。于是，他不惜花重金买下了这个鼻子漂亮的女子。

商人兴高采烈地带着女子赶回家，心中想着给妻子一个惊喜。到了家后，商人迫不及待地把女孩子的鼻子割下来，然后拿着血淋淋还带着温热的鼻子大声喊道："我的妻子，亲爱的，赶快出来吧！我给你带来了世界上最宝贵的礼物。"他的妻子不知道发生了什么事，赶忙从屋里跑了出来，吃惊地问："怎么了？你在外面找到了什么？到底是什么样的宝物让你这么高兴？"商人兴奋地说："快看，我给你买了世界上最漂亮的鼻子，和你的脸型十分相配。快来，赶快戴上它让我看看！"刚说完，商人就从怀里拿出一把锋利异常的刀子，朝妻子的酒糟鼻砍去。

随着妻子的一声惨叫，酒糟鼻也掉在了地上。商人赶忙拿起那个漂亮的鼻子往妻子的脸上贴，可怎么贴也贴不上。这时商人才明白，不管自己怎么努力，这个漂亮的鼻子都不可能长在妻子的脸上。而就算是以前那个酒糟鼻子，也不再属于他的妻子。

这个故事的确很有哲理，因为那个商人和他的妻子无疑都在追求着完美。然而，他们追到最后的结果却是给自己带来更多的遗憾。当我问起乔纳森是怎么看待那些追求完美的人时，他又给我讲了一个故事：

有一次，一个小孩犯了一个很小的错误，他的母亲不停地责备他。其实，孩子的母亲也是一番好意，因为她要给孩子培养出世界上最完美的品质。孩子听完母亲的教导后，从书包中拿出一张白纸，并用笔在纸上画了一个黑点，然后问他母亲："请问我的妈妈，您在这张纸上看到了什么？"母亲不假思索地说："还能看到什么？你已经把这张纸弄脏了，因为上面已经有了一个黑点。"可是孩子天真地说："妈妈，

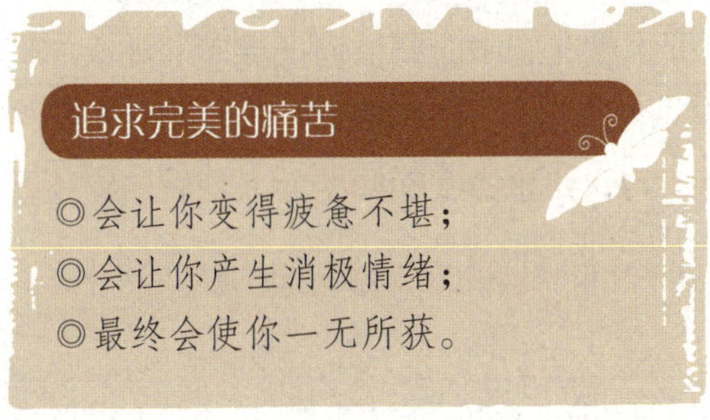

可是它大部分还是白的啊！我觉得您真的太不完美了，为什么您只会去注意那些不完美的地方呢？”

故事讲完后，乔纳森对我说：“戴尔，我一直都认为，追求完美的人才是世界上最不完美的人。”

的确，追求完美本来并没有错，可是如果追求得过分，那么反倒不如不求完美。举个简单的例子，每一位女士都希望自己的房间永远干净，可是我们却不能永远保持整洁。如果我们一味追求最完美的境界，那么恐怕就会让我们每天都生活在痛苦的折磨之中。

崇尚完美主义的女士有很多，她们对任何事都要求严格，不做到完美誓不罢休。可是往往到了最后，这些完美主义的追求者却一个个都变得心灰意冷、失望透顶。道理很简单，任何事都不可能是完美的，因此一个追求完美的女人在一开始就给自己编织了一个根本不可能实现的梦。

追求完美的女士会因为始终达不到自己的目标而感到失望，从而形成一种恶性的循环。在这种可怕的循环作用下，她们变得意志消沉、情绪焦躁，根本没有勇气再去面对生活中那些不完美的缺憾。因此，对于那些追求完美的女士来说，培养一种“不完美主义”就显得极为重要。

女士们，如果你们尽了最大的努力，如果你们费了很多心思，但却始终还是不能达到预期的目标的话，那么你们就不妨选择放弃。有时候，放弃是一种最高明的方法。你可以让自己的心静下来，不去想那件已经失败了或是不完美的事情，这样你就可以集中精神去思考下一步该如何做了。如果女士们对于整件事的每一个过程都要求完美，那么就很容易让你感到事事都不顺。

有些女士自尊心很强，从来不愿承认自己是弱者。为了让自己变成心目中的强者，她们会努力去做很多别人期待但自己不愿做的事情。试想一下，这种做法会带来什么后果？难道真的是成功？不，我认为是失败。女士们，如果你们想让自己完美，那么就在心中先坚信自己完美。如果你们在开始的时候就承认自己是完美的，那么你们就不会活在别人的世界里。

最后，我还是要奉劝女士们一句，要想做个幸福的女人，就一定不要成为一个追求完美的女人。

快乐生活不能太单调

在我的训练班上，有很多被忧虑困扰的女学员。她们总是向我抱怨说："天啊！我的生活太枯燥了，简直没有一丝快乐可言。我每天都是重复做着那些既无聊又琐碎的事情，这种平凡单调的生活我简直不能忍受了。"每当遇到这种情况，我总会问她们："女士们，你们是如何支配你们的闲暇时间呢？"这时，刚才那些还抱怨生活太单调的女士们马上就变得兴奋起来。她们有的说自己喜欢做健身，有的说自己喜欢看电影，还有的说自己喜欢种一些花草。

单调生活的害处

◎失去对生活的热情；

◎感到非常疲惫不堪；

◎思想变得僵化。

有一位叫多莉的女士告诉我，她最大的爱好就是收藏有关介绍厨具的杂志。于是，我要求多莉女士给我介绍一下她的收藏成果。女士们，你们知道吗？这时候奇迹发生了。多莉女士没有再去抱怨什么单调的生活，而是非常兴奋和骄傲地给我介绍她所知道的有关厨具的知识。我清楚地记得，她那次说了很长时间，几乎给我介绍了世界各地的厨具。当介绍完的时候，多莉女士的脸上再也找不到忧虑的表情了，取而代之的是快乐、幸福和满足的表情。

我高兴地对多莉女士说："祝贺你，你已经战胜了忧虑，你现在可以不必再过那种单调的生活了。"多莉女士有些茫然地问我："卡耐基先生，我不明白你说的话，我更加不知道我做了什么。"我笑着对她说："我知道你的家境并不富裕，所以你没有足够的财力让你去享受娱乐，你的生活的确很单调。我知道，作为一个已婚的女士你有很多烦恼，诸如房子、食物和孩子等。可是，当你把精力全都投入到你所喜爱的事情时，你还有时间去考虑那些令你烦心的事吗？你的生活还会觉得枯燥单调吗？"

多莉女士会心地笑了，因为她终于明白该怎样让自己不再被忧虑困扰了。女士们，不知道你们对我的意见有何看法。我认为，平淡、乏味、单调的生活，永远算不上幸福美满的生活。不管你们的身份是什么，也不管你们的职业是什么，总之，女士们，如果你想让自己快乐、幸福，那么你就必须把自己的生活变得不再单调，因为对你的生活、工作乃至健康来说，单调都称得上是一个冷酷的杀手。

女士们，鼓起勇气吧，让你的生活变得丰富多彩，这会让你的大脑获得很多的新鲜养料。不过，很多女士并不知道到底怎样做才能让自己的生活变得丰富。我给女士们答案，那就是兴趣。

不管什么样的事，即使在别人眼里看起来很无聊，只要你对它有兴趣，那么它就一定会给你带来很多的乐趣。家庭主妇应该是生活得最无聊的人群了，因为她们每天的事情就是重复地做家务。可是，如果她们能够抽出一点时间去参加家庭以外的活动而不是守在电视机前观看肥皂剧的话，那么她们既可以使自己过得快乐，也可以让自己有一个更好的心情去完成家务。

在我的训练班上有一个叫卡夏的女孩子，她和其他的学员有很大的不同。其他人来我训练班的目的大都是帮自己排除忧虑，而卡夏的目的则是为了充实自己，因为她从来没有忧虑过。我一直在注意观察她，发现她每天好像都很忙。

这天，我刚刚宣布下课，卡夏就又拿起自己的东西，准备离开教室。我叫住了她，很好奇地问她：“卡夏小姐，你最近是不是在谈恋爱？我看你每天都好像急匆匆的。”卡夏笑了笑说：“没有，先生，我只是要去上舞蹈课，晚上还要去学习绘画。”我有些吃惊地说：“何必把自己的时间安

排得这么紧？你这样不觉得太累吗？”卡夏对我说：“不，卡耐基先生！每当我闲下来的时候，我总是不自觉地去胡思乱想一些东西。因此，我宁愿让自己忙碌、紧张一点儿，也不愿意去过那种单调无聊的日子。”说完，卡夏就和我道了别，转身离开了。

是的，卡夏小姐太明智了，她找到了一个使自己快乐的秘诀。正当我思考卡夏小姐的秘诀时，班上的另一位小姐奥立佛找到了我，对我说：“卡耐基先生，我在您的训练班上也学习了一段时间了，我已经按照您教我的那样做了，可我还是不能让自己快乐起来。我喜欢看电影，这也是我唯一的爱好。于是，我经常去电影院，可是每次回来之后都很伤感。为什么电影里的人每天都生活得那么精彩，而我却注定要受到单调生活的折磨？”

我觉得，卡夏的快乐秘诀是非常适合奥立佛小姐的，于是我对她说：“其实你的精彩就在你身边，只不过是你没有发现它们而已。虽然你喜欢看电影，可那却是你唯一的兴趣。正是这种单调的兴趣，才使得你如此不开心、不快乐，才使得你不能从单调的生活中解脱出来。为什么要这样对自己呢？你为什么不去培养自己新的兴趣呢？只要你能让自己的兴趣广泛起来，那么你就根本不会再去忧虑什么了。”

奥立佛做到了，她开始培养自己的新兴趣。后来，每逢周日她都会约上几个志同道合的朋友，一起去登山，而且每次都能从中体会到前所未有的刺激。现在，奥立佛又对滑雪产生了浓厚的兴趣。虽然她还是个初学者，经常会因为技术不熟练而摔倒，但是

改变单调生活的方法

◎善于发现生活中的乐趣；
◎注意培养自己新的乐趣；
◎让自己能够从兴趣中找到满足感。

她却从没有喊过疼。有一次，我在大街上遇到她，问她现在还觉得生活单调和枯燥吗，奥立佛笑着说："卡耐基先生，您可真会开玩笑！如今我哪里有时间去考虑那些烦心的事，我的要紧事还做不完呢。"

在我刚刚帮助完奥立佛小姐摆脱了忧虑之后，我的训练班上又来了一位作家，情况比奥立佛要糟糕得多。这是因为，奥立佛好歹还知道自己有个看电影的兴趣，可是这个作家却根本不知道自己喜欢什么。她曾经试图让自己喜欢绘画，可是她画出来的东西连自己都觉得恶心；她也曾经试图让自己喜欢小提琴，可她拉出来的声音简直是对人耳朵的一种折磨，摄影、运动、收藏……几乎所有的事情她都试过了，可没有一个成功的。

我知道，卡夏小姐快乐的秘诀并不适合这个人，因为她不是没有兴趣，而是没有一个兴趣能让她获得满足感。后来，我介绍了一位钢琴师朋友给她，让她开始学习钢琴，而且要耐心地去学。很长时间过去了，虽然这位作家仅仅能弹奏出一首简单的曲子，但它毕竟是完整的。现在，每当工作烦闷时，她都会以弹钢琴来打发时间。现在，她的生活中除了稿纸和书，还有了音乐。因此她再也不觉得生活是那么单调无聊了。

此外，我还要告诉各位女士，你们改变自己单调生活的同时，实际上也从客观上激发了你的潜能和活力。这一点，我是从我的邻居沃森太太身上发现的。

沃森太太上了年纪，丈夫也在几年前离她而去，孩子们也都不在身边。可是，沃森太太的生活并不像常人想象的那样枯燥乏味，单调无聊，相反她过得非常快乐和充实。丈夫死后，沃森太太把所有的精力都放在了培育鲜花上。现在，她已经拥有了一个自己的花园。每到晚上，邻居们都会来到她的院子里，和她一起欣赏那些美丽的鲜花。沃森太太听着别人对鲜花的称赞，享受着美丽的景色，内心十分满足。

不过，光有这些她还远不满足。不知怎么的，沃森太太居然迷上了桥牌。于是，每当周末或是空闲的时候，她总会邀请一些同龄的邻居，和他们一起玩上几局。后来，沃森太太居然还组织了一个桥牌协会，并且由自己担任会长。如今，沃森太太的协会已经有十几个人参加了，而且办得还有声有色。

有一次，我对沃森太太说："真让人难以置信，沃森太太，您现在可比以前精神多了，而且还显得年轻了许多。"沃森太太笑着说："谢谢你，亲爱的戴尔！当你到我这个年纪的时候，你就会明白的。如果我每天都愁眉苦脸的话，恐怕我早就跟随我的丈夫去了！你看，兴趣多了，生活也就自然有意思多了。"

女士们，你们还在等什么？难道你们不想改变单调的生活？行动起来吧，为单调的生活创造一些乐趣，试着给自己寻找一些新的兴趣。女士们，保持快乐是人生最幸福的事，然而最好的办法就是抓住生活中的每一个闪光点，让单调不再困扰你，让你能够愉快地享受生活。

我知道，很多女士都有这样一种想法，她们认为自己现在还没钱，不能去享受生活，最好的办法就是等到以后有了钱而且有时间的时候再去享受。女士们，这种想法既是错误的，也是可怕的。为什么我们要把快乐寄托在明天呢？难道快乐就必须要用金钱才能满足吗？一次轻松的旅游可能只需要你花费 100 美元，一件漂亮的衣服可能只需要花费你几十美元，一项小小的享受可能仅仅会花去你几美元，这些你们都做不到吗？不是的，女士们，你们完全可以做到，因此你们根本不必等待富贵之后再去享受生活。

如果女士们还是不能从今天做起的话，那么即使你以后真的有了钱，也有了时间，你却不会再去享受快乐的生活了，因为你已经习惯了这种枯燥无味的单调生活。你没有了激情，也没有了那些雄心壮志，更不会有什么灵气。事实上，由于你常年压制自己的兴趣，如今的你已经用自己的快乐和健康换取了那些最不值钱的物质财富。

女士们，赶快行动起来吧，让自己拥有一个丰富多彩的、快乐幸福的生活。

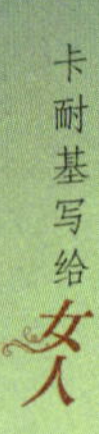

感恩别人，但不求别人感恩

前一段时间我去纽约拜访了罗琳太太，一个整天生活在忧虑之中、抱怨自己太孤独的老妇人。在到达她家之前，我就已经做好了心理准备，因为我必须耐下心来去倾听这位女士的诉苦，而且我的耳朵还要忍受那些已经讲过很多遍的故事的折磨。但是即使这样，我也必须前往，因为罗琳太太是我的朋友，我必须帮助她从忧虑中解脱出来。

谈话开始了，罗琳太太又给我讲述起她的过去。她不厌其烦地告诉我，在她侄子小的时候，她是怎样尽心尽力地照顾他们，是怎样地百般疼爱他们。那时候她还没有结婚，但她把自己女性天生的母爱全都给了他们。直到她结婚前，那些孩子都一直住在她的家里。孩子们有病的时候，她无微不至地呵护他们，后来甚至资助一个侄子完成了大学学业。

每当说到这儿的时候，罗琳太太总是很伤感地说："他们太令我失望了，因为他们似乎并不感谢我给他们的恩情。你知道吗？我的那些侄子现在根本就不在乎我这个老太婆。他们虽然来看我，但并不是经常，而且他们从来不像你这样，能够耐心地听我讲完所有的故事。我知道这很烦人，可这一切都是事实啊！那些可怜的孩子从来不考虑我的感受，因为他们根本不认为我对他们有一丝的恩情。"

我笑着看了看罗琳太太，然后对她说："是的，罗琳，我知道你每天的生活很枯燥，所以我这次给你带来了一个很有趣的故事。前几天我在街上遇到了一个朋友，我一眼就能看出来他有心事。当我们在一家咖啡馆坐下来谈话时，他终于把他的心事告诉给我。原来，就在去年的圣诞节，他给他的员工发了10000美元的奖金，每个员工差不多分到了300多美元呢。可是，让我这位朋友气愤的是，居然没有一个人说任何感谢的话。他现在真后悔当初给那些人发奖金。"

"天啊！这是去年圣诞节的事吗？马上就快一年了！"罗琳太太惊呼道，"我觉得你的朋友很不明智，他真的没有必要将一年的时间都浪费在生气上。事实上，他怎么不问问人家为什么不感谢他？也许真的是因为平时的待遇就不高，而且工作时间还很长。再说，也完全有可能是员工把圣诞奖金看成是他们应得的一部分。要是我，我绝对不会那么傻。”

我马上对罗琳太太说：“您为什么不把您的侄子们看成是我朋友的员工呢？”

从那以后，罗琳太太再也没向任何人提起过那些陈年旧事，而且她也不再认为侄子去看望她是一件理所当然的事。不过，罗琳太太现在变成了一个快乐的人，因为她不再苛求别人感恩。

女士们，我相信你们其实和罗琳太太以及我的那位朋友一样，都希望别人能够对你的付出做出回应，也就是希望别人能够对你感恩戴德。可是我必须很遗憾地告诉女士们，忘记恩情实际上是人类的天性。英国的约翰逊博士曾经说过：“感恩是那些有教养的人才有的美德，你不要去指望从普通人的身上找到。”我想告诉女士们的是：如果你苛求别人的感恩，那么你就犯了一个很常识性的、一般性的错误，因为你真的太不了解人性了。

我不知道对于一个人来说，什么样的恩情能比拯救他的性命更重。我夫人的一位律师朋友莱斯说，她曾经不遗余力地帮助过 80 个罪犯，使他们免受死刑的惩罚，没有坐上那张可怕的电椅。可是令人啼笑皆非的是，在这 80 名罪犯中，居然没有一个人曾经对她表示过感谢，就连在圣诞节寄一张卡片都没有。而我夫人却对莱斯说：“你应该知道，耶稣曾经在一个下午让 10 个瘫痪的人重新站立起来。然而，最后只有一个人回来对他表示感谢，因为剩下那九个人全都跑得无影无踪。”我对我太太的智慧表示钦佩，因为既然圣人都不能得到别人的感恩，那我们这些凡夫俗子凭什么要求那么多。

有必要告诉女士们的是，我很庆幸当初能够及时地帮助罗琳太太改变她的态度，因为她的医生告诉我，她已经患上了很严重的心脏疾病，而且这是情绪性的。也就是说，如果罗琳太太依旧那样孤独和忧虑的话，恐怕我又要失去一位朋友了。

女士们，你们一定想知道应该如何解救自己，如何让自己变得快乐起来。我可以告诉你们一个秘诀，那就是把一切都看得自然一些，不去奢望以自己的力量改变现实。

很多女士肯定会认为我这是一种理想化的想法，是不切实际的，而且对它是否能产生预期的效果表示怀疑。我可以肯定地回答你们，这是使你

获得快乐最好的也是最有效的方法。这一点我是有事实为证的，因为我父母就是这样做的。

我父母都是很乐于助人的，尽管我们很穷，但他们每年都要从我们那微薄的收入中挤出一点儿来救济一家孤儿院。有人可能会认为我父母这么做是为了换取好的名声，事实上他们从来没有去过那家孤儿院。同时，除了会偶尔收到一两封感谢信之外，从来没有人正正式式地对他们道过谢。但我父母从来没有奢求过什么，事实上他们很快乐，因为他们享受着那种帮助那些无助孩子们的喜悦，但却从不苛求得到什么回报。

后来，我从家里出来了，到外面开始工作。我每年在圣诞节前后都会给我父母寄去支票，虽然那些钱并不是很多，但我只是希望能够让我父母买一些他们喜欢的东西。可是我惊讶地发现，他们并没有花这些钱给自己买任何东西，而是将钱换成了日用品，送给了那家孤儿院。当我问起他们为什么这么做时，他们告诉我，付出却不要求回报，这是他们认为的最大的快乐。

我越来越体会到，我的父母拥有伟大的智慧和高尚的人格，因为他们清楚地知道，要想使自己得到真正的快乐，那么就永远不要有想让别人感恩的念头，因为享受付出才是最快乐的。

实际上，有一点我是非常清楚的，那就是很多女士的抱怨都来自他们的孩子。因为对于母亲来说，子女不知道感恩是最令人痛心的事。如果我还在这里说忘恩是人类的天性，可能会显得有些不近人情，但我也必须告诉女士们，感恩的心是温室里的花，必须通过精心地培育才能成长起来。因此，作为母亲或是长辈的女士，你们有必要教育你们的孩子，让他们学会感恩，因为孩子必定是你造就的。

我的姨母是一个慈爱的母亲，也是一个孝顺的女儿。她从来没有和任何人抱怨过，说她的儿女如何如何不孝，如何如何不知道感恩。然而事实上，我的这位姨母已经自己居住了二十几年，但她的几个孩子都非常欢迎她，时常邀请她到家中居住。不过，子女们对我姨母这样并不是出于什么感恩的心，而是完全出自真正的爱。事实上，孩子们这种真正意义上的爱是从我姨母身上学来的。

我记得那时候我还很小，姨母就把她的母亲接到家中照料，同时还必须要照料她的婆婆。那些场景我到现在都不会忘记，两位老人安静地坐在壁炉前，默默地享受着生活。我必须承认，老人给我姨母添了很多麻烦，但我姨母从来没有一丝的厌烦，而是真心地对她们嘘寒问暖。事实上，那时候我姨母还必须分出很大一部分精力去照顾那几个孩子。但是，我姨母从来没有要求她母亲、婆婆或是孩子们感恩，因为在她看来，自己做的不过是应该做的事而已，这一切都是很自然的，也是她很愿意的。

我和女士们讲述这个故事的用意就是想要告诉你们，寻求快乐的最好途径就是不苛求别人感恩，只有把一切都看成是爱的付出，看成是最自然的事情，才会让你体会到人生的真谛。

女士们，这个故事实际上还传达了另外一种意思，那就是当你要求别人感恩的时候，你首先要做的就是让自己拥有一颗感恩的心。

很多女士在孩子面前很不注意自己的言行，经常诋毁他人的善意。新泽西有一个寡妇，她和她前夫已经有了三个孩子。丈夫死后，这个寡妇嫁给了一名普通工人，并且把自己的孩子也都交给了他。这名工人很辛苦，他一周的薪水不过才 40 美元。为了帮助寡妇的孩子上大学，他四处借钱，欠了很多债。尽管工人的生活很困苦，但他从来没有过一句怨言。

可是，有谁感谢过他吗？不，没有！他的所谓的太太把他的付出当成理所应当，经常在她的孩子面前说：“这一切都是他应该做的，因为那是他的义务。”

后来，当这个寡妇老的时候，丈夫先一步离开了她，而她的三个儿子也都拒绝赡养她。当她哭哭啼啼地指责那些孩子不知道感恩的时候，孩子们给她的回答却是：“我们为什么要感恩？我们都知道你确实是很辛苦地抚养我们，但难道那些不是你应该做的吗？”

这个寡妇犯下了一个相当严重的错误，那就是她不应该当着自己孩子的面对别人的付出表示冷漠，这样使得她的孩子不知道什么叫做欣赏和感激。我想，这个寡妇是世界上最不快乐的人，因为她在自己没有感恩的前提下，去要求别人感恩。不过，即使她对丈夫的做法心怀感激，她也不应该去苛求孩子们感恩。

第二章

做一个高情商的女人

承认错误一点儿都不丢人

女士们，你们是否犯过错误呢？可能有人会认为我的问题是很愚蠢的，因为没有人不犯错误。其实，我知道所有人都会犯错误，但并不是所有人都对自己犯下的错误有一个正确的态度。事实上，有一次我就因为没有正确处理好自己的错误而差一点儿被人告上法庭，尽管那不是一个很严重的错误。

离我家不远的地方有一片森林，我只要步行一分钟就可以到达。每当春天来临之时，林子里的野花都会盛开，而且还会看到很多忙碌的松鼠，就连马草都能长到马首那么高。你们可能想象不到我发现这片美丽森林时的心情，那种感觉就像是哥伦布发现了美洲大陆。我爱上了这片美丽的地方，经常会带着我那只小巧可爱、性情温顺并且绝不会伤人的波斯狗瑞克斯去那里散步。我说过了，我的瑞克斯是非常听话的，根本不会伤害到任何人，所以我从来不给它戴上皮带或是口笼，尽管我知道这是违法的。

一天，当我带着瑞克斯在林子中悠闲地散步的时候，迎面走来了一位法律的执行者——警察，而且是一位急于显示他权威的警察。

“嘿！就是你，看你都干了些什么？”警察先生很生气地说，“你怎么可以不给那条狗戴上口笼而且还不用皮带系上呢？你这是放任这条狗在林子中胡乱地跑，难道你有和法律对着干的想法吗？难道你不知道这么做是违法的吗？”

其实，我也知道这种做法是违反法律规定的，但我觉得这位警官说得有些严重了。于是，我和警官理论起来，并且尽可能轻柔地说："先生，我知道这是一件犯法的事，但我的瑞克斯是一只很温顺听话的小狗，我想它并不会在这里制造出什么乱子来！"

"你认为！你认为！但是我知道法律从不这么认为。"我的话激怒了这位警官，他开始冲我大喊大叫，"你所谓的那只温顺听话的小狗虽然不会伤害到一个成年人，但它完全有可能咬伤松鼠或是儿童。不过，看在你是初犯的份儿上，我这次就原谅你的错误。如果你以后再让我看到你不给这只狗戴上口笼或系上皮带，那我只好请你去和法官谈一谈了。"

我知道，那位警察先生不过是在吓唬我，其实他只是想告诉我，这个地区是他说了算。虽然他并不会真的把我送上法庭，但当时的场景确实令人很尴尬。相信女士们一定遇到过和我一样尴尬的场景，因为你们在之前已经承认了每个人都会犯错误，而且很多人都会和我一样选择辩解，希望以此来减轻自己的错误。

女士们，请恕我直言，尽力为自己的过错进行辩护是一种极其愚蠢的行为，而事实上大多数女士都会这样做。我只能说，这种愚蠢的做法会让你陷入尴尬的境地，甚至让你遭受到比直接承认错误还要严重的惩罚。不过幸运的是，我比大多数女士早先一步发现了这一点的危害，因此我并没有为此付出太多的代价。

在那位警官训斥过我之后，我曾经认真地遵守了几次，但是我的瑞克斯非常不喜欢口笼，当然我也不喜欢，最后我们决定碰碰运气。应该说我们是比较幸运的，因为起初我们并没有遇到什么麻烦。可是一天下午，当我和瑞克斯正在林子中玩耍的时候，那位象征权威的警察出现了。

我知道，这次不管怎么狡辩都会受到惩罚，因为警官以前就警告过

我了，所以我根本就没有打算为自己辩护。在警察还没有开口说话前，我就很诚恳地说："对不起，警官先生，这次您又把我抓住了！我知道我犯了法，所以我不想去解释或是找借口。事实上，您在上个星期就已经警告过我了，但是我还是没有给瑞克斯戴上口笼或是系上皮带。对此我表示歉意，而且也非常愿意接受处罚。"

本来，我是等待他给我开出罚单。不想警察先生却温和地说："其实，每个人包括我都知道，如果在周围没有人的情况下，带上这样一只小狗四处跑跑是一件非常有趣的事。"

"我知道那非常有趣，但是我触犯了法律！"我坚定地说。

"我知道，但我想这样一只小狗不会伤害到人。"警察先生居然为我的瑞克斯辩护起来。

"可是，它完全有可能伤害到一只松鼠或是咬伤儿童。"我依然坚持自己的观点。

警察先生显然已经不想惩罚我，对我说："其实你对这件事有点儿太认真了！我倒有个两全其美的办法。你只要告诉你的小狗，让它跑过那个土丘。这样，我就看不见它了，而我们也会很快将这件事忘记的。"

说真的，我真的很庆幸自己当时没有为自己的过错进行辩护。我十分清楚，这位警官并不是没有人情味，他只不过是想通过惩罚或是教训我的方法使自己获得一种自重感。因此，当我在开始就责备自己时，他所能做的只有对我采取宽大的态度，因为只有这样才能显示出他是慈悲的，才能使他获得更多的自重感。女士们不妨试想一下，如果我愚蠢地为自己的行为进行辩护的话，那么结果会是什么？我还从来没看到过有谁在和警察进行的辩论中取胜的。

如果女士们犯了错误，当然这是不可避免的，那么你首先必须清楚，你确实是做了一件错事，所以你受到责备或是惩罚是理所应当的事。那么，我们为什么不能首先承认错误，进行自我批评呢？这样做难道不是比别人批评指责我们更加好受一些？我还可以告诉各位女士，如果在别人说出责备你的话之前，你先一步开始了自责，那么他们的选择只能是用宽容的态度来原谅你的过错。

爱玛是华盛顿一家公司的中层管理人员。有一次，因为一时疏忽，她错误地给一名正在休假的员工发了全部的薪水。爱玛知道自己一定会受到老板的责备，所以她决定亲自向老板道歉。

爱玛轻轻地敲开了老板办公室的门，首先看到的是老板那张愤怒的脸。在老板还没有开口说话之前，爱玛就主动把自己的错误说了出来。导火索点燃了，老板非常愤怒地斥责了爱玛一顿，并告诉她必须受到应有的惩罚。爱玛没有解释什么，只是一个劲儿地称这是自己的失职。这时，老板的脾气显然没有刚才那么大了，而是若有所思地说："这件事也许不应该全怪你，毕竟那些粗心的会计也脱不了干系。""不，老板，这一切都是我的错，和别人没有任何关系。"爱玛依然把责任全都往自己身上揽。老板开始为爱玛找各种理由开脱，但爱玛却坚持认为这是自己的错。最后，老板对爱玛说："好吧，我承认这是你的错，不过我相信你一定不会再犯同样的错误了！"从那之后，老板对爱玛越来越器重。后来，爱玛成为了这家公司高层领导中的一员。

我无意再去重复那些空洞的话来告诉各位女士，勇于承认自己的错误是一件很重要的事情。事实上，我只想通过事实来告诉女士们，如果你一味地为自己犯下的过错辩解将会给你带来多大的麻烦。

玛丽在一家食品商店里做推销员，虽然她刚入行不久，但工作起来却很勤奋，所以受到了大家的一致好评。本来，玛丽完全可以凭借自己的努力打出一片天下来，然而一件事的发生却毁灭了她所有的梦想。

这天晚上，当玛丽清算今天自己推销出多少商品的时候突然发现，有一种商品的售价应该是 30 美元，竟然被自己以 20 美元的价格卖给了顾客。虽然只不过使商店损失了 10 美元，但这毕竟也是一次工作事故。同事们都劝玛丽，让她主动去找老板承认错误，并且自己拿出 10 美元来补贴公司的损失，毕竟这不是什么大数目。可是，玛丽坚持认为，自己之所以会犯这样的错误，完全是因为别人没有把标签贴清楚，她没有必要为了别人犯下的错误而受到惩罚。

正当大家劝说玛丽的时候，老板派人把玛丽叫到了自己的办公室。玛丽进门之后，还没等老板开口就说："这件事和我一点儿关系都没有，我没有犯错，这是别人造成的。"

老板看了看她，有些不高兴地说："这难道是我的错？玛丽，只是10美元而已，我是不会深究你的责任的。"

"哦！天，我难道很在乎这10美元吗？你不知道我为咱们店贡献了多少吗？我不觉得我有什么错，这完全是因为他人的疏忽。现在，我请你不要把所有的责任都推到我的身上好不好！"

老板看了看她，摇了摇头说："玛丽，应该说你的工作做得还是不错的！可是你这种对待错误的态度实在是让我很失望，我只能和你说对不起。"就在那天晚上，玛丽又一次回到失业人员的队伍中。

女士们，我想你们已经很清楚地认识到，当你犯下错误的时候，选择消极的躲避态度无疑是一种错上加错的做法。我有必要在这里奉劝女士们，你们只有正确地对待错误，才不会使错误成为你前进的障碍。应该说，如果你正确地对待错误，那么错误就有可能变成你前进的推动器。

在我的培训班上，很多女士不止一次地问："卡耐基先生，事实上我对错误的认识也是相当深刻的，很多时候我也想承认错误。但很遗憾，似乎我没有那么大的勇气，也不知道该如何承认错误。"

我知道，她们所说的这一切其实不过是借口而已，真正让她们不愿意承认错误的原因是自己的那份虚荣心和自尊心。这时，我总是先告诉她们："你们必须端正态度，认识到自己的错误。你们还要明白，犯了错误就要受到责备，这是很公平的事。你不要以为承认了错误是件很丢脸的事，事实上这样做会给你赢来更多的尊重。"我发现，当我说完这些话之后，那些女士往往都有一种如释重负的感觉。接下来，我又告诉了她们几种承认错误的方法。

女士们，请相信我，如果你真的能够做到坦然地承认自己的错误，那么你一定会成为最受欢迎的女士。

承认错误的四种方法

◎在别人面前直接道歉；

◎给对方写一封诚恳的道歉信；

◎让别人替你转达歉意；

◎用实际行动表达你的歉意。

无事生非，损人不利己

我一直都有晚饭后散步的习惯。我觉得，这种行为不仅有益健康，而且也是一件令人愉快的事情。这天晚上，我照例独自一人来到了我家附近的一座公园。也许是走的时间长了点儿，我觉得有些累了，于是就找了把椅子坐了下来。

过了大约20分钟，就在我准备起身离开的时候，突然听见后面有人喊了一声："女士，我想你知道你在做什么，现在我通知你，你已经被捕了。"我赶忙回头看了一下，发现站在我后面的是一位漂亮的小姐和一位警察，而那位小姐手中正拿着一个钱包。当然，那个钱包是我的。警察先生很礼貌地对我说："先生，我刚才看见这位女士趁您不备的时候偷了您的钱包，现在您有权起诉她。"还没等我开口，那位女士就赶忙辩解道："不，警察先生，实际上我并不是真的想偷这位先生的钱。我发誓，我本来打算把钱包还给他的。"女士的话显然没有打动警察，那位警察先生面带讽刺地说："哦，是吗？你觉得我会相信你的话吗？既然你打算把钱包还给这位先生，那你为什么还要去偷呢？"女士回答说："是这样的，先生。其实我并不缺钱，我丈夫是个有钱的商人。我不需要工作，也不需要做家务，因此每天都感觉十分无聊。我也不知道自己是怎么了，竟然想借偷别人钱包这件事来打发时间。不过说实话，这真的很刺激。当然，我从来没有真的拿过那些人的钱，因为我每次得手之后，总会把钱包还给别人。"我马上明白，这是一位因为无聊而无事生非的女士，于是就对警察说："谢谢你的帮助，不过我不打算起诉她，因为我能理解她。"可能警察也和我有同样的想法，因此他也没有把那位女士抓到警察局。

纽约大学心理学教授约翰·凯奇在一次演讲中提到："人是一种对精神需求最多的动物。相对于其他动物来说，人是最容易感到无聊的。在每个人的潜意识里，都有一种要排解无聊的倾向。当感到无所事事的时候，人们总是想通过做一些违背常理的事情来寻求刺激。我在这里没有任何歧视的意思，实际上家庭主妇是最容易犯这种错误的。道理很简单，作为家庭主妇，她们每天的工作就是打扫房间、照顾孩子、准备饭菜。正是这些单调、枯燥的工作使得家庭主妇更容易被无聊困扰。这时候，她们需要刺激，需要找一些事情让自己感兴趣，因此聚在一起聊天就成了她们最大的爱好。当然，聊天的内容很广泛，可以涉及很多领域。不过，经过调查表明：她们聊天的内容往往集中于别人的身上。换句话说，她们更多的时候是在无事生非。”

真庆幸，如果约翰博士是在公共场合下发表这篇演讲的话，相信一定会招来主妇们愤怒的谴责。

女士们，请你们冷静一下，约翰博士已经说过了，他没有一丝歧视的意思。女士们不妨想一想，是不是有很多女士在闲下来的时候会无事生非？答案你们应该有了，因此我也没必要说出来。不过我想女士们都会同意我的说法，那就是不管怎么样，无事生非终归不是一件好事。

暴露隐私的危害

◎被居心叵测的人利用；
◎让别人抓住你的把柄；
◎使你终日惶惶不安。

萨哈女士是一位典型的家庭主妇，每天的工作除了做家务以外，主要就是和邻居聊天。因为她没有别的兴趣，所以每天大部分时间都是处在无聊之中。萨哈女士有一个爱好，那就是喜欢散布小道消息。她会和罗斯太太说：“嗨，你知道吗？隔壁的史密斯先生失业了。这个家伙真是太爱面子了，怕我们这些邻居嘲笑他。那不是，他每天早上依然穿着笔挺的西装，拿着公文包走出家门。可谁都知道，他那根本不是去上班，而是去找工作。”她还会和临街的卡夏太太说：“有件事我真的不想告诉你，可我还是不得不说。前天，我看到你先生和他的女秘书一起去了一家宾馆。天啊，男人都是这样，一有了钱就在外面找女人。我真为你感到悲哀，要是我的话早就和他离婚了。”于是，史密斯先生失业的消息传遍了整个纽约，而卡夏太太也和她的丈夫终日大吵大闹。不过，这些事情很快就过去了，史密斯先生和卡夏太太也并没有因此损失什么。在这起事件中，最失败的人就是萨哈女士，因为在她所住的那个街区，已经没有人愿意和她做朋友了。

这位可怜的女士其实是我的邻居，在成为“人民公敌”以后，她成了我家的常客，因为只有我太太依然愿意和她接触。一天晚上，萨哈女士哭着和我太太说：“桃乐丝，我真的不知道自己做错了什么。我明白，随便散布谣言是一件不道德的事情，可我并不想伤害任何人。其实，我只是想找一些话题来聊天。”我太太点了点头，对她说：“我理解你，但你确实伤害到了别人。你为什么要无事生非呢？你为什么不把你的时间和精力放在一些有意义的事情上呢？不管是不是出于你的本意，你的行为已经让别人讨厌你了。试想一下，有谁愿意和一位喜欢无事生非的人做朋友呢？即使你也不愿意。不过，事情并没有到不可挽回的地步。只要你自己努力，还是可以重新获得她们的信任。”

最后，萨哈女士成功了。因为她亲自登门向史密斯先生和卡夏太太道了歉。同时，她再也没有无事生非过。当她觉得无聊的时候，她总是会约上几位邻居一起去逛街，那样她就不会感到无聊了。

很显然，无事生非总是会给女士们带来一些不必要的麻烦。就像开头的那位女士，如果不是我和那位警察都比较“仁慈”，相信这位女士一定会被带到监狱去的。而萨哈女士，如果她不改正自己无事生非的毛病，我相信如今她一定是最不受欢迎的人。我知道这两位女士的初衷都不是邪恶的，她们不过是想借此排解无聊。然而，她们的行为确实在无形中伤害到了别人。我想，这种损人不利己的事情，女士们还是不做为好。

女士们，请你们牢记，要想成为受人欢迎的人，那么就千万不要无事生非。

千万不能心存报复

那是几年前的事了，那天晚上，我在黄石公园和很多观光客一起坐在露天的座位上，静静地观望着茂密的森林，希望能够一睹被称为“森林杀手”的灰熊的风采。我们的等待很快就有了结果，一只体型庞大的灰熊从森林中走了出来。它慢悠悠地向旅馆走去，并且开始在垃圾中翻找食物。

这时，旁边的森林管理员和我们聊起天来。他告诉我们，在美国西部，灰熊几乎称得上是百兽中的霸主，可能只有美洲野牛和阿拉斯加熊才能和它一争高下。正当这位管理员称赞灰熊的强大时，我却突然发现有一种动物单枪匹马地跟随在灰熊左右，而且它居然还敢在灰熊的眼皮底下抢夺食物。更加让我惊奇的是，那只灰熊明明知道只需一掌就可以结束那只可恶的小家伙的命，但它并没有那么做。当我仔细观察之后发现，灰熊是个聪明的家伙，因为那种动物是一只很臭的鼬鼠。

我终于明白灰熊为什么可以成为美国西部的霸主了，原因就是灰熊不仅凶猛异常，而且还十分聪明。经验告诉它，去报复那只抢夺食物的鼬鼠，真的是一件很划不来的事情。在这一点上，我和灰熊的想法是完全一致的。我是一个在农场长大的孩子，也曾经在围藜旁捉到过一只臭鼬。后来，我在纽约的街道上也碰见过这种两条腿的小家伙。但是，无论哪次经历对我来说都不是愉快的，所以我永远不愿意去碰它，即使它挡住了我的去路。

女士们，我讲这个事例的用意无非是想告诉你们，在生活中我们经常会遇到像臭鼬一样讨厌的家伙，那就是我们的“敌人”。事实上，我非常清楚地知道，很

报复心理的危害

◎毁掉你的健康；
◎让你每天都生活在巨大的烦恼之中；
◎摧毁你美丽的容貌；
◎让你和别人的仇恨永远无法解除。

多女士在面对自己的敌人时，并不能像灰熊那样做出十分明智的选择。她们常常会选择一掌拍死那个可恶的家伙。

我可以肯定地说，大多数女士其实并不知道报复会对自己造成多大的伤害，但我是非常清楚的。两年前的一个周末，我和太太正在家里的厨房享受美味的早餐。突然，一位朋友来电话通知我，让我和我夫人一起去参加琳达女士的葬礼。当时我简直不敢相信自己的耳朵，因为就在前几天我和夫人还去她家拜访，并邀请她到我家共进晚餐。

葬礼结束后，我向琳达的丈夫约翰问起她的死因。约翰悲痛地说："我真的很爱她，你要相信我！"我点了点头，说："我知道，请你冷静一下。"约翰说："事实上，她早就得了严重的心脏病，医生告诉她一定要卧床休息，千万不要对任何事情动怒。可是，她一点儿都听不进去。今天早上，邻居把杂草堆在了我家院子的栅栏旁边。我知道，他们不是故意的，而且很快就会把杂草收走。可是我妻子却认为受到了侮辱，非要把垃圾丢到人家的院子里以示报复。后来，邻居和我太太吵了起来。也许是太激动了，我太太一头倒在了地上，再也没有起来。医生告诉我，她是死于心脏衰竭。"

难以置信，可怜的琳达女士居然因为那份不值得的报复心而失去了生命，我真的感到十分惋惜。后来，我特意查找了一些相关的资料，发现琳达女士的死亡并不是一件偶然的事情。在《生活》杂志上明确地记载了报复给人的健康带来的危害，上面说："仇恨是高血压患者最主要的个性特征。长期的愤恨会造成慢性高血压，继而引发心脏疾病。"

现在，我真的找不出一丝理由让我们对敌人心存报复。女士们，你们必须牢记，当我们对所谓的敌人心怀仇恨时，无疑是给他们控制我们的胃口、睡眠、血压、健康乃至于心情的机会。可以想象，当那些敌人知道我们为了报复他们而产生巨大的烦恼时，他们一定会拍手称快，高兴得要死。事实上，憎恨伤不了敌人一根汗毛，反而会把我们自己拉进地狱。

记得有一次，我经过纽约警察局，在大门口的布告栏上看到了这样一段话：不管是谁占了你的便宜，你都可以把他从你的朋友名单上除名，但你千万不能心存报复。一旦你有了这种心理，那么对你自己的伤害绝对比对别人的伤害大得多。

我认为纽约的警察是非常聪明的，因为他们知道报复心理对人的危害性。耶稣曾经教导每个人去爱自己的敌人。其实，耶稣是在帮助各位女士，他不希望你们自己毁掉自己美丽的容貌。事实上我们都见过，一些人因为怨恨和报复，使得那些可怕的皱纹布满自己的脸庞。我相信，就是再好的外科整形手术也无法挽救，因为那些东西永远赶不上因为爱、温柔和宽恕所形成的自然容颜。

坦白说，所有成功人士都十分清楚报复心理的危害，因此他们从来不对任何人心存报复。有一次，我问艾森豪威尔将军的儿子，问他父亲是否有憎恨的人。他回答我说："不可能，我父亲从来不愿意去浪费哪怕一分钟的时间去想那些他不喜欢的人。"而曾担任美国六任总统顾问的巴洛克先生在面对同样的问题时，回答说："我不是傻瓜，从来没有任何人能够从真正意义上对我进行侮辱或是困扰我的生活。为了我的健康和幸福，我从来不允许他们这么做。"

是的，我非常赞成巴洛克的话。事实上，也从来没有人能够真正地侮辱和困扰各位女士们，当然除非她们出于自愿。

我想，很多女士都会把英国护士爱迪丝·卡韦尔看成心目中的英雄，因为她为了收留和照顾受伤的英国士兵而被德国人抓了起来，并于 1915 年 10 月 12 日在德军军营中被害。有人曾经给我讲述过有关她的故事，那是一个很感人的故事。

就在爱迪丝·卡韦尔即将行刑的那天早上，德军军营中的一位英国牧师来到她的监狱中给她做最后的祷告。在祷告开始前，卡韦尔说道："直到今天我才明白，爱国是没有错的，我们每个人都应该热爱自己的祖国，

但是光有一份爱国情操是不够的。我现在应该做的是，不对任何人怀有怨恨或是愤怒。”后来她的这句话被刻在了伦敦卡韦尔的雕像上。我住在伦敦的那一年，经常去她的雕像前读她这句话，时刻提醒我自己不应该对别人心存报复。

在我的培训课上，很多女士都告诉我，其实她们也一直都饱受报复心理的折磨，不过她们并不知道该如何让自己不再受这种折磨。这时，我总是会给她们讲一个黑人女教师的故事。

第一次世界大战的时候，新泽西州有人散布谣言说，德军为了打击美国，将会策划一场黑人叛变。当时，一位名叫罗琳的黑人女教师被指控发动叛乱，并被当地政府判处死刑。事实上，罗琳确实是在策划一场黑人“叛变”，但那是为了自由而战，并不是为了德军。当一群情绪激动的白人把教堂团团围住时，他们听到里面传来了罗琳的声音：“每个人的生命都是一场战斗，所有的黑人们都应该拿起武器，为了我们的生存和成功而战。”

罗琳的话显然激怒了那些白人，几个白人青年冲进了教堂，把绳索套在了罗琳的脖子上，并且把她拖到了一英里外的绞刑台上。正当他们准备绞死罗琳，然后再烧死她时，突然有人喊道：“我们应该让她说话，否则她不会心服口服。”

每次我讲到这儿的时候都会停下来，然后问问在场的女士们，如果是她们，当时会说出什么样的话来。很多女士告诉我，她们会大骂那些暴徒，然后为自己的立场进行辩护，接着就是把最恶毒的诅咒送给那些想要绞死她的人。我对那些女士们说：“如果当初罗琳也是这样做的话，那么那些情绪激动的白人青年一定会马上绞死她。”事实上，罗琳当时并没有辱骂那些激动的人们，只是很平静地和他们谈起了自己的奋斗史，而且还对那些曾经帮助过她的人表示感谢。很多人看到罗琳居然没为自己求情，而为自己使命求情的时候，他们开始反思自己的行为。最后，一位老人说：“我相信这位年轻姑娘的话，因为她说的那些事都是真的，这是我几个朋友告诉我的。我认为，我们应该支持她这种善事，我们现在的做法是错误的。我们不应该绞死她，而应该帮助她。”最后，在老人的倡议下，大家不仅释放了罗琳，而且还为她募捐了 52 美元的慈善基金。

这件事过去以后，有人曾经问罗琳，当时她是不是很恨那些要绞死她的人。罗琳回答说：“不，你错了！我当时根本没有时间去憎恨那些人，因为我忙着告诉他们一些比我的生命更重要的事情。当时，我根本没空去争吵，更不会有时间去后悔。我要让所有人都知道，没有一个人可以强迫我去恨那些人。”

这就是我要告诉那些女士们忘却报复心理的方法。当我们真的想要宽恕我们的敌人时，那么最好的最有效的方法就是诉诸比我们更强大的力量。因为当我们忘却一切事的时候，那些侮辱就已经显得无足轻重了。

女士们，与其花费时间、精力去憎恨你们的敌人，还不如发挥女性天生的善良品格去怜悯他们，可怜他们，并感谢上帝没有让你和他们一样地自私、无知、贪婪和邪恶。女士们，你们应该做的不是去诅咒和报复你们的敌人，而是给予他们谅解、同情、宽容和祈祷。我想，耶稣的话可以更好地劝谏各位女士：“爱你的敌人，祝福、善待那些曾经诅咒你和仇恨你的人。同时，你也应该为迫害你的人祈祷。”

第三章

掌握人性的弱点

别忘了，保全别人的面子很重要

我想各位女士一定注意到了这一点，我一直都在强调与人相处时首先要做到的就是尊重对方，使对方有一种自尊感和自重感。是的，这一点对于我们是否能和别人愉快地、融洽地相处有着至关重要的作用。实际上，别人这种自尊感和自重感就是我们平时所说的“面子”。因此，我在这里必须要向各位女士再一次强调这一点，保全别人的面子是很重要的。

可是，我不得不遗憾地说，这似乎并没有引起大多数女士的注意。女士们更乐于直接指出别人的错误，采用一种践踏他人情感，刺伤别人自尊的方法来满足自己的虚荣和自尊。很多女士都很少考虑别人的面子，她们更喜欢挑剔、摆架子或是在别人面前指责自己的孩子或是雇员，而并不是认真考虑几分钟，说出几句关心他们的话。事实上，如果我们能够设身处地地为别人想想，然后发自内心地对别人表示关心，那么情景就不会那么尴尬了。

几年前，著名的通用电气公司曾经碰到过一个非常棘手的问题，因为他们不知道该如何安置那位脾气古怪、暴躁的计划部主管乔治·施莱姆。通用公司的董事们必须承认，乔治·施莱姆在电气部门称得上是一个超级天才。对于他来说，没有什么是不可能的。董事们非常后悔，后悔当初把乔治调到计划部来，因为在这里他完全不能胜任自己的工作。虽然有人提出直接告诉乔治这个调换职位的决定，但公司的董事们并不愿意因此而伤害到他的自尊，因为他毕竟是一个难得的人才，更何况这个天才还是一个自尊心非常强的人。最后，董事们采用了一种很婉转的方法。他们授予乔治一个公司前所未有的新头衔——咨询工程师。实际上，所谓的咨询工程师的工作性质和乔治以前在电气部门的工作性质完全一样。但是，乔治对公司的这一安排表示非常满意，没有向上级部门发一点儿牢骚。这一点，公司的高层领导非常高兴，因为他们庆幸自己当初选择了保留住乔治面子的做法，否则这位敏感的大牌明星准会把公司闹个底朝天。

我只想告诉女士们，有些时候批评他人或是惩罚他人并不一定非要直白地进行，我们完全可以委婉地、间接地达到自己的目的。如果能够在保住别人自尊的情况下指出别人的错误，也许他们更能够接受你的意见。

前几天，我和一位宾夕法尼亚州的朋友聊天。他给我讲了一件发生在他们公司的事情，使我更加坚信保留别人的面子是很重要的事情。

“事情是这样的。”我的那位朋友说，“有一次，我们公司召开生产会议。会议刚开始，公司的副总就提出了一个非常尖锐而且让人下不来台的问题，那是一个关于生产过程中的管理问题。”听到这的时候，我不免插

女士们应该铭记，即使别人犯了错，也要给予对方鼓励的掌声。给别人台阶下，保全别人的面子，有时候可以拯救一个人。

嘴道："这是很正常的事，一个公司有了问题就必须提出来！""是的！"我的那位朋友点了点头，"你说得很对，戴尔！副总指出的问题并没有错，但是他不应该气势汹汹地把所有的矛头都指向当时的生产部总督。天啊！当时的场面真的很令人尴尬。我们都能感觉到，总督确实生气了，但是他怕在所有的同事面前出丑，所以对副总的指责沉默不语。戴尔，你真的不能想象，总督的沉默反倒更加激怒了副总，最后副总甚至骂总督是个白痴、骗子。""那后来怎么样？"我又插了一嘴。我的那位朋友摇了摇头，面带遗憾地说："我想，即使以前的关系再好，由于副总使他在众人面前颜面尽失，那位总督也不可能继续留在公司。事实上，从第二天起，总督就离开了公司，成了我们一家对手公司的新主管。我知道，他是一位非常不错的雇员。事实上，他在那家公司做得非常好。"

从这位朋友讲完这个故事以后，我时刻提醒自己，不管在什么时候，都要首先考虑如何保留别人的面子。我的一位会计师朋友苏菲告诉我，她对这一点的体会是非常深的。

"会计师这一职业是有季节性的，因为我们的业务就是这样，我不可能在没有业务的情况下雇佣那些有能力的会计师们。"苏菲有些无奈地说，"说真的，戴尔！你知道吗？解雇一个人并不是什么十分有趣的事，事实上我也知道，被别人解雇更是一种没趣的事。但是我没有别的选择，我必须在所得税申报热潮过后，对很多人说抱歉。其实，我们都不愿意面对这样的现实，我们这一行还有一句笑话：没有人愿意抡起斧头。是的，谁也不愿意去解雇任何人。不过，做我们这行的都知道，自己迟早是会面对的，躲是躲不过去的。因此，大家似乎都已经变得没有了感觉，心里只是希望能够早一天赶走这种痛苦。大多数时候，人们都会以这样的方式说话：'你知道，现在旺季已经过去了，所以我们没有再继续雇用你的必要。你放心，当旺季再一次来临时，我们还会继续雇用你，所以你只好暂时失业。'这对于别人来说真是太残忍了，而且往往那些人不会再回来为你工作。因此，我从来不对人这么说。"

我对苏菲的话非常感兴趣，追问道："那么你是怎么和那些会计师们说的呢？"

苏菲有些得意地说："我从不做这种伤害人自尊的傻事，当我不得不去解雇某些人时，总是委婉地说：'某某先生，您的工作做得非常好，我也非常满意。我记得有一次您去纽约，那儿的工作简直太令人厌烦了，可是您却把它处理得井井有条。我真难想象，您居然都没出一点儿差错。我希望您知道，您是我们公司的骄傲，我们对您的能力没有一丝的怀疑，我希望您能够永远地支持我们，当然我们也会永远地支持您。'"

不保留别人面子的危害

◎别人会拒绝你的意见；
◎你的人际关系将变得一团糟；
◎使问题更难解决；
◎毁掉一个人。

"然后呢？"我不解地问。苏菲笑了笑说："然后就给他结了账，让他离开了。事实上，作为一名会计师，每个人都非常清楚，到这个时候自己肯定会面临失业。他们在面对本来就会发生的事情的时候，更希望获得的是一份尊严。我，苏菲，给了那些会计师们尊严，而他们也非常乐意再一次回到我们这里帮我继续工作。"

我想各位女士已经体会到了保留他人面子的重要性。是的，它往往会使你得到意外的收获，也会让你的人际关系变得融洽、自然、和谐。

为了让女士们能够更加相信我所说的话，我还有必要告诉你们，如果你不保留别人的面子，将会给你带来哪些麻烦。

有些女士可能会认为我是在危言耸听，我们不去保留他人的面子，无论如何也不能说就毁了一个人。事实上，我并不是在故意地夸大其辞，因为如果你有意地伤害了别人的自尊，那么真的有可能使他永远不能回头。幸运的是，当玛丽小姐出现问题时，她遇到的是一位"仁慈"的雇主。

玛丽在一家化妆品公司做市场调查员，这是她刚刚找到的一份新工作。玛丽很兴奋，也很高兴，上班的第一天她就接到了一份重要的工作——为一个新的产品做市场调研。可能是由于太激动，也可能是因为对于新的工作还

保留别人面子的好处

◎使别人愿意接受你的意见；
◎不会使你陷入尴尬的境地；
◎达到你做事的目的；
◎帮助别人改正错误；
◎让你成为一个受欢迎的人。

不熟悉，总之玛丽做的市场调查出现了非常严重的错误。

“卡耐基先生，您知道吗？当时我真的要崩溃了，真的！”玛丽说道，“您也许不知道，由于计划工作中出现了一些错误，导致我所得出的所有结果都是错误的。那就意味着，如果想完成这项任务，我就必须要从头再来。本来，让我重新开始工作并没有什么大不了的，但关键是报告会议马上就开始了，我已经完全没有时间去改正错误了。”

是的，一切的错误似乎都已经无法挽回。据玛丽回忆说，当她在会上给众人做报告的时候，她已经被吓得浑身发抖。她一直都在克制自己的情绪，希望自己不会哭出来，因为那样的话一定会让大伙嘲笑她的。最后，玛丽实在忍不住了，就对他们说：“这些错误都是我造成的，但我希望公司能给我一次机会。我一定会重新把它们改正过来，并在下次开会的时候交上。”玛丽说完之后，本以为老板一定会狠狠地训斥她一顿。可没成想，老板不但没有大声指责他，反而先肯定了她的工作，并对她的认错态度表示欣赏。接着，老板又对她说，刚入门的调查员在面对一项新计划的时候，难免会有一些差错，这是不可避免的。他相信，经过这次教训之后，玛丽一定会变得非常严谨、认真，她的新计划也一定会完美无缺。

玛丽对我说，她那一次真的非常感动，因为老板当着众人给足了她面子。从那一刻起，她就下定了决心，以后绝对不会再让这样的事情发生。

女士们必须牢记这一点，即使别人犯了什么过错，而这时我们是正确的，我们仍然要保留他们的面子。因为如果不那样的话，我们有可能毁掉这个人。

真诚地赞赏、喜欢他人

我不知道阅读这本书的女士们是否会和我有一样的想法，但在开始这个话题之前，我想先问你们一个问题："你认为世界上促使人去做任何事的最有效的方法是什么？"我相信你们会给出各种各样的答案，但我想说的是，真正可以让别人做事的唯一办法就是，赐给他们想要的东西。疑问又来了，一个人到底最想要什么呢？

小时候我住在密苏里州乡间，那段时光是非常快乐的。我记得，父亲曾经养过一头血统优良的白牛和几只品种优良的红色大猪。当时，让我最兴奋的事情就是跟随父亲带着猪和牛一起去参加美国中西部一带的家畜展览。很幸运，我们的那头白牛和那几只红色大猪获得了特等奖，并为父亲赢来了特等奖蓝带。

我记得很清楚，当时父亲是非常高兴的。他把那枚蓝带别在了一块白色软洋布上，而且只要有人来家中做客，他总要拿出来炫耀一番。

其实，那些真正的冠军——牛和猪并不在乎那枚蓝带，倒是我的父亲对它十分珍惜，因为这枚蓝带给他带来了荣耀和别人的称赞声，也使他有了"深具重要性"的感受。

事实上，这种"希望具有重要性"就是促使别人做事的唯一方法，也是我们说的人最想要的东西。不过，这个专业的名词并不是我提出来的，而是美国学识渊博的哲学家——约翰·杜威提出来的。他认为，人类（包括男人，也包括女人），在他们的本质里最深远的驱动力就是"希望具有重要性"。

有人说"食欲、性欲、求生欲"是人类的三大本能，其实人们对这种"希望具有重要性"的迫切热望绝对不亚于对前三者的需要。林肯曾经提到"人人都喜欢受人称赞"，威廉·詹姆士也曾经说过："人类本质里最殷切的需求就是渴望被人肯定。"应该说，就是在这种"希望具有重要性"的促使下，我们的祖先一点点地创造出了今天的一切文明，否则我们恐怕就和禽兽没什么两样了。

每个人，当然包括男人和女人，都希望自己受到别人的重视。尤其是男人，他们更希望能够引起女性的重视，更希望从女性那里获得满足这种

“希望具有重要性”的感受。作为一名女性，如果你想与别人相处得十分融洽，如果你想成为一个受欢迎的人，那么你首先要做的就是满足他们这种“希望具有重要性”的心理，而你最好的选择就是真诚地赞赏他们。

还有一点我必须告诉各位女士，那就是你能否真诚地赞赏那些男士们直接关系到你是否能找到一个称心如意的伴侣或是拥有一个美满幸福的家庭。所以我要告诫各位女士，当你和你的男友或是丈夫相处时，如果你想让你们彼此都拥有幸福的美好感觉，那么你最应该做的就是去真诚地赞赏他们。不过，你能够真诚地去赞赏他们的前提则是必须真心地喜欢他们。

我并不是在这里危言耸听，因为在历史上像这样的例子数不胜数。乔治·华盛顿，美国第一任总统，他最高兴的就是有人当面称呼他为“美国总统阁下”；哥伦布，这个发现美洲的航海家，他曾经要求女王赐予他“舰队总司令”的头衔；雨果，伟大的作家，他最热衷的莫过于希望有朝一日巴黎市能改名为雨果市；就连最著名的莎士比亚也总是想尽办法给自己的家族谋得一枚能够象征荣誉的徽章。

这里，我之所以列举这些成功男士的例子，无非是想告诉各位亲爱的女士们，一个成功的男人虽然已经获得了很多很多的东西，但他们永远不会对那美妙的赞美声产生厌倦。因此，如果你想成为男人眼中最善解人意、最迷人、最美丽的女性，那么你最好的选择就是去真诚地赞赏

待人处世最重要的，就是要付出真心。

他。

当然，女性在生活中接触更多的可能还是同性朋友。我可以告诉各位女士们，女人对这种赞美声的渴望绝不亚于男人，而且还更甚。

我一个朋友的妻子参加了一种自我训练与提高的课程。回到家后，她急切地对丈夫说："亲爱的，我想让你给我提出 6 项事项，而这 6 项事项能够让我变得更加理想。"

"天啊！这个要求简直让我太吃惊了。"他的先生，也就是我的朋友这样说，"坦白说，如果想让我列举出所谓的能让她变理想的事情，这简直再简单不过了，可是天知道，我的太太很有可能会紧接着给我列出成百上千个希望我变得更好的事项。我没有按照她说的那样做，当时我只是对她说：'还是让我想想吧，明天早上我会给你答案的。'

"第二天我起了个大早，给花店打电话，要他们给我送来六朵火红的玫瑰花。我在每一朵玫瑰花上都附上了一张纸条，上面写着：'我真的想不出有哪六件事应该提出来，我最喜欢的就是你现在的样子。'你肯定会猜到了事情的结果，就在我傍晚回家的时候，我太太几乎是含着热泪在家门口等我回家。我觉得不需要再解释了，我真庆幸自己当初没有照她的要求趁机批评她一顿。事后，她把这件事告诉给了所有听课的女士们，很多女士都走过来对我说：'不能否认，这是我所听到过的最善解人意的话了。'从那一刻起，我认识到了喜欢和赞赏他人的力量。"

如果当初我的这位朋友选择了给妻子提出那 6 件事，而并不是由衷地赞赏她的话，等待他的恐怕就是妻子那成百上千件的不满之事以及那无休止的争吵。

女人就是这样，她们总是希望能够得到他人的赞赏，得到别人的重视，尽管她们做得并不够好。相信各位女士经常会在心里佩服其他的女性，却很少把这种心情表达。"挑剔"似乎是上帝赐予女人的特权，因此女人对她身边的人总是很不满意。她们认为，身边的人做得还远远不够，至少还没有做到能够让她赞赏的那个地步。

我不知道你是不是会真诚地赞赏和喜欢他人，但我知道成功人士大都会这样做，至少查理·夏布和安德鲁·卡内基是这样做的。

1921 年，安德鲁·卡内基提名年仅 38 岁的查理·夏布为新成立的"美国钢铁公司"第一任总裁，使得夏布成为了全美少数年收入超过百万美元的商人。

有人会问，为什么卡内基愿意每年花 100 万美元聘请夏布先生？难道他真的是钢铁界的奇才？事实上，夏布先生曾经亲口对我说，其实在他手下工作的很多人对于钢铁制造要比他懂得多得多。接着，夏布先生又很得意地告诉我，他之所以能够取得这样的成绩，主要是因为他非常善于处理和管理人事。我是个爱刨根问底的人，马上追问他是如何做到这一点的。他告诉了我很多，但给我印象最深的就是下面两句话：

赞赏和鼓励是促使人将自身能力发挥到极限的最好办法。

如果说我喜欢什么，那就是真诚、慷慨地赞美他人。

这两句话是夏布成功的秘诀，而事实上，他的老板安德鲁·卡内基也是凭借这一秘诀获得成功的。夏布曾经对我说，卡耐基先生十分懂得在什么时候称赞别人。他经常在公共场合对别人大加赞扬，当然在私底下也是如此。

应该说，真诚地赞赏和喜欢他人，是女士处理人际关系最好的润滑剂。也许我应该更直接一点告诉各位女士，你们为什么要做到这一点。

我希望女士永远不要忘记，在人际交往的过程中，我们接触的是人，

赞赏和喜欢他人的好处

◎可以拉近你与别人的距离，让更多的人喜欢你；

◎可以使你的人际关系变得十分融洽；

◎能让你的家庭远离争吵。

是那些渴望被人赞赏的人。应该说，赐给他人欢乐，是人类最合情也是最合理的美德。因为伤害别人既不能改变他们，也不能使他们得到鼓舞。

在美国，因精神疾病导致的伤害要比其他疾病的总和还要多。按照我们的推测，精神异常往往是由各种疾病或外在创伤引起的。但是，有一个令人震惊的事实是，实际上有一半精神异常的人，其脑部器官是完全正常的。

我曾经向一家著名精神病院的主治医师请教过这一问题，他在精神研究领域是相当有名的。可是，他给我的答案却是他并不知道为什么人的精神会变得这样异常。不过，这位医师也向我指出，很多时候人之所以会精神失常，是因为他们在现实生活中得不到“被肯定”的感觉，因此他们要去另外一个世界寻找这种感觉。

为了让我更加明白他的说法，他给我讲了一个例子：

他有一个女病人，是那种生活比较悲惨的人，她的婚姻非常不幸。她一直渴望着被爱，渴望得到性的满足，渴望拥有一个孩子，渴望能够获得较高的社会地位。然而，现实摧毁了她所有的希望。她的丈夫不爱她，从来没有对她说过一句赞美的话，甚至于都不愿意和她一起用餐。这个可怜的女人没有爱、没有孩子、更没有社会地位，最后她疯了。

不过，在另一个世界里，她和贵族结婚了，而且每天都会生下一个小宝宝。说到这的时候，那位医师告诉我：“坦白地说，即使我能够治好她的病，我也不会去做，因为现在的她，比以前快乐多了。”

这是一出悲剧？我不知道。但我至少知道，如果当初他的丈夫能够喜欢和赞赏她的话，如果当初她身边的人能够真诚地赞赏她的话，那么她根本不会疯。因为能够在现实生活中得到的东西，就没有必要去另一个世界去寻找。

为了让我自己能够做到真诚地去赞赏和喜欢别人，我在家里的镜子上贴上了一则古老的格言：

人的生命只有一次，任何能够贡献出来的好的东西和善的行为，我们都应现在就去做，因为生命只有一次。

实际上，我每天都要去看它几回，目的是让我永远地把它记住。我相信，你和我没有什么不一样，男人和女人也没有什么不一样。因此，女士们，请你们一定要记住，待人处世最重要的一点就是发自内心地、由衷地、真诚地赞赏和喜欢他人。

建议永远比命令更有“威力”

有一次，我的培训课上来了一位名叫丽莎的女士。她告诉我，她是一家广告公司设计部的主任，可是她现在的工作很不顺利，也很不快乐。当我问起是什么原因时，丽莎女士苦恼地说：“上帝，我真的不知道是怎么回事。我不明白，为什么办公室里的每个人都好像在针对我。你知道，我是一名主任，可是我的话对于那些职员来说根本起不到任何作用，事实上他们根本就不听我的。”

听到这儿的时候，我已经知道这是一位将人际关系处理得很糟的设计部主任了。我想我能帮她，但我必须要找到她失败的原因。于是，我问她：“丽莎女士，你平时是怎么和你的下属在一起工作的？”我清楚地记得，当时丽莎女士的表情很不以为然，她说：“还不是和其他的人一样，我是主任，必须要对整个部门负责，也必须要对我的上司负责。我必须要他们做这个做那个，因为这是我的职责。可是似乎没有人听我的。”我追问道：“你是说，你在工作的时候是用‘要’这个词，是吗？”丽莎女士很诧异地回答说：“当然，卡耐基先生，要不你认为我应该用什么词？”我现在已经可以肯定地判断出丽莎女士失败的原因了，我对她说：“丽莎

女士，以后你再要别人做什么工作的时候，我建议你用另一种方式。你完全可以用一种提问或是征求的口气，而并不一定要用命令的口气，就像我现在建议你一样。你觉得呢？”

两个月后，当我再一次见到丽莎女士的时候，她已经完全变了一个人，变成一个非常快乐的人。“卡耐基先生，我真的不知道该怎样感谢您！”丽莎女士兴奋地说，“您知道吗？您的那个办法简直太神奇了，现在部门的同事都和我成了要好的朋友，工作也开展得十分顺利。”

我真的非常替丽莎女士高兴，因为她听完我的话后，已经很清楚地看到了自己的不足，并能够马上把它改正过来。遗憾的是，似乎大多数女士到现在为止依然保持着丽莎女士从前的状态。女士们似乎更热衷于教别人做什么，而不是让别人做什么。也就是说，比起建议来，女士们更喜欢用命令的语气。

实际上，大多数女士都喜欢采用这种做法，因为这可以让她们的自尊心和虚荣心得到满足。然而，女士们的自尊心和虚荣心是得到满足了，可那些被命令的人却受到了伤害，失去了自重感。这种做法真的会使你的人际关系变得一团糟。

有一次，我和一位在宾夕法尼亚州教书的教师聊天，他给我讲了这样一个故事：

一天，一个学生把自己的车子停错了位置，因此挡住了其他人的通道，至少是挡住了一位教师的通道。那名学生刚进教室不久，女教师就怒气冲冲地冲了进来，非常不客气地说：“是哪个家伙把车子停错了位置，难道他不知道这样做会挡住别人的通道吗？”

那名学生其实当时已经意识到了自己的错误，于是他勇敢地承认了那辆车是他停的。“凶手”既然出现了，女教师自然不会放过他，大声地说道：“我现在要你马上把你那辆车子开走，否则的话，我一定让人找一根铁链把它拖走。”

的确，那个犯错的学生完全按照教师的意思做了。但是从那以后，不只是这名学生，就连全班的学生都似乎开始和这个老师作对。他们故意迟到，还经常捣蛋。老实说，那段日子，那位脾气很大的女教师确实真够受的。

我真的不明白，那名教师为什么要用如此生硬的话语呢？难道她就不能友好地问："是谁的车子停错了位置？"然后再用建议的语气让那名学生把车子开走吗？我想，如果这位女士真的这么做了，相信那名犯了错的学生会心甘情愿地把车子开走，而她也不会成为学生们心目中的公敌。

建议他人做事的好处

◎容易让别人接受你的观点；
◎可以帮助别人改正错误；
◎你的人际关系将非常融洽；
◎你会与他一直合作下去。

我不知道女士们是否已经明白我在说什么，事实上从一开始我都在试图建议女士们改掉喜欢命令别人的作风。实际上，你不去命令他人做什么，而是去建议他人做什么，这种做法非常容易使一个人改正错误。你这样做，无疑维护了那个人的尊严，也使他有一种自重感。我相信，他将会与你保持长期合作，而并不是敌对。我建议女士们在改正这种做法之前，先看看下面这几点，因为这样也许能让你更加坚定信心。

我并不是在这里毫无根据地说，因为你采用命令的语气去让别人做事，危害是非常大的。

女士们，采用建议的语气让他人做事真的是一种非常有效的方法。事实上，这个道理是我从资深的传记作家伊达·塔贝儿那里学来的，而伊达·塔贝儿又是从欧文·杨那里学来的。

我真的很庆幸那次能有机会和伊达·塔贝儿共进晚餐。当时，我和她说我正在计划写这本书，于是我们就讨论起应该如何与人相处的话题。伊达·塔贝儿神采飞扬地告诉我，她为欧文·杨先生写了一本自传，书名就叫《欧文·杨传》。为了搜集素材，她曾经和一位与欧文在一起工作了3年的人谈话。我当时很奇怪，不知道为什么她说起这件事的时候会显得那样兴奋。伊达·塔贝儿告诉我说，欧文真的是一位处理人际关系的高手，他的员工都非常高兴能为他工作。欧文从来没有指使过别人做

命令他人做事的危害

◎得不到别人的支持；
◎恶化人际关系；
◎阻碍你成功解决问题。

什么事，他对人总是采用建议而不是命令的语气。

“你知道吗？戴尔！”伊达·塔贝儿兴奋地说，“欧文真是太高明了，他从来不会说‘你去干这个’或是‘他去干那个’。他总是会对别人说，‘你可以考虑一下采用这种方法’或是‘你觉得这样做怎么样’。他经常会对自己的助手说，‘也许这样写会更妥当一些’。戴尔，我真的十分佩服他这种建议别人的做事方法，这使他在与人相处的时候始终立于不败之地。”

伊达·塔贝儿的话深深地触动了我，从那以后，我就把她的话牢记在心，并且也在平时刻意地按照这一原则去做。经过我的实践，我发现，这真的让许多我以前做起来很头疼的事变得简单，因为无礼的命令只会让人对你产生怨恨，只有真诚的建议才能让别人接受你的意见。

女士们，我想你们已经非常明白我的意思了，因此我十分诚恳地建议你们能够按照我所说的去做。不管你是一名普通的女性，还是某个部门的主管，掌握这一技巧，都无疑会让你受益无穷。

伊丽莎白女士是英国一家纺织厂的总经理，应该说她是一个精明能干的女性。有一次，有人提出要从他们的工厂订购一批数目很大的货物，但要求伊丽莎白女士必须能够保证按期交货。坦白说，这个人的要求有些过分，因为那批货确实数目不小，况且工厂的进度早就已经安排好了。如果按照他指定的时间交货，当然不是不可能，但那需要工人加班加点地干。

伊丽莎白女士非常愿意接受这项业务，但她也考虑到这可能会使工人有怨言，甚至给自己招来一些不必要的麻烦。她知道，如果自己生硬地催促工人们干活，那么肯定会使自己陷入尴尬的境地。

这时，伊丽莎白女士想到了一条妙计。她把所有的工人都召集到了一起，然后把这件事的前前后后都说得非常清楚。伊丽莎白说："这项业务我非常愿意承担，因为这对我们工厂的发展是有好处的，而你们所有人也都能获得利益。不过，我现在很犯难的是，我们有什么办法可以达到这个客户的要求，做到按期交货呢？"接着，伊丽莎白女士又说："我真的不知道该怎么办，你们有谁能想出一些办法，让我们能够按照他的要求赶出这批货来。我想你们比我更有发言权，你们也许能够想出什么办法来调整一下我们的工作时间或是个人的工作任务。这样，我们就可以加快工厂的生产进度了。"

员工们在听完伊丽莎白的建议后，并没有像她事前想象的那样发牢骚或是抗议，相反却纷纷提出意见，并且表示一定要接下这份订单。工人的热情很高，都表示他们一定可以完成任务。更加让伊丽莎白吃惊的是，有人居然还提出愿意加班加点地干，目的就是要完成这项订单。

事后，伊丽莎白和她的朋友说："那一次，工人们的举动真的令我太感动了，我真的不知道该怎么感谢他们。"她的朋友回答说："伊丽莎白，这是你应得的，因为你先尊重了他们，使他们有了自尊，所以他们的积极性才会发挥出来。"

女士们，我真心地希望我所说的东西能够给你们提供一些帮助。我希望你们能够明白，建议其实是一种维护他人自尊的好办法，更加容易使人改正自己的错误。它给你带来的会是对方诚恳的合作，而不是坚决的反对。

人们都喜欢被宽容

有一次，我到华盛顿拜访我的朋友罗宾，他是一位有名的心理医生。吃晚饭的时候，罗宾给我讲了一个他亲身经历的故事：

几年前，罗宾在一次名为“拯救灵魂”的公益活动中认识了59岁的伊丽莎白女士。当时，这位女士看起来并不开心，而且罗宾能看得出来，这位女士看那些失足孩子的眼神里并没有慈爱，而是充满了憎恨。罗宾走上前来和她打招呼，并问她是否需要什么帮助。伊丽莎白女士看了看罗宾，又看了看那些孩子，恶狠狠地说：“他们都是凶手，杀人犯！”

事后，罗宾了解到，原来伊丽莎白曾经有一个儿子小乔治。可是很不幸，就在小乔治15岁那年，因为一个特殊的意外，被一群社会上游荡的坏孩子乱刀砍死。从那以后，伊丽莎白女士的心中充满了仇恨。每当在街上看到那些行为不端的不良少年时，她都有一种冲过去杀死他们的冲动，而且这种冲动越来越强烈。

罗宾知道事情的缘由之后，决定帮助伊丽莎白女士摆脱这种痛苦的折磨。他找到伊丽莎白，对她说：“夫人，您的经历我都已经听说了，但仇恨是解决不了任何问题的。事实上，这些误入歧途的孩子才是最可怜的，因为他们的父母很早就把他们抛弃，而社会也没有给他们足够的尊重。应该说，他们从出生的那天起，就不知道温情是什么滋味。”

伊丽莎白女士显然不愿意接受罗宾的话，气愤地说：“那又怎么样？关我什么事？我只知道，他们夺走了我的小乔治。”

“那只是个意外而已，女士，你为什么放不下这些怨恨呢？”罗宾平静地说，“我可以向你保证，如果你能够以宽容的态度对待那些孩子的话，说不定你的小乔治就能够回来了。”

罗宾讲到这的时候，我已经有些迫不及待，因为我急于知道伊丽莎白女士是否从痛苦中走了出来。罗宾告诉我，那位女士做到了。她尝试着参加了“拯救灵魂”团体，并且每个月都会抽出两天时间去离她家不远的一家少年犯罪中心，与那些她曾经深恶痛绝的孩子们进行零距离的接触。开始的时候，伊丽莎白女士还有些不自然，但是过了一段时间，她发现原来这些孩子真的有她以前不知道的一面。这些孩子在内心十分渴望得到别人的爱，有的甚至于只希望能够深情地呼喊一声“妈妈”。伊丽莎白女士终于融入了这个团体，并像其他人一样认领了两个孩子。她每个月都会去看望这两个孩子，而且每次总是给他们带去她亲手制作的美味食品。当那两个孩子从犯罪中心走出去的时候，伊丽莎白又认下了两个新的孩子。这种做法一直持续了很多年。

就在前几天，伊丽莎白女士离开了人世，临终前她握着罗宾的手说：“我已经没有什么遗憾了，因为我从来没有如此地幸福过。我真的不能想到，我用我的爱心宽容地对待了那些孩子，而他们给了我一直渴求的天伦之乐。我拯救了他们，也解救了我自己。”

这件事对我的触动很深，因为我看到了人类最伟大的美德——宽容的力量。女士们，你们也一定都会为伊丽莎白女士感到高兴，因为她在自己生命中的最后几年，以宽容的态度将自己从失去儿子的痛苦中解救出来。

不过，我很遗憾地说，女士们虽然会为伊丽莎白女士解救自己的做法感到高兴，但似乎并没有要解救自己的意思。

我的这一说法并不是凭空捏造的，因为在我的培训班上，很多女士都不能以宽容的态度对待别人犯下的错误。那些女士们曾经向我诉苦说，她们越来越感觉这个世界没有温暖，因为她们原来的朋友变成了自己的敌人，而那些与自己素不相识的人也会伤害到自己。她们告诉我，她们觉得生命对她们来说只不过是一个时间概念，因为她们没有朋友，所以根本体会不到生命的乐趣。

每当这个时候，我都会给她们讲伊丽莎白女士的故事，告诫她们应该以宽容的态度对待别人。那样，她们就会给自己赢得很多人的爱戴，同时也会使自己得到解救。事实上，在告诫女士们的同时，我也时刻提醒自己应该宽容地对待别人。这真的给了我很大帮助，还曾经帮我把一份仇恨变成了友谊。

那时候我还在电台主持节目，有一次我谈论起有关《小妇人》的作者露易莎·梅·阿尔科特的事情。坦白地说，我很清楚地知道她的确是生长在马萨诸塞的康考德。不过，由于我的粗心，我居然说出我曾经到过纽韩赛的康考德去拜访这位作家的故乡。这显然是个地理上的错误，但如果我只说了一次或许还是可以原谅的，遗憾的是，我居然说了两次。这下我可闯了大祸，信函、电报、激烈的言词、愤怒的言语乃至于侮辱性的文字就像洪水一样向我涌来。其中，有一位生长在康考德的老太太，她对我说错她故乡位置的做法大为恼火，说了很多让人难以接受的话。当时，我真的很气愤，因为我觉得她就像是纽格尼的“食人魔”。当看到她那封愤怒的信时，我居然对自己说：“感谢上帝，这样的女子不是我的妻子。”然后，我打算写一封回敬信，告诉这位老太太，虽然我自己犯了一个地理上的错误，但是她在礼仪上犯了一个更大的错误。然而，正当我想要写下这封言辞激烈的信时，我突然想到了伊丽莎白女士。我告诫自己，必须克制住我的情绪。我应该宽容地对待她的做法，应该想办法把仇恨变成友谊。

后来，我特意给她打了一个电话。在电话里，我坦诚地承认了自己的错误，并真心地希望能够得到她的谅解。而那位怒气冲冲的老太太也不再说出那些让人难以接受的话，她对我的认错态度表示非常满意，而且也承认她的信的确有很多地方用词不当。最后，她也真心地希望能够得到我的原谅，并表示希望和我取得长期的联系。

从那以后，我更加坚信了自己的想法，不管在什么时候，不管别人犯下什么样的错，我都会让自己以宽容的态度对待。女士们，如果你从现在起真的能够做到宽容地对待别人，那么你也就真的开始了成功的第一步，因为你马上就会变成最受欢迎的人了。

事实上，这种宽容的态度就是人际关系的润滑剂，人与人之间友谊的桥梁。女士们可能会认为，宽容是对别人而言的，因为那样的话别人可以不接受错误的惩罚，也可以不接受良心的谴责。但是，我却要告诉各位女士们，宽容最大的受益者实际上是你们，而并不是别人。这点不是我说的，是我的朋友——威玛女士说的。

威玛是美国最早的音乐经理人之一，她与那些世界上一流的音乐家们打了很多年的交道。我对威玛的成功非常感兴趣，因为谁都知道，那些音乐家的脾气往往都很古怪、任性、刻薄，总是会有意无意地给你制造出这样或是那样的麻烦。

“戴尔，你太紧张了！事实上我一直把他们当孩子看。”面对我的提问，威玛笑呵呵地说，“他们经常会做出很多恶作剧，甚至有的人还会撒娇。我也必须承认，他们有些时候真的有些过分，因为他们伤害到了我。”

“那你是怎么应对这一切的呢？”我最感兴趣的还是她处理问题的方法。

威玛有些神秘地说：“其实很简单，这里有一个秘诀。

宽容别人的好处

◎为你赢来别人的宽容；
◎将你从痛苦中解救出来；
◎将仇恨化为友谊；
◎加深朋友间的友谊；
◎让人际关系变得融洽。

我从来不把他们当敌人看，我对他们犯下的一切错误都很宽容。是的，宽容就是我的唯一秘诀，我也是宽容最大的受益者。”说完之后，威玛爽朗地笑了几声，然后给我讲了一个很有趣的故事。

有一段时间，威玛女士担任了一位最伟大的男高音歌唱家的经纪人。这位歌唱家的声音可以震动整个首都大戏院里所有的高贵观众。可是，这位伟大的音乐艺人却是一个脾气暴躁、爱耍性子的人。在威玛之前，很多人都因为和他脾气不和而宣布退出。

这天，威玛敲开了歌唱家的门，问他是否已经准备好了今天晚上的演出。这位歌唱家皱着眉头说：“对不起，威玛，我嗓子现在真的很不舒服，我觉得今天晚上的演出有可能取消。”

“是吗？那简直太不幸了，我的朋友！看来我只能取消这次演出。”威玛平静地说。

歌唱家有些不相信自己的耳朵，问道：“你说什么？我简直不敢相信你在说什么。”

威玛说道：“我是说对这件事我感到很遗憾。当然，这次您可能只是损失一些金钱，但我认为这和您的声誉比起来，简直不值一提。”

歌唱家若有所思地说：“哦！你最好下午五点钟左右再来，因为那时候我可能会好一些。”

事实上，那天的音乐会如期举行了，而且歌唱家发挥得还非常好。后来，歌唱家对威玛说：“我真的不能想象你会如此地宽容我的任性和固执。谁都能看得出，我当时完全是装出来的。以前，那些经纪人对我的这种做法很不满意，他们总是对我大喊大叫，大发脾气，认为我不能体谅他们。而你，威玛，不但没有发脾气，反而发自内心的关心我，这一点我太感动了。即使我真的嗓子不舒服，我也一定会坚持在舞台上表演。”

女士们，我相信你们都是最优秀的，也是最善良的，因为这是上帝赐予你们的独特魅力。我相信，女士们在面对一些人的错误时，哪怕是一件非常严重的错误，你们也一定会以宽容的态度对待。因为这是女性的美德，也是女性获得别人的喜爱，将自己从痛苦中解救出来的最好方法。

第四章

要懂得与人交往的技巧

请别人帮忙，要发自真心

我们不能否认，每个人，包括你和我，在内心都是十分渴望得到别人的欣赏和尊重的，特别是得到那些比我们富有或身份高贵的人的欣赏和尊重，这一点我深有体会。

我记得非常清楚，那是一年夏天，我和我夫人开着我们心爱的T型车前往法国的乡下旅行。本来，有机会到乡村旅行应该是件很惬意的事情。可谁成想，由于没有向导，我们在乡村迷了路。当我们把车停下来的时候，正好有一群农民走过来。于是，我和我夫人很友好也很礼貌地上前问道："真是抱歉，我们是第一次来这里，现在迷了路！你们能帮我们一个忙吗？我们想知道如何才能到达下一个镇。"

你们真的想象不到，那些农民是多么愿意给我们提供帮助。事实上，那里的农民都是很穷的。他们穿着木鞋，并且很少能见到车。当他们见到一对开着汽车的美国夫妇时，一定把我们当成了百万富翁，甚至认为我就是福特兄弟中的一员。

当时那些农民太兴奋了，因为他们知道一些富人们不知道的事情，而且他们还接受了富人们客气的脱帽致礼，这使他们有一种很强的优越感。接下来发生的事太奇妙了，这些农民都争先恐后地给我们介绍当地的地理情况，甚至有几次有人还示意别人不要插嘴，因为他们更希望能够独自享受这种美妙的感觉。

发自真心地请求别人帮忙，可以拉近你和他人的距离，还能让对方成为你的朋友。

我对这件事的印象是非常深刻的，因为从那以后我意识到，如果你能够请求别人帮你一个忙，哪怕是很小的一个忙，那么这个人就能够从你那里得到很强的优越感和自重感。

不过很可惜，很多女士并不愿意去请求别人帮忙，她们认为这是一种向别人示弱的表现。她们的自尊心很强，虚荣心也很强，而且还很自负，一直都希望通过自己的努力来解决一切事情，尽管有时候她们确实需要帮助。

爱丽丝，我妻子的一个朋友，是一家电器销售公司的推销部主任。虽然她在这个行业已经做了很多年，但是她似乎并不认为推销是件快乐的事。她曾经苦恼地对我妻子说："你简直不敢想象，我每天要浪费多少时间！我必须给各地的经销商发出调查信，因为我要知道他们的销售情况到底怎么样，可是那些可恶的家伙却很少给我回信。每个月的回信率如果能达到5%～8%，那就已经是相当不错了。如果能达到15%，我真该感谢上帝。如果能达到20%，天啊，这简直是奇迹。"

我妻子听完她的抱怨之后，就建议她去参加我所开设的培训课程。爱丽丝抱着试试看的态度来找我，并表示希望我真的能够帮助她摆脱困境。事实上，我没有教会爱丽丝很多东西，只不过是教了她一些小技巧而已。但是，就在她参加完培训课之后，那个月的信件回复率简直是在以惊人的速度增长，甚至有一次居然达到了43%。"上帝！这简直是两次奇迹。"爱丽丝兴奋地对我说。

相信女士们一定对我教给爱丽丝的那个小技巧很感兴趣，一定想知道是什么使得爱丽丝如此大受青睐。下面，我就把爱丽丝写给各地经销商的信给大家介绍一下：

弗罗里达州亲爱的某某：

我现在面临一个问题，不知道你能不能帮助我解决这个困难。早在去年，公司就已经要求经销商把销售额的信件寄给我们，因为这是我们进行宣传所需的资料。当然，这一切的费用都是由我们来承担的。

先生，如今我已经给各地的经销商都发去了信件，大多数人都已经给了我回信，并且对我们的这种做法表示赞同。今天早上，经理突然问我近几个月公司的销售额提高了多少，对此我无言以对。我现在请求您，希望您能够帮我一个忙，给我回复一下信件，这样我就可以向上司交差了。

如果您帮了我这一个小忙，我真的会由衷地感谢您的。

推销部主任爱丽丝　敬上

女士们，爱丽丝的这封信是很有魅力的。在称呼上，她用到了“亲爱的”，这一下子就缩短了她与经销商之间的距离。接着，在开头的时候，爱丽丝并不是以一名推销主任的身份去命令别人给她回信，而是诚恳地和别人说：“请帮我一个忙！”这就是爱丽丝成功的秘诀，她成功地运用了这一心理战术。

我不知道各位女士是怎么看待这一问题的，但以我的经验来看，如果你能够灵活地运用这一心理战术，那么将会使你的人际关系大为改观，也会让你的事情得到圆满的解决。

真诚地请求别人帮助的好处

◎拉近你和他人之间的距离；

◎解决你所面临的困难；

◎让你的敌人成为你的朋友。

可能有些女士对真正地请求他人帮忙可以化敌为友不是很赞同，因为在她们看来敌人是不可能帮助自己的，而事实却并不是这样。我总是喜欢举一些名人的例子，因为他们是真正的成功人士，也是处理人际关系的高手。最重要的一点是，他们的成功经验可以被所有人借鉴，女士们也不例外。

富兰克林还是个年轻人的时候，在印刷业就已经小有名气了。然而，他非常热衷于政治，十分渴望得到费城议院秘书这个职务。不过，就在他竞争这个职务的过程中，遇到了一点儿小小的麻烦。在费城的议会中有一位地位显赫的人对他非常不满，甚至还曾经公开诋毁他。富兰克林知道这是一件非常棘手的事情，所以他决定让那个人喜欢上自己。

读到这的时候，很多女士可能会说："开玩笑，怎么可能？让一个如此讨厌自己的家伙喜欢上自己？这简直是天方夜谭！"是的，也许这对大多数普通的人来说是件不可思议的事，但是对于富兰克林来说，却并不是一件很难的事，因为他的确做到了。

富兰克林给这个人写了一封信，信上说请求他帮自己一个小忙，因为自己非常想阅读一本书，但是这本书自己怎么也找不到。同时，富兰克林还表示，希望那个人能够帮自己找到这本书，然后让自己借阅两天。结果，那个本来很敌视富兰克林的人很快就把书给他送来了，而富兰克林也在一个星期后把书还给了他，并且附上了一封感谢信，尽管谁也不知道他是不是真的看了这本书。

女士们，你们知道以后发生了什么吗？那个人居然在一次聚会中主动和富兰克林打招呼，而且还亲切地和他交谈。之后，两个人成为了非常要好的朋友，这段友谊一直持续到富兰克林去世。

说真的，连我对这一心理战术的魔力都赞叹不已。我想对各位女士说的是，适时地、巧妙地请求别人帮助，并不是一种无能的表现，相反，是一种高明的手段。我一直都认为，一个成功的女性应该让所有的人都喜欢你，这里面既要包括你的家人和朋友，也要包括你的敌人。你要像推销商品一样把你自己推销给他们，让他们接受你，当然前提必须是以你的魅力感染他们。

凯丽是一位推销水暖器材的推销商，进入推销界已经有很多年了。有一年，她在布洛克林区推销业务的时候遇到了一个难题，应该说是一个很大的难题。

布洛克林区当地有一名水暖器材销售商，生意做得非常大，而且在当地的信誉也非常好。凯丽是个很有经验的推销员，当然不会轻易放过这样一个绝佳的机

会。她几次登门拜访，希望能够说服他与自己签订业务。可是，这个家伙的脾气却非常不好，每当凯丽来找他的时候，他总是叼着雪茄，然后不可一世地吼叫道："给我滚出去，你这个没见过世面的乡下姑娘，我现在什么都不需要。"

凯丽碰了几次壁以后，知道自己再这样下去永远不会拿到想要的订单。于是，她想到了一条妙计，一条非常好的妙计。

这天，凯丽又一次敲开了经销商办公室的门。还没等那个经销商开口说话，凯丽就马上说道："请原谅先生，我今天并不是来向你推销什么东西的，我只希望能请您帮我一个小忙而已。"

"哦？是吗？不知道有什么可以为尊贵的小姐效劳？"销售商今天的态度出奇地好。凯丽笑着说："是这样的，先生，我们公司打算在这里成立一家分公司，但是您知道，我对这里的情况并不熟悉，而您却在这里干了很多年。因此，我希望能够从您那里得到一些非常好的建议，对此我将感激不尽。"

"哦，是的，我很愿意效劳，而我也确实对这里比你熟悉得多！还愣在那里干什么？赶快拿把椅子过来，我觉得你这个忙我一定可以帮！"接着，这位前几天还脾气暴躁的销售商，今天却慈祥得像一位长辈一样。

就在那天晚上，凯丽从这名经销商那里得到了很好的建议，也得到了一份数目不小的订单，更赢得了一份珍贵的友谊。

凯丽真的很聪明，她运用了我们所说的心理战术，达到了她想要的目的。我在这里可以向各位女士们保证，如果你们也学会这一心理战术，一定可以使你们成为你所居住的那个镇最受欢迎的女士，因为谁都愿意从别人那里获得欣赏和尊重。

不过，有一点我必须在这里提醒各位女士，这种"请求别人帮助"必须有一个大的前提，那就是要发自真心的、真诚的。我必须告诫各位女士，你对别人的欣赏和尊重并不等同于吹捧和阿谀献媚，千万不要为了获得别人的好感而去一味地奉承别人，因为那样会使你看起来非常虚伪。

会说话，会办事

我心里一直都认为，不管出于什么原因，解雇一个人始终都不是一件令人愉快的事情。因此，我很少会主动地解雇帮我做事的职员，除非他们已经找到了更好的出路。然而，三年前，我却亲自解雇了一个为我工作了三个月的秘书。当然，我也是很不情愿才这样做的。

在这里，我不想提起这位小姐的名字，因为这可能会伤害到她，所以我们就称她为H小姐。坦白说，这位H小姐很有能力，会英语、法语、西班牙语和德语四门语言，而且还写得一手漂亮的好字。不光这样，H小姐还有着迷人的外表、高贵的气质。单从这些条件来说，H小姐应该算得上是最棒的秘书了。的确，我必须承认，H小姐把自己手头的工作都处理得井井有条，从没出现过差错。然而，H小姐却有一个致命的缺点，这也是导致我解雇她的原因。

有一次，我因为有事外出不在公司，恰巧这时我的老朋友约翰·查尔顿来公司找我。约翰并不知道我已经雇用了秘书，所以他像往常一样直接走进我的办公室。这时，H小姐从后面赶上来，很气愤地说："嗨，你这个人怎么如此无礼？难道你不知道到公司找人是有规矩的吗？你应该首先和我这个秘书打一下招呼。"约翰是个很有修养的人，赶忙说："对不起，是我疏忽了。是这样的，我并不知道我的老朋友卡耐基雇用了秘书，所以就很贸然地闯了进来，希望你能够原谅。"H小姐看了看约翰，很傲慢地说："不要以为是老朋友就可以不讲礼貌，这里是公司，每个人都必须遵守规矩，你也不例外。既然你看到卡耐基先生不在，那么就请你回去吧！"约翰当时有些生气，但是他并没有发作，而是说："哦，真抱歉，我有点儿急事找他，你能帮我联系一下吗？"H小姐很不耐烦地说："难道你不知道做秘书的是不能随便透露自己老板行踪的吗？真搞不懂，我的老板怎么会有你这样的朋友！"约翰再也忍不住了，大声喊道："是吗？小姐，难道你就不能说话客气一点儿吗？我真搞不明白，卡耐基怎么会雇用你这样的秘书。"说完之后，约翰气愤地走了。

后来，约翰把这件事告诉了我。于是，我找H小姐谈了一次话。当我说起这件事的时候，H小姐显得很生气，说："什么？那个无礼的家伙居然还到你这里来告状？真是太可恶了。”我心平气和地对她说：“H，难道你不应该对这件事反思吗？事实上，你在处理这件事的时候有很多地方做得并不妥当。”我的话显然激怒了H小姐，她大声说：“难道您也认为我的做法是错误的？难道那不是一个秘书应该做的事情？天啊！我做了自己的本职工作，居然还要受到责备。”我知道H小姐根本没有认识到自己的错误，于是对她说：“H，事实上这已经不是第一次了。很多人跟我反映，他们无法与你沟通，因为你说起话来总是不给别人留余地，还经常伤害到别人的自尊。其实，有很多事情你完全可以换一种说法，那样的话事情就变得容易得多。我希望你能够改正自己的缺点。”

很遗憾，直到最后我也没能说服H小姐。没办法，我只好选择将她辞退，因为我不能为了她一个人而使很多人不开心。

很多女士为了让自己魅力十足，把大量的时间、精力和金钱都花费在了打扮自己这方面。其中，更高明一点的女士还会注意训练自己的举手投足、培养自己的格调，让自己更有内涵和气质。的确，女士们的这些做法都是正确的，也是应该的。然而，如果女士们忽略了说话办事这一点，那么当你与人交往的时候，也会给人一种很不愉快的感觉。

其实，对于女士来说，不管你是职业女性还是家庭主妇，会说话，会

女人如果会说话，无疑能够在与人相处的时候表现出自信，让别人被你的魅力所折服。

办事都是非常重要的。你在这方面是否有魅力会直接影响到你是否能够给对方产生很强的吸引力，也关系到你是否可以获得别人的喜欢。同时，如果女士们能够掌握住说话办事的技巧，那么你们就无疑能够在与人相处的时候表现出自信，让别人被你的魅力所折服。

人际关系学家查理·休伯特在他的著作《论女人的魅力》中曾经说："对于一个女人来说，漂亮的脸蛋、姣好的身材、脱俗的气质等是让她们魅力十足的先决条件。可是，如果一个女人满口脏话、出言不逊的话，那么恐怕也不会得到别人的喜欢。语言是上帝赐给人类的礼物，一个风采迷人、魅力四射的女人必须懂得如何说话，如何办事。事实上，如果一个女人能够掌握说话办事的技巧，那么她就可以很容易地弥补一些自己先天性的缺陷。"

然而，有些女士似乎并不认为会说话、会办事是非常重要的。在她们看来，只要自己够漂亮、有品位，那就一定会征服所有的人。至于怎么说话，那不需要学，也不需要关注，因为说话和办事只要达到目的就可以了，根本不需要学习什么技巧。

唐·邦德是美国著名的影视演员经纪人，我们曾经在一起吃过晚餐。席间，唐问我："卡耐基先生，你觉得挑选演员的标准应该是什么？"我想了想回答说："迷人的外表、优雅的气质、高超的演技，这些东西应该是最重要的吧？"唐笑了笑，说："不，你错了！事实上，我在挑选演员的时候很看重他的谈吐，特别是女演员。有些女孩子很漂亮，也很有气质，可惜她们不知道该如何说话办事。可能你认为对于一个演员来说，演好戏才是最重要的。至于说话办事，那只是一种日常人际交往的技巧罢了。"我点了点头说："是的，唐，我一直都这么认为。"唐接着说："你知道吗？要想做一个好演员，必须要有征服观众的魅力。即使你的外表再漂亮，即使你的演技再高超，如果你不懂得如何说话办事的话，也是一件非常麻烦的事。举个例子来说，演员总是要和观众沟通的，不懂得与观众交流、相处的演员永远不会成功。试想，如果一个演员老是用言语伤害观众，使观众对她产生一种厌恶感，那么她怎么可能会出名，怎么可能会成功？一个不会说话办事的演员没有魅力，没有魅力的演员不会成功。"

的确，唐·邦德给我们揭示了一个容易被忽视的道理。其实，早在以前我也没有把魅力和会说话、会办事联系起来，直到我认识了卡拉女士。

卡拉女士在一家汽车轮胎公司任经理，我对她的了解是通过别人的描述得来的。华盛顿轮胎销售商卡尔对我说："和卡拉女士谈判简直是一种享受，虽然我们都在为各自的利益着想，但是却从未发生过争吵。卡拉女士的每一句话都让人觉得非常舒服，总让我有一种非与她合作不可的感觉。"一家生产橡胶的公司的销售经理也说："卡拉有一种让人无法抗拒的魅力，每次和她谈判的时候都有一种愉快的感觉。按理说，作为公司的经理，我应该完全替本公司着想。可是，卡拉总是有办法让我知道他们的难处，理解他们的困难。虽然我知道有些

说话办事时应掌握的技巧

◎掌握时机，恰当地运用感谢的词语；
◎与别人交谈的时候一定要多说愉快的事情；
◎多多赞美别人的优点；
◎表达不同意见的时候要给对方留足面子；
◎学会听别人讲话；
◎合理利用身体语言；
◎尽量用高雅简洁的词；
◎千万不可自大、自夸；
◎玩笑要开得适可而止；
◎平时注意充实自己。

时候她是在玩弄一些小把戏，但我却情不自禁地钻进她所设下的圈套。”

我对卡拉女士产生了强烈的好奇心，于是亲自去拜访了她一次。当见到卡拉女士的时候，我大吃一惊，因为她与我想象中的形象完全不一样。卡拉女士个子不高，身材也有些发胖，长相也非常普通。说实话，我当时很难把她与“魅力四射”这个词联系起来。

然而，我和卡拉女士交谈以后却发现，自己已经完全被她征服了，因为卡拉女士深知与人交谈的技巧。她说什么话都会给自己留下一点儿余地，而且也不在我面前摆什么经理的架子。我能感觉到，面对我的提问，卡拉有所保留，因为她不想那么快亮出底牌。此外，卡拉女士很礼貌，也很有耐心，似乎一直等待你一点点地跟着她走。当然，必要的时候她也会大兵压境，甚至让你有喘不过气的感觉。不过，每当这个时候她又会适时地停止进攻。

当我们的谈话结束时，我对卡拉女士说：“真不可思议，您大概是我见过的最有魅力的女士了。”卡拉有些不好意思地笑了，说：“您过奖了，卡耐基先生，我不过是懂得一点儿说话办事的技巧罢了，没什么魅力可言。”

我知道这是卡拉女士自谦的说法，因为在她嘴里轻松说出的所谓技巧的确能够让很多人折服。

其实，要想学会说话办事，并不是一朝一夕就可以成功的。不过女士们要有足够的信心和决心，然后再看一些有关这方面的书籍。不管女士们是不是都渴望自己成功，是不是都希望自己成为“万人迷”，学会说话办事终究还是一件好事情。

不批评，不指责，不抱怨

在《人性的弱点》一书的开篇，曾给大家讲过“双枪杀手”克劳雷的故事。我不想再说故事的始末，只想重申一下那个双枪恶徒的话：“在我外衣里面隐藏的是一颗疲惫的心，但这是一颗善良的心，一颗不会伤害别人的心。可是我却来到了新新监狱（注：美国关押重罪犯人的监狱）受刑室，这就是我自卫的结果。”

克劳雷真的是为了自卫才杀人吗？就在警察拘捕克劳雷之前，他和女友开车在长岛的一条乡村公路上寻欢。有个警员走上前去，向克劳雷说道：“把你的驾驶执照给我看看。”克劳雷不发一语，掏出手枪就是一阵狂射。警员中弹倒地，克劳雷跳下车，从警员身上找出左轮枪，又向倒地不起的尸体开了一枪。

“双枪杀手”克劳雷根本不觉得自己有什么错。

和克劳雷一样的罪恶之人基本上都不知道自责。在芝加哥被处决的美国鼎鼎有名的黑社会头子阿尔·卡庞说：“我把一生当中最好的岁月用来为别人带来快乐，让大家有个好时光。我是在造福人民，可社会却误解我，给我辱骂，这就是我变成亡命之徒的原因。”恶名昭彰的“纽约之鼠”

达奇·舒兹生前在接受报社记者访问时，也自认是在造福群众。

举这些例子，只是想向女士们说明一个道理：这些亡命男女都不为自己的行为自责，我们又如何强求日常所见的一般人？这是人的本性，批评、责怪、抱怨在别人的身上是一点儿都不会发生正面作用的，因为大多数人都能为自己的动机提出理由，不管有理无理，总要为自己的行为辩解一番，也就是说他们认为自己根本不应该被批评、责怪或抱怨。

从心理学角度看，每一个人都害怕受到别人的指责，包括女人，也包括男人，男人更害怕来自于女人的指责。所以，作为女人，还是戒除掉批评、责怪或抱怨为好。

我说了，批评、责怪、抱怨在别人的身上是一点儿都不会发生正面作用的，相反，副作用却让人感到可怕。我的心理学家朋友曾对我说："因批评而引起的羞愤，常常使雇员、亲人和朋友的情绪大为低落，并且对应该矫正的事实状况，也没有一点儿好处。"

我的邻居约翰有一个幸福的家庭，三个漂亮的女儿，一个贤惠的妻子。有年夏天，三姐妹驾车去郊外旅游。在市区内，由两个姐姐驾车，到了人烟稀少的郊外两个姐姐就让妹妹练练车技。

最小的妹妹开着车，兴奋得不知如何是好，有说有笑的。突然，汽车像脱缰的野马一样向前奔去，在快到十字路口处，与一辆从侧面驶过来的大拖车相撞，大姐当场死亡，二姐头部受伤，小妹腿骨骨折。原来，小妹想在红灯亮起之前通过，才加大了油门。

约翰夫妇接到电话后，立刻赶到了医院。他们紧紧地拥抱着幸存的两个女儿，一家人热泪纵横。父母擦干两个女儿脸上的泪，开始谈笑，像是什么事也没有发生过一样，始终温言慈语。

好几年过去了，肇事的小女儿问父母，当时为什么没有教训她，而事实上，姐姐正是死于她闯红灯造成的车祸。约翰夫妇只是淡淡地说："你姐姐已经离开了，不论我们再说什么或做什么，都不能让她起死

批评、责怪和抱怨的三大危害

◎恶化人际关系，如容易树敌，遭到攻击；
◎不但于事无补，反而越办越糟；
◎损害健康，破坏心情。

回生，而你还有漫长的人生。如果我们责难你，你就会背负着‘造成姐姐死亡’的沉重的心理包袱，进而丧失一个完整、健康和美好的未来。”

指责最有可能产生的结果就是沉默，不但于事无补，还有可能让事情变得更糟。

如果当年约翰夫妇对小女儿加以指责的话，后果恐怕比他们想象的还要恶劣。

女士们都会有这样的经历，当你指责你的男友时，得到的基本上就是沉默。除了沉默，还会有反唇相讥、振振有辞。这意味着什么？是对指责的对抗，尽管他们深爱你，尽管的确是他的错。

人就是这样，做错事的时候不会主动去责怪自己，而只会怨天尤人，我们也都如此。所以，明天你若是想责怪某人，请记住阿尔·卡庞、“双枪杀手”克劳雷和约翰夫妇等人的例子，别让批评像家鸽一样飞回到自己家里。也让我们认清：我们想指责或纠正的对象，他们会为自己辩解，甚至反过来攻击我们，或者他们会说：“我不知道所做的一切有什么不对。”

我可以骄傲地说，林肯是美国历史上最善于处理人际关系的总统。不止我这么认为，当林肯咽下最后一口气时，陆军部长史丹顿说道：“这里躺着的是人类有史以来最完美的统治者。”我也是受陆军部长史丹顿的提醒才对林肯的处世之道进行研究的，10 年后我系统、深入、透彻地了解了林肯的一生，包括林肯的性格、居家生活和他待人处世的方法，于是，我又用了 3 年时间写成了《林肯的另一面》。

林肯开始并不完美，年轻时他喜欢批评人，他常把写好的讽刺别人的信丢在乡间路上，好让当事人发现。做见习律师时，喜欢在报上公开抨击反对者，虽然只是偶尔。有些行为导致的后果，他刻骨铭心，永生难忘。

1842 年秋天，他又写文章讽刺一位自视甚高的政客——詹姆士·席尔斯。他在《春田日报》上发表了一封匿名信嘲弄席尔斯，全镇哄然引为笑料。自负而敏感的席尔斯当然愤怒不已，终于查出写信的人。他跃马追踪林肯，下战书要求决斗，林肯本不喜欢决斗，但迫于情势和为了维护荣誉，只好接受挑战。他有选择武器的权利，由于手臂长，他选择了骑兵的腰刀，并且向一位西点军校毕业生学习剑术。到了约定日期，林肯和席尔斯在密西西比河岸碰面，准备一决生死。幸好在最后一刻有人阻止他们，才终止了决斗。

这是林肯终生最惊心动魄的一桩事，也让他懂得了如何与人相处的艺术。从此以后，他不再写信骂人，也不再任意嘲弄人了。也正是从那时起，他不再为任何事指责任何人，包括南方人，当自己的夫人极力谴责南方人时，林肯说："不用责怪他们，同样的情况换上我们，大概也会如此而为。"他最喜欢的一句名言是："你不论断他人，他人就不会论断你。"惨痛的经验告诉他：尖锐的批评和攻击，所得的效果都等于零。

我年轻时，总喜欢给别人留下深刻印象。我在帮一家杂志社撰文介绍作家时，美国文坛出现了一颗新星，名叫理查德·哈丁·戴维斯，这是一个颇引人注目的人物。于是，我便写信给戴维斯，请他谈谈他的工作方式。在这之前，我收到一个人寄来的信，信后附注："此信乃口授，并未过目。"这话留给我极深的印象，显示此人忙碌又具重要性。于是，我在给戴维斯的信后也加了这么一个附注："此信乃口授，并未过目。"实际

女人在面对别人的错误时，不应该咄咄逼人地指责和抱怨，而是应该敞开胸怀，多一些谅解和宽容。

上，我当时一点儿也不忙，只是想给戴维斯留下较深刻的印象。

戴维斯根本就没给我写信，而是把我寄给他的信退回来，并在信后潦草地写了一行字：“你恶劣的风格，只有更添原本恶劣的风格。”的确，我是弄巧成拙了，受这样的指责并没有错。但是，身为一个人，我恼羞成怒，甚至10年后我获悉戴维斯过世的消息时，第一个念头仍然是——我实在羞于承认我受到的伤害。

这件事给我的教训很深，每当我想指责他人的时候，就拿出一张五美元钞票，望着上面的林肯像自问：“如果林肯碰到这个问题，会如何解决？”

在现代文明社会，指责别人的女人或许永远不会遇到林肯遭遇过的尴尬，但是因指责而生的怨恨却是不容易化解的，因为我们所相处的对象，并不是绝对理性的动物，而是具有情绪变化、成见、自负和虚荣等弱点的人类。

所以我要说，假如你想招致一场令人至死难忘的怨恨，只要发表一点刻薄的批评就可以了。也就是说，只有不够聪明的人才批评、指责和抱怨别人。的确，很多愚蠢的人都这么做。

但是，要做到“不说别人的坏话，只说人家的好处”，善解人意和宽恕他人，是需要有修养自制的功夫的。

请女士们记住，待人处世的第一大原则就是不要批评、责怪或抱怨他人。

不把个人意见强加于人

我相信大多数女士家的门都曾经被“讨厌”的推销员敲开过。当你打开门时，总是会听到那些推销员给你没完没了的建议，而你处理这些建议的方法往往是把那个唠叨的推销员关在大门之外。事实上，这也是让那些推销员非常头疼的事。他们总是绞尽脑汁地想出各种各样的说辞来劝说别人买他们的产品，然而却总是得到别人的拒绝。

女士们，你们是不是也经常会产生这样的困惑？当你想要把自己的意见或想法推销给别人时，是不是大多数情况下换来的是别人的拒绝呢？如果是这样的话，那么你就是一个失败的推销员，因为你无法把你自己推销给别人，让别人接受你。

有一次，一位名叫苏珊的姑娘向我寻求帮助，她是一家医疗设备制造厂的推销员。“卡耐基先生，我真的不知道我错在什么地方。”苏珊有些沮

每个人都渴望和喜欢按照自己的想法做事，所以，不要把个人的意见强加于人。

丧地说，“事实上，我真的已经很努力了。我对那些客户非常真诚，而且对于我们产品性能的描述没有一丝夸张。我想尽了一切办法，也看了很多关于推销的书，但不管我怎么说，似乎都不能打动那些在医院工作的医师们的心。我真的不明白，难道他们都是铁石心肠，难道他们真的不愿意去相信一个诚实的小姑娘的话吗？”听完苏珊的描述后，我决定不去教授她如何把产品推销出去的技巧，因为那些东西对她来说并不重要。我只是对苏珊说：“其实让别人接受你的意见并不是一件很困难的事，你为什么不让他们觉得，购买这些产品是他们自己的主意而不是你的呢？”

苏珊很显然是明白了我的话，回去之后马上给佛罗里达州一家大医院的罗杰医生写了一封信，因为那家医院正需要新添一台X光设备。在这之前，很多厂商都得知了这一消息，纷纷派出推销员到罗杰医生那里推销自己的产品。苏珊清楚，如果她和其他厂商一样，直接去向罗杰医生推销产品，那无疑是在浪费时间。因此，她决定试一试我教给她的那个方法。苏珊的信是这样写的：

亲爱的罗杰医生：

非常感谢您阅读我的信件。告诉您一个消息，我们工厂最近新完成了一套X光设备，前不久才刚刚运到我们销售部门。本来，技术上的事不应该由我们销售人员负责，但是我非常清楚，这套设备不是尽善尽美的，还有很多地方需要改进。我不要求您购买我们的产品，但我非常诚恳地希望您能够给予我们帮助，因为您是这方面的专家。我知道您很忙，但我们真的很需要您。如果您能在自己极其宝贵的时间中抽出那么一点儿的话，我们将非常高兴。为了不浪费时间，我们希望您能随时和我们联系，到时我们一定会派专车去接您。

就在信件发出去的第三天，罗杰医生真的亲自来见苏珊，并同意购买她们厂生产的产品。事后，当人们问罗杰为什么会这样做时，罗杰回答说：“你知道吗？那封信太让我吃惊了，因为从来没有厂商的推销人员询问过我的意见。那位叫苏珊的小姑娘让我感到自己很重要，所以虽然那个星期我简直忙得要死，但我还是愿意取消一个并不重要的约会，前去看一看那套设备。事实上，并不是苏珊向我推销的那套设备，而是我自己建议医院买下的。”

我为苏珊的成功感到高兴，因为她已经完全理解了我的意思。在生活中，很多女士在和别人交流的时候，总是喜欢以自己的思维方式去考虑别人，把自己的意见强加给别人。这种做法无疑是对别人的自尊心和自重感的一种伤害。因此，女士们希望采用这种方法来获得别人的赞同，成功的机会几乎为零。

我们每个人都有自尊感和自重感，我们也都希望从别人那里获得这种感觉。这就是每个人都不喜欢接受推销或是被别人强迫做某一件事的原因。应该说，我们都渴望和喜欢能够按照自己的想法做事，而且更喜欢接受别人对我们的意见、需求和愿望的征询。

我可以在这里向各位女士保证，如果你能够巧妙地运用一些与人相处的技巧，那么你是完全可以让别人接受你的意见的。

凯瑟琳是一家服装设计公司的业务员，她的工作就是把公司新设计出来的草图推销给那些服装设计师和生产商。必须承认，凯瑟琳做得已经很不错了。3 年来，她给公司拉来了不少的订单。然而，有一件事却让凯瑟琳始终不能放下。

原来，在纽约有一位最著名的服装设计师，凯瑟琳几乎每星期或每隔一个星期就要去拜访他。可是，这位设计师似乎对他们的设计草图从不感兴趣，尽管他从来不拒绝接见凯瑟琳。这位服装设计师是一个非常懂礼貌的人，他每次总是会告诉凯瑟琳：“你们的设计草图我已经很仔细地看过了，不过很遗憾，我们的生意还是没办法做成。”

凯瑟琳自己曾经做过统计，她已经拜访过这位设计师 150 次了，但是每一次都以失败告终。这时，凯瑟琳开始反思自己，因为她认为错误一定是出在自己身上。为此，她特意研究了一下有关人际关系的法则，最后终于想出一个新的处理方式。

有一天，凯瑟琳带上几张还没有完成的草图，又一次敲开了设计师的门。“我并不想推销给您什么东西。”这是凯瑟琳的第一句话。接着，凯瑟琳又诚恳地说：“我只是想请您帮我一个小忙而已。您看，这里是几张还没有完成的草图，您能不能帮忙完成一下。当然，您完全可以按照您的需求进行修改和调整，直到您认为满意为止。”设计师又一次很仔细地看了一下草图，但并没有说他以前说过的话，而是对凯瑟琳说："草图你可以留在这里，不过我希望你过几天能够再来这里一趟。"

几天后，凯瑟琳再一次来找设计师，带回了他宝贵的意见，并且按照他的意见完成了草图。接下来，奇迹真的发生了，那位顽固的设计师居然接受了凯瑟琳的设计图，而且表示以后会经常与凯瑟琳合作。有人问凯瑟琳成功的秘诀，凯瑟琳得意地说："你们搞错了，我根本没有把任何东西推销给他，是他自己决定要买的。"

女士们，你们是不是为这种巧妙地处理人际关系的技巧所折服呢？其实，这种技巧不但可以让一个人接受你，而且还可以让很多人接受你的意见。

安吉丽娜是一家汽车展示中心的业务经理。她发现，最近一段时间公司的业务员对待工作开始有消极情绪，做事总不认真，而且态度也很散漫。为了改变这种懒散的工作态度，安吉丽娜召开了一次会议，希望能够鼓舞大家的斗志。

会议上，安吉丽娜并没有向公司的业务员提出自己的要求，而是鼓励他们说出对公司的要求。为了使一切都明朗化，安吉丽娜找来了一块黑板，并对大家说："大家请放心，我一定会尽量满足大家的愿望和要求。不过，我首先要知道大家对我和公司有什么样的要求。"这时，很多员工提出了自己对公司和安吉丽娜的看法，当然有些看法看起来比较荒唐。但是，安吉丽娜并没有生气，而是对他们说："你们都说得很好，我也接受

你们的意见。不过，作为经理，我对你们也有要求，但这些要求我不想自己说出来，而是希望从你们那里听到。”很多人都说出了对自己的要求，比如进取的态度、乐观的精神、团队合作、忠诚、8小时全力以赴的工作等，还有人甚至提出自愿每天工作14小时。

当安吉丽娜和我说起这件事的时候，显得非常自豪。她说：“从那以后，所有人都精神百倍，我们的销售业绩也是蒸蒸日上。其实，我和我的业务员们做了一场道德交易。我相信他们一定会实现他们的诺言，当然前提是我首先要实现我的诺言。事实上，正因为我征询了他们的想法，所以才使得他们愿意接受我的意见。”

我对安吉丽娜的话表示赞同，并也给她讲了一个类似的故事。

有一年，我计划前往加拿大，因为那里的新布朗斯威克省是一个划船、钓鱼的好去处。为了做好相应的准备，我就给当地的旅游局写了一封信，并向他们索取资料。其实我早就预料到了，我的名字一定会被列上邮寄名单，因为所有的营地和向导都有专门的眼线。在那段时间里，我接到了大量的明信片、信件以及各种各样的宣传印刷品。这些东西太多了，简直搞得我眼花缭乱，根本不知道该选择哪个才好。

不过，在那些妄图让我接受他们意见的人当中，有一名营地主人相当聪明。他给我寄来了一封信，里面写下了很多人的姓名以及电话号码。信上说，这些人都曾经去过他们的营地，我可以和这些人中的任何一个取得联系，然后向他们询问是否对营地的各项服务满意。

是的，最后我选择了这家营地，因为恰好名单里面有我一个朋友的名字。当时我真的很高兴，因为这是我选择营地，而并不是营地的主人让我选择了营地。

女士们，我相信你们已经非常明白我的意思了。的确，如果想要与别人融洽地相处，那么你就必须懂得尊重别人。尊重别人会给人一种自重感和自尊感，而正是这种感觉使得他们愿意接受你的意见。女士们，你们应该牢记这一点，如果你想让别人信服你，接受你的意见，那么最好的方法莫过于让他们觉得那是他们的意见，而不是你的意见。

第四篇

女人要懂爱，更要会爱

第一章 你的爱情你做主

选好自己的伴侣

我想，对于一位女士来说，什么事也比不上选错自己的伴侣更加可怕。的确，每个女人都希望自己能有一个好的伴侣，也都希望这个伴侣可以陪伴自己终生。然而，很多女士在婚后却发现，自己当初的选择和决定其实是错误的。诚然，这种事不能完全把责任推给男人，因为他毕竟没有逼迫你和他结婚，只不过是因为你们自己没有足够的判断力。正因为如此，很多女士在发现问题以后，要么选择沉默忍受，要么选择反抗、离婚。

在医学界有一句俗语："最好的治疗方法就是预防。"如果女士们能够加强自己的判断能力，使自己能够清醒地按照自己的意愿去选择伴侣的话，相信就不会有那么多不幸的婚姻了。

贝蒂是个漂亮迷人、思想前卫的女孩，喜欢刺激，渴望过那种天天都有激情的生活。因此，那些整天只知道上班、回家、干活的男人，她根本看不上眼。一个周末的晚上，贝蒂独自一人来到了她常去的"零点酒吧"。

她喜欢到酒吧，因为这里会让她觉得生活充满了激情。贝蒂要了一瓶啤酒，找了一个空位子坐了下来。正当她打算休息一会儿就去跳舞的时候，突然发现不远处有一位男士正默默地注视着他。这位男士很英俊，也很有风度。贝蒂冲他点了点头，男子马上就走过来和她搭讪。就这样，两个刚刚认识的青年很快就熟悉起来。临分手时，男子还特意要了贝蒂的电话。

在接下来的几天里，贝蒂几乎每天都沉浸在惊喜与兴奋之中。因为那位男子向她展开了猛烈的攻势。不是给她送礼物，就是打电话约她吃饭。男士似乎是个诗人，因为他总是能说出一些让贝蒂高兴的话。最后，贝蒂终于决定和他结婚。

结婚的那天，贝蒂显得非常幸福，因为她似乎已经看到了婚后甜蜜的生活。她梦想着和丈夫每天都过着充满激情和刺激的日子，还梦想着可以去世界各地旅游……总之，她给自己以后的生活绘制了一幅美好的画卷。

然而，结婚以后，贝蒂却突然发现自己被欺骗了。原来，自己的丈夫并不是什么风度翩翩的绅士，而是一个喜欢吃喝嫖赌的无赖。他每天晚上都喝得烂醉如泥，回到家后连鞋都不脱就上床睡觉。他喜欢赌博，也因此输掉很多的钱。可是，他不但不知悔改，反而经常和贝蒂要钱，如果贝蒂不给，马上就破口大骂。最让贝蒂受不了的是，丈夫居然经常光顾妓院，有一次竟然还把一个妓女带回了家。最后，贝蒂实在忍受不了这种折磨，和她的丈夫离了婚。

可怜的贝蒂，我真为她的遭遇感到不幸。可是，这又能怪谁呢？如果贝蒂不是喜欢那种花言巧语、善于讨女人欢心的男人，那么她也就不会被那个家伙华丽的外表所欺骗。因此，我首先要告诫女士的是，那种会讨女人欢心的男人往往都是“演技高手”，他们会在达到目的以前把自己伪装成世界上最好的男人。如果我

是女人，我宁愿和那种不懂浪漫的男人在一起，也不愿意和那种油嘴滑舌的男人有交往。

贝蒂遇到的是一种善于伪装自己的男人，因为她的判断能力不强，所以才导致自己选错了伴侣。然而，有些女士明知道对方身上有很多地方与自己不和，却偏偏还要固执地选择他。

威玛是个善良的姑娘，平日里对所有人都十分友善。她的现任男朋友托蒂是经别人介绍认识的，两个人在一起已经有 3 年了。在别人眼里，威玛和托蒂根本就不应该在一起。因为威玛对人和善，而托蒂却是个十足的坏小子。当两个人在街上看到乞丐时，威玛总是会拿些钱给他们，而托蒂不但不能理解这种行为，反而会把给出去的钱再抢回来。威玛喜欢小动物，家里养了一只狗、两只猫和三只小兔子。可是托蒂并不喜欢，有一次还居然扬言要杀了那只狗，因为它弄脏了他的裤子。此外，很多很多事情都表明：威玛和托蒂太不合适了，即使两个人结了婚也不会幸福。可是，善良的威玛坚信，自己一定可以改变托蒂。最后，威玛和托蒂还是结了婚。

本来，威玛认为结婚后的托蒂一定会有所收敛，可不想他更变本加厉。他不光阻止威玛给乞丐钱，而且还把家里所有的小动物都扔了出去。托蒂还警告威玛，让她以后不许随便和邻居们说话，因为那些人都是可恶的势利小人。威玛虽然想尽了各种办法，但始终都不奏效。无奈，威玛只好选择放弃，默默忍受着托蒂对她的折磨。

这是一个真实的故事，因为威玛是我的一个远房亲戚。有一次我在纽约见到她，她显得非常疲惫，而且也很瘦弱。当我问她现在过得如何时，她回答我说："没有什么变化，也不可能有什么变化。我能怎么办？我只能默默忍受。"

是的，善良的威玛只能选择忍受，因为她的确没有办法改变现实。如果当初她不是抱着婚后改变托蒂的想法，相信她也不会落得如此下场。

贝蒂和威玛这两位女士都是因为判断力出现了问题才导致自己婚后生活不幸福的，然而有些女士则是因为对自己的判断力太过自信，才使得自己与幸福的生活擦肩而过。

一天晚上，我太太以前的一个邻居突然到我家来拜访，按照辈分来说，我们应该叫她劳拉姑妈。劳拉姑妈已经六十多岁了，不过她一直没有结婚。这位姑妈年轻的时候是个标准的美人，曾经有很多男人都追求过她，但都被一一拒绝了。并不是我们的劳拉姑妈不想结婚，而是因为那些男人都不符合她的要求。

劳拉姑妈喜欢读言情小说，因此在她看来，只有嫁给小说中男主角那样的男人才算是幸福的。不过很可惜，那些求婚者都不符合这个条件。这些人不是太高了，就是太矮了；不是太胖了，就是太瘦了；不是长得太丑，就是家里没钱，总之没有一个能达到劳拉姑妈的要求。就这样，劳拉姑妈耐心地等待着"白马王子"的出现。不过很可惜，直到现在她也没有达成愿望。如今，劳拉姑妈也对自己当初的做法感到后悔，她对我太太说："桃乐丝，当初我的想法真的有些幼稚，以至于让我错过了很多机会。现在想想，那个铁匠的儿子还是很不错的，还有那个皮货商。对了，你叔叔当年也很优秀。可是，当时我一心想找'白马王子'。"

女士们，请不要对你的伴侣过于挑剔，十全十美的男人是没有的。

如何选择一个好的伴侣

◎看他生活用品的使用情况；
◎观察他所结交的朋友；
◎看他是如何与孩子相处的；
◎看他是否有时间观念；
◎听听他最爱说什么；
◎看他如何评价前任女友；
◎看他如何对待母亲；
◎观察他怎样看待金钱；
◎了解他的工作态度；
◎体会他心理是否健康。

小说中的人物都是虚构的，在现实生活中是不可能找到的。

那么，究竟怎样才能使自己拥有一双“明辨是非”的眼睛呢？我这里有几点建议，应该可以帮助女士们选择一个好的伴侣。

女士们首先要看男人生活用品的使用情况，看看他们的家是否凌乱不堪。如果答案是肯定的，那么女士们最好在结婚前做好思想准备，考虑一下自己是否可以和一个不爱整洁的男人生活在一起。其次，女士们还要观察他所结交的朋友，因为一个人的品质高低可以通过他所交的朋友看出来。此外，如果一个男人身边有太多的女性朋友，那么女士们就该慎重考虑一下了。

除了看朋友之外，女士们还可以看他是如何与孩子相处的，因为一个能够和小孩子相处得很好的男人，将来一定会是一个好父亲。相反，一个对小孩子十分厌烦、而且不愿意与小孩子亲近的男人，一定不会是个好父亲。

如果他和你约会每次都是迟到，那么就可以证明你在他心中位置并不重要。因为与其他事情相比，和你约会这件事应该排在后面。

聪明的女士还可以通过一个男人最喜欢谈论的话题来判断他的个性。如果他喜欢谈家庭，那么就证明他是个顾家的人；如果他希望你能够和他一起分担痛苦，那么就是个比较自私的人。如果是那种目空一切的男人，最好离他们远点儿。

女士们可以通过男人是怎样评价别人来对他做进一步的了解，特别要注意他如何评价前任女友。因为尊重前女友的男人才是大度的，如果他刻意诋毁前任女友，那女士们还是小心为妙。

还有一点，女士们应该细心观察男人对母亲的态度。一个男人对她母亲的态度可以直接反映出他对女性的态度。如果他对母亲十分好，那么就说明他比较尊重女性。不过，你们需要注意，如果他对母亲言听计从的话，则表明他很有可能有很强的依赖性。

此外，女士们还要观察男人对待金钱和工作的态度，因为这些可以折射出他对待爱情的态度。最后，你们要千万切记，一定要细心观察他的心理是否健康。

如果女士们想让自己选择一个优秀的伴侣，那么就请你们牢记我的建议。

让真爱与你同行

我想，每一位女士都梦想着获得真爱，不管她的身份是普通女孩、家庭主妇、妻子还是母亲。的确，真爱是世界上最美妙的东西，正是因为它的存在，才使得人类社会充满了温暖。从古至今，爱一直都是永恒的话题，但同时也是一个最不易弄明白的话题。大多数女士虽然渴望真爱，但却并不能体会到爱的真谛。她们往往是简单地从性和家庭的角度去理解，并且将爱与占有、姑息、纵容和依赖等混淆在一起。

著名的婚姻关系研究学者迪罗·卡克博士曾在他的著作《如何找到真正的自我》中写道："判断一个人是否具备了完善的人格，其标志就是看他是否已经拥有付出以及接受成熟的爱的能力。"卡克博士这句话的潜在意思就是说，实际上很多人并不知道爱的真谛，大多数对爱的理解是很幼稚的。那么，究竟什么是真爱呢？

美国婚姻协会前主席达波拉·迪图博士曾经在接受采访时说："大多数人在向他人表达爱的时候，往往是传达这样的信息，比如我想要、我想得到、我能从中得到满足、我可以利用或是我为此感到羞耻。比如，一个男人对女士说：'我爱你！'而他的潜在意思就是说：'我想要你！'这些爱是很多学者宣扬的，然而却是最典型的假爱。

"真正的爱，也就是成熟的爱，应该就像耶稣所说的'爱别人就像爱自己'那样。不管这种爱是夫妻之间的也好，是父母与孩子之间的也罢，更或是某个人与他人和社会之间的，总之爱的要素就应该是一成不变的。"

女士们，你们必须把握住一个原则，那就是真爱是伟大的，绝不会阻碍任何人的成长，因为它最根本的作用是鼓励他人的成长。我曾经拜访过一对老夫妻，他们对女儿的做法感到非常地不满。原来，女儿在上大学的时候结识了一名外乡男子，并在毕业后和他结了婚。父母对女儿的这种做法非常不理解，因为他们不明白为什么女儿要选择去那么遥远的地方组建新的家庭。

那位母亲曾经和我说："天啊，她长大了，已经不再听我们的劝告了。难道在我们本地就没有好男孩了吗？如果她不走那么远，那么我们就可以经常看见她。为什么她就不能理解一个做母亲的心呢？”

相信，如果你敢在这位母亲面前说，她并不爱她的女儿的话，那你一定会遭到一番激烈的反击。然而，事实上，这位母亲对女儿确实不能算真正意义上的爱。因为她要求女儿理解她，但并不要求自己理解女儿，也就是说她把自己对女儿的占有欲看成了对女儿的爱。

女士们，你们必须明白，如果你真正爱一个人，那么就不要紧紧抓住他不放，而是应该让他自由地飞翔。懂得爱的真谛的人是不会想把任何人变成自己感情的傀儡的。他们希望爱的人自由，就像他们希望自己获得自由一样。我要告诉女士们的是，爱是与自由并存的。

著名作家普罗茜·罗伯斯夫人曾经在一家杂志上发表过这样一篇文章，上面写道：“爱是什么？它就是一个人毫不吝惜地给予所爱的人需要的东西。这种给予是为了别人而并非自己。爱包括给恋人的自由、给孩子的独立，虽然它与性有着密不可分的关系，但却永远不会在丧失理智地追求爱的过程中被性利用。不管你是什么身份，也不管你什么职业，如果别人需要面包时你给的不是鹅卵石，别人需要同情时你给的不是面包，那么你就真正理解了什么叫爱。很多人都犯下了一个愚蠢的错误，那就是喜欢硬塞给别人一些他们并不是想要的东西。这种做法非但不会让对方体会到爱，反而会让对方觉得这是一种含有敌意的做法。我相信，任何一位心理学家也不会把这种做法与真爱混为一谈的。”

的确，女士们，那些婚姻悲剧、家庭悲剧的产生，很大一部分都是因为人们不懂得爱的真谛。对于一段婚姻来说，最可怕的、杀伤力最强的武器莫过于嫉妒的爱。很多人都把嫉妒和爱混为一谈，但实际上嫉妒是一种个人对本身能力的不自信，并在占有欲的指导下逐渐膨胀的结果。几年前，我的培训班上曾有一位被嫉妒蒙住眼睛的女士，不过幸好她后来幡然醒悟。

卡伊女士已经和她的丈夫结婚十年了，但有一段时间她却总是生活在恐惧之中。原来，她已经将自己陷入了嫉妒之中，内心十分害怕有一天会失去丈夫。虽然她的丈夫并没有给她任何暗示，但她还是忍不住感到恐惧。在那段时间里，卡伊女士做出了很多让人难以理解的事情，比如她会去悄悄地翻遍丈夫的每一个口袋，会到汽车里查看烟灰缸里的东西。白天的时候，她的心中产生了各种各样的疑心，而一到晚上则被恐惧感折磨得无法入睡。

一天早上，卡伊女士在照镜子的时候突然发现，镜子里的那个女人太憔悴了，脸上没有一丝生气，面容也消瘦了许多，而这个女人穿的衣服看起来就像是那种装扫帚的大袋子。卡伊女士再也受不了了，对自己说：“天啊，这就是你吗？你一直都在害怕失去你的丈夫，可你现在的状况正是在给他创造理由。现在，你必须想办法解决。”于是，卡伊女士开始实施自己新的计划。

从那天起，卡伊女士开始注意自己的外形。她每天下午都会休息一会儿，并且想办法让自己的体重增加了一些。接着，她又到美容院学习了一段时间，让自己知道如何化妆。慢慢地，卡伊女士觉得自己发生了变化，认为自己已经变得比以前好看多了，而这时她的态度也发生了改变。她丈夫似乎也发现了妻子的这种变化，并做出了良好的反应。这下，卡伊女士再也没有了任何疑心。当回忆起那段往事的时候，她说：“当初的我真是太愚蠢了，我为什么把精力放在嫉妒上了呢？现在我已经成为丈夫心目中最有魅力的妻子了。”

女士们，请你们牢记这一点，当一个女人真正理解到爱是肯定而不是命令时，那么就代表着她已经拥有了去爱的能力。

说完婚姻我们再来看家庭。对于家庭来说，很多时候我们经常会在不自觉的情况下以爱的名义来伤害别人。我们经常会听到父母说："我之所以这么严厉，完全是为了孩子好！"或是"我太爱他们了，为了让他们过得幸福，我愿意付出我的一切，甚至于溺爱也在所不惜"。这种爱是真爱吗？我们还是看一下若斯太太的例子吧。

几年前，若斯太太和她的丈夫离婚了。于是，她不得不面对自己照顾一个家庭和两个孩子的责任。虽然这对于一个女人来说未免困难一点儿，但若斯太太还是决定挑起重担，并且下决心一定要严厉地管教孩子，以便让他们成才。

若斯太太对我说："当时，我给我的三个孩子定下了很严厉的规矩。首先，我不接受任何形式的借口，更不会浪费时间去和他们商量什么或是听取他们的意见。我所要做的就是告诉他们该怎么做。他们不可以独立思考，必须对我所制定的规则严格执行。"

我问若斯太太："那您的这种做法有效吗？"

若斯太太回答说："有效，非常有效，但这种效果不是正面的。我发现我们的家庭关系正在起着很微妙的变化。我的孩子们开始躲着我，不愿意和我交流，更不愿意对我示爱。最后我终于明白了，我的孩子怕我，怕我这个母亲。于是，我开始反思自己的做法。最后，我得出这样的结论：我对他们要求严格并不是一种爱的表现。相反，我在不自觉中将离婚后所产生的各种压力都转嫁到了他们身上。我不是为了孩子，是为了我自己。因为我是想让孩子们替我承担我犯下的各种过错。并不是那些孩子不能理解我，而是因为他们感觉到了我这种自私的做法。"

就这样，若斯女士开始改变自己当初的计划。她开始对孩子们和蔼起

来，也不要求他们做这做那。她还会时不时地召开家庭会议，好听取一下孩子们的意见。她不再把所有的时间都安排在做家务上，而是抽出很多时间来陪孩子们。最后，孩子们从母亲身上体会到了真正的爱，整个家庭的环境和气氛也变得和睦多了。

理解真爱的六个原则

◎爱永远都不会是盲目的；
◎不要把占有欲和爱等同起来；
◎嫉妒永远不会和爱站在一个高度上；
◎爱是肯定不是命令；
◎爱不等于放纵；
◎真正的爱是给予别人所需的东西。

是的，真爱的力量可以影响一个家庭，甚至还会影响到个人与整个社会的关系。著名的心理学家米阿德说过："一个人对朋友、工作、陌生人以及世界的态度，绝大多数是从家庭中学来的。如果一个孩子在家的时候能够得到真爱，那么他就一定会将这种真爱反馈给他的家人、朋友以及其他人。"因此，女士们必须要明白，爱并不仅限于家庭。实际上，只有我们发自真心地去爱别人，才能拥有从别人那里得到爱的力量。爱是最伟大的东西，可以让你对生活和世界充满热情，也会让你变得健康和长寿。

女士们，相信我的话，也相信爱的力量，只要你们做出努力，只要你们是发自内心的，那么你们就一定可以做到让真爱与你们同行。

做有情调的女人

我想在这篇文章的开头问女士们一个问题："你们认为什么样的女人才是男人最喜欢的？"我想，大多数女士会这样回答说："卡耐基先生，你是不是在开玩笑啊？上面那整整一章不都是在说这个问题吗？答案其实很简单，男人当然是最喜欢有魅力的女人了。"我承认，女士们说出的答案是有道理的，男人的确是喜欢魅力十足的女人。可是，要想获得男人的爱，光有魅力是不够的，女士们还需要让自己有情调。

几天前，我的老朋友达勒·赫斯特突然来到我家，同时还带来一位我从未见过的女士。一进门，达勒就兴奋地说："嗨！戴尔，这是我的未婚妻安蒂。告诉你一个好消息，再过三个月我们就要结婚了！"虽然在事前我已经有些预感，但达勒的话还是让我大吃一惊。

达勒是英国人，按照自己的说法，他是一个有着高贵血统的英国贵族。他这个人很奇怪，尤其对感情特别挑剔。在这之前，有很多女士都曾经追求过他，其中不乏漂亮的、富有的和有身份的，可是我们这位达勒没有一个看得上眼。用他自己的话来说："我是一个贵族后裔，只有那种让我有怦然心动感觉的人才能做我的妻子。"

因此，我真的很奇怪，那位叫安蒂的女士究竟是怎样征服他的？事实上，安蒂说不上漂亮，更谈不上有什么高贵的气质。我真的不明白，达勒这个一向狂傲的家伙怎么会选择她。于是，在吃晚饭的时候，我问达勒："老朋友，你能给我讲述一下你们的恋爱史吗？"达勒满脸幸福地说："我们是在一次舞会上认识的，当我第一眼看到安蒂的时候，我就觉得她与众

不同。你知道，那些参加舞会的女人都想出风头。她们在脖子上、手指上、耳朵上挂满了首饰，身上穿着价格不菲但却俗气到极点的晚礼服，脸上的浓妆足以让人望而生畏。说实话，每当我看到她们的时候，都有一种想呕吐的感觉。”我知道我的这位朋友一向自命清高，因此从他嘴里说出这样的话来并不奇怪。达勒接着说：“可是安蒂不一样。她那天只化了淡淡的妆，也没有戴太多的首饰。最吸引我的还是她那套晚礼服，明显是手工制作的，而且给人一种清新脱俗的感觉。于是，我来到了安蒂身边，和她攀谈起来。一个小时之后，我发现我已经深深爱上了她，因为安蒂对生活的品位简直太独到了。她把那些物质的东西看得很淡，认为只要自己喜欢，什么样的生活都可以变得很快乐。她告诉我，她喜欢自己做衣服，因为那会让她有一种自主的感觉。她最喜欢的是一件睡衣，还说她喜欢穿着睡衣坐在餐厅吃晚餐的那种感觉。正是安蒂这种特有的情调让我对她着迷，所以我决定和她结婚。”

不知道女士们从这个例子中得到什么样的启发。安蒂并不是买不起一身像样的晚礼服，但她却认为那样的生活太过俗套。安蒂对生活有着自己独特的品位，因此她想尽办法让自己生活充满情调。正是安蒂的这种情调，才最终俘虏了达勒的心。

的确，有情调的女人最能打动男人的心，因为男人在粗犷的外表下同样有一颗渴望浪漫的心。情调虽然不能与浪漫等同，但情调却能制造出浪漫。情调其实是一种对生活品质的追求，要求注重个人的享乐，而且还要有品位地进行文化消费。

那么，究竟怎么做才算有情调呢？坐在高级餐厅，品红酒、听音乐是

情调；安静地坐在音乐厅欣赏交响乐是情调；悠闲地坐在咖啡馆、喝着咖啡，风雅地抽着女士香烟也是情调……女士们可能又会抱怨说："卡耐基先生，你说的这些都是有钱的千金小姐或是阔太太才能享受到的事。对于普通人家的女孩来说，我们可不愿意花去半个月的薪水来做一回什么有情调的女人。"

我知道，很多女士都把情调和上面那些高级场所联系起来，认为情调是一种奢侈的享受，永远与普通人无缘。事实上，女士们这种想法是错误的，情调是一个女人对生活的品位，是一种思想感情所表现出来的格调。女士们应该清楚，情调与金钱、地位其实没有一点儿关系。

就在几天前，我的远方表弟卡尔从老家密苏里赶到纽约，他此行的目的就是向我诉苦。卡尔沮丧地对我说："表哥，我失恋了。"我知道，每一个年轻人都对爱情有着强烈的向往，因此我安慰他说："没关系，卡尔，失恋也是一种经历。不过我不明白，你为什么会和娜塔（我表弟之前的女朋友，我曾经见过一次）分手？在我的印象中，娜塔是个漂亮的女孩，而且很善良，还善解人意。"卡尔回答我说："是的，表哥，我知道娜塔有很多优点，但我和她在一起真的很不开心，她的生活简直没有一点儿情调。约会的时候，我常常提议去一些格调高雅一点儿的餐厅，因为那样才显得浪漫一些。可娜塔却说，与其花很多钱在餐厅吃，还不如自己买一些东西在家里吃。其实，在家里和喜欢的人一起吃晚饭也可以是一件让人感到愉快的事情，可娜塔却让我的希望落空。她总是胡乱地煮一些东西，然后很

经营你的情调爱情

◎时常挑选一些精美小礼物送给他；
◎邀请他吃晚饭的时候一定选择布置别具一格的餐馆；
◎如果你想请他到家中做客,那么就将自己的房间精心地打扮一番;
◎偶尔发发小脾气，让爱情中充满酸甜苦辣；
◎不要让你们的距离靠得太近，神秘感更有魅力；
◎要学会如何给他制造惊喜。

随便地把食物放在盘子里。我提议何不关上灯来一次烛光晚餐，可她却说那样太黑不利于吃东西。吃完饭后我提议跳一支舞，可她却说还有很多家务等着做。我提议将房间布置得温馨浪漫一点儿，可她却说那是在花冤枉钱。我真的受不了了，虽然我很爱她，但我还是选择了放弃。”

女士们，这不得不说是一场悲剧，一对本来相爱的青年却因为爱情以外的因素而分开。坦白说，娜塔的做法并没有错，应该说她所做的一切也都是为了卡尔着想。因为在她看来，能不花的钱最好还是省下。可是，她没有想到，她的这种好心却伤害了卡尔，因为卡尔希望自己有一段浪漫的恋爱经历。

美国著名心理学家唐纳德·卡特在接受我的采访时曾说：“现代人面临的压力越来越大，很多人都不堪忍受。因此，不管是男人女人，都需要找到一种方法来缓解这些压力。我认为，最好也最有效的方法就是以情调来调节生活。情调能让生活变得多彩，也能让你从中体会到快乐。当然，这些不需要花费你很多钱。”

英国顶级服装设计师乔治·德莱尔也说过：“情调其实并不是一种奢侈的东西，只要你愿意，每个人每天都可以过得很有情调。举个例子，假如我给你一筐梨，里面有一些是烂的，那么你该怎么处理？有人会说先吃烂的，因为那样可以给自己节省下一部分。可是，当你吃完烂梨的时候，发现原来好的也已经变烂了。这样，你吃到的永远是烂的。也有人说先吃好的，因为那样可以让自己享受到美味。可是，当你吃完好梨的时候，那些烂梨已经没法要了。这样，你就浪费了很多。其实，你只要动动脑筋就可以了。为什么不把烂的那部分挖掉，然后煮成梨糖水，并在这个过程中把那部分好梨吃掉？这可是一举两得的好办法。显然，这不会花费你很多的时间和金钱，然而却可以让你的生活变得有情调起来。”

女士们，只要你们有一颗热爱生活的心，那么你们就一定可以通过情调来让自己的生活发生改变，也同样能用情调获得男人的爱。女士们一生要扮演很多角色，女儿、女友、妻子、母亲，而如果你们能够将每个角色都做得尽善尽美，让自己的生活充满情调的话，那么你的心情将明媚许多，你身边人的心情也会明媚许多。

情调女人深知自己最需要的是什么，她们会安排好自己的生活，也会维护好自己生命中最重要的东西。只有懂得情调的女人才能真正地爱别人，也才能让自己真正地快乐起来。而只有女人自己快乐了，他身边的男人才会快乐。爱情虽然是个很难说清楚的问题，但快乐却是爱情中不可缺少的因素。

上面所说的内容都是告诉女士们制造情调生活的重要性。实际上，要想获得一份永恒的爱，懂得制造有情调的爱情也是很重要的。很多女士认为爱情就是两个人互相喜欢，互相帮助，然后组建一个家庭，生儿育女。的确，现实中的生活就是这样，然而爱情是一个浪漫的词语，它无时无刻不需要情调来调试。没有情调的爱情将是枯燥乏味的。

其实，要想真正成为一个有情调的女人，仅凭我上面所说的几点是完全不够的。不过，女士们权且把它当作一种建议，然后自己逐渐地摸索。不过，女士们必须清楚，男人喜欢有情调的生活，更渴望有情调的爱情。因此，如果女士们想让你中意的男人喜欢你，那么你们就一定要做个有情调女人。

第二章 增加吸引力，让他喜欢你

女为悦己者容

女士们在赶赴约会之前都会做哪些准备呢？是坐在家中默默等待约会的到来，还是抓紧一切时间精心打扮一下自己？我想大多数女士会选择后者，因为她们都想让自己喜欢的男人看到自己漂亮的一面。这不是虚荣，更不是虚伪，而是一种正常的心理。事实上，很多女人都以在男人面前“炫耀”魅力为荣耀。

对于后者，我们暂且不说，先说说那些不愿打扮的女性。这种女性往往独立和自主性比较强。在她们看来，取悦男人是一件耻辱的事情。特别是一些女权主义者，她们更不会为了男人而去梳妆打扮，用她们的话说：“我穿什么衣服、化不化妆，这都是我自己的事，和任何一个男人都丝毫没有关系，即使是我所爱的男人。”

如果女士们有这种想法，那么我奉劝你们最好早点儿放弃，因为你们还没有做好争取爱的准备。的确，爱是不能以外表来衡量的，虚有其表的爱情不是真爱。然而，女士们不得不承认，男女之间产生爱情的第一步就是感官上的认识，主要是视觉和听觉。试想一下，如果你没有给一个男人留下很好的第一印象的话，那么想要和他继续交往将是件很困难的事。

美国职业婚姻介绍所所长艾瑞克·庞德在一次演讲中说：“我们曾经安排过几千对男女约会。根据我的经验，那些双方都很重视约会，并且愿意为约会而精心打扮一番的男女的成功率要远比那些有一方或双方都不愿

打扮的男女的成功率高得多。其中，如果女方在约会的时候没有修饰自己的话，那么第一次约会的成功率几乎很小。这并不是说男人都很好色，而是因为如果一个女人不化妆，穿着很随便的衣服去约会，那么男人就会觉得她是在轻视自己，从而放弃与她交往的想法。”

我觉得艾瑞克最后一句说得非常好，相信女士们还记得，在前面的文章中我多次提到过“深具重要性”这句话。是的，男人是一种自尊心很强的动物，特别是当他们与女人交往的时候，更希望满足自己的自尊。因此，女士们穿上自己精心挑选的衣服，化上适宜的妆的做法并不是取悦男人，而是满足男人的自尊心。当满足了男人的自尊心以后，女士们实际上就已经把男人征服了一半。其实，男人就是这么简单的动物，他们找妻子有时候就是为了满足自己的自尊心。

因此，女士们，我奉劝你们放下自己的“自尊心”，不要把为了男人而打扮看成是一件非常可耻的事情。事实上，你们这样的做法非但不会让男人轻视你们，反而会赢得男人更多的青睐，因为他们喜欢你们重视他。

有一次，我和妻子在我家附近的一家餐馆吃饭。其间，我听到坐在不远处的一对青年男女正在争吵，很显然，他们是一对热恋中的情侣。那个男的说：“难道你就不能换一个发型吗？我说过了我讨厌这种爆炸式的发型。”女的有些委屈地说：“怎么？你为什么不喜欢？你凭什么不喜欢？这可是今年最流行的。”男的有些激动，说道：“什么流行不流行，我更喜欢以前长发披肩的你。还有，你再看看你的这身衣服，难道就不能穿得淑女一点儿吗？干吗把自己打扮得像个舞女一样？”小伙子的话的确有些过分，所以那个女的也生气地回敬道：“我像个舞女？那你为什么还和一个舞女待在一起？你这个不知好歹的家伙。你知道吗？为了这次约会，我整整准备了一个星期，就是想给你一个惊喜。可你呢？不但不称赞人家一句，反而还要污辱我！”男人也不示弱，说道：“惊喜？是够惊喜的！难道你不知道我喜欢淑女类型的吗？你以前不是挺好的吗？干吗要穿成这样？上帝，我怎么会喜欢这样一个女人？”最后，这对恋人的午餐不欢而散。

回到家后，我和桃乐丝谈论起这件事情，我问她：“你觉得导致这场争吵爆发的主要责任在哪一方？”桃乐丝笑了笑，说道：“哪一方也不是，其实这些问题在你的书中都提到过。那个男孩应该站在女孩的角度考虑问题，而那个女孩则应该根据男孩的兴趣打扮自己。他们真应该去上你的辅导课，学习一下究竟该如何与对方相处。”我笑了，说：“是的，但我认为更应该改变的是那个女孩。我并不是说一定要女人为男人付出，但要想解决问题必须有一方做出让步。事实上，以我的眼光来看，那个女孩的确更适合淑女装。既然她本身适合而且男朋友也喜欢，那么为什么不改变自己呢？要想得到一个男人的心，有时候做一下牺牲也是必要的。”

女士们，正因为我的这本书是写给你们的，所以我才要求女士们改变自己。这是因为，我写下这本书的目的就是教会女士们如何主动出击，为自己获得一份渴求已久的爱情。其实，很多女士都有这样一个错误的观念，那就是她们认为精心打扮是自己的事，只要是自己喜欢的，那么对方也一定会喜欢。每个人的审美观点都是不一样的，特别是男人在看待女性的时候往往有一套他们自己的审美观念。如果女士们不顾男士们的想法，执意要根据自己的意愿来梳妆打扮的话，那么结果肯定会让每一次约会都不欢而散。

人际关系方面的专家约翰·查尔顿在《少男少女》杂志上曾经这样写道：“青年男女恋爱成功的第一个前提就是让对方有一种愉悦感。这一点对于女士们更为重要。作为女性，你们不妨按照男人的意愿来打扮自己。虽然那会让你们觉得有一点儿委屈，但却可以让你心中理想的对象更加爱

你。从心理学角度来说，男人看到一个女人愿意为了自己而改变，那么他就会认为这个女人十分地爱他。通常情况下，男人在面对这种女人的时候都会紧抓不放，因为他们希望自己有一个懂事的妻子。”

亨利是个年轻帅气的小伙子，而且还是华盛顿一家大公司的总经理。这样，亨利自然就成了女性心中的抢手货，因此追求他的女性不计其数。可是，这个亨利却是出了名的“冷酷汉”，不管什么样的女人都不能打动他的心。他曾经对外宣称，自己终生都不会娶妻，因为没有一个女人值得他去爱。

然而，就在几天前，《华盛顿邮报》以醒目的标题刊登了一篇名为《昔日单身贵族，今朝已要结婚》的文章。一时间，所有人都议论纷纷，都想知道这位神奇的姑娘到底是什么样子。当时，人们都猜想这个姑娘一定是美若天仙，说不定还是出身贵族。然而，当婚礼举行的时候，所有的人都大吃一惊，亨利的妻子虽然漂亮，但是并不十分超群。而且，她以前不过是亨利手下的一个小职员而已。

当说起这段感情时，亨利直言不讳地说：“正是她的一片真诚打动了我。”原来，那位姑娘以前只不过是个打字员。她和其他人一样，早就对亨利有了倾慕之情。不过，她知道自己决不可能和亨利在一起，因此从来没有向任何人透露过自己的秘密。

不过，这位姑娘心中深爱着亨利，因此一直都想为亨利做点儿什么。由于和亨利在一起工作，所以她多少知道一些亨利的喜好。亨利不喜欢太瘦的女孩子，因为他认为那样看起来弱不禁风。于是，这位姑娘就拼命地猛吃，让自己的体重增加了十几斤。亨利不喜欢化浓妆的女孩子，所以她每天就给自己淡淡地涂上一些妆。此外，她还留心观察亨利喜欢她穿什么样的衣服。只要亨利说一句不错，那么她就会一口气买下很多件这个类型的衣服。有一次，亨利突然说姑娘脸上的一颗黑痣影响了美观，结果她回家之后居然用刀把痣割掉。结果，她的脸上落下了一个疤。当亨利知道这一切以后，他的心向她敞开了，因为他觉得遇到一个肯为自己改变这么多的女人真是太难得了。就这样，两个人终于走进了婚姻的殿堂。

为悦己者容的好处

◎使男人获得自尊感；
◎吸引男人的目光；
◎让男人愿意与你相处；
◎使你在男人心中的形象更美。

可能有些女士会大喊委屈，因为她们为了追求亨利也都曾经刻意装扮过自己。她们不明白，为什么一个打字员可以成功，而她们却不行。事实上，这些女士都犯了一个严重的错误，那就是没有站在亨利的立场上考虑问题。她们的确是打扮自己了，可那是按照她们的意愿进行的。有的女士为了吸引亨利的注意，拼命地减肥，因为她觉得男人都喜欢苗条的女人。有的女士化上很浓的妆，因为她觉得男人都喜欢妖娆的女孩子。有的女士居然还穿上了暴露的服装，因为她觉得男人都喜欢性感的女人。事实呢？她们不但得不到亨利的爱，反而招来他的反感。

我希望女士们能够为自己的男人打扮，那是因为这样做可以让你们获得男人的爱。不过，这种付出是有底线的，也是有前提的。并不是说女士们为了让男人开心就需要完全按照他的意思去做。有时候，一些不幸的女士会遇到有特殊癖好的人，如果女士不知道拒绝他们，那么恐怕婚后的生活也不会有幸福可言。

为心爱的男人打扮的原则

◎千万不要认为打扮自己是一件浪费时间和金钱的事情；
◎要站在男人的角度看问题，按照他理想中的形象去打扮；
◎为男人付出要有一定的底线。

羞涩也可以俘获男人

心理学家唐纳德·鲁卡尔曾经对1000名男士做过一项调查。他首先问这些男士，在他们心里，什么样的女人才是最美丽的？结果，1000名男士分别给出了各种各样的答案，有的说脸蛋漂亮，有的说身材苗条，还有的说气质高雅。可是，当唐纳德问他们女人在什么情况下最美丽的时候，那1000名男士几乎都回答说："羞涩的时候。"后来，唐纳德发表了一篇调查报告，其中写道："对于所有的男人来说，我是说所有，最无法抗拒的就是女人的羞涩。女人的魅力有千百种，女人也可以通过各种各样的方式来吸引男士们的注意。但是，不管什么方法都不能和羞涩相比。我可以肯定地说，懂得羞涩的女人永远都是最美丽的。"

"羞涩"这个词似乎已经离现代的美国人越来越远。的确，干吗要羞涩？在这个竞争如此巨大的社会，羞涩又能起到什么作用呢？你害羞，那好你就别想找到一份工作；你害羞，那你就别想领到高薪水；你害羞，那你就别想得到升职；你害羞，那么你终将饿死……这是大多数美国女性的想法。我不是随便说的，事实上很多女士都认为只有性格泼辣一点儿，做起事来风风火火的人才能在这个社会上更好地生存。至于羞涩，那都是几百年前童话里的东西了。

首先，我要肯定女士们的这种想法，因为如今不管遇到什么事，如果你不去主动争取的话，那么成功的可能性将会小很多。不过，女士们并不能因此就否定了羞涩的重要性。事实上，羞涩是人类的一种美德，也是人类文明进步的产物。著名的专栏作家狄卡尔·艾伦堡曾经说过："任何一种动物，即使是最接近的人类的黑猩猩，也绝不会有羞涩的表现。人类最天然、最纯真的情感表现就是羞涩。这是一种难为情的心理表现，往往与带有甜美的惊慌、紧张的心跳相连。当人们感到羞涩的时候，他的态度就会显得有些不自然，脸上也会泛起红晕。对于女人来说，羞涩就是一支青春的花朵，也是一种女人特有的魅力。"

几天前，我去参加了约翰·德克里的婚礼，他可是被称为纽约的商界奇才。婚礼举办得很隆重，新娘子也很漂亮。当婚礼仪式结束以后，在场的来宾一致要求德克里讲述一下他们的恋爱史。德克里有些腼腆地说："其实，我和我妻子是在一次舞会上认识的。事实上，那天舞会上有很多漂亮迷人的女士，我妻子在其中并不显眼。然而，当我去请她跳舞的时候，我的心却被她俘虏了。我走到她的面前，很礼貌地对她说：‘小姐，能请你跳支舞吗？’当时，我妻子很害羞地低下了头，脸上泛起了红晕，怯生生地说：‘对不起，先生，我怕我跳不好，那样会出丑的。’上帝啊，我确信那是世界上最美妙的声音，而她就是我生命中的天使。我不知道自己怎么了，但我确定我已经爱上她了。从那以后，我对她展开了疯狂的攻势。

“开始的时候，我总是找借口约她出来，或是送她一些礼物。可她每次都很羞涩地拒绝我。你们可能认为我会退缩，不，她的这种羞涩反而让我对她更加痴迷。于是，我开始不停地约她，送她礼物，并且向她表达爱意。当我把求婚戒指摆在她面前的时候，她的脸就像是一个红红的苹果。我能觉察到，她太紧张了，因为她不停地喘着粗气。那时，我真觉得她是世界上最美的女人。还好，最后她终于答应了我的请求，成为了我的妻子。”

相信女士们一定都知道究竟是什么打动了约翰·德克里的心。没错，就是他妻子诱人的羞涩。我们假想一下，如果当时的那位女士不是很腼腆、很羞涩，而是异常兴奋地说：“噢，天啊，你就是商业奇才约翰·德克里吧？你是我的偶像，事实上我早就注意你了。来吧，让我们跳支舞。还有，舞会结束后我们可以考虑去喝点儿什么。”我想那位商界奇才一定会吓得逃之夭夭。

对于女性来说，羞涩是你们独具的特色，也是你们特有的风韵和风采。我承认，有时候男士也会羞涩，但是最迷人的且出现频率最高的还是女人的羞涩。羞涩常常会让一个男人显得有些狼狈甚至可笑，但它却会让一个女人看起来魅力非凡。相反，如果一个女性缺少了羞涩，那么势必就会失去应有的光彩。羞涩是属于女性的，也是女性的特色之美。康德曾经说："羞涩是大自然蕴含的某种特殊的秘密，是用来压制人类放纵的欲望的。它跟着自然的召唤走，并且永远都与善良和美德在一起。"

的确，很多艺术家也都把眼光放在了女性的羞涩美上。伯拉克西特列斯创作的《柯尼德的阿弗罗狄忒》和《梅迪奇的阿弗罗狄忒》这两幅雕塑作品都反映了女性的羞涩之美。羞涩就像一层神秘的轻纱，轻轻地扑在女人的身上，让她们看起来有一种朦胧感。对于男人来说，含蓄的美最有诱惑力，最能激发他们的想象。因为，当女士们表现出羞涩时候，男人将会为你如痴如醉，痴狂不已。

斯泰尔夫妇大概是美国最令人羡慕的一对夫妻了。他们结婚已经有30年了，却每天都过着犹如初恋般的日子。两个人会经常送对方一些礼物，每天都要到附近的小树林中散步。对于大多数夫妻来说，结婚后如果还经常说一些情话简直是一件太过肉麻的事情，而在斯泰尔夫妇看来，那真是再正常不过了。斯泰尔先生曾经毫不掩饰地说，他每天晚上都要和妻子说："晚安，我的甜心。"

这真是太不可思议了，究竟是什么东西使得这对夫妇永保新鲜感呢？为了找到问题的答案，我专程拜访了斯泰尔先生。斯泰尔先生对我说，他们的关系之所以能够保持亲密如初，这和他妻子有着很大的关系。原来，斯泰尔夫人生性有些腼腆，很容易害羞，就算结了婚也依然如故。斯泰尔先生说："我妻子很害羞，对我也是一样。有时候，我送给她一件小礼物，她的脸会非常地红，还会小声地和我道谢。在别人看来，我妻子也许有心理疾病，因为她对丈夫不应该这样。事实上，我妻子在其他事情上都很正常，唯独在我们夫妻关系上显得羞涩。然而，正是她的这种羞涩让我如痴如醉，感觉她依然是我以前所爱恋的那个姑娘。因此，我总是尽力讨好她，让她开心，因为我实在太陶醉于她羞涩时的样子。"

我在采访完斯泰尔先生之后，又找到了斯泰尔夫人。然而，让我大吃一惊的是，这位斯泰尔夫人一点儿也不腼腆，而且还非常健谈。我问她这到底是怎么回事，她回答我说："以前的我确实很害羞，但是经过这么多年的磨炼我已经不再那样了。可是，我知道我丈夫非常喜欢以前那个胆怯的、爱红脸的小姑娘，所以我就在他面前依然保持原来的样子。这很有效，因为丈夫总是把我当成那个小女孩。他会记得我的生日，还会送给我一些礼物。同时，他仿佛对我有说不完的甜言蜜语。"

从那以后，我更加相信女人的羞涩是有着惊人的魅力和功能的。它可以唤醒两性关系中的精神因素，从而使得两性之间的生理作用减弱了许多。在这个世界上，没有任何一种色彩能够比女人的羞涩更美丽。

我相信很多女士此时已经跃跃欲试地等待我传授给女士一些方法，因为她们也想让自己变得羞涩起来。其实，女士们没有必要刻意去学习，因为羞涩是女人的天性。想一想，当你们第一次收到男朋友的礼物时是什么感觉？当他第一次约你时是什么样的感觉？当他向你求婚时是什么样的感觉？多想想这些，那么女士们就能体会到什么才叫真正的羞涩了。

不过，虽然我没有方法送给女士们，但是我需要提醒女士们注意两点。这很重要，女士们一定要牢记。

羞涩的注意事项

◎不要把羞涩和胆怯混为一谈；

◎千万不要刻意追求羞涩。

我们先来看看第一点。很多女士存在一个误区，那就是认为羞涩就仅仅是不好意思，甚至是胆怯。诚然，羞涩中要包含一点点胆怯，那样才会产生一种朦胧的美感。可是，如果一味地退让、妥协、不敢出击，那么就不是羞涩了，而是懦弱。我在前面的文章中已经提到过，温柔和懦弱不是一回事，同样羞涩和懦弱也不是一回事。女士们千万不要为了得到男人的爱而放弃了自己的原则，那样的做法是得不偿失的。

第二点也很重要。一些女士在看完文章后，迫不及待地想要让自己变得羞涩起来。于是，她们对着镜子练习，每天揣摩别人的心思，结果她们表现出来的羞涩给人一种十分做作的感觉。事实上，这种刻意追求表现出来的羞涩不但不会给人一种美感，反而会引起人们的反感。

女士们，请你们牢记，只有发自内心的、最纯真、最朴实的羞涩才是最有诱惑力的。

让你的眼神更具魅力

多伦多大学心理学教授劳雷斯·科尔曾经在一次公开演讲中讲道："一直以来，人们都把'直观'的表达方式看成是最有效的传递信息的方法。因此，现在的人们都热衷于参加口才培训班、礼仪培训班。在大多数人看来，声音和肢体语言才是人类进行交流的最重要途径，其他的不过是辅助措施而已。事实上，这种想法是错误的。人可以说谎话，也能做出一些与自己真实想法相违背的动作和表情，但却很难掩饰自己的眼神。大多数情况下，人们的内心活动都是通过自己的眼神反映出来的。"

女士们，你们是不是同样忽视了眼神效应呢？当你心仪的男人向你投来表示爱的目光的时候，你是如何回应的呢？如果女士们没有认识到眼神效应的重要性，那么我敢说，你们一定错过了很多绝佳的机会。

两性心理学专家克顿·帕沃尔曾经说："很多女士都忽视了眼神效应的重要性。她们认为，在面对男人的好感时，回应的方式只能是通过语言或肢体。然而，很多女士因为害羞而不好意思做出明确的回应，所以她们自己错过了很多抓住爱情的机会。其实，女士们大可不必低估男人的智商，很多时候，只要你们通过眼神做出相应的反应，那么男人就可以心领神会了。"

眼神最能反应一个人的内心世界。每个女人都应该让自己的眼神更具魅力。

唐纳先生是纽约一家大证券公司的经理。由于工作的原因，他很少有机会接触到公司以外的女性。因此，为了解决自己的婚姻问题，唐纳先生经常去参加一些专为单身男女准备的派对，而他也正是在这种派对上结识了现在的妻子凯瑞。

当我问起他们是怎么走到一起的时候，唐纳先生说："事实上，我们第一次见面的时候一句话都没有说。"我觉得很奇怪，问道："没说一句话？那你们凭什么确定彼此对对方都有好感？"唐纳笑了笑说："眼神！整个派对我们都是在用眼神交流。老实说，我是一个腼腆的人，所以我虽然去参加了派对，却很少主动和姑娘们搭讪。那天，我独自一个人站在靠门口不远的地方喝着香槟酒，带着几丝嫉妒的眼神看着那些谈得热火朝天的男女们。这时，我感觉有人在注视我。卡耐基先生，你相信这种感觉吗？我想你也一定有过。我环顾了四周，发现在房间东南角处坐着的一位年轻漂亮姑娘正在注视我。当我发现以后，她并没有退缩，而是依旧看着我。从她的眼神中，我看出她对我有好感，因为那不是普通的注视。于是，我们会意地朝对方点了点头。接下来的事情不用说了，从那天起，我们就开始恋爱了。"

这件事引起了我很大的兴趣，因为我还是头一次在现实生活中听说人与人之间用眼神交流。我现在已经知道了唐纳先生当时的心理活动了，所以我还要去问一下凯瑞女士，因为我想知道她当时是怎么想的。凯瑞告诉我，她和唐纳一样，也是一个性格内向的人，再加上工作繁忙，所以婚姻问题一直没能解决。虽然她也参加过很多次单身派对，但却从未成功过，因为她也从不和任何人搭讪，即使有男士主动上前。那天，当她第一眼看到唐纳的时候，就对他有了好感。当唐纳发现她在注视他的时候，凯瑞告诉自己，千万不能放过这次机会，一定要让对方知道自己的心思。于是，她大胆地与唐纳对视，并向她表明自己也很中意他。最后，两人心领神会，终于走到了一起。

我想，唐纳夫妇的故事完全可以被改编成一部浪漫的言情小说。是的，这的确让人有些难以置信，但它确实发生了。女士们，他们的成功告诉你们，要想获得真爱就必须抓住机会。你们想要向对方表达你的爱意，并不一定非要直截了当地告诉他。事实上，如果你们将放松、大方的目光投向他们，再配上自己真诚、甜美甚至性感的微笑，那么男人就会觉得，你为了让你们的双目碰撞到一起，已经做出了非常大的努力了。这时，你千万不要胆小，也不要放弃，绝对不能是“蜻蜓点水”后就环顾四周。你们不要浪费自己苦心经营起来的充满爱的目光，要让它在男人的眼睛里停留六七秒。这样，男人的脑子就已经成为了一堆“浆糊”，完全处于一种飘飘然的状态。接着，你再报以非常肯定的目光，告诉他并没有理解错。这时，他已经完全明白过来了，也理解了你的意思。于是，你最美好的形象就深深地留在了他的心中。当然，这还没有大功告成，千万不要前功尽弃，因为这只是打开爱的大门的一把钥匙。

不过，女士们必须牢记一点，那就是这种放松大方的眼神并不适合所有的人。曾经有一个男人在相亲以后和别人说：“天啊，那个女人真是太可怕了，我可不敢和这样的女人相处。谁都知道，初次见面的男女都是很害羞的，所以我们谁也不说话。可你们知道吗？当我偷偷用眼光观察她的时候，发现她居然正在看着我，而且丝毫不躲避我的目光。我姑妈明明告诉我她是一个害羞的女孩，可我当时反倒觉得她有些不正经。一个女孩子，怎么可以毫无顾忌地去看一个男人呢？上帝，真是太可怕了。”

女士们，应对这种“古董”式的男人显然不能用上面的方法。在他们看来，女性的美就体现在温柔、羞涩和腼腆之中。因此，如果想要博得这种男人的青睐，那么最好的方法就是让自己的眼光“敏感”起来。也就是说，当男人将目光投向你的时候，你不妨快速地躲开他，然后再试探性地看他一眼。这时，男人会觉得你的眼睛里充满了楚楚动人的目光，而且还向他传递着模棱两可的信息。他们会觉得，你们的目光非常地迷人，而你也是世界上最美丽的姑娘。

此外，我有三个原则送给女士们，希望能够帮助女士们更好地运用眼神效应。

运用眼神效应的三个原则

◎要对他有所了解；
◎利用他不同的心情；
◎选择最佳的环境。

关于这三个原则，我要给女士们一一解释一下，先说后面两个比较简单的。其实利用男人不同的心情这一点儿不难。男人在高兴的时候希望有人能和他分享，男人在痛苦的时候希望有人和他共同承担，男人在身体不适的时候希望得到人的照顾。因此，女士们在面对男人不同心情的时候一定要懂得对症下药。当男人高兴时，你的眼神要表现出兴奋；当男人痛苦时，你的眼神要表现出同情；当男人生病时，你的眼神要表现出关切。一个人在心理倾向很明显的时候，精神会非常敏感。我敢保证，只要你们按照我的说法去做，他们一定会对你的眼神和你“感激不尽”。

至于说选择最佳的环境，这也不是一个很困难的事。因为谁都知道，没有人喜欢在一个恶劣的环境中谈情说爱。想象一下，明媚的阳光、清新的空气、鲜花、绿草……再加上你妩媚的眼神，我想任何一个正常的男人都不可能抗拒得了这种美景的诱惑。我相信，你心目中的男人一定会为你而倾倒的。

最后，我们再来看看第一个原则。这应该算是比较难的，因为了解一个人不是一件很容易的事。如果你和中意的男人在以前就有过接触的话，那么情况还要好处理一些。可是，如果你所喜欢的男人是一个你从来没有接触过的又该怎么办呢？遇到这种情况的时候，那么女士们就必须学会从对方的眼神中分析出他的情况。

我在之前已经说过，眼神是最能反映出一个人的内心世界的。因此，女士们如果想更好地运用眼神效应，那么就必须先学会读懂男人的眼神。如果一个男人对你拥有的是一种真正的爱的感觉的话，那么他的眼神就一定非常的纯洁和坦荡。同时，你可以从他面部的微笑和表情上感觉到他的真诚和自然。这时，女士们就不应该再犹豫了，必须马上向对方抛出你充满爱的眼神。你要对方感觉到，你知道他喜欢你，明白他所传递的信息。同时，你还要通过眼神向他表达，你接受他的爱意，并且也对他有同样的感觉。

保持独特魅力，让男人着迷

“潮流”大概是女士们最敏感的词语了。的确，我们身边不乏那些追赶潮流的人，特别是女性。当然，追赶潮流并不是一件错事，毕竟爱美之心人皆有之，更何况爱美还是女人的天性。然而，一些女士却是在毫无理智的情况下盲目追求潮流，结果不只弄得自己身心疲惫，而且还得不偿失。

女士们，我并非要剥夺你们爱美的权利，也不是要阻止你们去赢得男人的心。只不过，我看过太多实例，一些女士为了讨自己心仪的男人欢心，不惜花费大量的金钱和精力去追赶潮流。然而，潮流的变化似乎太快，还没等女士们反应过来就已经发生改变。于是，很多女士在追赶潮流的过程中实在体力不支，只得败下阵来。

苏菲亚小姐是个时髦女郎，同时也是个痴情种子。为了让自己和男友的爱情永保“新鲜感”，她每月都会将自己薪水的绝大部分花在梳妆打扮上。女士们都知道，一些新款服装在刚上市的时候价格总是很贵的，所以很多精明的人总是会过段时间以后再买。可是苏菲亚不这么认为，她觉得等到所有人都可以穿上新款衣服的时候，那就不能体现出自己的魅力了。因此，每当一款新式服装刚上市，苏菲亚就会毫不犹豫地把它买下来。因此，周围的人都开玩笑地说：“有了苏菲亚在身旁，根本不用去买时装杂志就可以知道最近的潮流。”

本来，苏菲亚以为自己这样做一定会让男朋友更爱自己，可谁料想男朋友突然有一天提出要和她分手。同时，男朋友告诉她，自己已经爱上了另一位姑娘，而那个人就是苏菲亚的同事玛莎小姐。苏菲亚不能理解，不明白自己为什么会失败。事实上，那个玛莎可谓没有一点儿品位，一年四季几乎都是那套老掉牙的职业装。男朋友对她说：“苏菲亚，事实上我从没有真正留心过你穿什么衣服。即使你穿的是最时髦的衣服，在我看来也没什么分别。相反，正是因为你不断地追求时髦，反而使我认为你是一个只知道花钱不知道赚钱的人，所以我只好选择放弃。”苏菲亚显然不服气，愤怒地说：“即使这样，你也不应该选择玛莎啊！”男友摇了摇头说：“你错了，苏菲亚。虽然玛莎总是穿着职业装，但在我看来却是魅力非凡。尽管她显得跟不上潮流，但她却始终都保持着自己一贯的风格和独特的魅

力，也正是她这种职业女性的魅力征服了我。”

也许，直到现在苏菲亚也不知道自己输在哪里。她追求潮流没有错，但那也同样让她失去了自我。也就说，社会上流行什么她就是什么样子，而一旦不流行了她就改变样子。对于男人来说，恐怕没有一个人会喜欢这种“千面女郎”。相反，他们的心更容易跟着那些能够永远保持自己独特魅力的人走。

我不知道女士们是否明白了我的话，我想应该没有问题。我知道，每一位女士都想将自己最漂亮、最有魅力的一面展示给自己心仪的男子，这也是无可厚非的事情。然而，如果女士们不能保持住自己一贯风格的话，那么男人们的心很快就会溜走。道理很简单，因为你没有什么地方真正让他痴迷。因此，女士们要想让男人为你着迷，那么最好的办法就是在穿衣打扮上保持自己的风格。

当然，我在这里也要提醒女士们。我劝女士们要保持自己的风格，并不是说女士们像玛莎那样一年四季只穿一种衣服。我的意思是，你们要根据自己的外形条件和内在气质来选择着装，将自己最有魅力的一面展示给男人，而不是随波逐流，盲目追求时尚潮流。

有些女士曾经对我说过：“卡耐基先生，我是个普通得不能再普通的女人，我没有钱也没有精力去赶什么潮流，因此我就是你说的那种能够保持独特魅力的女人。可是，我从未发现过这种所谓的独特魅力会让哪个男人着迷。”如果女士们把独特魅力想得如此简单的话，那么就是大错特错

真实地展现自己的独特魅力，男人一定会为你着迷。

了。事实上，女人的独特魅力不仅包括外表上的，同时还包括很多内在的东西。

娜沙新交了个男朋友，所以这段时间正沉浸在甜蜜的爱情之中。娜沙很看重这个新男朋友，的确，这位年轻的小伙子不仅仪表不俗而且还事业有成，是很多姑娘梦寐以求的未来伴侣。应该说，这位小伙子也很喜欢娜沙，因为娜沙性格温柔，颇有淑女风范。

有一次，娜沙和男朋友一起看了一场电影。回来以后，小伙子一直说电影中的女主角真不错，把一个泼辣果敢的女人塑造得活灵活现。娜沙听完之后，心中就以为自己的男朋友一定喜欢那个类型的女人。于是，她暗下决心改变自己。

然而，就在她改变的第三个月，男朋友提出和她分手，理由就是受不了她的泼辣。娜沙委屈地说，自己做所的一切都是为了他，因为他曾经说过喜欢电影里那种类型的女孩子。小伙子这时才知道了事情的原委，于是对娜沙说："你就是你自己，干吗要学别人？我说那个女主角不错，是因为她不过是虚构的一个人物。而你，娜沙，却是实实在在的。我当初之所以选择你，就是因为你的温柔，然而你却放弃了自己。对不起，现在的你我无法接受。"

相信在现实生活中，这种事情并不少。很多女士都对自己没有正确的认识，往往把羡慕的眼光投向别人。为了让自己充满"魅力"，她们不惜改变自己的外表、行为习惯乃至思维方式，极力模仿自己心中的偶像。然而，模仿毕竟是模仿，永远无法与最真实的气质流露相提并论。结果，这些女士不但失去了自我原本的魅力，而且也让心仪的男人开始疏远她们。

罗兰女士在一家大公司任行政总监。也许是工作上的原因，她总是给人一种高傲、不可亲近、冷冰冰的感觉。在罗兰看来，任何事都比不上工作重要，因此她也总是给人一种精明强干的感觉。

保持独特魅力的重要性

◎独特的魅力最吸引人；
◎男人都希望看到女人真实的一面；
◎独特魅力最令男人着迷。

在很多女性的眼中，罗兰是一个典型的“怪物”，根本不会有任何人喜欢她。她们的理由很充分，那就是没有一个男人不希望找到一个温柔体贴，把家庭摆在第一位的妻子。可是，事实却并非像女士们想的那样，夸张一点儿说，罗兰女士的追求者大有人在。很多男人都希望能够娶到这样一位妻子。

当问起那些男士为什么会对罗兰如此着迷的时候，他们回答说：“尽管她冷若冰霜，而且还是个工作狂，但她身上那股独特的魅力却让我们无法抗拒。如今，很多女士为了让自己显得有魅力，经常会刻意地做出一些举动。比如，有的女人明明性格豪爽一些，却非要装出一副小家碧玉的样子，结果让人有一种厌恶的感觉。而有的女人明明是属于温柔体贴类型，却非要装出一副豪放的样子，结果让人觉得不伦不类。可是罗兰从来没有过，她永远都把最真实的一面展示出来。坦白说，正是她这种真实的展现才征服了我们。”

女士们一定在想：“卡耐基的观点是在自相矛盾，在前面他还极力劝说我们为了男人而改变自己。”的确，我现在依然不推翻我的观点。然而，我现在所说的独特魅力并不是一些不好的习惯和行为，而是真正能够散发出光芒的内在气质。比如，如果你真的不会温柔，而且温柔也不适合你，那么就不要改变。当然，前提是你的“不温柔”必须是豪爽，而不是粗鲁。因为前者是魅力，后者则是陋习。

第三章

经营感情有妙招

多谈论他感兴趣的话题

爱的前提是喜欢，女士们要想获得自己心仪男人的爱，首先要做的就是让他喜欢你。我想女士们都希望自己成为别人眼中的受欢迎者，无一例外地渴望自己能够得到其他人的喜欢，让别人对自己产生兴趣。可是，很多女士都抱怨说，她们发现与人沟通是一件非常困难的事。事实上，她们已经做出努力了。当与别人交谈时，她们总是尽力地去寻找一些话题，希望以此来打开沟通之门。然而，她们得到的结果却往往是别人这样的回答："对不起，我对你所说的事情一点儿都不感兴趣。"

在前面的文章中，我不止一次地提到过，如果女士们想变成处理人际关系的高手，那么你们就应该向那些成功人士学一下。罗斯福是美国历史上最伟大的总统，也是与人沟通的专家。布莱特福在他的著作中曾经写道："罗斯福拥有一种神奇的魔力，他可以和任何阶层的人自由地交谈，并且赢得对方的好感。不管是牧童、农民、士兵、政客，又或是一名外交家，罗斯福似乎都知道该和他们说些什么。我一直在思考，罗斯福究竟是怎么做到这一点的呢？"

布莱特福虽然发现了罗斯福的技巧，却没有找到答案，而我却知道。其实，罗斯福并没有魔力，他只是在接见每一位来访者之前，都会在前一天晚上找一些资料，而这些资料都和客人所感兴趣的话题有关。罗斯福总统这么做的原因只有一个，那就是找到可以令他人感兴趣的话题。

因此，我们得知，罗斯福总统和其他领袖一样，懂得该如何与人沟通。他的诀窍就是谈论他人感兴趣的话题。

女士们，相信你们现在知道为何不能很好地与人沟通了吧！你们最根本的错误就在于，当你们与人沟通时，你们最初的出发点是“你要说什么”，而不是“他要说什么”。因此，你所选择的话题是不会让别人感兴趣的，也不会得到别人的认同。

弗拉尔女士是耶鲁大学的教授，她在一篇关于人性的文章中写了这样一个故事，内容就是关于如何与人沟通的。

那一年她8岁，一个周末的下午，她独自一人去拜访她的婶婶黎慈莱，并且要在她家度假。一天晚上，有一个中年男子来拜访。这名男子在与婶婶互相问候之后，就开始和弗拉尔交谈起来。

那次谈话真的非常愉快，因为弗拉尔当时对船非常感兴趣，而那位客人谈论的话题一直都围绕着船，所以弗拉尔觉得非常有趣。等到客人走了之后，弗拉尔对婶婶说：“哦，婶婶，他是我见过最棒的人！你看他，多好啊，对船那么感兴趣，这真是太妙了！”然而，婶婶却对她说：“你错了，我的弗拉尔，事实上他是纽约的一名律师。至于说船，他其实根本一窍不通，更谈不上什么感兴趣了。”弗拉尔觉得很奇怪，就问婶婶：“可我不明白，既然他对船不感兴趣，那么为什么还一直都和我谈论船的事呢？”婶婶说：“道理很简单，因为这位律师是一个非常高尚的人！他察觉出你对船十分感兴趣，因此就找那些能够让你喜欢，并且可以使你感到愉快的事情来交谈。当然，这也让他受到别人的喜欢。”

弗拉尔教授在那篇文章的最后这样写道：“我永远都记住了婶婶的话，因为从那以后我明白，如果想让别人接受你，那么就找一个他感兴趣的话题。”

的确，男人都是天生的“自大狂”，他们总是希望别人能够围着自己转。男人在思考问题时，有他们自己特殊的方式，比如他喜欢吃辣椒，那么他就认为全世界的人都应该喜欢吃辣椒，否则就不属于正常人。因此，当与人交流时，他们认为世界上最有趣的、最值得谈论的话题是那些他们所感兴趣的，否则就是枯燥乏味的。正是因为男人们存在这样的心理，所以女士们在与他们交流的时候应该找他们最感兴趣的话题。

我妻子的一位朋友名叫凯西，这位女士虽然已经是两个孩子的母亲了，却依然热衷于参加童子军。大家都知道，美国从 1927 年才开始有女童子军的。在那个经济大萧条的时代，男童子军想要获得别人的赞助尚且十分困难，更别说是刚刚成立的女童子军了。

有一次，欧洲要举行一次童子军大露营，凯西女士想带领她的童子军去参加。思前想后，她意识到自己需要一个人的帮助，于是她敲开了美国一家大公司经理的门，希望能从他那里得到童子军旅费的资助。在拜访这位经理之前，凯西就听说他曾经开过一张 100 万美元的支票，这在当时是很少见的。当这张支票被退回来以后，这位经理把它放在了自己的镜框里。

因此，当凯西和经理见面后，她所说的第一件事就和那张支票有关。凯斯说："这真的让我很震惊，那可是一张 100 万美元的支票啊！在此之前，我可从来没有听说过有谁开出 100 万的支票！而今天，我居然能够亲眼看见。我回去一定会对我的童子军队员说，我亲眼看见过一张 100 万美元的支票。"凯西的话显然引起了经理的兴趣，

谈论别人感兴趣的话题的好处

◎让别人很快接受你；
◎让对方感到高兴；
◎使你成为受欢迎的人。

他马上就把那张支票拿出来展示。凯西对经理说，她很羡慕，并且希望他能够把详细的经过讲述一遍。

故事到这里暂告一段落，细心的女士会发现，凯西女士从始至终都没有说什么童子军或是露营。她的话题始终围绕对方感兴趣的话题展开。女士们，你们知道最后的结果是什么吗？我们再来看故事的后半部分。

当把自己的神奇经历讲完之后，经理对凯西说："对了，说了半天，我还不知道你来找我有什么事呢。"于是，直到这时凯西才把自己此次前来的目的说了出来。当时的情景真的很让人吃惊，因为那位经理不但爽快地答应了她的条件，而且给的比她所要求的还多得多。当时，凯西只是希望他能够资助一名童子军，结果他竟然一口气资助了 6 名童子军。此外，这位经理还愿意让凯西和她的童子军在欧洲住三个星期。不光这样，他还写了封介绍信，把她介绍给分公司的经理，并让他们提供帮助。之后，经理又亲自来到了巴黎，并且给童子军们做起了免费的导游。

在这次活动之后，那位经理经常关注凯西童子军的动向。他还给那些出身贫寒的童子军提供了一些工作机会，直到现在他们依然还很积极地工作着。

后来，每当凯西说起这件事的时候都会说："我很幸运在一开始我选对了方向，因为如果我当初没有找到他最感兴趣的话题的话，那么恐怕他就不会那么高兴。如果他不那么高兴，那么接近他将会变成一件非常困难的事。"

凯西女士说得非常正确，谈论他人感兴趣的话题的确可以给你带来很大的好处。

我们不妨打一个比方，男人就是顾客，女士们就是商家。想让男人们接受你，也就相当于让男人买你们的商品。那么，作为顾客与商家之间的沟通，这种方法有效吗?

达夫诺公司是纽约一家快餐公司，达夫诺先生一直都想让纽约的一家旅馆长期订购他们的快餐。为了这宗大买卖，达夫诺先生做了近4年的努力。他几乎每星期都去拜访这家旅馆的经理，而且还经常参加这位经理举行的各种活动，有时甚至会在里面订几个房间。然而，虽然每次达夫诺先生都能够受到礼貌的接待，但却始终没有谈成这宗生意。

后来，达夫诺先生专门去参加了我的培训课，希望从我那里得到一些帮助。当他问我到底该如何做才能让那位经理接受他时，我马上就把这个方法告诉了他。于是，他下定决心，一定要找到那个人最感兴趣的东西，也就是说找到他最热心的事情。

通过一系列的调查，达夫诺先生得知，这位经理是美国旅馆招待员协会的成员，而且还非常想成为这个协会的会长，甚至还梦想着有一天能够当上国际旅馆招待员协会的会长。为了实现自己的梦想，只要协会举行大会，不管在什么地方，他都会不辞劳苦，只身前往。

于是，达夫诺先生再一次敲开了经理的大门，迎接他的依然是那张和蔼可亲但却又不容商量的脸。达夫诺先生开始和他谈论起有关招待员协会的事。这次，他获得了意想不到的收获，因为那个人的反应出奇地好。以前都是达夫诺先生苦口婆心地劝说经理，这次却是他滔滔不绝地讲述着有关招待员协会的各种事情。他显得非常激动，这从他的语气和语调中可以判断出来。达夫诺先生可以确定，自己确实找对了方向，因为那的确是那个人的业余爱好。在离开办公室之前，那位经理还不忘对达夫诺说:“我觉得你应该考虑一下加入这个协会，它对你非常有好处。”

在整个谈话中，达夫诺始终没有提订购快餐的事。不过，就在几天以后，那家旅馆的一位负责人打来电话，希望达夫诺先生能够带一些样品及报价单来。事后，达夫诺先生找到了我，对我说:“卡耐基先生，真的是太难以置信了！四年了，我整整劝说了他四年。在这四年里，我用尽了各种办法，但始终都无法劝说他。如果不是您提醒我找到他感兴趣的话题，恐怕我现在依然还在做着无用的努力。”

因此，女士们，如果你想让中意的男人喜欢你，如果你想让他对你产生兴趣，那么最好的办法就是谈论他最感兴趣的话题。

认可他，崇拜他

赫斯勒·霍夫曼先生是一名普通的教师。虽然他已经很努力地工作，但却始终没有取得什么成就。也就是说，赫斯勒先生是那种再普通不过的教师。也许正是因为这点，赫斯勒先生一直没有找女朋友，用他的话说："我是一个每月只能领到微薄薪水的教师，有哪一位姑娘会看上我呢？"其实，赫斯勒先生还是不错的，虽然收入不高，但也足够维持生活。同时，赫斯勒先生还是一个心地善良、热情好客的人。事实上，有很多姑娘都曾经追求过他，但却都被他一一拒绝了。

后来，赫斯勒在一位朋友的家里认识了苏菲小姐。两个人非常投缘，一见面就谈得很投机。虽然赫斯勒对苏菲小姐很有好感，但却因为自卑而不敢表达。苏菲小姐好像看出了他的心思，就问赫斯勒是做什么工作的。赫斯勒有些不好意思地说："我……我不过是一名普通的教师而已。""真的吗？我最崇拜的就是教师了。"苏菲小姐真诚地说，"一直以来，我都认为教师是世界上最神圣的职业。"赫斯勒显然不敢相信自己的耳朵，惊讶地问："苏菲小姐，你不是开玩笑吧？这可是一份没有前途的职业，而且收入也不是很高。"苏菲笑着说："不，你不要那么想。我从来不用收入来衡量一个人是否成功。我觉得，你就是英雄，因为你培养出了很多人才。"赫斯勒先生有些激动地说："太感谢你了，苏菲小姐，我现在才觉得自己应该感到自豪。只是……只是不知道你是否愿意和一个你心目中的英雄交往呢？"结果，苏菲小姐很爽快地答应了。

女人要想在最短的时间内获得男人的好感，最好的方法就是认可他、信任他、崇拜他。

"其实，在很早以前我就开始注意他，而且也暗自喜欢他。不过，我知道他是一个因为自卑而不敢谈恋爱的人，所以我决定采用我的方法让他向我敞开心扉。我对他表示肯定，并且让他相信我是崇拜他的。最后，我丈夫终于不再自卑，也接受了我的感情。”这是苏菲小姐在我培训班上的讲话。在这之前，她曾经向我请教该如何抓住一个男人的心。我清楚地记得，当时我告诉她说：“很简单，那就是认可他、崇拜他。”

苏菲小姐非常聪明，因为她很快就学会了我所传授给她的方法，并且还能够灵活运用。的确，女士们要想获得男人的爱，首先就要让男人对你产生好感，愿意与你接触。如果一个男人和你接触以后，发现你狂妄自大、目中无人，而且还说话十分刻薄的话，相信他一定不会觉得找你做女朋友是个好主意。

女士们如果想在最短的时间内获得男人的好感，最好的方法就是认可他、崇拜他。这是因为，所有的男人都有很强的自尊心，他们都渴望得到自己身边人的认可，特别是自己的伴侣。因此，满足他们的自尊心便是获得他们好感的最有效方法。

我知道，很多女士的自尊心也很强。她们认为，如果女人都去崇拜男人的话，那么无疑又回到了过去男尊女卑的社会。在她们看来，男人希望自己的妻子或伴侣对他们崇拜，无非就是想满足他们的大男子主义心理。

这是对女性的一种不尊重，也是对新时代和新社会的一种挑战。

我并不是在这里毫无根据地去猜测女士们的心理，事实上很多女士都是这样认为的。曾经有一个女学员对我说："什么？卡耐基先生，你怎么也是这样的人？我为什么要认可一个男人，他真的已经做到位了吗？你居然还叫我崇拜他，这是多么荒唐可笑的事。"

其实女士们大可不必这么激动，应该先让自己冷静下来。接着，我们再来听听专家的意见。婚姻心理学博士卢卡德·帕内尔曾经在一篇论文中这样写道："男人都有一种心理，认为只有崇拜他们的女人才会对他们产生强烈且持久的爱情。事实上，男人是想通过女人对他们的崇拜而获得一种满足感。在他们看来，女人对男人的爱是以崇拜为基础的。女人崇拜男人，那么就势必会渴望与心目中的英雄生活在一起，从而产生爱。事实上，这是一种雄性征服和占有欲的体现。因此，聪明的女性往往都善于使用这一技巧，尽管有时候并非出自她们的本心。"

芝加哥心理学教授迪斯勒·肯特曾经做过一项调查，他让100名男士写下他们愿意和什么样的女士交往。结果，只有不到十分之一的人选择愿意和自己的上司或比自己能力高的人交往，而剩下的人都选择愿意与"不如"自己的女性交往。当迪斯勒问他们原因的时候，很多男人回答说："一个男人怎么可以让妻子超过自己呢？虽然这有些大男子主义，但男人的自尊心比任何事情都重要。"是的，女士们必须清楚，男人想获得女性的崇拜和认可并不关大男子主义的事，实际上那不过是他们本性的体现。

此外，我知道女士们还有一种担忧，那就是害怕会"惯坏"自己的男人。曾经有一位女士对我说："我知道应该这么做，这也的确很有效。可是，我很害怕，因为如果我在婚前那么做的话，很可能会让他把这种优越感带到婚后，恐怕到那时我的日子就不会好过了。他会像国王一样对我发号施令，还会像使用女佣一样指示我做这做那。为了不让他养成这种坏习惯，我是绝对不会在婚前纵容他的。"

其实，女士们大可不必担心，因为很少有男人是真正的"权力狂人"。事实上，如果女士们认可他、崇拜他，那么不但不会把他们"惯坏"，反而会让他们更加爱你们。这不是我说的，是我姑妈告诉我的。

我的姑父和姑妈一直都是我心中的"模范夫妻"。在我的印象中，他们一直都很恩爱，好像从来没有吵过嘴。如今，他们已经结婚30年了，但一切却都好像刚刚结婚时的样子。当我问姑妈有什么秘诀的时候，姑妈神秘地说："你姑父永远是我心目中的英雄，难道你会和你的偶像吵架吗？"

说实话，我真的不知道姑父究竟有什么魅力让姑妈如此崇拜他，把他当成心目中的偶像，但我可以肯定姑妈这种做法确实使得他们的家庭关系非常和睦。当和桃乐丝结婚以后，我又一次专程拜访了姑妈，希望她能够把秘诀传授给我。

姑妈听完我的要求后，笑了笑说："坦白说，我们之所以能够一直都和睦相处，很大程度上是因为我的努力。在你们看来，你们的姑父是个普通的农民，也没有什么特长，更谈不上什么成功，但在我看来却不是。他勇敢、坚强、冷静，没有什么事能够让他倒下。尽管这在别人看来不算什么，但我就是认为他是我的英雄，因为他爱我，而且还养活了这个家庭。戴尔，你想象一下，如果你的妻子十分崇拜你，你会不会永远爱她。"

认可和崇拜对方的小技巧

◎一定要发自真心；
◎善于发现他的优点；
◎要勇于表达自己的想法。

的确，姑妈说得很对，如果桃乐丝对我表示崇拜的话，那么我将会一如既往地爱她。后来，我把这些话转达给了桃乐丝，她笑呵呵地对我说："怎么？难道你不认为我一直都是这样做的吗？"的确，桃乐丝不止一次地和我说过，我是她心目中最伟大的心理学家兼丈夫。

女士们，仅仅是一个认可和崇拜的做法就将给你们带来无穷的好处。在婚前，你可以吸引他的目光；在婚后，你又可以让你们的关系永保亲密。我想，没有一个人会不愿意使用这个技巧，除非你不想结婚。

崇拜对方首先要发自内心。事实上，不管做什么，真诚永远都是第一位的。如果女士们仅仅是为了讨男人欢心而去崇拜或认可他们，那么结果有可能会适得其反。有一次，一个刚和女友分手的男士说："我真受不了她了。如果她真的认为我没用，大可以直接告诉我，没必要表现得那么虚伪。虽然她嘴上说我已经做得很好了，但从她的语气和表情可以看出，她对我是多么地不屑。"由此可见，违心地认可和崇拜是不会被男

人接受的。

其次，还有一些女士觉得很困惑，那就是她们的确是想崇拜和认可对方，也知道这种做法的重要性，可是对方身上却真的很难找到让她们崇拜的地方。如果是这种情况，那我就建议女士们再看一看我举的苏菲小姐和我姑妈的例子，看看她们是怎么做的。事实上，并不是只有成功的男人才有优点，很多平凡的男人也一样有，只不过没有那么突出罢了。我相信，只要女士们善于观察，一定会发现他们的优点的。

第三点也很关键，尽管女士们从心里已经崇拜和认可你心仪的对象，但是如果你不将自己的想法表达出来的话，对方也不会知道的。这样一来，你的认可和崇拜也就失去了意义。

最后，我还想和女士们强调一点。我鼓励女士们去崇拜和认可你心仪的男人，但这一切的前提必须是女士有正确的判断和价值观。有些女士，特别是一些年轻的女士会把男人一些不好的习惯当成崇拜的对象，这无疑是一种错误的做法。

女士们，获得男人的心并不是很困难的事情，只要你们愿意付出，能够发自真心地认可和崇拜他，那么你们就一定可以得到梦寐以求的爱情。

让他获得从未有过的关爱

每当人们提到男人的时候，总会联想到坚强、勇敢、豪气冲天等词语。如果有人站出来说男人也同样需要关爱的话，恐怕一定会招来别人的笑话。虽然如今有很多人都在倡导女权主义，但在所有人的心中却依然承认男人才是社会的主导。因此，去关怀男人简直是一件可笑至极的事情。正是在这种观念的指导下，使得很多人都忽视了男人脆弱的一面，从而想不到关爱男人。

墨西哥大学心理学博士鲁纳德·巴克里曾经说：“男人是一种最矛盾的动物。他们一方面坚强，希望自己能够承受住来自各方面的打击；另一方面又十分脆弱，希望有人能够给痛苦的他们以安慰和关怀。然而，男人的自尊心是非常强的，因此他们宁可自己承受巨大的压力，也绝对不会主动去向别人乞求关爱。”

实际上，鲁纳德的话中包含着两层意思：第一层意思是说男人同样需要别人的关爱；第二层意思是说很少有人对男人表现出关爱。我想，鲁纳德是在暗示女人，因为这个世界上只有男人和女人两种。其实，鲁纳德的潜在意思是，女人应该学会给男人关爱。

外表坚强的男人，内心也有十分脆弱的时候。他们内心最渴望得到的就是女性的支持、理解和关爱。

然而，事实上女士们是如何做的呢？加利福尼亚州行为心理学专家迪勒斯·帕尔德曾经对1000名女性做过调查，问她们是否觉得关爱男人是一件很重要的事情。结果，绝大多数女人认为这是一种无谓的做法，而且还很可能会伤害到男人的自尊心。甚至有的女士还说："什么？要我去关爱男人？这真是我听到过的最好笑的事情。谁都知道，女人才是弱者，只有女人才需要关爱！至于男人，他们本来就该承受各方面的压力。这是他们生下来就该承担的责任。男人的自尊心比他们的生命还重要，你对他表示关爱，还不如让他去死。"

事实果真如此吗？安德鲁·希尔德曾经是美国最大的橡胶公司的总经理。这是一个在商场上叱咤风云、呼风唤雨的奇才。在所有人的眼中，他永远是一个铁汉形象，没有任何事情可以击倒他，也没有任何事情可以打败他。如果我在这里和女士们说他需要关爱的话，那你们一定认为是天方夜谭。可是，安德鲁·希尔德在接受我的采访时曾坦白说："在我的坚强外表下，隐藏的是一颗脆弱的心。的确，在商场上我很坚强，但这并不代表我就能对那些压力视而不见。事实上，很多时候我都觉得自己有些喘不过气来，真想找个人倾诉一下，甚至大哭一场。然而，我却不可以这么做，因为没人会理解我。他们不会听我诉说，也不会允许我哭泣，因为我的形象永远都是成功者。其实，在我内心一直有这样的渴望，那就是找到一个能够给我精神和情感上关爱的妻子。"

女士们，安德鲁·希尔德并不是一个个例。事实上，很多外表坚强的男人在内心都是十分脆弱的。他们内心最渴望得到的就是女性的支持、理解和关爱。对于他们来说，女人的关爱要比美貌、气质、金钱重要得多。既然连最"坚强"的成功男士都如此渴望女性的关爱，那就更不用说是普通的男人了。

罗迪先生前前后后和五位姑娘谈过恋爱，但没有一次成功。他的家人很着急，几次问他其中的原因，而罗迪先生则总是找出各种各样的原因搪塞过去了。后来，家人通过朋友的帮助给罗迪介绍了一个新女朋友，名叫

如何对心仪的男人表示关爱

◎真诚是前提；
◎理解是基础；
◎表达是关键；
◎细节最重要。

蒂娜。说实话，罗迪先生起初并没有抱太大希望，因为几次恋爱的结果都让他太失望了。可是，为了不让家人担心，罗迪还是前往了一家名叫“情人场”的餐厅，与蒂娜小姐见面。

蒂娜小姐很普通，没有出众的外表，也看不出有什么过人之处。本来，罗迪先生只是想敷衍一下，并没有考虑真的和蒂娜小姐谈恋爱。一见面，罗迪就一声不响地坐在了椅子上。蒂娜看了看他，说：“你看起来很累，罗迪先生！”罗迪点了点头，没有做声。蒂娜接着说：“像你这种情况本不应该约我在餐厅见面，其实档次稍高一点儿的咖啡馆更合适一点儿。”罗迪有些吃惊地问：“哦？蒂娜小姐为什么会这么认为？”蒂娜笑了笑说：“劳累了一天怎么还会有心情吃东西呢？不如要上一杯咖啡，两个人听着音乐，坐在一起聊天。这样可以让你的精神得到放松。”罗迪有些伤心地说：“你真的这么觉得？不可思议，我以前的那些女朋友从未和我说过这些话。当我和她们约会的时候，她们总是抱怨我没精打采，而且还要求我和她们一起去疯狂。事实上，我已经累得不愿意做任何事了，更别说去玩。”蒂娜点了点头说：“那是她们不懂得男人也需要关爱，以后我们的约会可以按照你的状况来安排。如果你今天很累，那么我们就找个雅致的地方休息一下；如果你今天心情不好，那我们就到酒吧去喝上一杯；如果你内心的压力实在太大，那我们就找个僻静的地方，让你好好倾诉一番或大哭一场。总之，只要能排解你心中的苦闷就好。”罗迪简直不敢相信自己听到了什么，他觉得这是他有生以来听到的最动听的话。他几乎是眼含着热泪对蒂娜说：“你是我见过的最善解人意的女性，你就是我一直在等待的女神。”

后来，当我问蒂娜当初为什么那么做时，她只是简单地回答我说：“其实，男人也同样需要关爱。”是的，蒂娜并没有做出什么惊天动地的大事，也没有和罗迪说什么海誓山盟的话。她不过是轻轻地告诉罗迪：“我理解你在外面所承受的压力，所以我会想尽一切办法帮你缓解那种压力。”而对于罗迪而言，他从蒂娜那里获得的信息就是：“罗迪，我会让你获得从未有过的关爱。”

女士们，我真心希望你们能够理解男人，给他们足够的关爱。男人在外面的压力很大，但却找不到发泄的地方，也没有人愿意给他们关爱，所以他们就开始“学坏”。这样，酒这种东西就自然而然地成为男人最好的朋友。然而女士们应该知道，喝醉酒并不是男人的本意，他们不过是想借此来排解郁闷而已。如果女士们能够用自己的真情酿出关爱的美酒，相信那些男人再也不会去人流混杂的酒吧了。

曾经有一些女士问我，到底怎么做才是真正地关爱男人？她们可不能像电影中的女主角那样说出那么“肉麻”的话。这是很多女士的认识误区，她们往往把一些美好的事情想得“太高尚”，甚至于是脱离现实。在她们看来，关爱男人虽然重要，但却是一件很难办到的事情，因为那种做法会让人身上起疙瘩。其实，女士们不必有这样的想法，贴近生活的“关爱”就在我们身边，只要女士们认识到了，就一定可以做到。

女士们首先要发自真心地想要去关爱男人，那样才能让他们感受到温暖。如果女士们是出于某种目的或是机械性地去向男人表达关爱的话，那么很有可能给对方一种动机不纯的感觉。

理解也是很重要的。如果女士们不能切身地体会到男人的需要，那么你的关爱就不会发挥任何作用，而且还有可能让人反感。

表达和细节也很重要，因为如果你不选择恰当的表达方式，那么就无法让男人体会到你的关爱。请女士们注意，我是说“恰当”的表达方式。有时候，女士们对男人表示关爱用语言最合适，而有时候却是沉默最好，还有的时候则需要女士们做一些小的举动。

很多女士都认为要关爱男人就一定要用语言表达出来，于是她们一会儿让男人干这，一会儿又劝男人干那。结果，关爱的语言变成了唠叨，惹得男人大发脾气。其实，有时候一个祝福、一声问候、一杯咖啡、一双聆听的耳朵、一颗能感受男人痛苦和无奈的心，更能让男人体会到你的关爱，也更能抓住男人的心。

女士们，如果想牢牢抓住男人的心，那么就让他体会到前所未有的关爱吧！

激发他的高尚动机

女士们，你们知道所有男人们最热衷做的一件事是什么吗？可能你们会说是喝酒、吸烟、看体育节目等，但事实上这都没有共性可言。对于男人来说，他们最喜欢做的事情就是那些在他们看来是最正确的、最好的事情。

我的家乡密苏里州出过一个响当当的人物，他就是著名的大盗贼加希·詹姆斯。有一次，我专程赶往加希的故乡基尼。在那里，我在詹姆斯农场遇到了他的儿子。看得出来，儿子对于父亲以前所干的事情感到非常自豪，跟我讲了很多关于大盗贼加希·詹姆斯的故事，比如他是如何在警察眼皮底下把一辆火车抢劫，然后把那些钱分发给他家附近的农夫，好让那些人有钱把他们抵押出去的土地赎回来的。在詹姆斯自己看来，他的这种做法是正确的，因为这叫“杀富济贫”。

其实，加希·詹姆斯和我们以前提到的“双枪杀手”克劳雷是一路人，当然还包括他之前和他之后的那些罪犯。他们没有一个人不认为自己这种做法是在替天行道，是在实现心中的理想。对于他们来说，没有任何事比抢劫、杀人更有意义了。

我之所以在这里和女士们说这些例子，无非就是想让你们明白，每一个人都对自己十分尊重，都会认为自己才是世界上最善良的、最无私的人。在他们眼里，按照自己想法去做的事情才是最高尚的。在这里，我把这种想法称为高尚的动机。事实上，你丈夫在做事情的时候，也是在遵循这样一条准则。

美国著名的心理学家乔纳德·卡特曾经说过，每一个人在做事的时候都会给自己找两个恰当的理由：第一个是这件事看起来确实不错；另一个是这件事的确不错。

女士们，你们有没有想过，如果你们能够激发起丈夫心理的高尚动机，那么改变他就不会是一件非常困难的事。

伊尔女士已经结婚五年了，如今她已经有三个孩子了。伊尔的丈夫乔治是个不错的男人。他有一份体面的工作，而且还十分体贴。对于一个妻子来说，这应该算得上是幸福的。然而，乔治有个坏毛病。也许是小时候家庭环境比较优越，乔治对食物特别挑剔。他不喜欢吃辛辣的东西，也不喜欢吃蔬菜。每当伊尔将面包端上桌子的时候，乔治总是先把外面那层硬皮剥掉，因为他说那些东西吃起来是在折磨自己的喉咙。几乎所有的小孩都有挑食的毛病，然而伊尔家的三个孩子却挑得特别厉害，这是因为他们有一个同样挑食的父亲在纵容他们。

为了帮助乔治改掉这个坏习惯，伊尔女士想了很多办法，但都没有收到很好的效果。有一天，伊尔女士突然对丈夫说："亲爱的，书上说孩子的第一任老师是父母，我觉得挺有道理的。"乔治点点头说："你说得没错，我们的确要教会孩子们很多东西。"伊尔继续说道："那你觉得我们该怎么做？"乔治回答说："这还用问？当然是给孩子们做出榜样。"伊尔点头说："是的，我也同意。我一直都认为孩子们不应该挑食，那样对他们的身体不好。"乔治也表示了赞同。这时，伊尔有些狡猾地说："乔治，那我们应该怎样给孩子树立榜样呢？"乔治一下子就明白了伊尔的用意，从那以后他再也没有挑食，因为他要给孩子们做出榜样。

为什么伊尔女士的一番话可以让乔治改掉一个养成了十几年的坏习惯？这是因为，伊尔让乔治觉得，给孩子们做出一个好榜样是一件非常高尚的事，因为那会帮助孩子们养成很好的习惯。正是在这种高尚动机的促动下，乔治才下决心改掉了挑食的毛病。

前一段时间，诺斯卡瑞夫爵士发现，有一家报纸刊登了几幅他十分不愿意公开的照片。于是，他提笔给报社的编辑部写了一封信，信中内容是这样的："我知道有些时候一个人的隐私照片能给一家报纸带来更多的读者，这的确可以让报纸获得很高的利益。然而，这种做法也很有可能会伤害到一个母亲的心，因为她不喜欢有人那么做。"第二天，那家报纸果然就把照片撤了下来。诺斯卡瑞夫爵士聪明地利用了人人都敬爱的母性伦理观念，激发起报社编辑的一种高尚动机，因此才很好地解决了问题。如果信中的内容换成："你们这帮无耻的家伙，赶快把那些照片给我换掉，那是我最最讨厌的事情。"相信整件事情的结果就会发生很大的变化。

女士们心中一定有很多疑问，为什么他的这种做法会有如此之大的魔力呢？

我知道，很多女士都不同意我的说法，因为那些记者和编辑都是比较有修养的。她们会说："卡耐基，你认为你的这种方法有效吗？不，我不认为。我的丈夫是个蛮横不讲理的家伙，你所谓的高尚动机在他眼里简直一文不值。省省吧，这一切都是徒劳的。”

事实是这样吗？我想不是的。你的丈夫可能不讲理，也可能独裁，但你们之间毕竟有爱做基础。然而，对于一家企业和他的顾客来说，这种爱是根本不存在的。因此，一个企业劝说顾客改变想法要远远比你们劝丈夫改变想法困难得多。

有一家汽车公司曾经出现过这样的问题，有六位顾客在维修工作结束之后拒绝支付修理费用，理由是他们认为有些收费项目并不合理。可是公司认为，既然六位顾客已经在维修验收单上签字了，那么就证明整个过程中没有错误，因此他们坚定地认为顾客必须支付欠款。

紧接着，这家公司的信用部对那六位顾客展开了一系列的行动。他们先是派人去“拜访”那六个人，然后严肃地通知他们必须缴纳欠款。他们告诉那六个人，公司的做法是完全正确的，没有一丝错误。言外之意也就是说，那六位顾客犯下了很严重的错误。同时，他们还让顾客了解到，一个汽车公司对于汽车的了解要远比他们那些门外汉多得多，因此对于付钱这一条来说没有任何可争论的。

结果很明显，公司的做法不可能让那些顾客服气，也不可能使问题得到很好地解决。后来，公司和顾客之间的矛盾越来越激化，以至于那几位信用部经理都做好了诉诸法律的准备。就在这紧要关头，公司的总经理发现了这个问题，并表示愿意亲自去拜访那几位顾客。

经过一番调查，总经理发现这六名顾客一直都非常守信用，每次都是按时付款。因此，总经理断定，这次一定是在某一个环节上出了问题。也许，问题的症结就出在催讨的方式上。于是，总经理制订了一个完美的计划，开始向那几位顾客收账。

他首先分别拜访了那六位顾客，但并没有直接说明自己是来催款的。他只是强调，这次公司是派他来调查公司做了什么，错误出在什么地方。尽管他心里十分清楚，那份账单是没有一点儿问题的。总经理对顾客说，除非从他们那里听到一些意见，否则他是不会随便发表自己的看法的。同时他还一再强调，公司从来没有宣称自己毫无错误。说到汽车，总经理表示，现在他最关心的就是六位顾客的汽车，而世界上没有比他们更了解自己爱车的状况了。接着，总经理让那六位顾客发言，并且很专注且很同情地去听他们抱怨。最后，总经理说：“我们必须承认，在对这件事情的处理上我们做了很多不妥的行为，这使您的正常生活受到了干扰，以至于让您感到气愤。这一切和您没有一点关系，都是我们公司的过错，在这里我向您表示歉意。和您接触以后我发现，您是一位正派而且很有爱心的人，因此我斗胆请您帮我一个忙。我知道，您一定会有最好的办法来解决这件事的。尽管我有权力去更改这份账单，但我更想把这份权力留给您。当然，不管您做出的是什么样的决定，我都会绝对地服从。”

高尚动机的魅力

◎让人觉得这是最合理的事情；
◎使人认为这才是最好的解决途径；
◎让人愿意按照这种动机的指示去行事。

最后的结果是，那些顾客非但没有拒付欠款，反而支付的是最高款额。真难想象，一句“正派而且有耐心的人”居然会如此轻易地解决了这件事。我想，丈夫与这六位难缠的顾客比起来，恐怕要讲理得多，如果你们也愿意这样做的话，相信他们也会心甘情愿地改变自己。

第四章

聪明女人知道怎么爱

笨女人才强迫对方

我曾经告诉女士们，永远不要将自己的意见强加于人。的确，没有人愿意被人强迫去做某一件事。当然，现在我要告诉女士们的是，你的丈夫同样也不喜欢被你强迫着去做某些事情。

一个月前，我去我的老朋友肯德勒家中拜访。刚一进门，我就听见他的妻子塔莎在喊："肯德勒，你怎么还不快点儿准备。今天我要去街上买几件衣服，你必须陪我去。"肯德勒显得很不耐烦地说："知道了！可是你没看见有客人来了吗？"塔莎从里屋走了出来，看见我站在门口，很不高兴地说："既然这样，那我们的计划就取消了吧！"当时的我很尴尬，不知道该如何是好。幸亏肯德勒并没有表示厌烦，而是热情地把我请进屋子里。

没有人喜欢被强迫着去做某一件事。聪明的女人从来不会将自己的意见强加于人，更不会强迫对方顺从自己。

几天后，肯德勒找到了我，告诉我他正准备和妻子离婚。我听后很惊讶，赶忙劝解说："别这样，肯德勒！虽然你妻子有时候是有些过分，但是她是爱你的。"肯德勒摇了摇头说："算了，戴尔，你不要再劝我了，我根本没有办法和她继续生活下去。你知道吗？我现在连一点儿自主的权力都没有。每当她想要做什么事的时候，我就必须服从。一旦我表现出不愿意，她就会和我大吵大闹。以前，为了维持整个家庭，我迫不得已地答应她的要求，可是现在我真的受不了了。美国人曾经为了自由而战，而我今天也要为自己的自由向她宣战。"虽然我一再劝说肯德勒，但最终还是没有成功。

我为这段即将破碎的婚姻感到惋惜，因为肯德勒的妻子塔莎也是我以前的朋友。我很清楚，塔莎其实是非常爱肯德勒的，也从来没有把肯德勒当成"奴隶"。然而，塔莎正是因为不懂得"强迫"的危害性，所以才使肯德勒再也不能忍受她的"专制独裁"，最终选择了离婚。

纽约婚姻家庭关系研究专家约翰·蒂尔斯曾经在《婚姻与家庭》杂志上发表过一篇文章，其中写道："所有的人都渴望从别人那里获得自重感，而男人更甚。男人总是喜欢以自己的想法去做事情，习惯按照自己的思维方式思考问题。对于一个男人来说，建议是世界上最愚蠢的事情，更别说是强迫。相关数据表明，在美国，夫妻之间发生争吵的原因中有很大一部分是因为妻子强迫丈夫去做某些她们认为应该做的事，而男人在面对这种情况的时候往往是选择反抗。当然，有些男人也选择沉默，但那是更可怕的事情，因为他们正在积蓄力量，等待爆发。"

事实上，在现实生活中，很多女士都不懂得如何让自己的丈夫为自己做事。就像塔莎一样，她们会说："嗨，今天下午去逛街吧，你必须和我去！"或是说："我打算明天去拜访我的姑妈，你也和我一起去吧！"还可能说："你怎么搞的？为什么两天前叫你修理的炉子还没修好？"也许，这些女士根本不知道此时她们的丈夫在想什么。当她们要求丈夫陪他们逛街时，男人心里在想："怎么又去逛街？你的衣服已经可以开个服装店了。"当她们要求丈夫陪她们去姑妈家时，男人心里在想："我干吗要去？你姑妈可是个刻薄、吝啬的老太太。"当她们要求丈夫修理炉子时，男人心里在想："有这个必要吗？那个炉子其实根本没有什么大问题。"虽然丈夫心里非常不情愿，但还是去做了。当然，这不是代表丈夫认为你说的是对的，而是因为他非常爱你。退一步讲，就算他从心里接受了你的意见，但恐怕也很难接受你的方式。事实上，你的这种口吻是在告诉丈夫，他是在你的强迫下去做那些事情。

我曾经不止一次地提到过，男人的自尊心是很强的。如果你伤害到他的自尊心，那无疑是要取他的性命。对于男人来说，他们会不惜一切代价来捍卫自己的尊严。然而，强迫却要剥夺男人们拥有自尊的权力，让他们乖乖地听命于妻子的吩咐。试想，这时的男人除了反抗还会选择什么？

有一次，我的培训班上来了一位非常可怜的女士。她请求我帮助她，因为她的丈夫正在和她闹离婚。我问她究竟是什么原因让她的丈夫有那样的想法，她回答说："卡耐基先生，我真的没有做什么。我发誓，我是真的爱他的。可是，她却说我是独裁者，可怕的女王，说我不给他自由。"我马上意识到这又是一位喜欢强迫丈夫做这做那的妻子，于是我就问她："你是不是经常强迫你的丈夫去做一些他不愿意做的事？"女士想了想，说："确实是，可是我并没有恶意啊！难道我让他吃药有错吗？难道我让他去洗澡是不对的吗？难道我让他经常和家里人保持联系是要害他吗？我真不明白，为什么他要如此对我？事实上，我所做的一切都是为了他好，而我也是真的爱他。"

我知道这位女士是因为爱才强迫丈夫的。她让丈夫吃药是为了他的健康；让他洗澡是为了清洁；让他与家人联系是为了维持亲情。这一切都没有错，错就错在她使用的方式上。我想，她真应该和我的朋友伊尔女士学学，看看她是怎么劝说丈夫做事的。

伊尔已经结婚十几年了，但很少和丈夫发生争吵。她非常聪明，也知道如何保护好自己丈夫的自尊心。每当她想要丈夫做一些不情愿的事情时，她总是会想一些策略来说服丈夫，而且还不让丈夫的自尊心受到一点儿伤害。

有一次，伊尔想要去拜访她的一位朋友，而那位朋友在不久前因为一件小事和她丈夫发生过争吵。老实说，伊尔的这位朋友对她丈夫很重要，因为丈夫在工作上有很多地方需要他帮忙。不过，她也知道自己的丈夫是个很爱面子的人，如果贸然地让他和自己去一定不行。于是，伊尔就对丈夫说："亲爱的，昨天我看了一篇文章，上面讲了很多让人成功的方法。我觉得，你应该好好看看这本书。""是吗？"丈夫显然对伊尔的话产

生了兴趣，说道，“有什么好方法？说来听听！”伊尔故作沉思，然后说：“书中说，男人要想成功就必须学会忍耐，而且永远不要和对自己有帮助的人发生矛盾。”丈夫听后点了点头说：“是的，说得很对！不过，我却做不到，就在前几天，我还和乔治（伊尔的朋友）大吵了一架。”伊尔笑着说：“那有什么关系？书上还说，真正能够获得成功的男人总是在犯下错误以后马上改正。”丈夫想了想说：“是的，你说得很对。因此，我现在决定和你一起去拜访乔治。我相信，我真诚的道歉是能够化解我们之间的误会的。”

当伊尔在课堂上讲完这段话时，所有的人都鼓起了热烈的掌声。伊尔对我和其他学员说：“我觉得，强迫一个男人去做他不愿意做的事是非常不明智的。试想一下，如果当时我逼迫他和我去拜访乔治，而且还骂他是个糊涂蛋，不懂得如何与人相处的话，相信不只他和乔治的关系无法缓和，就连我们夫妻的关系也会变得紧张起来。”

的确，伊尔说得一点儿都没有错，如果她不是懂得强迫丈夫是一件非常危险的事的话，那么后果就真的不堪设想了。

女士们，其实让丈夫为你们做一些改变并不是不可能的事，有很多种方法可供选择。不过，在这其中，最笨的一种方法恐怕就是强迫了。

切忌直截了当地指出他的错误

有一次，我到老朋友约翰·沙普先生开办的纺织厂去参观。沙普很高兴，带着我把各个生产车间都看了一遍。当我们正要结束这次参观的时候，却看见有几个员工正在厂房里抽烟，而他们背后的墙上就挂着“请勿吸烟”的牌子。对于一个纺织厂来说，在厂房吸烟是最大的忌讳。我心想：“这下有这几名员工受的了，沙普一定会狠狠地斥责他们一番，说不定还会把他们开除。”

然而，事情却并非我想象的那样。沙普没有指着牌子说：“你们几个家伙难道是瞎子吗？难道没有看到不许吸烟的警告？”而是静静地走过去，从兜里拿出一包烟，给每位员工发上一支，说道：“嗨！我说！要是你们能够拿着我的这根烟到外面去抽的话，那么我将对你们这种行为感激不尽。”

那些工人知道自己违反规定了吗？他们当然知道。虽然沙普先生可以选择严厉地批评他们，但是他却没有这样做。我想，那几名员工从那以后一定会非常敬重这位老板的。

由这件事我想到，如果妻子在面对丈夫错误的时候，也能像沙普这样灵活处理，相信美国的离婚率至少可以下降一半。

我相信女士们在读完上一篇文章后，都可以改变批评方式。你们一定会照我说的去做，先找到丈夫可以赞美的地方，真诚地称赞他，然后再委婉地提出批评。是的，这种做法没错。可是，有些女士在运用完之后却发

现，似乎丈夫依然不能接受这种温和的批评方式。我想，凡是遇到这种问题的女士都犯了另一个错误——直截了当地指出丈夫的错误。

女士们可能不明白，我们不是已经在批评之前加上赞美了吗？为什么还要说是直截了当呢？这是因为，很多女士虽然说出了真心赞美的话，但她们总是喜欢在这些话的后面加上一些转折词语，比如“但是”“可是”“然而”等，接着就是一连串的批评。比如，一个妻子想让丈夫懂得保持家庭环境整洁的重要性，那么她有可能会说：“亲爱的，我真的发现你比以前做得好多了，因为我收拾房间已经不再那么累。可是，如果你能不把烟灰到处乱弹、不把臭袜子到处乱扔，那真是太好了。”

反正如果我妻子和我说这些话，那么我就一定认为她是在讥讽我。至于说之前的赞美之词，那只不过是裹着糖衣的毒药罢了。我心中十分清楚，在每一次听起来很悦耳的赞美后面，都会有一连串暴风骤雨般的批评。

女士们，应该说这种做法是不明智的，因为转折词后面的批评会使你的赞美大打折扣。它会让你的丈夫认为赞美是虚伪的，因为它的作用不过是引出后面的批评。因此，他们根本不会认为改正先前错误的做法是一件很必要的事情。

可是，如果女士们聪明一点儿，把那句话中的几个词语稍稍改动一下的话，那么效果就完全不一样了。比如，妻子可以这样说：“亲爱的，我真的发现你比以前做得好多了，因为我收拾房间已经不再那么累。如果你能够每次都坚持把烟灰弹到烟灰缸里，把袜子放在洗衣机里，那真是太完美了。”

这样，丈夫们一定会很高兴，并且也知道自己的做法还有不足之处。原因很简单，他们没有听到赞美后面随带的批评，而妻子也间接地指出了丈夫的错误，使他明白那样做才是妻子最希望的。

女士们，这就是我要教给你们的第二种方法：永远不要直截了当地指出他的错误。的确，这种间接指出丈夫错误的做法要远比生硬的批评温和得多，而且还不至于招来丈夫的反感。

很多女士并不太擅长说话，更不懂得如何赞美别人。对于这种情况，女士们完全可以采用另一种方法，那就是用实际行动告诉丈夫，他的行为是应该受到批评的。

罗格太太是个很内向的人，平时很少和外人接触，就连和自己丈夫的沟通都很少。然而，当她看见丈夫毫不留情地把她辛苦收拾的房间搞得一塌糊涂的时候，也总是会忍不住说上几句。罗格太太发现，不管自己怎样批评，丈夫都不把她的话当回事，依然我行我素。

一次，罗格太太整理房间的时候发现，自己的先生非但不帮忙，反而坐在沙发上悠闲地看报纸。不光这样，他还居然肆无忌惮地把烟灰弹到刚刚擦好的地板上，而烟灰缸就在距他 0.5 米远的橱柜上。罗格太太非常生气，真想大声地斥责他一番。可是，她转念一想，丈夫并不是头一次这么做，而自己以前的唠叨也没有起到一点儿作用。于是，她决定改变一下方法。罗格太太默默地走到沙发跟前，拿起抹布将地上的烟灰全部擦干净。接着，她又从橱柜上拿来了烟灰缸，摆在了罗格先生面前。

以后发生了什么？相信女士们不会想到。罗格先生从此再也没有将烟灰弹到地上，而且居然还时不时地帮妻子做一些家务。

事实上，这种间接指出错误的做法，对于那些脾气暴躁、性如烈火的男人们来说更加有效。玛丽·庞克女士就曾经用这种方法让她那个干活邋遢的丈夫发生了改变。

庞克太太家的屋顶漏了。庞克太太白天要去上班，而庞克先生的工作时间则是在晚上，因此丈夫自然就担任起了修理工的角色。然而，庞克太太发现，每当她回到家的时候都会发现地上堆满了丈夫施工时留下的木屑，这简直太糟糕了。没办法，她只好带着孩子们一起把丈夫遗留下来的工作完成。

间接指出丈夫错误应遵循的四个原则

◎千万不要伤害他们的自尊心；
◎发自真心地对他们进行赞美；
◎不在赞美后面加上一连串的批评；
◎用自己的实际行动暗示丈夫的错误。

庞克太太知道，自己的丈夫既要修理屋顶，又要在外工作，这的确是一件非常不容易的事。如果她直接对丈夫提出批评，恐怕一定会引发一场很大的争吵。于是，她在第二天早上对丈夫说："亲爱的，你做得太棒了，因为你昨天把屋子收拾得干干净净，找不到一丝木屑。"

从那以后，庞克先生每天在干活的时候都会在脚下铺上报纸。即使有一些木屑掉了出去，他也会把它们收拾起来。

相信女士们都知道，军队对纪律的要求是十分严格的。在美国，每年都有很多人参加预备役。这些预备军人和那些正式军人最大的区别就在于，他们始终都认为自己还是个平头百姓。对于他们来说，最难忍受的事就是理发。

哈瑞·卡斯是美国陆军的一名军官。有一次，他奉命训练一批预备役士兵。的确，在军队里，上级军官完全有权力大声斥责甚至威胁那些违反军纪的人。然而，哈瑞却没有这样做，只是对他们说："诸位，今天的你们虽然仅仅是预备役的一名士兵，然而在明天你们却会成为部队的领导者。作为一个成功的领导者，你们最应该做的就是起到表率的作用，为你们自己的部下做出一个好榜样，这是我一直都信奉的原则。你们看，尽管我的头发比你们中的很多人都短，但是我依然要去理发。现在你们真应该好好照照镜子，如果你们发现自己头发的长度超过了规定长度，那么就请你们马上自觉地去修剪吧！"

果然，很多人在听完哈瑞的话以后都去照镜子了，因为他们想要知道自己是不是有领导者的风范。当然，结果是美发店的门前排起了长长的队伍。

女士们，我之所列举如此之多的事例，无非是想让你们明白，间接指出他人错误的做法是非常有效的。

鼓励更容易使人改正错误

女士们，你们知道什么样的语言最容易让你的丈夫改正他们所犯下的错误吗？如果你们的回答是批评，那么你们就犯下了一个很严重的错误。因为事实上，鼓励的语言更容易使人改正错误。

几天前，我去参加一位朋友的婚礼，这是他第二次踏入婚姻的殿堂。宴会上，我问是什么原因促使他再婚，他回答说是舞蹈。我很吃惊，因为我清楚地记得他就是因为“舞蹈”才和前任妻子离婚的。他点头说：“你说得没错，戴尔！我知道这会让所有的人都吃惊，但它确实发生了。我的前任妻子，那个傲慢无理的女人，从来没有给过我任何鼓励。我知道，我的舞跳得确实很糟糕，但那也没必要讽刺和挖苦我吧！我的前任妻子总是说，上帝创造出我是最大的错误，因为我居然不会跳舞。她告诉我，我的舞步没有一处是正确的，我真应该到上帝那里去补充一些音乐细胞。天啊！戴尔，她的话太让我伤心了！其实，与其说是音乐断送了我的婚姻，还不如说是她刻薄的语言伤害了我们之间的感情。”

我非常理解他，因为很多男士都有这样的痛苦。男人不是圣人，也不是超人，他们有很多事情办不到，也有很多事情做得不好。这时候，他们的内心也十分苦恼，因为他们确确实实想把这些事做好。如果妻子能够及时给他们鼓励的话，那么他们一定会把自己所犯的过失改正掉。然而，很多妻子却都像我朋友的前任妻子那样，讽刺和挖苦自己的丈夫，因为她们觉得这样才能激励他改正错误。

继续我们的故事，我的那位朋友接着说：“自从我们离婚之后，我对舞蹈彻底失去了信心，因为我实在不愿意去回想过去那段痛苦的经历。可是，我的现任妻子，也就是我的舞蹈老师，却改变了我的想法，使我重燃信心。有一天，在我朋友的怂恿下，我报了舞蹈班。说实话，当时的我并没有抱太大的希望，因为我也认为上帝既然创造了我，就不应该创造舞蹈这种艺术。可是，我的舞蹈老师却对我说，我会的舞步虽然有些过时，但是基础还可以。她相信我只要努力就一定可以学会最新的舞步。她告诉我，只要我认真学习，一定可以成为舞池中最优雅的绅士。她还说，我是她所见过的音乐感最强的人。我知道她在说谎，可我喜欢这种谎言。渐渐地，我爱上了她，因为多年以来我一直都渴望有一位如此体贴的妻子。后来，在我们共同努力下，她的话变成了现实，我的舞技比以前强多了，这是她鼓励的结果。”

女士们，如果你对你的丈夫说，他对某件事的做法是你所见过的最愚蠢、最糟糕的事情，他所做的一切完全都是错误的，那么你无疑是亲手熄灭了他们改过自新以及进步的希望。可是，如果你们能够聪明一点儿，换一种方法，对他进行鼓励而不是批评和挖苦，那么我相信整件事就变得非常容易解决了。原因很简单，你的鼓励是在向他们暗示：虽然他们的确错了，但是你相信他们有能力把这件事做好。这样的话，他就会发挥自己体内所有的潜能，努力把自己的事情做好。

我在前面说过，在所有的人际关系中，婚姻关系是最难处理的。不过，女士们可以从人际关系大师那里学一些方法和技巧，因为这些对你的丈夫同样适用。

拉菲尔·汤姆斯是一位非常了不起的人际关系学大师，他就十分擅长运用这种鼓励的方法使人改正过失。有一次，我到他家去拜访。晚饭过后，他突然提议大伙一起围坐在火炉旁打桥牌。这绝对不行，因为我对桥牌一窍不通。于是，我拒绝道：“汤姆斯，你这是在让我难堪。我虽然不是一个很笨的人，但是我真的对桥牌一窍不通。我承认，凭我的脑子我是不可能学会这种休闲游戏的。”

汤姆斯却不以为然，笑着说：“干吗？戴尔！这并不是一种高不可攀的游戏，实际上它非常简单。你只需要学会如何记忆和判断，其他的根本不必担心。对了，我记得你在不久前好像刚刚出版过一本关于怎样培养记忆力的书。怎么？现在对自己没有信心了？我相信你戴尔，你一定会很快学会如何打桥牌的。”

当时我真的不知道发生了什么，因为我糊里糊涂地就开始了第一次打桥牌的经历。虽然我知道我打得很糟糕，但是我却总是听见汤姆斯的鼓励之词。现在，我已经算得上是一个桥牌高手了。

女士们如果能像汤姆斯那样，你的丈夫真的是太幸运了。因为你的鼓励不仅可以使他改正自己的错误，更可以让他树立自信，最后取得成功。

最近几年，美国肯塔基州出了一名非常出色的年轻国际象棋选手。他在很短的时间内就取得了骄人的成绩，而且现在已经写了几本关于国际象棋的著作。然而，所有人都想不到的是，这位年轻人以前竟然是个“象棋盲”。

1928 年，年轻的郝柏只身一人来到了肯塔基。本来，他希望找到一份教书的工作，因为他一直都认为自己在哲学领域很有建树。可惜，没有一个学校愿意收留他。为了生存，他做过很多事情，卖过手提箱、开过小型餐厅，甚至还在街上兜售过劣质的洗发水。

那个时候，他根本没有想到自己可以教别人下象棋，因为他不仅技术不高，而且还经常和别人就一个问题争论不休。每次失败以后，他总是会和别人强调自己的各种理由，说自己的失败是其他原因造成的。因此，周围的人没有一个愿意和他下象棋。

后来，他结识了上校的女儿，年轻美丽的亚瑟斯·迪勒。他们相爱了，并结了婚。聪明的亚瑟斯发现，虽然丈夫下棋的技术很差，但是他总是习惯在失败后分析原因，于是就对他说：“亲爱的，你的做法非常好，因为这会让你吸取教训。我相信，经过你的努力，你一定会成为大师级的选手。”

在这种鼓励的作用下，郝柏终于不再固执。每次下完棋后，他总是认真分析自己失败的原因，而不是去给自己找理由。如今，他终于成功了。

我知道，虽然很多女士都会认同我说的话，但是她们却固执地认为自己没有必要鼓励丈夫，因为丈夫做得确实很糟糕。曾经有一位女士对我说：“卡耐基先生，难道您认为我不想去鼓励我丈夫吗？可实际上他根本没有可鼓励的地方。他笨手笨脚，连个吊灯都安不好，每天下班回家就是守着那台该死的电视。像这样的人，我有什么可鼓励的？”

面对这种情况，我首先表示非常地理解，但这并不代表这种想法就是正确的。每当遇到这样的女士时，我总是会对她说：“是吗？你认为他什么都做不了，那么你自己呢？”是的，女士们，在我们批评别人前为什么不先反问一下自己？也许我们做得还不如人家呢！这时候，女士们就会发现，尽管他做得不够好，但依然应该得到你的鼓励。

几年前，我的侄女乔瑟芬·卡耐基从老家出来，到纽约担任我的秘书。那时她还是个孩子，因为那年她只有19岁，刚刚高中毕业。说实话，对于一个没有什么做事经验的女孩来说，想做好秘书这份工作确实不容易。因此，在刚开始的时候，乔瑟芬总是会犯下很多错误，而我也经常责备她。当然，我那么做是希望她能够改正这些错误。然而，我的责备非但没有使她尽快成熟起来，反而让她变得十分脆弱、敏感。我突然意识到，也许我帮助她的方法是错误的。

有一次，乔瑟芬把一份文件弄错了，这是一份很重要的文件。我很生气，准备狠狠地斥责她一顿。可是我又对自己说："戴尔，你不要这么冲动，好好冷静一下。尽管乔瑟芬做错了事，但她还是个孩子。你的确有丰富的做事经验，但你的年纪也比她大好几倍。回想一下，你19岁的时候是什么样子，难道你比她做得好？不，那时候的你犯下了很多愚蠢的错误。你为什么不想一想，当你犯下错误的时候最希望得到什么？是批评？不，当然不是。那一定是鼓励。"

想到这，我就对乔瑟芬说："乔瑟芬，想必你已经知道自己犯下了错误，也一定很后悔。但是，这并不代表你是无可救药的，因为以前的我比你所犯下的错误更多。是的，我没有资格批评你，因为现在的你比以前的我做得好得多。我相信，你会正视这个问题的，将来的你一定是全美最棒的秘书。"

从那以后，我的乔瑟芬进步很快，因为我的话始终都在激励着她。

女士们，每个人，也包括你们，都不希望听到别人指责我们，打击我们，因为每个人都有自尊心。我们希望得到安慰、鼓励，这样才会让我们心甘情愿地去改正错误，而你的丈夫也是一样。我要对女士们说的是，鼓励的魅力是非常大的。

鼓励的魅力

◎让他知道你是信任他的；
◎让他明白他是最勇敢的；
◎使他相信自己一定会成功。

戏剧性地表达自己的意图

幻想是女人的天性，每位女性都喜欢给自己编织各种各样美好的梦想，特别是那些刚刚结婚的女士。可是，女士们发现，自己这种美妙的幻想往往被那些不解风情的男人一手毁掉。这时，女士们开始抱怨，为什么丈夫那么固执、蛮横、不解风情，为什么他不能给自己一个浪漫美丽的生活。

女士们的这种抱怨往往是因为丈夫的行为不能满足自己的标准。在她们看来，改变一个男人错误的行为习惯或是让男人接受自己的劝告简直比登天还难。难道改变一个男人真的那么困难吗？不，事实不是这样的。你之所以没有成功，是因为你的方法存在问题。为什么不充分发挥你的幻想呢？为什么不能用你的表演让你的丈夫高兴呢？我要说的

是，戏剧性地表达自己的意图是一种让丈夫接受自己意见的最好方法。

对于一家报纸来说，摆脱谣言无疑是最困难的事，因为人们总是喜欢把眼球集中在那些坏事情上。几年前，《费城晚报》就曾遭受过别人的恶意攻击。有人对该报的读者散布谣言说，《费城晚报》已经对读者没有吸引力了，因为它上面刊登了太多的广告，而并没有多少有价值的新闻。相信很多女士在面对这种恶意攻击的时候，一定是选择反唇相讥，或是对读者百般解释，就像对她们的丈夫一样。然而，《费城晚报》却没有这么做。

这家报纸很聪明，他们把自己每天刊登的新闻都摘抄下来，然后进行分类，并出了一套书，书的名字就叫《一日》。这本书很厚，比一本要卖2美元的书还要厚，然而却仅售2美分。这本书的发行使那些谣言不攻自破，因为大量事实表明，《费城晚报》所刊登的并不仅仅是广告，还有很多非常有价值的新闻。这种做法远远要比有些女士所选择的做法高明得多。

女士们，你们完全可以在丈夫面前“演戏”，让他明白你究竟想要传递什么信息给他。这一点非常有效，因为它不会让你那固执、暴躁的丈夫感到厌烦。

当今的美国正处于一个充满戏剧性的时代，如果你还是希望以简单的言语来达到自己的目的，这显然是不够的。真理是正确的，然而它必须被人们所接受才能发挥作用。我们需要让真理看起来生动、有趣、具有戏剧性，因为只有这样人们才乐于接受它。要做到这一点，女士们必须学会正确地运用一些表演技巧。

戏剧性表达意图的好处

◎吸引丈夫的眼球；
◎更容易让丈夫理解你的做法；
◎让丈夫愿意接受你的意见。

罗林·温斯特女士是一位非常出色的家庭主妇，她就十分明白该怎样让丈夫接受自己的观点。她的丈夫是个大顽童，很喜欢和孩子们在一起做游戏。这下她的两个孩子可玩疯了，因为他们有一个愿意给他们买很多玩具的父亲。温斯特先生总是在下班以后和孩子们待在一起，可他们总是在玩完之后不把玩具收拾起来。为此，罗林女士曾经劝过他们很多次，可始终都没有效果。最后，罗林决定改变一下自己的策略。

一天，温斯特先生刚回家就马上叫出孩子们，因为他又新买了一套非常好玩的积木。正当他们玩得兴起的时候，罗林女士突然说："对不起，打扰一下，我能加入到你们的游戏中来吗？"父子三人都非常诧异地看着她，温斯特先生说："你？亲爱的，你不是开玩笑吧，你是一贯对这些事不感兴趣的。"罗林笑了笑说："是的，可我现在改主意了，而且我已经想到一个新的游戏方法，比你们所玩的那些东西有趣得多。"温斯特先生很惊讶地问："是什么游戏？"罗林说："我准备把儿子的小三轮车改成汽车头，把女儿的小篷车改成车斗，然后由儿子做司机，你做指导，女儿和我做清洁工。我准备在星期天大扫除的时候玩这个游戏。"

星期天到了，罗林女士果然实现了自己的诺言。然而，那父子三人虽然玩得很高兴，但一个个都累得够呛。从那以后，他们再也没有把玩具随处乱扔，而且还经常帮罗林女士做一些家务。因为他们终于知道，做家务是一件很累人的事，并不是一场好玩的游戏。

我不得不为罗林女士鼓掌，因为她用这种戏剧性的手法使丈夫和孩子都体会到了自己的辛苦，也认识到了随处乱扔玩具的错误。然而，有些人却做得不够好，因此她们也给自己找来了麻烦。

卡伊女士是一位职业妇女，尽管她已经是三个孩子的母亲。确实，卡伊女士所承受的压力很大，既要在外面工作，还要负责做家务。这天晚上，当卡伊女士拖着疲倦的身子打开家门时，发现自己早上辛辛苦苦收拾的屋子被三个淘气的小家伙破坏得惨不忍睹。卡伊女士受不了了，大声地说："你们三个小坏蛋，看看你们都干了什么？难道你们不知道我每天早上都要花很大的精力来收拾吗？你们就是这样对待你们母亲的劳动成果吗？"

正巧这时卡伊女士的丈夫回到家，当他听见卡伊女士的吼叫声后，走过去说："算了，亲爱的！他们还只是孩子，犯不着这么责怪他们。"没想到，丈夫的话反倒更加激怒了卡伊女士，她气愤地说："是吗？你说得倒轻巧，每天负责收拾屋子的又不是你。你不要以为你就没有责任，这些孩子都是你惯坏的。还有，你作为父亲居然没有给孩子们做出好的榜样。看看你吧，每天回家后把鞋子、袜子到处乱丢，看完报纸也不知道放回原处，孩子们那些坏毛病都是和你学的。”

可想而知，当时的场景会有多么尴尬。然而，卡伊女士的话起到什么作用了吗？没有，一点儿都没有。相反，卡伊女士的丈夫更变本加厉了，因为他要证明给所有人看，自己才是一家之主。

的确，如果卡伊女士能够学会罗林女士的技巧，事情恐怕就没那么难办了。其实女士们完全可以向那些商人们学习一下，因为除了演员以外，商人大概是最会表演的人了。

一家灭鼠药制造商在研发出一种新的灭鼠药以后，想让消费者在最短的时间内接受它，于是，他们找到了那些橱窗展示专家。这些专家经过研究，决定为这家制造商办一个专门的现场演示橱窗。他们在大街上摆了一个橱窗柜子，并在里面放上了两只小老鼠。很多路人不知道发生了什么，全都围了过来。这时，有人把那种新型的灭鼠药投放到橱窗里，因为他们想让消费者亲眼见识一下灭鼠药的功效。结果，那次宣传非常成功，灭鼠药该星期的销量比过去一个月的销售量还要多。

如果那家制造商还是像以前一样，把灭鼠药分发给推销员，然后让推销员挨家敲门，并且鼓吹自己的灭鼠药功效有多好的话，恐怕得到的回应只能是：“看，又是一个骗子。”

相信很多女士都记得“美思”牌妇女透明丝袜。的确，它似乎是在一夜之间就被所有的女士所接受，成为世界知名的品牌。然而，这家生产透

明丝袜的公司以前不过是一家小公司而已，他们正是借助广告的神奇力量才最终获得成功的。

一天晚上，很多忙碌一天的妇女都坐在自家电视机前观看自己喜欢的电视剧。广告时间到了，人们看到画面上出现了一双穿着性感丝袜的美腿。那双腿很漂亮，也很迷人。这时，电视里传出一个动听的女性声音："让我们一起见证奇迹吧，美思透明丝袜绝对是美国女性的首选用品。它的功效十分神奇，因为它可以让任何形状的腿都变得美丽迷人。"

这时，很多女士都觉得十分无聊，因为这种天花乱坠的广告到处都是，可这些产品往往没有实际效果。正当女士们想转换频道的时候，突然发现镜头正慢慢往上移。观众本以为那双美腿的上半部分一定是一位漂亮迷人的少女或是电影明星。然而，令所有人都大吃一惊的是，这双美腿的主人居然是一位健壮的橄榄球队员。只听他粗声粗气地说："虽然我没必要穿女性透明袜，但我却坚信，美思牌长筒透明丝袜既然能够让我那双粗壮的腿变得如此美丽，也一定可以改变你们的腿。相信我，女士们，选择美思是最明智的。"

女士们，你们完全可以把自己的意见和看法当成商品，而你的丈夫就是你的消费者，因此，如果你想让你的丈夫买你的商品，那么采用戏剧性的手法就是必不可少的了。很多人在向别人传达信息的时候往往忽略了很重要的一点，那就是最能引起人们兴趣的往往是那些能满足人好奇心的事。的确，好奇是人类与生俱来的本性。因此，女士们如果想让你丈夫愉快地、痛快地、高兴地接受你的意见，那么你们最好学一些表演技巧，然后把你们的观点戏剧性地表达出来。

第五篇

做男人背后的成功女人

第一章

做男人坚强的后盾

鼓励他从事合适的职业

前一段时间，我在书店里买了一本彼得·斯德克博士所写的《怎样停止谋杀自己》。书中有一段话论述得非常精辟、独到，现在我把这段话给各位女士写下来：

那些太太真的应该受到强烈的谴责，因为她们一直都非常过分地强求自己的丈夫。她们的要求永无止境，希望自己的丈夫不知疲倦地奔跑，以此来争得财富、名望以及高水平的物质生活。而这些女人的目的仅仅是为了超过他们的邻居。

这种女人的天性就是很势利的，但后天的影响更刺激了这种天性。我做过很多调查，知道很多原本幸福美满的家庭都被这些野心家毁掉了。我真的不明白，为什么一个女人要有如此之大的野心？

女士们，读了这段话你们有何感受？作为妻子，你们是不是也经常强迫自己的丈夫去符合你心中的“成功模式”？如果真是这样的话，我只能说：“你的丈夫太可怜了，而作为妻子的你太可悲了，你们的家庭太不幸了。”

相信很多女士都读过约翰·莫科德所写的小说《无法回头》，书中那个可悲的社会就是对现实生活的最好写照。在那里，人们没有个性，所有的行为、举止都力求与传统一样。还记得那个妻子吗？为了满足自己那可

怕的虚荣心，她不断逼着自己的丈夫一级一级地往上爬。她的丈夫是个没有“野心”的“窝囊废”，对这种行为并不感兴趣。不过，为了证明他的爱，丈夫还是听从了妻子的安排。可是，当他后悔并且想要回头的时候，却发现这已经是完全不可能的了，因为他已经陷入了一个与他自身的个性完全不一样的社交圈中，自己已经不能自拔。

说句实话，我真不愿意在现实生活中看到这样的事情，因为这对于每一个幸福的家庭来说，都无疑是一场灭顶之灾。然而，我又不得不承认，很多女士并没有认识到“强迫”自己丈夫去从事一项他不喜欢的职业是件多么危险的事，尽管那份工作看起来很体面，而且也能给家里带来很高的收入。

那是三年前的事情了，我和妻子一起去伦敦旅行。傍晚的时候，我们一起在街道上散步。这时，我们遇到了莱斯女士，她是我以前的邻居。莱斯是个很爱面子的女人，也喜欢在别人面前夸夸其谈。莱斯女士骄傲地告诉我们，如今她丈夫已经是一家公司的白领了，而她似乎也进入了上流社会。

强迫丈夫做不合适职业的危害

◎让你的丈夫陷入无限的痛苦之中；

◎使你们的婚姻出现裂痕；

◎让你的丈夫在工作中失去激情。

在他们刚结婚的时候，莱斯的丈夫是一个非常不错的电焊工。虽然每天的工作有些累，而且收入也不是很多，但他生活得非常快乐。可是，莱斯女士对这一切并不满足。她羡慕别人的丈夫每天都拿着公文包体面地去上班，而自己的丈夫带的却是一个便当。为了让自己能够体面地生活，莱斯开始干涉丈夫的工作。

在妻子的督促下，这个本来快乐的年轻人来到了一家大公司，做起了文员。他不再拿电焊机了，因为他的手要拿笔杆子。如今，在太太的帮助下，他已经接连升了几级。可是他并不喜欢这种安静的、枯燥的工作，因为电焊工才是他最喜欢的工作。因此，现在莱斯的丈夫过得非常非常苦恼。不过莱斯却不这样认为，她终于可以在别人面前夸耀了，因为是她让丈夫从一个不值钱的工人变成了一个受人尊敬的白领。

强迫你的丈夫去做一项他不喜欢的职业，结果只能让他感到非常地委屈。我承认，有些工作确实很让人羡慕，但这并不代表会给所有的人都带来快乐。女士们，如果你们去强迫你们的丈夫离开他们所喜爱的职业，那么无疑就是在自掘婚姻的坟墓。

珍妮·维斯特是个幸运的女孩，因为她有着漂亮的外表，而且还继承了巨额的遗产。所有的人都认为，珍妮一定可以嫁一个温文尔雅、英俊潇洒的丈夫。就在1826年，她结婚了，丈夫名叫托马斯·卡莱尔，一个顽固不化的、根本没有什么前途的、而且有着苏格兰血统的青年。珍妮的很多朋友都不理解她为什么这样做，都在背地里说："看珍妮都干了什么？她是不是疯了，居然会嫁给一个没有一分钱的穷光蛋。这下可好，她算是葬送了自己的幸福。"

事实是这样吗？不，那些人错了。因为托马斯以及他和珍妮的婚姻已经成为了一个传奇故事。如今很多人都知道《法国革命》和《克伦威尔的一生》这两部巨著的作者是托马斯，而且很多读者把托马斯当成偶像一样崇拜。不光这样，托马斯·卡莱尔还成为了爱丁堡大学的名誉校长，而他们的家，如今也已经成为了那些文学天才的聚会场所。

我知道，这一定会让很多女士羡慕，因为她们也盼望自己能够像珍妮那样幸运，嫁给一个十分有潜力和才华的丈夫。我想告诉女士们的是，珍妮能够幸福并不仅仅因为他丈夫是个很有才华的人，更主要的是因为她为丈夫作出了很多"牺牲"。

珍妮原本也是一位诗人，可是为了丈夫，她甘心放弃了自己的爱好。后来，她花钱在苏格兰乡村一个偏僻的地方盖了一间房子，目的是让自己的丈夫能够不受干扰地在那里安心写作。珍妮从来没有抱怨过，也没有想过要自己的丈夫改变什么。她学会了缝衣服，做起了一名俭朴的家庭主妇。托马斯的身体不好，有慢性胃病，所以珍妮必须十分细心地照料他。当丈夫的心情郁闷时，珍妮又成了最好的倾听者。

后来，托马斯成功了，也出名了。像其他文人一样，托马斯受到了很多漂亮女人的倾慕。可是，珍妮对这一切都从来没有在意过，因为她知道，那些丈夫忠实的追随者能够给他的作品吸引来更多的注意力。

如果说珍妮身上什么优点最值得人敬佩，那么无疑就是她从始至终都没有想过要改变自己丈夫的个性。有的出版商为了打开销路，特意把珍妮写的信印在了托马斯的书后面，现在，这封信已经非常有名了。信里有这样一段话：

我不认为所有人都变成一个模式是一件好事。相反，我希望我可以拿着一支笔，在每个人的周围画上一个圈，然后告诉他们，永远不要走出圈外，因为只有在这个圈内你才能将自己的独特个性发挥出来。

我真的非常敬佩珍妮女士，因为如果换了别的女士，大概她们早就想尽一切办法来改变托马斯·卡莱尔个性中的那些不合时宜、顽固不化的地方了。当然，这一切都是为了托马斯好。不过，珍妮却一直都把思路放在如何发挥丈夫的个性上。道理很简单，她喜欢托马斯本来的个性，因为那才是真正的他。同时，珍妮也非常希望整个社会能够接受真实的托马斯·卡莱尔。

女士们，你们是否已经发现了帮助一个男人正确认识自己的能力与强迫男人做超出自己能力的事这两者之间既微妙又很神奇的差别吗？你们必须记住，并不是所有的男人都是圣人，即使圣人的能力也是有限度的。一个成功的妻子是从来不会去逼自己的丈夫做超出能力的事的。

应该说，托马斯是个幸运的男人，因为他有非常懂事的妻子。可是似乎并不是所有的太太都能这样明事理。我看过很多例子，妻子逼丈夫去做了那些超出能力的事，结果丈夫变得痛苦、忧虑以至于神经衰弱。

每个人都想获得很高的职位和薪水，但这并不能代表那些在低职位工作的人就不幸福、不快乐。事实上，真正夺走这些人幸福的，恰恰是硬逼他们去夺取高位的做法。这会使那些可怜的丈夫患上可怕的胃溃疡甚至于过早地死亡。这不是危言耸听，因为超负荷的压力会使他们的神经系统难以忍受。

克拉克·辛斯顿是纽约警察局里的一名警官。这家伙是个工作狂，每当有刑事案件发生的时候，他都显得十分兴奋，因为他喜欢有挑战性的工作，尽管做这行薪水并不是很高。可是，当他的小女儿出生以后，上级却把他调到一个新的部门做主管，负责处理一些文件。虽然这份工作没有危险，上下班也有规律，而且薪水也很高，但压力也是相当大的。克拉克根本不适合做文职工作，所以在别人眼里看起来很小的问题，对于他来说简直是个大难题。不过，出于各方面考虑，克拉克还是接受了调职，而且也做好了充分的准备。

一段时间过去了，虽然从表面上看起来一切都是有条不紊地进行着，但实际上克拉克很苦恼。他开始失眠，脾气也变得非常暴躁，就连人都开始消瘦。后来，妻子陪他去看医生，希望能够找出病因。然而，各项检查过后，医生说他身上没有一点毛病。当询问完克拉克最近的状况以后，医生告诉他们，克拉克的病来自于工作上的烦恼。

妻子给警察局长打了一个电话，希望他能够让自己的丈夫重新回到原来的岗位上。因为如果他不能从事那份他喜欢、适合的工作的话，迟早会在现在这份工作上累垮。要是警察局依然固执地不调他回去，那么纽约将失去一位非常出色的警察。

最后，克拉克回到了原来的岗位，而他的健康也很快就恢复了。克拉克说："我现在终于明白，金钱与自己能够高兴、愉快地从事一份合适的职业比起来，简直太渺小了。"

女士们，如果你真的希望自己的丈夫能够取得成功，那么就请你们不要强迫他们去做你认为合适的职业。你们应该珍惜他们、鼓励他们、默默地配合他们的工作。永远都记住，千万不要硬逼着他们从事不合适的职业，你们要做的就是让他们自由地发挥自己的才能。

帮助他确定人生目标

1910 年，那时候的我还只是一个刚从密苏里州玉米栽种区出来的不懂世故的幻想青年。为了实现我心中的梦想，我来到了位于纽约的美国戏剧艺术学院。我的家境并不富裕，所以我和另一个充满幻想的来自马萨诸塞州的名叫惠特利的乡下小子合租了一间公寓。

我和惠特利相处得非常好，因为我们有着同样的生活背景。我们经常在一起谈论自己的未来，幻想着有朝一日实现自己心中的梦想。我记得非常清楚，惠特利最常说的一句话就是："你瞧着吧，戴尔！早晚有一天，我，惠特利，一个来自农村的穷小子，一定会成为纽约一家公司的大老板。"当时我对惠特利的想法有些不以为然，因为从各种条件来看，他的这种想法都更像是幻想。可事实证明我是错的，因为惠特利现在已经是蓝月乳酪公司的总裁了。

起初的时候，惠特利不过是在纽约一家食品连锁店里当零售员。可是，惠特利和其他爱抱怨的青年不一样，他对这份"没有前途"的工作充满了热情。为了熟悉业务，他还经常借用午餐的时间到各个批发部门帮忙。当然，他这么做，没有一点儿功利心理。后来，一个批发部门的主任知道了这件事，就把一次绝好的工作机会留给了这个年轻人。

渐渐地，惠特利的事业有了起色。他先是零售员，后来变成了业务员，然后又成为部门经理，接着又升任了业务经理。当然，在这个过程

中，他也不可避免地遇到了一些困难和挫折。后来，惠特利又换了几份工作。这并不是因为惠特利对目前的工作没有激情，而是在他看来，在那些公司工作简直没有前途。

我必须强调一点，惠特利在这几年的拼搏中，从来没有忘记自己当初制定的目标。他一直努力着、奋斗着，而且最终取得了胜利。

惠特利无疑是一个“白手起家”的经典例子，因此我仔细分析了他的奋斗过程，希望能够找出他成功的原因。他的确是非常勤奋地工作，可这一点很多人也做到了。难道是学历起了作用？不，他的学历是靠自修才得来的。突然，我想起了惠特利常说的那句话，这下我终于明白惠特利成功的主要原因了，那就是他始终在朝着那个方向努力，一刻也没有停止过。

女士们，相信你们一定明白了我讲这个故事的用意。是的，凡是那些生活散漫的人都不可能成功。他们的生活没有一丝的目标和计划性，什么事都是稀里糊涂地去做。虽然他们自己没有进取心和动力，但却同样终日做着成功的美梦。

各位女士，我可以很肯定地说，虽然我现在把目标对于男人成功的重要性告诉给了你们，但实际上你们并不知道该怎么做。

制定目标的准则

◎必须是切实可行的；
◎丈夫和你都喜爱的；
◎并不一定是非常大和重要的。

我这么说是有原因的，因为有一次我在培训课上把这个故事讲给学员的时候，一位女士站起来问我说："卡耐基先生，我不知道你说的这些和我们有什么关系！你是知道的，几乎所有的男人都是狂妄自大的家伙。你可以问问其他女士，当我们给自己的丈夫描述家庭的目标时，往往换回来的是一顿斥责。如果我说希望他能够成为像洛克菲勒一样的大老板，他一定会认为我疯了。"

我相信这位女士说的话，因为这种情况的确存在。然而，这并不能证明帮自己的丈夫确定目标的做法是错误的，只能说明大多数女士所选择的方法不恰当。我给了那位女士一些建议，现在也把它送给你们。

我个人认为，在这三点建议中，最后一点是非常重要的。其实，在这条准则中还包含着一个如何帮助丈夫确定目标的小技巧，那就是不断给他制定出新的目标。关于这一点，我是从《婚姻指南》中得到的灵感，书中这样写道：

作为夫妻，所有人都希望能够拥有一段快乐的婚姻生活，而造就快乐婚姻的基础就是共同的生活愿望。不过，我们必须搞清楚，这种共同的愿望不一定是非常远大和重要的，可以是买一栋房子，也可以是拥有一个大家庭，更或是仅仅去欧洲旅行……这些都可以，因为最重要的是有一个共同的生活愿望。

目标是第一位的，接下来的才是尽力实现它。快乐美满的生活就是来自于对未来生活的规划、幻想以及设计，而夫妻之间幸福的婚姻生活则是来自于共同享受生活中的成功与失败、希望与失望。

女士们，你们可以找一千个理由不相信我所说的话，但是你们却找不出一个理由驳倒成功的事实。我夫人和威廉·格勒罕夫人是一对非常要好的朋友，所以我对这对富翁夫妇的奋斗史非常清楚。

威廉·格勒罕是美国堪萨斯州威基塔市一家最大的石油公司总裁，这可是一家能够获得丰厚利润的公司。事实上，这家公司是威廉·格勒罕先生一手创办的。早在他还是个孩子的时候，就已经会从投资、经营石油中牟取利润了。再看看现在这对夫妇，他们有着令别人羡慕不已的财富，而且身体健康，拥有四个聪明可爱的孩子以及成功的事业，最主要的是他们在以后的日子里还将会拥有这一切。

有一次，我向威廉·格勒罕请教他成功的最大秘诀。他微笑着告诉我说："这一切和我妻子的努力是分不开的，因为是她一直陪伴在我身边，和我一起为实现我们一个个新的目标一起努力。"

在威廉·格勒罕夫妇刚结婚的时候，他们先是尝试着做房屋不动产买卖。那时候，他们的处境很困难，因为他们除了能够收到一点儿可怜的佣金以外，没有其他任何的经济来源。既然做生意，办公室是必不可少的。然而，当时的格勒罕夫妇只能在一栋大楼的一角租一间办公室，而且这个房间还挨着废弃的通道。白天的时候格勒罕夫人在办公室联系生意，而格勒罕先生则外出寻找业务。那段时间，业务简直少得可怜，而这对新婚夫妇也经常是三餐无着落。

不过后来，业务终于有了转机，格勒罕夫妇的手中也有了一些积蓄。于是，他们开始购买房子，接着再卖出去，后来干脆自己建造房子往外卖。他们的目标终于实现了，因为他们确实已经经营起了自己的房地产生意。可是，威廉·格勒罕先生并不满足。他认为自己还太年轻，完全有精力去做一些其他的事情。

威廉·格勒罕夫妇召开了几次家庭会议，格勒罕夫人认为，既然威廉在很小的时候就已经在石油领域显示出了天分，那为什么现在不能把它做大呢？威廉十分同意妻子的话，也认为他们应该做起石油生意。就这样，威廉·格勒罕的石油公司终于成立了。

如今，威廉·格勒罕夫妇已经把石油公司经营得非常红火了，可他们并不满足。据说，他们已经有了下一步计划，而且也会和以前一样，全力以赴地去实现它。

事实上，威廉·格勒罕夫妇在制定目标的时候并不是随意的、毫无根据的。格勒罕太太对我说："戴尔，你知道吗？有时候帮助我丈夫确定一个目标真的是一件非常困难的事。我不能随便给他制定一个目标，因为那样很可能会使他丧失掉成功的信心。在每次制定目标之前，我都会考虑一下威廉所受过的训练、教育以及他的性情。此外，还有一点是非常关键的。人往往在实现一个目标以后就会丧失掉奋斗的劲头，因此我和丈夫总是在努力实现一项目标的时候，已经开始寻找下一个非常重要的目标。你都看到了，戴尔！现在我们过得很充实、也很幸福，因为我们的生活永远充满了挑战性和成就感。"

的确，格勒罕说得一点儿都没有错，一个成功的人生是应该分为制订计划、实施计划、达到目标三个部分的。我给女士们举一个简单形象的例子，人生就像是一场射箭比赛。不管你的技术有多高，也不管你的弓箭有多精巧，如果你不去瞄准的话，那么怎么可能射中靶心呢？当然，即使你瞄准了，也并不能保证箭就会一定射中靶心，但这总比闭上眼睛去射强得多吧。

哥伦比亚大学一位教授曾经说："人类产生忧虑的主要原因就是混乱。"是的，他说得没错，但我认为模糊不清的思想更是人通往成功路上的最大障碍。女士们，作为丈夫最亲近的、最信任的人，你们的义务应该是什么？那就是替丈夫清除那些障碍。

女士们，在你们帮丈夫确定目标之前，首先要做的就是思考成功究竟对你和你先生有什么意义。它可能意味着很多的金钱、财富、权力和地位，也可能仅仅是代表着一种满足。每个人的意识形态是不一样的，因此生活中的成功对每个人的意义也是不一样的。因此女士们，当你们找出成功的真正意义后，你们就可以开始为丈夫确定目标了。

还有一点我要提醒各位女士，你们帮助丈夫确定目标的做法是正确的，但前提必须是你明确地了解这个目标。很多夫妻在开始的时候充满了热情，也各自为自己制定了远大的目标。可是，当他们全身心地投入到生活之中时，却发现与他们制定的目标方向竟然是相反的。我并不是宣扬"男权主义"，但如果你们的丈夫真的有一个远大的理想的话，我希望女士们能够全身心地投入进去。

女士们，我必须再重申一次，帮助丈夫成功的第一步就是帮他确定人生的目标。最后，我有一句话送给女士们。很可惜，我已经忘了它的出处，但它却是一个非常好的忠告：

爱情是什么？仅仅是两个人对视吗？不，爱情是两个人、四只眼，一起朝一个方向观望。

鼓励他不断学习

女士们，你们是否希望自己的丈夫能够得到升职呢？我想答案一定是肯定的。然而，如果我在这里询问女士们是否帮助自己的丈夫做好了升职的准备，得到的回答恐怕就不是那么肯定了。

我曾经向著名的社会学家华纳博士请教怎样做才能使一个人获得成功。华纳告诉我："美国是这样一个国家，它希望所有人的脑子里都有获得成功的信念，而一个人取得成功的最主要方法就是通过学习。我们每个人都在经营自己的事业，因此就必须利用各种方法给自己创造提升的机会，这其中包括专业技术的训练以及人事考核等。"

华纳博士的话说得非常有道理，因为如今很多公司都为自己的员工制订了一系列的训练和学习计划。此外，有的公司为了鼓励那些有上进心而且愿意利用工作之余进行自修的员工，还特意设立了各种升级方式来作为奖励。

的确，每一个在外工作的男人都希望在工作几年后能够使自己的事业上一个台阶。然而，这种能够担当高位的能力却是需要通过在工作中不断地学习来获得的。我承认，并不是所有人都能够实现自己伟大的目标。事实上，在当今这个社会中，很多人都不得已地去做一份他们不喜欢的工作。不过，这一切并不能成为放弃努力的理由。

很多事业有成的人都是通过自己的刻苦努力才获得成功的。数学家查尔士·弗洛斯原本是一名鞋匠，而他却利用每天的业余时间来学习，最终取得了很高的成就。乔治·史蒂文生以前不过是一名普通的机师，而正是因为他利用值夜班的时间不断研究数学才最终完成了火车头的发明。詹姆斯·瓦特，蒸汽机的发明者，如果他不是一边进行自己的修理工作，一边展开对化学和数学的研究的话，恐怕人类社会的发展要推迟很长时间。

真的难以想象，如果这些人不是有一颗永不满足的心，那将对人类的发展造成多大的损失。无数的事实已经证明，在当今社会，光满足领取目前的薪水而不去潜心学习的人，是不可能获得成功的。

因此，面对这种情况，男人们必须静下心来学习，以便让自己获得提升。这时，作为丈夫最亲密的助手，你们应该怎么做呢？要想找到问题的答案，女士们必须先明白一点，那就是一个妻子的态度对丈夫是否能够静心学习有着非常大的影响。

我非常理解女士们，因为如果丈夫要利用工作之余学习的话，对那些需要人关爱和陪伴的妻子来说的确是一件非常残忍的事。你的丈夫非常有抱负，一直梦想着自己能够成为一个出类拔萃的人，因此他报了夜校，每个星期有两个甚至五个晚上不能在家陪你。这时候，妻子首先要学会的就是如何独处，以打发那些无聊的时光。

有些女士可能不赞同我的话，会反驳我说："我为什么要学会独处？难道我结婚就是为了过这种枯燥无聊的生活吗？丈夫的义务除了养家糊口之外，还应该让家庭充满温暖。"我不否认这种说法，但女士们有没有想过？你的不开心很可能会导致丈夫无法安心学习。你每天都在丈夫的耳边不停地唠叨、抱怨，甚至于咒骂，使你丈夫的学习没有一点儿成果。结果，10年过去了，身边的人都已经事业有成，而你的丈夫依然还是一名小职员。我可以直言不讳地说，女士们对丈夫的失败是要负很大一部分责任的，正是因为你们不全力以赴地帮助丈夫，才使得他与成功失之交臂。

女士们，请不要再抱怨了，你们应该仔细地观察一下周围的环境。一段时间后，你们会逐渐理解丈夫的行为。是的，没有一个人天生就具备成功的能力，只有通过不断地学习才能使他们获得这种能力。很多男人在结婚前非常有才能，然而婚后，由于妻子的原因，他们不再去努力学习了。渐渐地，他们跟不上时代的潮流，也不能适应社会上新型的规则，更不可能适应新的社会环境。就这样，他们一点点地落后，一点点地失败。

我曾经不止一次地说过，丈夫的成功与妻子有着很大的关系，这一点我一直都坚信。有一位名叫哈韦斯的年轻人，刚开始的时候他在一家小公司做职员。后来，他独自来到了俄克拉荷马州，在那里找到了一份与石油有关的工作。就在这时，他遇到了后来的妻子奥立佛·英德小姐，并且很快和她结了婚。

然而，就在婚后的第三个月，可怕的事情发生了。哈韦斯任职的那家公司突然进行了一次大规模的裁员，很多员工都被解雇了，其中也包括哈韦斯。一个新婚家庭陷入了经济危机，因为以哈韦斯当时的经验和技能来说，他只可以做一些简单的文员工作。而在那时，这种人员对于社会来说是绝对过剩的。没办法，哈韦斯最后只好做起了石油管挖壕工，每天只能赚到那可怜的 3 美元。

如果这时奥立佛对哈韦斯抱怨，应该也不算什么过分的事。然而，她却没有这样做。奥立佛一直坚信自己的丈夫能够取得成功。她先是自己找了一份工作，然后毅然地挑起了养家的重担。奥立佛对哈韦斯说：“亲爱的，你现在不过是个毛头小子，有很多东西都需要你去学习。放心吧，我的收入足以维持我们的生活了。所以，请你放心地学习吧，我坚信有一天会用到的。”

事实证明，奥立佛女士的决定是相当正确的。哈韦斯先是去夜校学习法律和会计，后来又到杜沙尔大学的夜间部进修法律。最后，他终于通过了职业律师鉴定考试，成为了一名真正的律师。如今，哈韦斯真的取得了成功，因为他目前的薪水已经是原来做挖壕工的十几倍了。

哈韦斯整整努力了 3 年，在这 3 年里他每天都坚持不懈地执行着自己的学习计划。实际上，每一个人都可以像哈韦斯一样，关键是看他的妻子是否能够配合。我们都知道，一个人白天需要工作，晚上又需要学习，而且还必须是连续几年不间断，这的确不是一件轻松愉快的事情，需要有非凡的定力。在整个奋斗过程中，人难免会产生失望、厌倦等情绪，这时他就迫切地需要获得家人的鼓励和支持。其中，妻子的鼓励和支持又是最主要的。

当然，我在之前已经说过，我非常理解女士们的处境。特别是那些结婚时间不长的妻子，更加难以忍受这种孤独的生活。因此，有一个问题摆在了女士们面前，究竟怎样做才能摆脱孤独呢？

我认为，最好的方法就是学习。假如你有足够的时间，你完全可以和

丈夫报同一个班，然后一起学习一些知识。这样一来，你不仅可以帮助丈夫更好地学习，而且还使自己学到了很多知识。此外，女士们不妨选择丈夫没有时间去学却对他们很有帮助的课程，这样你们就可以帮丈夫补充一些知识。如果实在不行，那么就选择一些自己感兴趣的课程，这种做法至少不会让自己觉得太过无聊。

至于说那些需要照顾小孩子而没时间去课堂的女士，你们也不必烦恼。因为你们可以把家庭当成课堂，把书本当成老师。当你家调皮的小家伙睡着以后，你不妨打开台灯，静静地坐在椅子上读书、学习。虽然这不一定会让你成为一个非常专业的人士，但它却足以让你每天都生活得很充实。

女士们，你们根本不必怀疑丈夫利用业余时间去学习这种做法是否值得。一个人要想获得成功就必须通过刻苦的努力，而你们为此付出的一切努力也都是会有回报的。作为妻子，你们应该坚定地支持自己的丈夫，甚至于花费金钱和时间也在所不惜。道理很简单，因为这种行为是在为你们将来的幸福生活进行投资。看看下面这些人的成就，也许更能坚定女士们的信心。

赫白·胡佛，爱荷华州一个铁匠的孤儿，后来的美国总统；亨利·卡伊上校，普通的电话接线生，后来的阿德福·伊斯德里董事会的主席；沃特森，图书管理员，后来的 IBM 公司董事长；保罗·霍夫曼，挑行李的脚夫，后来的斯杜蒂博克公司的董事会主席。

你的丈夫应该抓住一切机会学习，以便提高他的能力，这需要你真心地、大力地支持和鼓励。一个聪明的男人总会找机会使自己的知识和素质得到拓展。美国驻联合国大使奥尼斯·罗杰斯曾经对我说：“我知道我还有很多技能需要学习，因为我总是面临不同的挑战。如今，为了能够应付大批的文件和信件，我特意参加了一个夜间速读培训班。”

如果你的丈夫愿意不断地学习，那么你应该感到幸运；如果他不愿意学习，那么你就应该鼓励他去学习，这样做是为了增加他获得成功的机会。美国哈佛大学前任校长罗威博士曾经说：“怎样才能训练人？是强迫还是严加看管？都不是。训练人的唯一方法就是让他能够自觉地使用他的脑子。作为一名教育者，你所能做的只能是引导、帮助、督促以及暗示，但只有他自己真正努力了才最具价值。一切都是非常公平的，一个人所付出的努力永远都会和他获得成果成正比。”

激励他获得成功

在开始这篇文章之前，我先告诉女士们一件非常有趣的事。每个人，我是说每个人，都是由两部分组成的，一部分是真实的自我，另一部分是理想的自我。也就是说，一个在现实生活中非常懦弱的人，他理想中的自我就是成为一个坚强的人；一个对自己没有信心的人，他理想中的自我就是成为一个无所畏惧的人；一个说话口吃的人，他理想中的自我就是成为一个口若悬河的演讲家，而一个平凡的人，他理想中的自我就是成为一个成功人士。

我之所以说这些，主要是希望女士们能够明白，帮助丈夫获得成功（也就是让他变成理想中的那个人）是每一位做妻子的责任。那么怎样才能做到这一点呢？不停地指责、无休止地挑剔、老是拿他与那些成功的人相比、逼迫他去做一些不想做的事情……这些愚蠢的做法显然都不能达到目的。作为妻子，你们应该做的是不停地称赞他的进步，通过激励的方法使他获得成功。

有一位资深的家庭问题研究专家曾经这样说过："很多女士都不知道赞美——特别是来自妻子的赞美，对于男人意味着什么。当一个男人从妻子的嘴里听到'亲爱的，你是最棒的，我真为你骄傲！我真的太幸运了，因为我选择了你！你知道吗？你将是我今生最大的荣耀'这类话的时候，没有一个男人不是斗志十足、意气风发的。对于男人来说，他们最大的动力就是来自妻子的鼓励。"

这种说法可笑吗？不，它说的完全是事实，很多取得成功的男人都印证了这一观点。我的培训课上曾经有一位名叫鲍勃·巴克斯的先生，如今他已经拥有一家很大的货运公司了。鲍勃和我的关系很好，前几天还给我来了一封信，向我详细介绍了他成功的历程。在征得他允许的前提下，我把整封信都收录了进来：

如今我越来越坚信，一个男人通过努力是一定可以取得成功的，不管他的条件是什么。告诉您一个有趣的现象，每当我为一项重大任务挑选合适人选的时候，我总是会首先找他们的妻子谈话。因为我认为，一个男人事业的成败和他妻子处世的方法以及对丈夫的鼓舞程度是有很大关系的。你一定会觉得有些不可思议，但这并不是我凭空想象得出的结论，因为我自己就是最好的例子。

在成为我太太之前，我妻子可谓应有尽有：她有非常爱她的父母，她本人也受过很高的教育，而且她的家境也十分富裕。我真的不明白，她当初怎么会看上我这么一个既没钱又受教育很少的穷小子。在结婚的头几年，我们的生活真的是非常艰苦的。除了一颗想要获得成功的心之外，我几乎没有任何财产。可是，我妻子从来没有抱怨过，相反她对我十分体谅而且不断地鼓励我，使我有信心去面对一切挫折和困难。

对我来说，我这一生所取得的一切成就都要归功于我的妻子，因为是她一直不懈地支持我、鼓励我。就在前几天，她患上了很严重的疾病，可是即使这样也没有忘记给我鼓励。在她心里，任何事都比不上给我提供帮助重要。每天早上，在我出门以前她总是会对我说："亲爱的，你有什么事情需要我帮忙吗？"而每天晚上我回到家以后，她总是会温柔地对我说："鲍勃，跟我讲一讲今天都遇到什么情况了。"她是我的女神，也是我的动力，我一生都不会让她失望的。

这真是一名伟大的女性，更是一个明智的妻子。的确，妻子如果不断给予丈夫赞美和激励的话，那么一定可以让他们的生活焕然一新。是的，有时候，妻子的一句话就会改变丈夫的生活态度，使他们的心理不再有阴暗的乌云。这一点，我是从退役士兵汤姆·格斯登那里得来的。

这位年轻的小伙子曾经参加过二战。在战争中，他的左腿不幸被炮弹击中，落下了终身残疾。不过，他的残疾程度并不严重，因为他还可以进行他最喜欢的那项运动——游泳。

那是一个星期天的上午，他和妻子一起来到了附近的一个海滩度假。汤姆很长时间没有如此开心过了，因此他迫不及待地脱去衣服，在大海中痛痛快快地畅游了一番。游累了之后，汤姆从水中出来，安静地躺在沙滩上，享受着阳光的照射。突然，他发现很多游客都在以一种奇怪的眼光看着自己。他意识到，自己左腿上的那些伤疤太明显了，这是自己以前从来没有注意过的。

等到下一个星期天的时候，妻子又一次提议到那个海滩去度假，却不想被汤姆一口回绝了。汤姆有些沮丧地说："我才不要去那该死的海滩，与其被人家耻笑，还不如老老实实地待在家里。"

妻子很快就明白了这是怎么回事，说道："为什么？汤姆，你怎么可以有这样的想法？我最了解你了，我知道你已经开始注意你腿上的伤疤了，然而你的那种想法是错误的。你知道吗？这些伤疤象征着勇气，它们给你带来了光荣、荣耀。我不认为你应该把它隐藏起来，你应该让所有人都知道，这是你为国家效力的证明，可以大大方方地带着它。不要再犹豫了，我们一起去游泳吧！"

最后，汤姆和妻子一起去了，因为他妻子已经替他消除掉了心中的阴影，他的生活将充满光明。事后，汤姆说："不管到什么时候我都不会忘记我妻子对我说的那些话，正因为它们才使我的心中感到无比的光荣。"

相信，如果不是有妻子的帮助，汤姆现在恐怕已经患上了抑郁症，因为腿上的伤疤使他根本无法面对生活。他会自卑，然后自暴自弃，最后可能会选择结束自己的生命。我是不是有些危言耸听？也许吧，但这一切都是可能成为现实的。这更加进一步说明，妻子的鼓励和赞美是使丈夫的生活变得光明的重要因素。

有一次，我去参加纽约一家商会经理俱乐部主办的一个推销经验讲座，前来参加的人大都是有名的推销员或是这方面的专家。其间，一些推销员别出心裁地组织了一个节目，主要是给那些推销员的妻子介绍一下到底该如何帮助丈夫获得更好的业绩。

在所有的发言者当中，大卫·波尔斯博士给我留下的印象最深刻，而他也正是后来《走向新生活》一书的作者。当时，他是全美一家大公司的营销顾问。在演讲过程中，他这样说道："各位太太，你们想不想让丈夫取得更好的业绩呢？我想你们一定想！那么你们在每天早晨的时候要亲自把先生送到门口，而且必须让他满怀信心、心情愉快地离开家门，最好是嘴里哼着小曲。至于女士们问我究竟怎样才能使丈夫的腰包鼓起来，方法很简单，那就是用最美丽、最动听的语言去称赞他，尽一切努力使他朝着自己的目标努力。”

接着，大卫博士又给女士们介绍了一些简单的技巧：“你的丈夫是不是对穿着打扮一点品位都没有？这没关系，你要做的就是告诉他，他是世界上最英俊潇洒的男人。你要让他觉得自己风度翩翩，你要不停地赞美他的领带花样。不过，你千万不要和他说起前几天的丑事。此外，你还要让他坚信，凭借他的超凡魅力，一定可以打动所有的顾客。”

这听起来有些夸张可笑，但我觉得既然它是出自于一位营销顾问的口中，我们就值得去试一试。如果我们细心观察就会发现，很多转败为胜的事情都是在一些赞美之词的促进下发生的。这有些不可思议？是的，不过也许你们看过阿里·卡波森的例子以后会改变以前的想法。

相信女士们都知道，这个阿里·卡波森曾经是美国最杰出的年轻桥牌选手之一。然而，让所有人不可思议的是，在刚刚来到美国的时候，他对桥牌可谓是一窍不通。他妻子对我说，那是 1922 年，一个加拿大小伙子只身来到了美国。为了实现自己的梦想，他做了很多事情，但没有一件是成功的。这个小伙子住在廉价的公寓里，偶尔会和其他房客打一打桥牌。在那时，这个小伙子是所有人中最差劲的。

不过，这个小伙子的命运很快就发生了改变，因为他把一个名叫亚瑟芬的桥牌女教师娶回了家。亚瑟芬一有机会就称赞他，使他相信自己天生就是一块打桥牌的料。最后，在妻子的鼓励下，阿里·卡波森终于把桥牌变成了自己的职业，而且也成为桥牌界的一颗新星。

相信我，女士们，你们发自真心的赞美和激励，是你丈夫所能听到的最美妙的言语。它会使你的丈夫变成生命中的强者，会让你的丈夫变得无所畏惧，更加会让你的丈夫对成功充满信心。你的赞美和激励就像注入丈夫体内的兴奋剂，使他们将自己身体内最大的潜能全都发挥出来。有了目标、成熟心理，再加上不懈的努力和你坚定的支持，等待你丈夫的一定会是成功。

第二章

追随他的脚步

做他的忠诚信徒

1943 年，我有幸采访了美国的汽车大王亨利·福特先生。我知道这位先生是一个相信轮回转世的人，于是我问他："福特先生，我很想知道，假如你真的能够轮回转世，那么你最希望下一次出生是什么样子？"福特先生笑了笑说："没什么，戴尔！我不会在乎家庭出身，也不会在乎是否贫穷。我最希望的是能够再一次和我的太太组建家庭，那样会使我无所畏惧。"我知道福特先生的这句话是发自内心的，因为没有一个男人愿意抛弃他的忠诚信徒。

19 世纪末的时候，亨利·福特还只不过是一名年轻的技工。那时的他受雇于底特律城的电灯公司，每天要工作 10 小时，而周薪仅仅只有 11 美元。每天晚上回家之后，福特总是会躲在家里一间旧棚子里忙活到深夜，因为他一直都梦想着靠自己的努力研制出一种新的引擎来。

可是，似乎所有的人都不支持亨利·福特的这种做法。亨利的父亲是个农夫，他坚信儿子这种愚蠢的做法是在浪费宝贵的时间。他的邻居们也都嘲笑他，认为他是个超级大笨蛋。当然，更不可能有谁会相信这个年轻人真的能够发明出什么有用的东西来。

面对周围人的不理解，福特的信念一点儿也没有动摇，因为他有一个忠实的追随者——他的妻子。福特太太每天也要做很多事情，但她总是会在忙完手头上的事以后就来到那间旧棚子里帮助福特搞研究。冬天是最难熬的日子，为了让丈夫能够安心工作，福特太太总是站在旁边，默默地提着煤油灯给丈夫照亮。有时候，她的两手都被冻得发紫，牙齿也上下颤抖。不过，福特太太始终都没有怀疑过自己的丈夫，一直都坚信他终有一天会成功。福特先生对妻子的行为非常感动，还开玩笑地管她叫“自己忠诚的信徒”。

三年后，也就是1893年的一天，街道上突然传来了一串很奇怪的声音。福特家的邻居不知道发生了什么事，都隔着自己的窗户向外看。天啊！他们看到大怪人福特正和妻子坐在一辆马车上，而那辆马车居然没有马在拉。真让人难以置信，那辆奇怪的马车竟然可以在大街上来回跑动。

这下，所有人都必须承认，就在那个不平常的晚上，一个新兴的工业诞生了，而且这个工业还对后来整个人类的生活都产生了重大的影响。亨利·福特先生完全有资格被称为“新工业之父”，而他那位忠诚的信徒——福特夫人则可以当之无愧地被称为“新工业之母”。

当一个男人的事业遇到挫折时，当一个男人陷入困境时，他最需要什么？一个女人，一个坚定地支持他、追随他、相信他，并且能够呵护他的女人。这个女人既是他的妻子，也是他的忠诚信徒。男人在外面工作，总是会遇到各种各样不顺心的事，甚至有时候还会使自己身处险地。这时候男人最需要的是自己太太的支持，因为只有她才能给自己足够的勇气去面对现实，去抵抗任何困难。女士们，当你的丈夫正处于困难时期时，你们所要做的就是让他知道，不管发生什么，都不可能动摇你对他的信心。道理很简单，妻子是丈夫最亲近的人，如果连你都不信任他，真不知道这个世界上还有谁会真正地信任他。

我知道的，女士们，如果你的丈夫一直以来都是个“碌碌无为”的人，那么你很难对他产生信任。这不是我凭空想象出来的，因为很多女士都是这样对我说的。事实上，我要告诉女

士们的是，这恰恰是一种本末倒置的想法。你的先生碌碌无为并不是因为他是个天生的笨蛋，也不是因为他不懂人情世故。实际上，这主要是因为他们没有成功的动力，而这种动力正是来自妻子的信任。女士们，请你们相信我的话，一旦你将“信任”这种积极的动力注入丈夫的体内，那么就不可能出现失败的现象。

罗伯·德培勒先生一直都梦想自己能够成为一名伟大的推销员，因为他由衷地热爱推销这个行业。1947 年，德培勒先生终于等来了机会，成为了一家保险公司的业务员。可是，德培勒先生看起来并不适合做推销员，因为尽管他已经非常努力地工作了，可是他的业务却丝毫没有起色。业务员没有业务，那简直就像是人体失去了血液，德培勒先生为此十分懊恼。这时，他感到非常紧张和痛苦，认为自己现在面临的最好选择就是辞职。

可是，德培勒太太却不这么认为，她一直对德培勒先生说：“看你怎么了？难道这点儿小挫折就把你击垮了吗？这只是暂时的，不要担心，亲爱的。下一次，下一次你一定可以成功的，相信你自己。你一定可以成为一名最优秀的推销员，这一点我从来没有怀疑过。”

后来，德培勒夫妇决定先锻炼一下自己，于是两个人一起在一家工厂找了一份工作。在接下来的两年时间里，德培勒太太一直都在鼓励自己的丈夫。她总是提醒自己的丈夫不要忽略了自己的仪表和谈吐，而且还经常指出他身上的优良品质。最重要的是，德培勒太太总是说：“相信我，罗伯，你从一生下来就是做推销员的料。既然你有这样的能力，那干吗还要浪费呢？继续吧，你一定会成功的。”

在妻子的不断鼓励下，罗伯·德培勒先生找回了自信。他曾经跟我说：“戴尔，你想想看，我有什么理由去辜负我太太对我这样深切的信任呢？她始终都在鼓励我，让我树立起了对自己的信心。我该怎么办？难道还要再等吗？不，我马上就选择了离开工厂，再一次投身于推销事业。这次，我比以前更有资本了，因为我已经有了一个忠诚的信徒。”

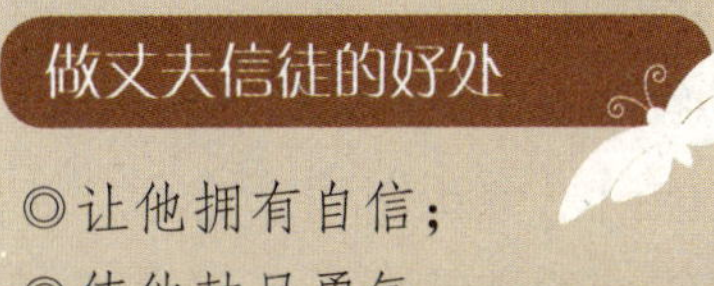

做丈夫信徒的好处

◎让他拥有自信；
◎使他鼓足勇气；
◎帮助他获得成功。

我问他：“那你认为你这次能够成功吗？”

德培勒回答说：“是的，戴尔！我知道，要想成为一名优秀的推销员还有很长的路要走！但是这次我是满怀信心地踏上了开始的路程，这一切都应该归功于我的妻子。我现在对自己充满了信心，是她使我坚信自己一定能够成功，因此我必然可以获得成功。”

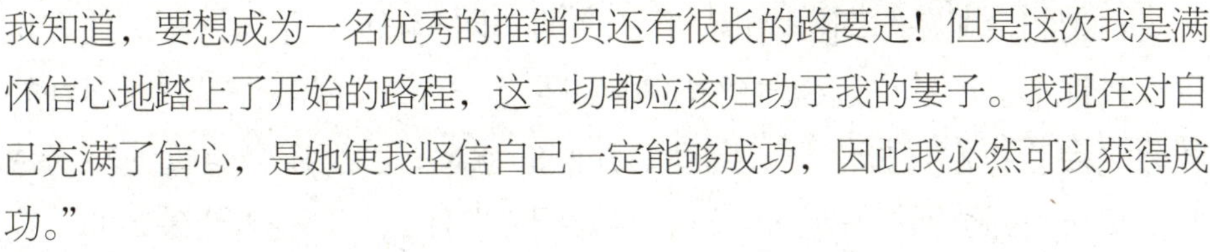

女士们，你们知道现在我的想法是什么吗？如果我是一家销售公司的老板，我非常愿意雇用这样一个男人作为我的推销员。我非常清楚，这种信徒式的太太始终都会崇拜自己的丈夫，她们不希望也不会看着自己的丈夫失败。这些信徒知道，人总是会遇到失败的。因此，当她们的丈夫遇到挫折和失败的时候，她们就会全力以赴地支持他们，并且把跌倒的丈夫扶起来。接下来，这些信徒会用她们的真诚抚慰好丈夫的创伤，然后再勇敢地把他们送回战场。

女士们，我希望你们能够发自真心地信任你们的丈夫。请你们记住，信心对于一个男人来讲，就像是燃料对于引擎一样重要。女士们，当你把信心注入男人体内时，它们会驱动男人的引擎继续发动，使男人体内的发动机不停地转动，就像给他们思想的电池充足了电一样。在这几种动力的共同作用下，男人不会再体验失败，等待他们的只会是成功。

俄罗斯有一位非常伟大的音乐家，名叫西盖·洛柯曼尼诺夫。他是个音乐天才，早在二十几岁的时候就已经相当有名了。正是因为他过早的成名，所以才使他自己形成了自负的个性。上帝对每个人都是公平的，因此他一定会让所有人都品尝到失败的滋味。有一次，这位作曲家创作出了一首新的交响乐，可是演出的结果却并不像他想象的那样成功。他受不了这种打击，把这次失败看成了一场可怕的灾难。有很长一段时间，这位伟大的作曲家都生活得相当颓废。后来，他的一位朋友带他去看了心理医生。那位心理专家反复地对他说："你要永远牢记，我的音乐家先生，你是最棒的！在你的身上蕴含着世界上最伟大的艺术，如今全世界都在等待着你将它展现出来。"

渐渐地，这种自信的想法深深地埋在了音乐家的心里。就这样，他再一次让自己重新充满了信心。就在第二年，西盖·洛柯曼尼诺夫创作出了那首伟大的交响曲——《C小调第二号协奏曲》。为了表示感谢，他还特意将这首曲子送给了那位医师。当这首曲子首演的时候，所有的观众都到了疯狂的境界，西盖·洛柯曼尼诺夫终于又一次获得成功了。

女士们，现在你们总该相信我所说的一切了吧！我承认，所有的人也包括我都希望能够得到运气的帮助，可是运气是有好坏之分的。有时候，坏运气会让我们丧失信心，会磨平我们的意志，甚至还会重重地打击我们，使我们再也不能站起来。这时候我们需要什么？我们需要最亲的人在一旁说："算了吧，不要把这些小事挂在心上！你不会被它打倒的，你一定可以获得成功。"

作为妻子，女士们是有义务给你丈夫信任的。作为他的信徒，你拥有一种非常独特的视角，这会使你发现你丈夫身上存在的特殊潜质，而别人却无法看到。为什么？因为要想做到这一点，必须要有发自内心真诚的爱以及独到的眼光。

最后，我还必须提醒各位女士。不管你们怎样信任自己的丈夫，也不管你们怎样想鼓励他，把话憋在心里是起不到任何作用的。因此，你想做丈夫的信徒，那么就要让他知道。你应该把你的心里话全都说出来，并用行动证明给他看。方法有很多，比如给他贴心的安慰、真诚的鼓励或是真心的赞美等，这些都可以让你丈夫感觉到，你就是他的忠实信徒。

随他的工作迁徙

很多女士都曾经遇到过这样一个让人头疼的事情——搬家。的确，这不是一件令人高兴的事，尽管这是丈夫的工作需要。女士们，我非常理解你们的心情。一个家庭能够在一个地方稳定下来是件非常不容易的事，而让家庭里的女主人放弃稳定的局面，搬到另外一个完全陌生的地方则更是一件让人头疼的事，因为这需要付出很大的勇气。

我身边的很多人都曾经和我抱怨过，说他们的妻子太不支持他们的事业了，因为她们不愿意离开生活多年的地方，即使因为这个把丈夫永远束缚在一个工作地点上也在所不惜。

有一次，纽约电器公司的一名董事莱恩对我说："戴尔，我见过很多这样的妻子。她们就像是一个纠缠不休的小孩，始终不让丈夫离开自己的身边。实际上，她们根本不知道，她们已经成为了丈夫成功路上的绊脚石。"

我有些不以为然地说："你说得有些过分了吧，实际上每位女士都会这样做，她们只不过不想忍受流离之苦罢了。记得二战吗？那时候很多刚刚结婚的新娘子都忍受不了四处迁移的痛苦。这一点我们应该表示理解。"

莱恩摇了摇头说："戴尔，你以为我是那么不近人情吗？不，我只不过是说出了事实而已。我的公司里曾经有一位年轻的职员。这个小伙子非常棒，将来一定可以成就一番事业。可是，当他需要调到一个新的环境工作时，他的妻子却百般阻挠。最后，这名职员只好放弃了这样一个绝佳的机会。你知道他妻子舍不得什么吗？她的父亲、母亲、朋友，当然还有她家附近的那间小教堂以及她心爱的客厅。实际上这些东西都不是重要的。她搬走了，但和父亲、母亲以及朋友间的感情依然存在。至于说教堂和客厅，那些东西在哪儿都能找到。"

女士们，你们赞同莱恩先生的话吗？我觉得他说的还是很有道理的。事实上，虽然从一个熟悉的环境中搬走是一件很痛苦的事，但这并不是完全不可能的。只要女士们具备了一定的适应能力，一定可以克服那些所谓的困难的，因为有人已经做到了。

《妇女杂志》上曾经刊登过一篇文章，女主角是拉多·格恩太太，她家以前住在维吉尼亚的福克市。拉多太太是这样描述的："那是几年前的事情了，我丈夫参加了海军，为此，我们全家都必须离开我们刚刚装修好的房子，跟随我的丈夫四处奔走。我不愿意，真的，因为那里才是我的家。当我们到达第一个目的地时，我的心情简直糟糕到了极点。"

"再看看现在，我们已经搬了很多次家了。如今我的想法和以前大不一样了，甚至觉得以前自己太孩子气了。我丈夫很快就要退伍了，所以我们正在为定居做打算。应该说，这是我一直以来的愿望。可是，连我自己都不相信，我现在居然为不能再过流浪的生活而感到有些伤心，这真让人难以接受。这几年来，我走过了很多地方，也成长了许多，因为我遇到了各种各样的人。应该说，我现在已经成熟了很多，因为我已经学会了如何和那些与我们不一样的人相处。同时，我变得坚强了，再也不会因为失望而感到烦恼了。我明白了一个道理，即使你拥有一大堆的生活器具，也不会给你带来一个幸福的家庭。要想拥有幸福，最主要的是让家庭充满爱和温暖。不管你面对什么样的困难，你要做的都是尽自己最大的努力。"

各位女士，你们为什么不像拉多女士一样呢？当你们的丈夫需要调职时，你们的选择是什么？扯住他的后腿，坚决不让他离开？哦，不，这不是你明智的选择。你们必须离开，必须跟随丈夫到一个新的地方，这是你

们最好的选择。当然，要想能够很快地适应新环境，女士们还必须做好一定的准备。

女士们在搬迁之前，首先要做的就是要有心理准备。女士们，你们不能有这样一个错误的想法，那就是指望新环境与老环境相同。很简单，每一个地方的环境都是不一样的，不可能完全相同。如果你丈夫必须到新的地方去工作，那么根本不需要担心，因为那个新的环境很可能会带来更多的机会。

当然，有了充分的心理准备之后，女士们接下来要做的就是尽自己的最大努力。那一年，我要去俄亥俄州一所大学教课。由于住房条件实在紧张，所以我和我妻子只能住在一间很简陋的房子里。起初，我妻子对这些条件很不满意，始终都不能完全融入到新的环境里。当时，我真的很担心，害怕妻子会因为熬不住而选择离开。事实证明我错了，我妻子做得很好。她对我说："现在我已经完全适应了这里的环境，因为在这里我学会了很多以前不知道的东西。虽然这里条件简陋，可房间打扫起来也比较容易。同时，我们的邻居们也并不是不可接近的，他们每个人都非常友好、善良。当我看着周围年轻的夫妇们一起到学校上课，而且还能把很少的生活资料最大发挥的时候，我体会到了生活的真谛，并为我以前那种幼稚的想法感到羞愧。"

那一年，我和我太太都获得了一生最有价值的经验。我们认识了很多新的朋友，也过得非常愉快。更重要的是，我们明白了，一个人的生活环境与事业成就并不能决定他是否幸福。实际上，只要你想，生活总是会幸福的。

其实，很多女士并不是没有适应新环境的能力，而是她们在还没有尝试的情况下就做出退缩的决定。以前，我的一个朋友被调到一个新的地方工作，这是一次升职。为了等待这一天的到来，他已经做了很长时间的努力。可让人意想不到的是，他的太太在那里待了 24 小时之后就做出了一个决定——回家。太太的理由也是很充分的，他们在外面需要租房，而且一切东西都需要添置。尽管丈夫的薪水已经增加了，可那点钱只够雇个女佣。因此，这位太太很"明智"地选择了离开。真的是这位太太不能适应环境吗？不是的，主要是因为她根本没有尝试去适应新的环境就做出了最后的决定。

女士们，我知道要想融入一个新的环境是件很困难的事，但你们必须努力地去做，而不应该选择整日抱怨。当你来到一个新的地方以后，你首先要做的就是努力地去结交一些新的朋友。实际上，有很多机会你们都可以利用，比如去教堂参加礼拜，去俱乐部参加聚会或是去社团参加活动。当你们把自己的热情投入到新环境以后，你们就会发现，其实适应它也不是很难。

罗莎·肯特夫人一家以前住在俄亥俄州。她很幸福，因为她丈夫是一位非常有名的地球物理学家。肯特先生受雇于洛克菲勒石油公司，经常要到世界各个地方去勘查地理情况。正因为如此，对于肯特一家来说，家的概念只不过是一对夫妇和四个孩子，至于房子，他们根本不需要。

肯特一家去过很多地方，甚至还在世界上最荒凉的地方生活过。不过，很难让人相信的是，肯特一家从来没有把这当成是一种痛苦，相反不管在什么地方，他们始终都能生活得快乐、幸福。这真是个奇迹，不知道是什么样的力量造就了这样一个完美的家庭。

当我采访肯特夫人时，她笑着对我说："其实这没什么，卡耐基先生！家并不是简单地由一间卧室、一个客厅

如何适应新的环境

◎做好心理准备，不苛求新环境与老环境相同；
◎失去就失去了，没有必要整天愁眉苦脸；
◎结论最好在你尝试完以后再下；
◎把握好新的机会，不要过分地依恋过去。

和一个厨房组成的，家有时是会变的。不过，不管怎么变，家始终都是我们心灵的港湾。由于我丈夫的原因，我们经常要变换住的地方，但我从来没有懊恼过。事实上，我和我的家人都随时做好了出发的准备。我们明白一个道理，只要我们愿意用心去寻找，世界上每一个角落都可以给我们带来幸福，也完全可以让我们在那里生长和学习。"

我被肯特夫人的话深深打动了，问道："那您能给我举一个具体一些的例子吗？我想那样更有说服力。"

肯特夫人点了点头说："好的，那就以巴哈马群岛为例吧！你知道，那里是个旅游的好地方，但作为居住地点，这似乎不是个好主意。尽管这样，我们还是想办法找一些事情让我们的生活快乐。我们在当地认识了一位朋友，是个潜水冠军。这下好了，我们家的那条小美人鱼苏珊终于可以在专家的指导下练习潜水了。真不错，那段时间她的进步简直太快了，最后终于在一次比赛中得到了奖牌。你想想，如果我们没有去那里，怎么会得到奖牌呢？"

我笑了，说道："那您能告诉我，您为什么会选择和丈夫一起去工作呢？"

肯特夫人也笑了，说道："这不是我选择的，是他们公司的安排，这是他们经理决定的。每当他们派自己的职员外出工作时，公司总是会要求太太们一起去。每个人对事物都有不同的理解，我认为，如果你想适应新的环境，那么最好的办法就是寻找各种各样的机会去学习一些新的知识。还有，如果你想让自己过得快乐些，那就不要去对你所处的现状抱怨，更不要抱着你过去的利益不放手。其实，就这么简单。"

是啊！其实就这么简单，但似乎并不是所有的女士都能做到。女士们，你们何必那么讨厌搬来搬去呢？说实话，在一个地方待得时间长了，是会碰到一些倒霉的事的。如果你丈夫因为工作的关系需要搬走，那还有什么可犹豫的？这正是天赐良机，赶快高高兴兴地跟他走吧！

他加班加点，你加倍呵护

半年前的一天，我和妻子正在家中享用美味的晚餐，这时我的一位老朋友突然来拜访我。我们有很长时间没见了，但他看上去并没有什么太大的变化，只不过是显得非常疲倦和情绪不怎么高涨而已。我问他发生了什么事，是不是遇到了什么困难。

他摇了摇头，说道："戴尔，有些事情真的说不清楚。最近一段时间，我的工作忙得要死，因为公司正在筹备建立一家新的分公司。公司里每天都有忙不完的事情，所以我总是很晚才能回家。说实话，我并不是一个爱抱怨的人，因为我知道这对我们公司来说是非常重要的。"

我点了点头说："那是什么让你如此疲惫不堪呢？"

他接着说："你知道吗？我太太非常不理解我，整天都抱怨我不能回家吃晚饭，不能陪她去逛街。天啊！我每天要在公司承受着极大的压力，回到家之后还不能安静地休息一会儿。我太累了，戴尔。真的！她为什么就不明白我这么做完全是迫不得已呢？如今，我已经被她搞得心神不宁，根本没办法将所有的精力都投入到工作之中。"

他离开之后，我对我妻子说，这个男人真是太可怜了。他一方面要承受着工作上的巨大压力，另一方面又要忍受着妻子给他的压力。在这两方面压力的作用下，他不觉得疲惫才是件奇怪的事。我妻子笑着说：“你最好在说别人之前先想想自己，难道你忘了吗？”

妻子的提醒使我想起了以前的一件事。有一段时间，我日夜不停地赶写一部有关演讲的书。那段时间，我和妻子都过得非常痛苦。我不需要去公司上班，因为我的办公室就在家里。可是即使这样，我依然没有时间和我的妻子一起吃饭、聊天，更别说出去散步或看电影。我每天所能做的就只有一件事，把自己关在书房中，一直埋头写到深夜。当我从书房中出来时，妻子早就已经睡熟了。

不光这样，由于我夜以继日地写稿子，我们的社交活动自然也就中止了。我们不去拜访朋友，也不能参加聚会，更不可能在家里举行晚宴。在那段时间，我和妻子似乎与外界隔绝了。不过幸运的是，我的那些朋友都非常通情达理，他们理解我，知道我这样做也是迫不得已的。

不过，当时我最应该感谢的并不是我的朋友，而是我的妻子。我非常理解，作为一个妻子，得不到丈夫的关爱是一件非常痛苦的事情。我妻子在那时感到非常孤独。但是，她并没有像我朋友的妻子那样对我抱怨，而是一直都默默地帮助我。她把所有的精力都放在我的身上，关注我的饮食情况，注意我是否休息得当，是否需要到外面呼吸一下新鲜空气等。当然，她也不可能终日围着我转，因为她同样需要快乐。于是，每当我不需要照顾的时候，她就会抽空拜访我们的朋友，或是参加一些聚会。

痛苦的日子很快就过去了，我的那本书也终于写完了。真的是太高兴了，因为我们的日子终于可以恢复到以前的样子了。

经历过这件事以后，我和妻子都明白了一个道理：在一个家庭中，妻子扮演着一个非常重要的角色。当一些特别辛苦的日子来临时，妻子应该说是整个家庭中最不愉快的人。然而，作为妻子，你必须忍受这些不愉快，而且还要去做很多不愉快的工作，因为你的丈夫需要你的这些工作。

女士们，你们必须明白这个道理，也必须按照这个道理去做。很多时候，丈夫都需要为他的工作付出很大的努力。这时候，他并不需要你像一个女强人一样在旁边指手画脚，也不希望你整天没完没了地抱怨和唠叨。他希望你就像护士和保姆一样服侍他，就像精神支柱一样支持他。你不会说任何让他分心的话，因为你所做的只是默默地等待着一切恢复正常。

应对丈夫加班工作的方法

◎合理安排他的饮食，使他有足够的精力应对工作；
◎给自己找一些新的兴趣，多参加一些娱乐活动，不要老是坐在屋子里发呆；
◎抽空拜访你们的朋友，让他们理解你丈夫的做法；
◎给你丈夫关怀和鼓励，让他知道你永远和他站在一起；
◎学会给自己减压，提醒自己这种事情不是经常发生。

我真心地希望各位女士能够像我妻子那样支持你丈夫的工作。事实上，你们正确的行为无疑是在激励着你的丈夫。你应该让他觉得，你追求成功的渴望一点儿都不比他们差。你可以用行动向他表示：“加油，亲爱的，我会在后面永远支持你，不管你要为这个目标付出多少努力。”试想一下，在这种情况下，丈夫们怎么会不全身心地投入到工作之中呢？怎么会还有精力和时间去顾及其他一些不重要的事情呢？

有些女士可能会问，那我们到底该怎么做才能让丈夫安心工作？究竟有什么办法可以既帮助了丈夫又不让自己过得太痛苦？我仔细思考了这个问题，认为我妻子的做法有很多可以借鉴的地方，因此我把它们总结了一下。

丈夫如果加班加点，那么一定会消耗很大体力。因此，你们必须合理地安排好丈夫的饮食。首先你们要经常给他们送东西吃，但每次的分量都不要过多。如果他的工作非常繁重，每天都要工作到深夜的话，女士们除了多给他们送吃的以外，还要十分注意食物的选择。你们应该选择那些容易消化的食物，因为这会使他的身体不需要付出额外的能量来进行消化，比如牛奶、水果沙拉、蛋糕、果汁以及芹菜等。这些东西不仅非常容易消化，而且还含有丰富的维生素。如果凑巧赶上他需要整夜工作的话，那么你应该从晚饭开始就控制他，坚决不让他吃一些不容易消化的食物。如果女士们觉得自己这方面的知识比较贫乏的话，你们可以买一些有关营养的杂志或书，上面有很多医生的建议，他们会告诉你如何才能让你的丈夫保持充沛的体力。

接下来，女士们要做的就是不让自己的生活过得枯燥乏味。我知道，一个人在家是件非常无聊的事，那么为什么不努力地改变自己，使自己受到别人的欢迎呢？实际上，这些事情并不一定需要丈夫的帮忙。女士们，我承认，做惯家庭主妇的你们可能在开始参加社交活动时会有一些不自然的感觉。其实，女士们大可不必有这种想法，因为只要你们愿意，是完全可以避免这种事情发生的。此外，女士们在参加社交活动时还可以采用一些小计谋，比如不要参加一些不适合你们的聚会，因为没有人愿意去理一个“多余的人”。你们可以尝试着去参加另一些聚会，说不定你们会受到难以想象的欢迎。

有一次，我的培训班上来了一位女士，她告诉我最近一段时间过得非常苦恼。我问她发生了什么，她对我说：“卡耐基先生，你真的要帮帮我，我简直要发疯了！我丈夫现在忙得要死，每天都工作到凌晨。如今，他根本没有时间管我，我每天都独自一人守在那所房子里。”

我对她说：“那你为什么不给自己解闷呢？为什么不去参加一些社交活动呢？”

她有些沮丧地说：“你当我没有吗？我去了，参加了一个家庭妇女烹饪俱乐部。可是在那里我根本找不到快乐，因为没有人愿意理我。她们都说我不该去那里，因为我对烹饪根本一窍不通。”

我想了想，说道：“你为什么要和别人一样呢？并不是每个家庭妇女都必须参加烹饪俱乐部的。实际上，你完全可以根据你的爱好和特长去选

择你喜欢的俱乐部。”

后来，这位女士放弃了烹饪俱乐部，加入了一个女性读者俱乐部。在那里，她成为了最耀眼的明星，因为她对小说和诗歌有着非常独到的见解。每当俱乐部举行活动时，她的身边总是会围上很多人。人们都喜欢和她在一起探讨文学领域的事情。

如果女士们实在不愿意参加社交活动，那么你就自己排解烦恼吧！培养自己的一些兴趣，比如听音乐、绘画，或是干脆去听一些课程。事实上，如果不是你丈夫忙得不可开交，恐怕你们还没有机会去做这些事情。女士们，你们既可以借这个机会陶冶自己的情操，又不会让丈夫担心你寂寞孤独。

还有一点非常重要，那就是拜访你的朋友。拜访朋友既是一种排解自己内心孤独的方法，也是帮助丈夫安心工作的方法。你的丈夫以前是个热情好客的人，总是会时不时地去拜访你们的朋友。可他突然不再去了，朋友们会怎么想？他们一定会认为你的丈夫一定是不想和他们做朋友了。因此，你有义务做丈夫的“使者”，把这些情况全都告诉给朋友们。这样一来，你的丈夫就不需要去分心考虑该如何向自己的朋友解释了。

当然，女士们也不能总是默默无闻地做这一切。你们要向丈夫“邀功”，要让他们知道你们正在努力地帮助他们。他们会感动，也会更加努力地工作。

最后，女士们必须学会调节自己的心态，你们应该对自己说：“放心吧，这不会是经常有的事！这很快就会过去，我一定可以克服的。瞧，我现在做的不是很棒吗？”

你们将会迎来生命中的第二个蜜月。

给在家工作的他提供方便

之前，我曾经想过要不要写下这篇文章，因为在我看来，这似乎并不适合所有的女士。事实是这样的，因为大多数女士的丈夫都是每天在公司或是工厂里面工作八小时。这些女士真的很幸运，因为她们远比那些要照顾在家工作的丈夫的妻子轻松得多。正当我犹豫不决的时候，有一件事让我做出了最后的决定。

那天中午，我妻子的一位朋友来看望我们。她叫朱丽·罗伯特，她丈夫约翰·罗伯特以前是一家报社的编辑。一进门，罗伯特夫人就和我妻子抱怨起来："桃乐丝，快救救我吧！我真的快要发疯了。"

我妻子有些不解地问："怎么了？我的朋友！是什么事让你如此地烦恼？"

罗伯特夫人说："还不是那个该死的家伙（指她的丈夫）！本来，他在报社干得好好的，每个月都有比较稳定的收入。如今，他不知道是听了谁的劝说，居然想要当什么作家。上帝，我真不知道他是怎么想的。"

我妻子笑着说："我不觉得这有什么不好，我丈夫也是一名作家。"

罗伯特夫人有些不满地说："可我不是你，桃乐丝！我真的不明白，这些年你是怎么过来的？你居然可以忍受你的丈夫在家工作。你知道吗？自从他辞职以后，我就没过上一天好日子。每天早上起来我需要做早餐，这是必须的，可他居然嫌我的声音太吵，难道他想让我用手来榨胡萝卜汁吗？以前的时候，他很早就出门了，那样我就可以边看电视边收拾房间了。可如今呢？我白天不能看电视，就连收拾房间的时候也要蹑手蹑脚，因为他说不那样做的话就会干扰他写作。更让人忍受不了的是，他现在居然嫌弃我们的孩子。他跟我说，让我想办法使孩子安静下来。天啊！你知道的，每一个孩子都是爱吵闹的。说实话，我现在真的开始怀疑当初选择他是否正确。"

最后，虽然我妻子一直都极力劝说她，可罗伯特夫人还是想不通，依然认为她先生在家工作是个错误的选择。事实是这样吗，女士们？答案当然是否定的。每个男人都有权利选择自己的工作方式，不管是在公司还是在家。

经历过这件事以后，我决定给那些丈夫在家工作的女士们以及那些丈夫可能在家工作的女士们写一点东西，因为这是必要的。女士们，我觉得你们还是应该看看这篇文章的，因为说不定将来的某个时候，你们的生活会发生意想不到的变化。

首先我必须承认，丈夫整天在家工作，对于那些每天都有很多家务要做的女士来说确实是一个非常大的麻烦。你在房间里走动的时候要小心，必须轻手轻脚的，因为不那样做就很可能会干扰你丈夫的工作。还有，当你正在打扫房间的时候，会不得已关掉发出响声的吸尘器，因为你不能让它打乱丈夫的思路。当然，你更不可能邀请朋友到你家来做客，也不要去想举办什么聚会，因为这些都会干扰你丈夫的工作。的确，有这些条件限制确实让人很不舒服。如果你们嫁给了一个在家工作的丈夫，那你们的生活将不再充满乐趣。

其实，女士们大可不必这么悲观，所有的事情都是有解决方法的。面对这种情况，你们不应该去抱怨或是唠叨，而是应该尽快地调整自己，使自己能够适应这种生活，积极地配合他的工作。要想做到这一点，女士们必须保证自己有足够的爱心，还要让自己的心情保持愉快。作为妻子，你应该树立这样的志向：我有义务帮助他实现我们的共同目标，我相信他一定可以成功的。

我知道有很多女士不相信我所说的话，认为不会有人真的能够处理好

这种局面。如果女士们是这样想的，那么我就给你们举一个音乐家的例子。

相信杰瑞斯夫妇对于女士们来说一定不陌生。是的，唐·杰瑞斯是20世纪一位伟大的作曲家，他和妻子凯瑟琳·杰瑞斯在很早的时候就取得了令人羡慕的成就。如今，唐·杰瑞斯在美国一家著名的交响乐团做音乐指导，而且他的作品经常被美国及欧洲一些主要的交响乐团演奏。更加令人感到骄傲的是，唐·杰瑞斯的作品还被很多世界一流的大师级指挥家演奏过。

告诉女士们一个秘密，我们一家很幸运地和杰瑞斯夫妇成为了邻居。其实，所有的人都知道，唐·杰瑞斯正是在他妻子的帮助下，才取得了今天这样辉煌的成就。应该说，唐·杰瑞斯的成功有一半要归功于他的妻子。

唐·杰瑞斯是个作曲家，是的，他不需要去公司或是什么地方上班。他每天的工作就是待在家里，然后潜心搞他的艺术创作。为了让丈夫有一个舒适的环境进行创作，凯瑟琳特意在三楼准备了一个书房。可是，唐是个调皮的家伙，总是喜欢坐在餐厅里进行创作。相信，如果换作我们的朋友朱丽女士，一定会忍受不了这种事情，可凯瑟琳做到了。她温柔体贴，从来不违背丈夫的意思。既然他愿意在餐厅工作，那么凯瑟琳就会不声不响地在一旁准备一天的食物。

此外，杰瑞斯一家还有两个淘气的小家伙。哦，他们太吵了，有时候也会让唐有些烦躁。凯瑟琳理解双方，对谁也没有抱怨过。如果孩子们吵闹的话，她总会有办法使他们安静下来。

这些还远远不够，凯瑟琳总是想尽一切办法给她的丈夫创造一个舒适的生活和工作环境。为了帮助在家工作的丈夫，凯瑟琳放弃了自己所有的嗜好，把精力全都投入到家庭中来。她是个天生的烹饪专家，她家的冰箱里总是被各种各样的甜点、冰激凌和蛋糕填满。凯瑟琳知道，这些东西可以使丈夫有充沛的精力投入工作。不过，凯瑟琳是个非常细心的妻子，她从来都不赞成丈夫或孩子无节制地吸取热量。因此，她家的冰箱完全控制在她的手里，如果有必要，她会毫不客气地将冰箱门牢牢锁上。

还有一点我必须和女士们交代清楚，那就是虽然杰瑞斯一家取得了很大的成就，但他们和其他艺术家一样，也会受到经济问题的困扰。面对这些困难，唐几乎没有操过心，因为他的妻子就是他最好的“家庭经纪人”。诸如办理合约、制定家庭的开支情况或是决定家里哪些地方需要节约等，这些都是由凯瑟琳处理的。除此之外，家庭里的所有琐事都是由凯瑟琳来办，比如她的丈夫什么时候需要一套新的衣服。

我认为凯瑟琳真的非常伟大，因为她为丈夫付出了太多太多。有一次我向她请教，问她究竟是什么力量使她甘愿做出如此大的牺牲。凯瑟琳有些不好意思地说：“牺牲？我没觉得！实际上，这只是习惯而已。当你习惯了这种生活以后，你就不会觉得这是件很难的事，而且你也能从中体会到乐趣。如今我已经习惯他在家工作的日子，如果哪一天他去了录音棚工作，我反而会觉得不习惯，会一直想着他。”

女士们，你们羡慕凯瑟琳吗？你们希望能和她做的一样吗？也许你们现在不需要向她学习，但也保不准哪天就用上了，所以我认为你们还是先知道一些比较好。

要想给在家工作的丈夫提供帮助，首先要做的就是拥有一个平衡的心态。女士们，你们不可以抱怨，更不可以唠叨，而是应该理解你们的丈夫，支持你们的丈夫。特别是当他们的工作遇到困难时，难免会产生一些焦躁不安的情绪。这时候，你千万不可以意气用事，更不能和他对着干。你们要做的就是使头脑冷静，想尽一切办法让他变得安心。

有了正确的心态以后，下面就是具体的方法了。作为妻子，给丈夫一个舒适的环境是自己的义务。尽管你不可能做到最好，但你应该努力去做。做完这些事以后，女士们应该选择离开，去做你自己的事情，因为有你在身边会打扰他们的工作。当然，在恰当的时候，你们也应该去看看他，顺便问问他有没有什么需要你帮忙的。

> **如何适应新的环境**
>
> ◎想办法让丈夫过得舒适；
> ◎让他不会在工作时被打扰；
> ◎保持平稳的心态；
> ◎合理地安排自己的社交生活；
> ◎创造和谐的家庭氛围。

想要让丈夫安心在家工作，那就必须确保他不被其他的事情打扰，比如做饭、照顾小孩、付钱给送货的人以及其他一些生活琐事。女士们应该做到这一点，除非房子失火了，否则家里没有什么事情应该惊动你的丈夫。你完全可以当他是透明的，然后自己处理所遇到的一切麻烦。

前面我们已经说过了，为了满足你丈夫的工作需要，你最好不要在家招待朋友，除非你的房子足够大，而且隔音效果还特别地好。最后我要说的是，作为母亲，你们应该知道怎样照顾孩子。孩子们需要玩耍，这是所有人都知道的一个常识。因此，女士们应该给孩子留出足够的时间让他们开心地玩耍。当然，这可能会打扰你丈夫，但你必须让他知道，这个家庭是需要和谐的，只有每个人的权利都得到应有的重视，才会给家庭制造出幸福的氛围。

和他并肩应对挑战

女士们，如果你们的丈夫从一个每天工作八小时的“规矩”男人突然变成了那种从事特殊工作或是工作时间比较特别的男人，作为妻子，你们应当怎样应对呢？是坚定地支持他、配合他，还是和他大吵大闹，让他回到原来的工作岗位？我希望是前者。

曾经有这样一位太太，她的先生一直都梦想着有一天自己能够成为一名出色的乐团指挥家。后来，在自己不断地努力下，他终于被一个著名的交响乐团看中，成为了其中的一名交响乐指挥。他们的乐团虽然经常要在晚上举办音乐会，但是这位先生却对自己的这份工作非常满意。可是，他太太却不能忍受，因为自己的先生突然间不能在晚上陪自己了，而且每天还回家很晚。于是，这位太太和自己的先生大吵大闹，一定要他放弃指挥的职业。最终，先生经不住太太苦苦哀求，只得放下指挥棒，重新做起了推销日用品的工作。老实说，他并不喜欢这份工作，而且也不适合做这份工作，同时也使他的收入减少了很多。如此一来，那位先生变得非常不快乐。他不但认为自己的前途渺茫，而且也影响到了他与太太之间的婚姻关系。

女士们，如果有一天你们的丈夫突然成为了出租车司机、火车驾驶员、轮船驾驶员或是演员、政客的话，那么你们应该做的就是马上调整自己，充分地配合丈夫，这样才能维持住你们的家庭生活。

曾经有很多女士都和我说过，她们非常羡慕那些明星的妻子，因为那些女人可以穿很多漂亮的衣服，而且还能成为众人瞩目的焦点。可是，那些女士只看到明星妻子风光的一面，却没有看到她们的难处。事实上，她们要比普通人的妻子付出很多额外的努力。很多明星都曾经有过失败的婚姻经历，这就是因为他们的特殊工作情况得不到太太的支持。

因此，一旦丈夫的工作发生了突然变化，女士们首先就要清楚，自己并不是什么都可以获得的，而且还必须承认自己所面对的现实状况。你们应该明白，现在你们所要做的就是想尽办法在不破坏丈夫工作的前提下，维持住整个家庭的快乐。

女士们，我奉劝你们不要去羡慕那些可以大出风头的名人妻子。事实上，在那些迷人的职业背后，总有一些不为外人所知的痛苦。桃乐丝曾经和我半开玩笑地说，早在少女时期，她曾经幻想着嫁给一个闻名世界的冒险家。我当时对她说："的确，你嫁给这种人是可以穿名牌的服装，而且还能上镜头。然而，你有没有仔细认真地考虑过，做一个冒险家的妻子将要有多重的负担吗？也许，有一天我成了冒险家，你就会明白了。"

虽然当时只不过是一句玩笑，但是在我还没成为冒险家之前，桃乐丝就明白了这个道理，这是罗威·汤姆斯的夫人弗兰西斯女士告诉她的。

弗兰西斯女士在认识汤姆斯先生的时候，汤姆斯还只是一名普通的新闻广播员。那时候，弗兰西斯并没有考虑太多，因为广播员的工作虽然有些辛苦，但还算是比较有规律。然而，她想不到的是，自己的丈夫在结婚以后的奇特经历简直可以写进《天方夜谭》的故事里，而且罗威·汤姆斯也成为了一个世界闻名的大人物。不过，这一切都是以很高的代价换来的，弗兰西斯女士为她丈夫工作的突然变化付出了很多代价。

在他们婚后不久，罗威就辞去了广播员的工作，做起了大学讲师。这时，第一次世界大战爆发了，于是弗兰西斯女士不得不和丈夫一起跑遍世界各地。原来，罗威先生为了宣传自己的观点，经常要到各地去讲授有关阿拉伯的劳伦斯以及艾伦比在巴勒斯坦的战役。为了帮助丈夫，弗兰西斯做出了很多努力。她一方面帮助别人撰写祈祷曲，另一方面又义务地担当起罗威的私人旅行助理兼经纪人。

幸亏这种四处漂泊的日子并不长，一年后，他们回到了美国，在乡下的一个小村庄里定居下来。这时，罗威先生从一个四处游荡的讲学者突然变成了一个终日在家"修炼"的研究人员，于是弗兰西斯又一次变换了自己的角色。

不要以为照顾一个在家的男人是件轻松的事，弗兰西斯在那段时间里非常繁忙。那时候，她的家里总会有一些客人前来拜访，其中有冒险家、飞行家、旅行家还有一些军人。更加夸张的是，有时候弗兰西斯竟然需要在一个周末同时接待几百人。试想一下，面对那种情况，光是准备食物就已经是一件非常累人的事情了。

然而，身体上的劳累还远没有心理上的担忧更让弗兰西斯害怕。在一些朋友的怂恿下，罗威放弃了在家工作的念头，开始四处冒险，决心做一个冒险家。就这样，每当罗威出远门的时候，弗兰西斯总是很担忧。比如，罗威曾经只身前往刚刚爆发革命的德国，结果在采访一次巷战的

面对丈夫工作突然变化时应有的心态

◎如果这种情况只是暂时的，那么就让自己高兴一点，暂时忍耐；
◎告诉自己，任何人都可以在短时间内忍受一件哪怕是很痛苦的事情；
◎假如真的是长久的，那么你就接受它，并尽快适应；
◎永远牢记，丈夫的事业就是自己的事业。

时候受了重伤；1926年，罗威出去冒险，却不想飞机中途在西班牙的安达努希亚沙漠中坠毁，而此时的弗兰西斯正在巴黎，所以只能坐在家里干着急。就在前不久，罗威还让弗兰西斯着实吓了一跳。原来，罗威去西藏旅行，结果中途受了重伤。幸亏有当地人的保护，最后走了近一个月才走出了喜马拉雅山。在这一个月的时间里，弗兰西斯简直都要发疯了，因为她所得到的信息就只有丈夫身受重伤。相信，如果不是一个意志坚定的妻子的话，面对这些突如其来的打击，一定承受不住。

有些女士会说："我一定会看好自己的丈夫，绝不让他有当冒险家的念头。即使想出名，我也不认为这是最佳的选择。相反，我倒是认为从政是很不错的主意，那样既可以不必每天为他担忧，又可以过上风风光光的日子了。"是吗？如果女士们真是这样想的，那你们就听听马里兰州州长夫人斯俄德·麦卡丁的心声吧！看看当她的丈夫突然变成一个需要在州政府上班的最高行政长官以后，她为此付出了多大的努力。

斯俄德·麦卡丁是个文静温柔的女士，而她的丈夫则性格外向、活泼开朗。在很多人眼里，他们是最佳的完美组合。可是，自从他们的家搬进州长府邸之后，一切都发生了变化。丈夫每天都忙着处理各种各样的事，总是很早起床，很晚才睡觉，以至于连她这个做妻子的都很难见到他。

她告诉我，自己最幸福的时候就是陪同丈夫一起去外面旅行或是演讲，因为那时他们才能在一起安静地共处一会儿。她对我说："以前我不知道什么叫真正的激情和乐趣，但是现在我知道。事实上，我发现我们在旅途上获得的乐趣要远比以前在家中获得的多得多。坦白说，这段时间的经历我永远都不会忘记。"

说真的，罗威·汤姆斯和麦卡丁州长都够幸运的，因为他们的妻子在面对这些突然出现的变化时表现得很冷静。同时，他们的妻子不但尽心竭力地为他们排忧解难，而且还能够让自己不被各种外界的诱惑所困扰。这样，他们的丈夫就可以集中全部精力去面对新的工作了。

女士们，你们是不是已经害怕了？是不是心中正在祈祷，不要让自己的丈夫加入那些特殊工作的人群之中呢？首先，我理解女士们的想法，因为任何一个正常人都不希望遇到这种情况。可是，如果你的丈夫为了取得事业上的成功必须去做这份工作怎么办？难道女士们会选择放弃？不，如果真是那样的话，从法律意义上讲可以称为遗弃。但是，从爱情上来说，那是一种不完整的、有残疾的爱。

那么，当丈夫的工作出现了突然的变化，女士们究竟应该如何应对呢？我觉得，心态是重要的。如果你们能够迅速调整自己的心态，使自己有足够的心理准备的话，那么相信你们一定可以很快地适应这种变化，并且能够给予丈夫最大程度上的配合。

女士们，这个世界上没有完全可以让人感到快乐的职业。如果你丈夫真的很不幸从事了你所厌烦、讨厌，甚至于害怕的职业，那么你们就应该考虑清楚，到底应不应该帮助他。如果这种变化可以使你丈夫取得成功，那么你们就必须坚定地和他站在一起。要知道，不论生活方式是什么，总是会有其自身的利弊得失的。如果女士们只会抱怨现实，那么你们就永远不会有满意的时候。因此，如果你丈夫的工作突然出现了变化，而且这种变化能够使他获得成功，那么作为妻子，你们就应该坚定地支持他，给予他最大的配合。

第三章

成为他事业上的好帮手

给他静心工作的空间

前不久，我和夫人参加了一个宴会。席间，我和一位客人交谈起来，得知她是美国一家著名公司的公关部经理。于是，我向她请教如何作一名合格妻子。她说："作为一名合格的妻子，有两件事是非常重要的。第一件就是要真心地爱自己的丈夫，这是美满婚姻的基础；另一件就是要管好自己，永远不要干涉丈夫的工作。作为一名称职的妻子，首先应该做的就是创造出一个温馨、愉快和舒适的家庭环境，因为这样才能使丈夫可以安心工作。如果妻子能够保证自己的丈夫不受外界因素的打扰，那么她的丈夫就可以将自己的能力发挥到最大，从而取得最终的成功。"

接着，她详细阐述了自己的观点。她说："我认为，妻子完全可以把对丈夫的体贴和关心应用到自己同丈夫工作的关系上，当然也可以把这些运用到与丈夫同事的关系上。事实上，有些女士对干预丈夫工作这种行为乐此不疲，总是想把自己变成丈夫的非正式顾问。她们总是抱怨自己丈夫的

薪水太低，不满足他们的工作时间，或是对他的同事表示反感。不得不承认，这些做法无疑是在谋杀丈夫的前程。”

回到家以后，我把这位经理的话细细品味了一番，发现她所说的恰恰是一个客观存在却往往被人忽视的真理。女士们，你们一定都热切地希望自己的丈夫能够取得成功。是的，这一点我是可以完全肯定的。很多女士都认为自己才是丈夫最得力的助手，梦想着在自己的帮助下，丈夫的事业达到顶峰。她们不能默默地在后面支持丈夫，而必须冲到最前面，因为她们的丈夫是那么地需要她们。于是，她们精明地为丈夫出谋划策，安排着各种各样的活动。为了不让丈夫“误入歧途”或是“深陷困境”，她们每天都不厌其烦地询问着丈夫的工作情况。可这一切谁会理解呢？没有人！因为她们这么做带来的结果往往是弄巧成拙。在她们的帮助下，丈夫的事业非但没有达到顶峰，反而是陷入了低谷。

我知道，女士们一定不愿意接受我这种说法，因为这看起来是在怀疑女士们的能力和伤害女士们的自尊心。可是，不管女士们承认不承认，我所说的一切都是真的，应该说也是正确的。在我们身边，能够印证我的话的例子数不胜数。

我妻子在一家公司上班，一天，公司来了一位年轻有为的经理。这个小伙子用了几年的努力终于爬到了经理的宝座上，而且事实证明他也完全有能力胜任这份工作。本来，新经理的事业应该蒸蒸日上，可不想中途却发生了变故。

原来，从他上任第一天起，他的妻子就介入了他的工作。每天早上，妻子总会和这位先生一同进入办公室，然后询问他一天的工作安排。接着，妻子或是推开门，把先生的话转达给外面的打字小姐，或是干脆自己亲自动手查阅文件。这种场景听起来有些可笑，似乎只会出现在电影里面，可事实上它就是千真万确的。

这位太太还没有意识到，她的出现已经把原本和谐的办公室气氛破坏了。这天，一位女职员终于按捺不住，向老板提出了辞职，理由是她实在忍受不了一个和她毫不相干的人对她指指点点。事实上，其他人并不是没有考虑过辞职，只不过他们是在观望。因为他们想知道，到底谁才是最应该离开的人。

终于，这位太太的“努力”有了结果。这天，老板把那位上任还不满一个月的新经理叫到了办公室，非常礼貌地对他说：“对不起，我真的不想这么做，但是为了整个公司考虑，我还是下定了决心。从明天起，你不用过来上班了。现在，请你带着你那位聪明的太太离开我的公司。”

相信有些女士读到这的时候会有一种气愤感，因为她们认为那家公司的老板不应该如此绝情，毕竟那位经理没有做错什么。女士们，你们应该清楚，男人们在外面工作是要承受很大压力的。实际上，在所有的公司里都是这样。你没有犯错误是件很幸运的事，但这并不代表公司不会解雇你。我们可以细心观察一下，很多人被解雇的原因往往是一些微不足道的事情。“聪明”的妻子对丈夫的那些关心，就算是出于最好的动机，也完全可以称得上是一件风险非常高的事情。同时我还必须提醒女士们，这种风险往往要比你们想象的高得多。

一年前，我到华盛顿去拜访我的一位朋友，他给我讲了一件事情。前不久，一位在他们公司工作了很多年而且深受老板器重的部门经理被迫辞职了，而他的辞职也是因为妻子对他工作的干预。

原来，他妻子一直都渴望自己的丈夫能够成功，所以她展开了一系列行动，希望能够帮助丈夫。她把丈夫的同事都看成是对手，制订了一系列的计划与他们对抗。同时，她还故意在同事的太太们之间散布谣言、挑拨是非。面对这种情况，她的丈夫一点儿办法都没有。最后，所有人都不愿意理这位经理了，就连一向器重他的老板也开始有怨言。最后，这位经理只好做出了唯一的选择——辞职。

女士们是否还是固执地认为，你们才是最有谋略的策划家？你们是否还是很热衷于干

涉丈夫的工作呢？如果是那样的话，那么，我这里有十条建议，相信可以给你们提供帮助。我敢保证，女士们，只要你们按照我的话去做了，那么你们一定可以狠狠地扯住丈夫的后腿，把他从成功的顶峰拉下来，而且会让他再也爬不上去了。放心女士们，这十条建议非常有效，就算它不会让你的丈夫失去工作，也完全可以把他搞得神经衰弱。

第一条建议，千万别放过他的女秘书。

年轻漂亮的女秘书很可能会让你的丈夫失去斗志和信心，还有可能让他失去对你的爱。因此，你不应该放过丈夫的女秘书。只要一有机会，你就对秘书说："听着，你不过是个佣人，我才是他的太太。所有能够给他提供帮助的事都应该由我来做。"不要想太多，女士们，虽然对于一个渴望成功的男人来说，失去一个能干的秘书是很大的损失，但你完全可以不去担心，因为你丈夫至少还可以使用记录机。

第二条建议，不要忘记给他打电话。

这是你们的职责，女士们。你们每天都应该给丈夫打几次电话，告诉他你这一天在家里碰到的大事小情。当然，你也不要忘了问他中午和谁共进的午餐，有没有记得给你买一些东西。最主要的是，当你确认今天就是发薪日的时候，你必须要亲自到他办公室去找他。这么做的理由很简单，你要让所有人都知道，这个家是你说了算。放心女士们，你丈夫的工作劲头一定会马上跌落到最低谷。

第三条建议，找机会接近他同事的太太。

女士们，你们都知道，没有一个太太是省油的灯。你最好的选择就是时不时地在她们之间散布一些非常有趣的消息，比如你丈夫曾经说过很讨厌她丈夫，她丈夫曾因一点儿很小的事情被老板狠狠地批评了一顿等。这一招很奏效，过不了多久你就会发现，丈夫的办公室已经划分出几个不同的派系了。

第四条建议，时刻看紧他的腰包。

是的，女士们，你们丈夫的工作都多得让人厌烦，可你们不明白，为什么他总是拿那么一点儿薪水。通过对这些情况的分析，你们可以判断出，自己的丈夫在办公室是不受重视的。作为他的太太，你们有权利也有义务把这件事告诉他。男人们总是非常相信女人的话，他会很快对你说的这些做出反应。一段时间后，你会发现你的丈夫每天不再早出晚归，而是把注意力全都集中在报纸的招聘栏上。

第五条建议，别忘了时刻提醒他。

你们是什么身份？你们是高高在上的领导者。你必须要教会你的丈夫如何处理工作上的难题，如何把他的销售业绩搞上去以及如何与上司搞好关系。你必须让你的丈夫永远明白一点，你才是真正的谋略家，而他只不过是坐在办公室的一颗棋子罢了。

第六条建议，经常大摆排场。

你应该让你的丈夫做一个成功者，哪怕只是看上去像而已。你有必要时不时地举办一些豪华的宴会，哪怕这些会使你家的账目入不敷出。这是值得的，因为这一段时间里，你可以生活得非常非常舒适，并且还有很多人会在你的背后偷偷窃笑。

第七条建议，监视你的丈夫。

在你丈夫的周围布置好眼线，因为你要知道他与一切女性接触的过程。你明白，所有的女人都是色情狂，都想抓住机会勾引你的丈夫。

第八条建议，对他的老板下手。

不要再犹豫了，你应该在老板决定解雇你丈夫前，施展你精明的外交技巧。

第九条建议，让他的同事体会你的幽默感。

你应该多参加他们公司举办的宴会，以此来展示你的幽默感。你应该告诉同事你丈夫在和你恋爱时做过的蠢事，你也可以告诉他们你丈夫睡觉的姿势真是可爱极了……女士们，宴会需要欢乐，而你所讲的这些事情无疑会给整个宴会增添笑料。所有的人都会把目光集中在你身上，因为你正在兴奋地拿自己的丈夫开心。

第十条建议，让丈夫知道你才是最重要的。

不管他是要加班或是出差，你都必须和他大吵一架。你应该让他永远记住，不管他遇到什么事情，也不管他坐到什么位置，你——他的妻子，才是最重要的。

女士们，你完全可以用这种一流的手段毁掉你丈夫的前程。当然，这种手段的结果并不会让人高兴，那就是你的丈夫首先失去了工作，接着你又失去了你的丈夫。

帮助他成为受欢迎的人

相信女士们都会同意我的这一说法，如果自己的丈夫不善社交或者是个脾气古怪的人，那么做妻子的应该想办法给他们提供帮助，使他们受到大家的欢迎。这是一件非常重要的事，因为男人们在外面工作，经常会在自己的社交活动中遇到一些很有价值的合作伙伴。如果他们是一个不受欢迎的人，那么可能会丧失掉很多机会。女士们，你们必须清楚，不管你丈夫从事的是什么职业，哪怕只是一家便利店的售货员，能够得到别人的喜爱都无疑会给他们带来很大的好处。我们必须承认，很少有妻子能够真正地从业务方面给丈夫提供帮助，因此帮助他们广受欢迎则成为妻子的头等大事。

几年前，我去采访流行歌星基尼·欧德里，因为前不久他在麦迪逊广场花园举办了一场成功的个人演唱会。那时候的他正春风得意，很多人都是他的忠实歌迷。不巧的是，我去的时候这位歌星并不在家，所以我决定改变采访计划，转而采访他的妻子利娜。

采访在轻松的氛围下展开了，我问了利娜很多关于基尼的问题。最后我问利娜："我知道，基尼拥有很多歌迷，他们常常会追着他索要他的亲笔签名。作为一名歌星，这是件既幸福又苦恼的事，不知道你怎么认为。"利娜笑着说："卡耐基先生，基尼非常爱他的歌迷，总是会耐心地给所有人都一一签名。"我说："那你怎么想呢？有没有因为正常的生活被打乱而感到懊恼？"利娜摇了摇头说："不，我从来没有过这样的想法。事实上，我每次都会对那些歌迷说：'请大家不要着急好吗？你们的基尼是从来不会拒绝任何人的请求的，特别是对你们这些年轻人。'"我说："你真是太棒了，利娜，你帮了你先生的大忙。你的这些话远比那些报纸或杂志上的宣传广告有力得多。因为你那善良的天性以及热诚的待人态度，你的先生受到了更多人的喜爱。"

是的，正是利娜这句发自内心的、不假思索的话使得基尼·欧德里广受欢迎。女士们可能会说："我不能同意你的意见，因为基尼本身就是个受人喜爱的人，所以利娜不过是起了推波助澜的作用罢了。至于我的丈夫，他是一个令人讨厌的家伙，所有人都不喜欢他，这一点我无能为力。"

如果女士们真的这么想，那么你们就大错特错了，事实上一个妻子的态度是完全可以给一个原本不受欢迎的丈夫提供帮助的。

曾经有这样一个家庭，其中的男主人是个十足的讨厌鬼。他脾气暴躁而且傲慢自大，没有人愿意与他在一起聊天，因为总是会发生争吵。可是，这个家庭却有很多朋友。当然，这并不是因为大家能够忍受男主人的怪脾气，而是因为这家的女主人非常有风度。

当我第一次接触到男主人的时候，心中也不免产生了一丝厌恶之情。可是他太太对我说："请您原谅他好吗？这不是他的错。他是一个孤儿，从小就没有得到过温暖。"听完这些话，我开始同情这个男人，也开始理解他的行为。不过，我更钦佩这位妻子，因为她虽然不能让丈夫变得受人喜欢，但却让大家以宽容和同情的心态来对待他。

女士们，虽然你们现在知道帮自己的丈夫受欢迎是一件多么重要的事情，但我相信很多女士并不知道到底该怎样帮助自己的丈夫。有些女士错误地认为，炫耀丈夫的最好办法就是让别人羡慕自己，于是她们想尽办法来显示自己，比如穿上名贵的貂皮大衣。

有一次，我的培训班上来了一位年轻的女士。她很爱自己的丈夫，也非常想帮助自己的丈夫。她问我："卡耐基先生，我真的想帮助我的丈夫。请你教我一些方法，让我练就一副好口才，这样我就可以让他的朋友对他产生好感了。”我想了想说：“为什么要说话呢？干吗不选择沉默？”女士有些惊讶地问：“沉默？为什么？”我说：“道理很简单，要想让别人喜欢你的丈夫，最好的办法就是让他亲自与别人接触。因此，给他说话的机会才是最重要的。这样，你丈夫就可以在别人面前显露自己的才华了。”

女士们，这一点是非常重要的。你们必须找机会让你的丈夫能够在别人面前显露出他的特殊才华，因为这些东西往往会引得别人产生兴趣。这样一来，别人自然对你丈夫产生了好感。

卡蒙路·斯布，一名专门为演艺圈明星写传记的作家，是一个热情好客的人。他的妻子名叫卡洛琳，也是个非常热情的人。卡洛琳经常会在院子里安排宴会，请来卡蒙路的朋友。这时候，卡洛琳并不是找机会向别人炫耀自己的厨艺，而是要卡蒙路烧烤他最拿手的牛排。不光这样，卡蒙路还可以在不经意间给他的朋友们讲一些幽默的小笑话。

纽约的约索夫·福瑞斯医生也是一位非常幸运的丈夫。平日他是一名医术高超的小儿科医生，而每当有空闲时间的时候，他又成了一名颇有天分的业余魔术师。他的妻子总是找机会让家中的宾客欣赏一下约索夫的魔术表演，有时候还会客串一把，当一回魔术师的助手。

这两位先生真的是太幸福了，因为在他们背后都有一位甘愿埋没自己的妻子，目的就是想把所有人的目光都集中在丈夫的身上。她们不出风头，心甘情愿地扮演配角。为了能够使自己的丈夫出人头地，她们甘愿压抑自己。这是不是太不值得了？不，这完全值得，因为妻子的这种行为给丈夫提供了很大的帮助。

有的女士可能会说：“我的丈夫虽然有很强的工作能力，但他却并不懂得如何在众人面前说话。每当需要他在众人面前表达的时候，他却变成了哑巴。”我知道，女士们说的这种情况确实存在，但这时候丈夫更加需要你这个最亲密的人的帮忙。女士们，其实你们完全可以采用一些技巧，把你那沉默寡言的丈夫引领到你们的谈话之中，使你丈夫能够自如地与别人交谈。方法其实并不难，那就是看准时机，适当地把话题转换，以便让你的丈夫表现出他最大的优点。

有一次，我在培训课上遇到了一位年轻的女士。这是一位非常聪明机敏、善解人意的妻子，正是有了她的帮助，丈夫才从一个沉默寡言、不懂交际的人变成了一个喜欢参加各种各样聚会的社交专家。这位女士对我说："维格（她丈夫的名字）其实是一个心地善良的人，而且他也很乐意给别人提供帮助。不过很可惜，由于他不善表达，所以只有极少数和他很亲近的人才知道这一点。维格有些孤单，他的朋友只有那几个，这是因为他从不愿意主动去和别人说话，也就不会认识新的朋友。他沉默寡言，甚至于让别人感觉他是个冷漠的人。我非常担心他的这种状况，也很希望他能够得到别人的欣赏和重视，于是我一直在想办法帮助他。"

这时，我问道："那结果怎么样呢？你是否真的帮助了你的先生？"

女士点了点头说："是的，我做到了。不过开始的时候，我真的有些犯难。如果我当面提醒他，一定会伤害到他的自尊心。因此，我决定找一个非常好的办法，使他在不知不觉中发生改变。我知道，维格非常喜欢摄影，所以不管走到哪儿，我都会想办法给他找一个有相同嗜好的人。这个方法太有效了，维格和那些人谈得非常投机，几乎忘记了自己。他太投入了，完全在不自觉的情况下把最真的自我表现了出来。"

"后来，维格变得开朗了。当他和别人谈论其他话题的时候，也显得不是那么困难了。不过有时候他还是需要我的帮忙，因为遇到新朋友的时候，他还是需要我给他提供一些线索，好让他能够找到一个适当的话题进行交谈。"

"如今，维格整个人都已经变了。现在的他喜欢参加各种聚会，也愿意认识一些新的朋友。很多人都认为这简直是一个奇迹。每当我听到有人赞美我丈夫的时候，内心都充满了无比的骄傲和自豪。"

是的，女士们，这足以成为你们骄傲的资本。你的丈夫可能不善言谈，也可能性格孤僻，但他一定会有一些属于自己的嗜好，而且这些嗜好往往又是他的专长。因此女士们，如果你真的想帮助你的丈夫，那么你就要首先发现他的嗜好和专长，然后在必要的时候把话题转向他喜欢的方向。这样一来，你的丈夫就会对谈话非常感兴趣，就可以把他的优点表现出来，而别人也会对你的丈夫产生好感。

帮助他受欢迎的方法

◎让大家能够接受他；
◎给他创造机会展示才华；
◎找出他的爱好，让他有机会把自己的优点表现出来。

熟悉他的工作，并适时帮助他

那是一个星期天的早上，我独自一人乘坐公交车去拜访一个朋友。我喜欢坐公交车的感觉，因为那会使我觉得和很多人生活在一起。突然，我发现车上的所有乘客都伸长了脖子注视着车门。我顺着人们的目光望去，原来是一位穿着入时的漂亮女士跳上了车，而且她的肩上还背着一支双筒猎枪。

真搞不明白，这位女士到底是在做广告宣传呢，还是她本身就是个怪人？不过这位女士并没有做出什么让人惊讶的事，当车到站时，她很安静地下了车。我从别人的口中得知，这位女士名叫伊德勒·费仕尔。她之所以会在公交车上上演那一幕，其实不过是为了帮丈夫的一位顾客的忙，因为那位顾客要把赊购来的猎枪送回到原来的店里。

伊德勒的丈夫是一家家电公司的优秀推销员，伊德勒经常会想出各种各样的点子来帮助自己的丈夫。正因为这样，她的丈夫开玩笑地管她叫“我身边的星期五”。为了对这位奇怪的女士有进一步的了解，我专程去拜访了她。当我问起她为什么如此热衷于帮助丈夫开展工作的时候，她回答说：“你可能不知道，我的丈夫对待工作简直到了发狂的地步，甚至于连吃饭、睡觉都想着工作。我是他最亲近的人，时间一长，自然就被他的行为所感染。我们结婚已经有二十多年了，我总是想办法给他提供帮助。直到今天，我仍然非常乐意做这些事。”

伊德勒夫人真的是一位贤内助，因为她懂得如何帮助自己的丈夫。她知道，那些琐碎的小事会分散丈夫的精力，使他不能全身心地投入到工作之中。于是，她就想尽一切办法不让那些小事打扰自己的丈夫。道理很简单，她一直都坚信，只要自己的丈夫不受这些小事情的困扰，那么他就一定可以将自己的潜能发挥到最大。

伊德勒夫人做得非常好，也很成功。作为一名推销员，丈夫每天都会带回很多需要处理的文件，于是伊德勒就学会了打字。她丈夫负责的业务区域非常广，已经遍及美国30

个州。为了走访这些客户，伊德勒的丈夫经常要独自开车到很远的地方，当然这是非常劳累的。就这样，伊德勒女士又学会了开车。她对我说："我认为我做的是对的，因为当路程比较远的时候，我可以替丈夫开一会儿车，那样他就可以美美地睡上一觉了。"

还有一件事情让我更加惊奇，为了给丈夫提供帮助，伊德勒夫人甚至培养了自己的新爱好。当然，这些爱好也与丈夫的工作有关。举个例子来说，伊德勒夫人最近迷上了收藏老式的熨斗。在她的收藏品中，甚至还有150年前的旧熨斗。如果有一天，她的丈夫需要举行一次货物展览，那么伊德勒的收藏无疑会给展览会增添许多色彩。

她的丈夫真是太幸运了，因为正是在妻子的积极帮助下，他才取得了一系列的成功。在一次有关销售经验的演讲会上，费仕尔把他妻子所做的一切都告诉给了大家。演讲结束后，一位听众开玩笑地说："费仕尔先生，你的演讲真的太精彩，不过可惜的是我没有听明白。我想知道，你这篇演讲到底是讲给我们这些推销员的，还是讲给推销员的太太的？"

女士们，你们不觉得伊德勒夫人很伟大吗？是的，她现在已经成了丈夫的精神支柱。我敢保证，她的丈夫在什么时候都不会忘记妻子给他的帮助。不过，我必须遗憾地说，很多女士似乎并不能像伊德勒夫人那样，因为她们认为给丈夫提供所谓的帮助并不是她们分内的事。这些女士会说："开玩笑，让我给他提供帮助？难道在外面工作，养家糊口，这不是男人的本分吗？为什么还要把他那该死的工作带回到家里？他的秘书是用来做什么的？况且，我这么做会得到他公司提供的额外薪水吗？如果是的，我可以考虑帮他。"

我真的很庆幸，因为我的妻子从来没有过这样的想法。女士们，你们应该明白，有时候你们提供的额外帮助，确实可以给你丈夫带来

意外的收获，能够让他们的事业发展得更好。我知道我的话说得有些笼统，因为女士们的丈夫都从事着各不相同的职业。因此，我只能这样和女士们说，你给丈夫提供帮助的一个根本原则就是——他所需要的。的确，如果他只需要你替他接一下电话，那么你就安装一部分机；如果他需要你处理信件或报告，那你就等候他的吩咐；如果他需要你替他开车，那么你就默默地坐在驾驶员的位置上……总之一句话，你们所能做的就是减轻他们的负担，使他们能把精力全都投入到最有价值的工作中去。如果你们真的实在不知道该从什么地方给丈夫提供帮助，那么就亲自去问问他好了。

在这里我必须说明一点，我并不是不理解作为一名妻子的苦衷。是的，一名妻子每天也有很多事情需要去做，比如做家务、照顾孩子。事实上这些东西已经够妻子忙的了。我承认，如果在做完这些事情以后，再抽出一些时间去帮助自己的丈夫，这的确是件很困难的事。不过这并不代表不可能，实际上，在生活中有很多聪明的妻子，她们既能够把自己分内的事情做好，也可以给丈夫提供额外的帮助。这是因为，她们本身就有这样一种动机。

家住纽约伊斯特街的梅尔·波雷斯是一位非常有名的医生。有一次，波雷斯医生遇到了一点儿小麻烦，因为他有很多棘手的文件需要处理，可是他却一直没有雇用女秘书。正在他需要帮助的时候，他的太太拉娜·波雷斯暂时做起了这份工作。事实上，她做得非常出色，就好像她一直都在为医生做秘书一样。波雷斯太太并不是把所有的时间都用在“工作”上，她总是上午在家料理家务，下午再到诊所帮丈夫的忙。

女士们，实际上你们所做的一切都是在给丈夫提供帮助，不管是在工作上还是在生活上。你们首先要做的，就是和丈夫站在同一个立场上，一同努力去实现共同的梦想。你们知道吗？几乎所有的成功人士都有一个能够为他们减轻负担的妻子。

女士们一定还记得那个爱唠叨的托尔斯泰夫人吧，她可以说是一个失败的妻子。可是，她却在事业上给自己的丈夫提供了很大的帮助。这位夫人对丈夫的著作表现出了狂热的喜爱，甚至于亲手把《战争与和平》这部书抄了七遍。

法国著名作家都德在结婚前非常忧虑，因为他害怕婚姻会让他的想象力变得贫乏，可事实却不是这样。他的妻子朱丽非但没有拖他的后腿，反而给了他极大的帮助。事实上，都德最优秀的作品都是在结婚之后写成的。都德的弟弟回忆说：“朱丽是个非常优秀的女性，有着超人的鉴赏能力。实际上，都德每次写完一篇稿子的时候，都会让朱丽看一遍，因为他十分想知道妻子的看法。”

还有那位在17岁就双目失明的哈柏。如果不是他的妻子鼓励他研究自然史，如果不是他的妻子帮助他搞各种各样的研究，恐怕现在瑞士就少了一位伟大的博物学家以及蜂类权威了。

不过，上面那些女士之所以能够给丈夫提供帮助，主要是因为她们在丈夫所从事的职业领域里也是专家。然而，很多女士对丈夫的工作并不了解。如果她们这时想要给丈夫提供帮助，那可能性几乎为零。因此，女士们应该深入地了解自己丈夫的工作，因为你知道得越多，那么你就越能给丈夫提供更多的帮助。

有些女士在听完这些建议后，可能会反驳我说：“卡耐基先生，你说得太轻巧了。如果我的丈夫从事的是一门专业性非常强的工作，难道我还必须花上几年时间到学校学习这些知识吗？”不，女士们，你们领会错我的意思了。事实上，如果你对丈夫的工作有了进一步的了解，即使你不能做什么所谓的专业事情，但你还是完全可以帮助他的。道理很简单，因为你首先就是想成为他的好妻子，而你对他的工作有了进一步的了解，就会

支持他的工作。当然，也不会随便地发出什么抱怨了。

实际上，妻子是否对丈夫的工作有所了解，已经对丈夫的事业产生很大的影响了，这一点被越来越多的企业所接受。如今，很多企业都在做着一项很奇怪的工作，那就是千方百计地让自己员工的太太们掌握一点儿有关她丈夫工作的常识。

以前的时候，不管一个公司大小，如果他们想让职员的太太对她丈夫的工作事情有所了解，那简直就是一件非常非常难办的事。不过现在好多了，情况已经有了很大改变，这得归功于媒体。因为每天都有各种各样的信息咨询轰炸着“职员太太们”的大脑，比如杂志、报纸、小册子以及演讲等。现在的公司真的很精明，因为他们知道，一个对公司业务非常感兴趣的太太，早晚会成为他们公司的盟友。

我想女士们都知道，作为丈夫，他需要把很大一部分精力都投入到工作当中，因为这是他必须做的。这时，作为妻子的你们，就应该真诚地去关心他们的职业，而且在他们最需要帮助的时候，伸出你的援助之手。这样做不仅能够帮助丈夫获得事业上的成功，而且也使你们的家庭更加和睦，因为他的成功不属于他一个人，你也有权利分享成功的喜悦。

将帮他获得成功作为一项工作

你是职业女性吗？如果是，那么就请你仔细阅读这篇文章，因为它给那些在外工作的女士们提了很多中肯的建议。我知道，并不是所有的女士都希望在结婚后变成一名家庭主妇。她们自己有着一份不错的工作，而且也十分热爱这份工作。可是，大多数男人选择结婚都有一个目的，那就是希望有人能够帮助自己料理家事，使自己可以全身心地投入到工作之中。这时，丈夫和妻子之间就产生了矛盾，因为他们的职业发生了冲突。

当这种情况产生的时候，作为妻子的你会选择什么呢？你是毅然地放弃自己的工作帮助丈夫完成事业，还是固执地继续从事自己的工作？如果你选择的是后者，那么你就没有必要读这篇文章了，因为你一生的目的不是帮助丈夫获得成功，而是让自己取得非凡的成就。如果你选择的是前者，那么女士们就有必要听一下我的意见了。

事实上，女士们必须要搞清楚一点，那就是帮助丈夫获得成功实际上也是一项工作，而且它同样需要很强的敬业精神。在做到这一点之前，女士们必须有这样的心理，那就是你们要从心底把帮助丈夫取得成功看成是一项非常非常重要的事情。女士们必须牢记，帮助丈夫获得成功并不是一件轻松的事，需要你们为之付出全部的精力。如果你们不能做到的话，那么恐怕你们提供的所谓帮助真的起不到什么作用。

不过，我在这里必须要说明一点，我丝毫没有诋毁那些必须在外工作的妻子的意思。此外，我还要向那些人表达出最诚挚的敬意。我知道，她们有权利也有能力用行动证明自己同样可以担负起养家的责任，她们有时也必须通过行动来实现自己的责任，因为那是生活所迫。然而，生活并不会像人们预计的那样发展，很多时候突如其来的事情会打乱你的计划，这时如果你丈夫的工作需要你放弃自己的职业，那么你就真的应该好好考虑一下了。

我有一个比较长但是却很真实的故事要讲给女士们，相信它一定可以给你们很多启发。相信很多女士都读过著名冒险家科维斯·威尔斯所写的《卡普特》这本书，也一定被里面所描写的冒险历程所吸引。我曾经采访过这位冒险家，问他是什么力量支持他不停地冒险，又是什么原因使他想起写这本书。威尔斯先生笑着说："这一切都应该归功于我的太太，是她使我有了今天的成绩。我认为，你今天采访的人物不应该是我，而应该是我太太。"后来，在威尔斯先生的建议下，我对他的太太萨黛·威尔斯夫人做了深入地了解。

萨黛在结婚前是一名广播和演讲的经纪人，这是一份非常不错的工作。科维斯·威尔斯也正是因为业务上的往来才认识了这位漂亮迷人的女孩。当时的萨黛非常热爱自己的工作，而且也很看重这份职业。当科维斯向她求婚时，她犹豫了，不知道该如何选择。最后，萨黛答应了科维斯的求婚，但前提条件就是自己婚后必须继续工作。

本来一切都可以按照"计划"进行，可中途却发生变故。原来，他们两人在 3 月份举行了婚礼。蜜月后，丈夫马上就必须到土耳其去冒险，去攀登阿拉特山。萨黛本来没有把这件事放在心上，因为这是早就预料到的，于是她打算独自留在家中工作。可是，就在丈夫出发的前一天晚上，萨黛突然觉得自己根本不可能独自留在家中。没办法，她只好对丈夫说："我还是和你一起去吧，但仅这一次而已。"就这样，萨黛和丈夫一起踏上了冒险的旅程。这一次旅行真的太可怕了，直到现在想起来还心有余悸，

尽管科维斯写出了那本十分畅销的《卡普特》。

旅行结束后，萨黛回到了自己的岗位，打算继续从事自己原来的工作。然而，她发现，这次冒险旅行虽然非常可怕，但却充满了刺激。自己现在所做的这份工作虽然比较清闲，但却显得乏味很多。于是，就在一年后，她又和丈夫一起去了墨西哥，共同攀登了帕帕卡弟派特尔山峰。这次旅行与前一次比起来更加凶险，他们经历了可怕的寒冷、饥饿，而且整个旅程都十分疲惫。不光这样，他们每天都担惊受怕，因为随时都可能出现难以预料的危险。然而，他们不但没有被这些困难吓倒，反而觉得异常地兴奋。

萨黛回忆那段时光时说，当站在高高的山顶上时，自己想要继续独立做事的想法已经被凛冽刺骨的寒风吹得无影无踪。在那一刻，她似乎真正明白了作为一个妻子，不，应该说作为科维斯·威尔斯的妻子到底应该如何做。她终于明白了，帮助自己的丈夫完成工作要远远比自己在事业上取得成功重要得多。回到家以后，萨黛马上开始了行动。她首先关掉了自己的营业厅，然后就开始了与丈夫“浪迹天涯”的生活。他们的足迹遍布天涯海角，日本、冰岛、非洲、马来丛林等地方都有他们的身影。如今他们的生活已经像一本游记一样充满了神奇的经历。

当我问及萨黛是不是对自己当初放弃工作而感到后悔的时候，她对我说：“后悔？不，我从来没有这么觉得。事实上，我现在倒是认为以前的想法太幼稚了，因为我以前一直都认为最重要的事情就是拥有自己的事业。后来我终于知道了，拿我过去的生活与我和科维斯在一起的经历相比，那些简直太无聊、乏味、狭隘和不值一提了！现在我改变了，我将自己的兴趣全部融入到了丈夫的事业之中。我们成功的时候一起高兴、庆祝，失败的时候我们也一起面对。现在，我们两个人的经历已经完全投入到工作之中。”

我说："但是有一点必须承认，那就是所有的荣誉似乎都属于你丈夫一个人。"

萨黛有些吃惊地说："你是这样认为吗？我从来没有这样想过。实际上，我已经获得了很大的奖励了。在科维斯的那本《卡普特》上，他专门为我写了一段话：仅以此书献给我最最亲爱的朋友——妻子萨黛。这是丈夫给我最大的奖赏了，我一生所受到的赞美之词都不及这段话的万分之一。"

我个人认为萨黛真的是一位非常伟大的女性，因为她的确为自己的丈夫付出了很多。开始的时候，她是很不情愿放弃自己的工作的。可是，当她和丈夫旅行一次后，却对丈夫的工作表现出了极大的兴趣。最后，她毅然放弃了自己的工作，选择了帮助丈夫取得成功。

在这里，我们注意到一点，萨黛之所以会全身心投入到帮助丈夫这项工作中来，主要是因为她调整了自己的兴趣，使它与丈夫的职业相融合。有人可能会说，萨黛女士观念的转变太具有戏剧性了，很多妻子并不一定会遇到类似的情况。事实并不是这样的，很多放弃工作在家做家务的妻子都发现，自己以前的想法是错误的，她们眼中所谓的事业并不是最重要的。相反，一个妻子如果能够充分地维护家庭的幸福，帮助丈夫实现利益的最大化，则是她们最值得骄傲的事情。

有必要强调的是，我所说的建议女士们为帮助丈夫选择放弃自己的工作是有前提的。首先，你必须保证丈夫一个人工作足够养家糊口。这是一个很现实的问题，因为如果目前单纯靠丈夫的经济来源还不能满足家庭的日常生活开支的话，那么女士们就要慎重考虑是否放弃工作的问题了。其次，女士们还必须十分清楚放弃自己工作的时机。如果女士们选择了错误的时机，那么很可能给丈夫带来的并不是帮助而是麻烦，因为毕竟不是所有的男人都希望有一个做家庭主妇的妻子。

如果女士们能够很好地把握住这两个前提，那么当你们的职业与丈夫发生冲突时，最好的选择就是放弃自己当前的工作，而且这种选择还必须是心甘情愿的。

有一些女士对我的话不以为然，认为自己的职业和丈夫并没有冲突，因为她们觉得自己完全有能力也有精力既工作又照顾家庭。实际上，这种想法是错误的，因为帮助丈夫是一项非常重大的工作，需要妻子必须全力以赴。试想一下，如果一个妻子已经把自己的精力全都投入到工作之中了，那么她就很难再分出一部分精力去帮助和照顾丈夫。如果女士们非要说什么事都有例外的话，那我只好承认，但依据我的经验来看，这种例外少之又少。

如果女士们还是不知道到底该如何帮助丈夫，那么下面几点建议可能对你们有所帮助。

不管女士们是否能够按照我的话去做，有一点我是非常肯定的，那就是只要夫妻双方能够有着共同的目标和兴趣，那么他们之间的婚姻生活将会十分幸福，而且丈夫的事业也一定会取得成功。

如何解决与丈夫之间的职业冲突

◎与丈夫建立起共同的目标；
◎培养与丈夫一致的兴趣；
◎认识到帮助丈夫的重要性；
◎毅然决然地放弃自己的工作。

第六篇

用心经营你的家庭

第一章

造就好男人，经营好家庭

支持他的爱好，调剂家庭生活

我曾经不止一次地强调过，夫妻之间一定要有共同的目标和共同的爱好，因为这些是获得幸福婚姻的基础。然而，在这篇文章里，我却要提出与以前相矛盾的一种说法，那就是作为妻子，一定要让丈夫拥有属于他自己的爱好。

我曾经仔细阅读过《婚姻的艺术》这本书，里面有一段话给我的印象非常深刻，书上说："作为夫妻，两个人都必须做到能够互相尊重对方的爱好。这不仅是夫妻之间的一种礼仪，更是幸福婚姻的首要基础。这是一个很现实的问题，因为没有两个人会在思想、愿望以及意见上能够取得完全的一致。我们应该明白这种事是不可能发生的，当然也就不应该去奢望。"

女士们一定已经猜到了我想要说的内容。的确，你们是应该让自己丈夫拥有一点儿私人空间。你们应该显得大度一点儿，让丈夫做一回任性的孩子，使他们可以按照自己的想法去做喜欢的事，尽管有时候你可能难以发现那些事的迷人之处。

在我和桃乐丝结婚以前，我就已经和赫马·科洛伊成为了一对非常要好的朋友。那时候，每当一有空闲，我们两个就会聚在一起，做一些我们彼此喜欢的事情。后来，我认识了桃乐丝，并和她结了婚，但我并不认为应该为此放弃这个乐趣。事实上，在我们一起生活的这 20 年时间里，我每个星期日的下午都会和赫马·科洛伊在一起。那真是件非常美妙的事

情，我们或是一起在森林里悠闲地散步，或是去一家平日少有机会去的餐厅吃东西，或者干脆就在我家的庭院里聊天。不过，不管做什么，我们都会过上一个轻松愉快的下午。

有一次，我开玩笑似的和桃乐丝说："这二十年来，每个星期日的下午我都不能陪你，难道你就从来没有抱怨过吗？"

桃乐丝回答说："开始的时候确实有这样的想法，但后来发现这很愚蠢。因为一个星期有七天，除了那天下午以外，你所有的时间都在陪着我，所以我不应该有什么抱怨的。况且，你们是在享受一种既轻松又自在的乐趣。我非常清楚，当你享受完这种乐趣以后，你会再一次回到我身边，或是投身于工作中。正是我的这种'纵容'，才使得你有足够的活力去面对新的一周。"

我真的要非常感谢我的妻子，因为她对我是如此的大度。有一次，我和赫马·科洛伊说起了这件事，没想到他居然和我有同样的感受。他告诉我，因为写作的需要，他曾经长期居住在加利福尼亚州的一所农场里。有一次，他的邻居威尔·勒吉斯先生提出想要买一把十分难看而且杀伤力很大的南非大刀。当时，勒吉斯太太不知道丈夫为什么要买这个

让丈夫拥有爱好的好处

◎使他的精神有所依托；

◎让他在工作之余得到放松；

◎让家庭生活得到调剂。

危险的东西，而且认为自己有必要劝告他不要去买。因为勒吉斯太太认为，自己的丈夫极有可能只是心血来潮，说不定在买回来之后的第三天就不再去管它。

不过，勒吉斯太太还是很理智的，因为她最后决定要迁就丈夫。不光这样，她还特意亲自跑到了省城，为丈夫买来了那把大刀。赫马清楚地记得，当时的勒吉斯先生就像一个收到圣诞礼物的小孩一样兴奋。

那么这把大刀到底对勒吉斯先生有没有用处呢？事实证明是有的。在他们的牧场里有一处杂草丛，他经常一个人带着大刀去那里清除杂草。这些都是次要的，最主要的是，每当勒吉斯先生遇到什么难题无法解决时，他总会悄悄地跑到那里去，发疯似的狂砍一阵。当他把心中所有的烦恼都发泄出来以后，那些棘手的难题往往也已经得到了解决。

赫马对我说，勒吉斯总是见人就说，他一生收到的最好的礼物就是妻子送他的那把大刀。是的，因为勒吉斯太太帮助了自己的丈夫。坦白说，勒吉斯太太在最初并没有意识到这东西能有如此大的意义，她之所以这么做，主要是因为她认为自己应该满足丈夫的要求。

女士们，相信这时你们已经非常清楚了，一种爱好对于一个男人来说是非常有帮助的。勒吉斯先生的大刀已经证明了这一点，因为它帮助勒吉斯先生发泄了心中的烦闷情绪。

还有一点我必须告诉女士们，那就是如果让你的丈夫培养起一种爱好，这不仅对丈夫非常有好处，而且对妻子也很有好处，这也是有事例证明的。

罗林·哈瑞斯夫人是我的一个远房亲戚，她的丈夫吉姆斯·哈瑞斯是一家石油公司的审计员。每当空闲下来的时候，吉姆斯总是拿起他的工具，或是把屋子装饰一番，或是把那些旧家具修理一通。他的妻子从来没有抱怨过他做这些“无聊”的事，因为吉姆斯的手艺不亚于那些专业人士，而且这还能使他们的家庭变得愉快自然。

同时，吉姆斯还很喜欢小动物，总是想出各种办法来训练家里那只苏格兰小猎狗。虽然这只小狗的技巧与那些专业的马戏团小狗相比还差得远，但它却给周围的邻居带来了很多乐趣。对此，罗林感到非常地满意。

不过，在这里我必须提醒各位女士，我们可以让丈夫拥有自己的爱好，但这并不代表可以容忍他们“玩物丧志”。如果有一天你们发现自己的丈夫对那些所谓的爱好表现出的热情远远大于对职业的热情时，那么就应该马上警觉起来。因为这已经向你发出警告，有些事情已经偏离了固定的轨道。这些情况是在向你暗示，一定是某些地方出现问题了，使得你丈夫已经失去了对工作的兴趣。这时，作为妻子，你们不应该再继续纵容了，相反应该深入了解丈夫的情况，然后帮助他进行调整。这么做的原因很简单，妻子之所以让丈夫拥有自己的爱好，主要是为了对单调枯燥的生活进行调剂，从而消除他的紧张情绪。如果爱好没有成为生活的润滑剂反而变成毒药，那么它就失去了积极的意义。

有些时候，具有积极意义的爱好是有很大功效的，甚至于可以成为一个人的精神支柱。《基督教科学箴言报》上曾经报道过克拉克夫妇的故事，他们两个在二战期间曾被关在日本的战俘营。

当时的克拉克夫妇在中国的上海工作，从 1941 年开始，他们就被关在了战俘营，并在那里度过了难熬的 30 个月。克拉克先生在回忆那段时间时说："开始的时候我们真的很痛苦，认为自己一定没有勇气再活下去了。但是，令所有人都没有想到的是，我和妻子在彼此爱好的支持下，居然快乐地度过了那段时光。从那以后，我和妻子清楚地认识到，任何蛮横的侵略者虽然可以剥夺掉他人的财产、职业，也可以毁掉一个家庭，但是他们却永远不可能毁掉一个人的兴趣。只要一个人还有兴趣，那么他就永远不会失败，因为他的精神根本不会崩溃。不过，我希望人们清楚，我所说的兴趣并不是指那些庸俗的，而是那些深具创造性的，比如，我对音乐的爱好以及我夫人对文学的爱好。"

克拉克先生一直都很自信，因为他有过那样一段经历，所以自己完全有资格来给别人讲解爱好的真正价值。在那篇文章的最后，克拉克先生给了所有人一个建议："每个人，我是说所有的人，不分性别，都应该给自己培养一种爱好，即使是被动的。这对所有人都很有好处，因为当你们不需要工作的时候，这些爱好就可以给你的生活带来很大的乐趣了。"

我相信，女士们在

看到这里的时候，心中一定已经下决心帮助丈夫培养爱好了。那么，我这里还有一条建议送给女士们，你们除了让丈夫有自己的爱好以外，还必须给他足够的时间和空间，以便让他能够安静地去做自己喜欢的事，只有这样，那些东西才是真正属于他们的。应该说，这是所有男人都梦寐以求的东西。

遗憾的是，很多女士，尤其是那些家庭主妇，并不十分看重男人的爱好，因为她们每天都有很多时间一个人独处，所以对男人这种无理、奇怪的要求很难理解。其实，这些女士们不明白，一个男人偶尔被妻子“抛弃”，这并不是一件可悲的事情。相反，男人们正好可以借此机会使自己得到一定的解脱，因为他们终于可以不受女人的约束和限制了。在这段时间里，他们可以完全地支配自己的时间，自由地享受一下生活。

曾经有一个快乐的单身汉对我说，在他眼里，相貌、身材以及财产等状况都不是最重要的。如果有一个女人在平日里能够陪着他，而在他需要独处的时候又可以满足他，那么他会毫不犹豫地选择和她结婚。

有些丈夫喜欢打保龄球，那么妻子们就不如放任他们去打一通宵；有的丈夫喜欢打牌，那么就不妨允许他们多玩一会儿；如果他们喜欢钓鱼、修理东西或是读书，那么妻子们就都应该尽量满足他们的要求。女士们必须明白一点，不管丈夫怎么安排那些时间，他们都是会感到非常快乐的。这种自由独立的感觉比做任何事情都美妙。我敢保证，凡是那些明智的妻子都会选择帮助丈夫实现愿望。

女士们，任何一个丈夫都背负了很沉重的负担，他们总是想找机会从中解脱出来。如果女士们认识到这一点，愿意帮助他们培养一些属于自己的爱好，并给他们提供机会去享受这些爱好，那么你无疑是在给你的先生创造幸福，也无疑是在给你和你的家庭创造幸福。

夫唱妇随，共建幸福家庭

夫妻之间如果能够分享同一件东西无疑是一件非常美妙的事情，不管这件东西是一杯茶或仅仅是一个突发奇想。这种行为会增进夫妻之间的感情，使双方的关系更加亲密。如果妻子能够拥有和丈夫相同的爱好，也就是说和丈夫分享一种兴趣的话，那么他们的家庭一定美满和谐。这也就是我为什么说，女人的爱好就是男人的“运气”。新泽西的婚姻关系专家克里斯·瓦德赫兹曾经对美国250对夫妻进行过调查。他发现，凡是那些婚姻比较成功的家庭都有一个共同的因素，那就是夫唱妇随。

女士们此时一定想知道，夫唱妇随究竟是有哪些要素呢？其实很简单，比如夫妻之间共同的爱好、相同的朋友以及一致的生活目的等。不要小看这些东西，正是它们才把人们紧密地联系起来。我一直都习惯以事实来证明我的观点，现在就请女士们和我一起看看实例吧！

亚兹·莫里夫妇无疑是美国最著名的一对夫妻。亚兹和他的妻子凯瑟琳已经结婚28年了。这些年以来，夫妻二人一直都并肩作战，一起教学生舞蹈。夸张一点儿地说，他们有可能是有史以来拥有学生最多的老师。

为了探求他们婚姻成功的秘诀，我专程拜访了凯瑟琳。之所以这样做，是因为我一直都坚信，妻子才是决定婚姻是否成功的最关键因素。见到凯瑟琳之后，我开门见山地说：“我真的佩服你们，难道你们天天在一起工作不会使生活陷入单调和无聊之中吗？在我看来，要想把工作和私人生活区分开简直是一件非常困难的事。”

凯瑟琳笑了笑说：“其实这没什么困难的，只要我稍作休息就可以办到了。我一直都有个原则，那就是一定要把自己打扮得漂亮些。这可不是为了取悦其他的男性，因为我只在意丈夫对我的看法。这些都是次要的，最主要的是我能和丈夫一起分享共同的爱好。我们两个喜欢运动，也都喜欢游戏。只要一有空闲，我们就会一起去享受这种乐趣。就在上一周，我们还一起去了百慕大旅游。应该说，正是这种共享生活的乐趣，才使得我们的关系永远密切。”

我承认，如果一个家庭把工作当成生活中的最重要的事情的确会很枯燥乏味。可是，如果妻子能够巧妙地运用一些小技巧，和丈夫拥有相同的爱好的话，那么你就一定可以达成心目中“夫唱妇随”的愿望。美国著名的心理学杂志《临床心理》上曾经这样写道：“共同的兴趣、相同的气质，这些都是塑造完美婚姻的必要因素。然而，与迎合对方的兴趣比较起来，这两点又显得微不足道了。”

有些女士可能会抱怨说，自己和丈夫根本没有什么共同爱好可言，也不觉得和丈夫拥有同样的爱好是一件很重要的事。相反，她们认为这是一件有失尊严的事，因为她们觉得为什么改变的一定要是女方而不是男方。

我想，有一点你们不得不承认，那就是你的地位恐怕不会再比居住在尼罗河附近的古埃及艳后——克娄巴特拉七世高贵。可是，这位埃及的女王却掌握着一门控制男人的技巧，那就是和他们分享嗜好。一位历史学家曾经这样评价说：“尽管克娄巴特拉算不上是一等一的大美人，但是她却有一个致命的法宝，那是一种和别人分享爱好和快乐的能力。”

为了让附属国忠心效劳，克娄巴特拉七世几乎学会了他们所有的语言。当那些使者带着贡品前来朝贡时，克娄巴特拉七世就会用他们的家乡话和他们交谈。虽然她说不出什么精美华丽的语言，但却赢得了那些人的好感。

古罗马帝国的大将军安东尼非常喜欢钓鱼。当他远征埃及的时候，克娄巴特拉七世就放弃了自己日常的享受，甘愿陪同安东尼钓鱼。据说，有一次安东尼将军整整半天也没有钓到鱼，所以非常恼火。这时，克娄巴特拉七世就找来一个奴隶，让他悄悄地潜入水中，在将军的鱼钩上挂了一条大鱼。安东尼将军自然是喜出望外。

此外，这位将军还喜欢赌博。于是，克娄巴特拉七世就约上安东尼，一起化装成平民，然后一同前往亚历山大的地下赌场豪赌一番。总之，克娄巴特拉七世不管做什么，首先考虑的都是安东尼是

不是喜欢。

如果换成是那些女士，恐怕事情就没有这么乐观了！她们才不愿意为了一个什么将军而放弃华丽的衣服，还要去忍受潮湿和严寒。当然，她们也没有兴趣去陪丈夫钓什么该死的鱼。

曾经有很多孤单且不快乐的太太和我抱怨，说他们的丈夫把唯一休息时间都浪费在高尔夫球场上了。我为这些女士感到可惜，为什么她们不能学学克娄巴特拉七世呢？我的好朋友富丽茜·萨姆德就学会了克娄巴特拉七世的技巧。

瑞阿·萨姆德是一位著名的工程师，很多非常有名的建筑都是他设计的。这位工程师在年轻的时候就酷爱运动，还参加过奥林匹克游泳代表团，也曾经获得过高尔夫比赛冠军。富丽茜刚嫁给瑞阿的时候，对体育简直一窍不通。不过，富丽茜仅仅用了几年时间就学会了打高尔夫球。不光这样，这位貌不惊人的小夫人居然是三次女子游泳比赛的冠军。富丽茜这些成绩是如何取得的，相信不用我再多说了。

假设我的这位朋友不去和丈夫分享他的爱好，当然更不可能会不厌其烦地专心研究，那么这对瑞阿先生来说无疑是一场悲剧，因为他必须放弃生活中很多有价值的活动。当然，还有另外一种情况，那就是当瑞阿先生在外面玩得兴起的时候，可怜的富丽茜只得独守空房。

我的邻居阿迪加·赫斯太太可没有富丽茜的耐心，她才没有兴趣去参加什么体育活动呢！不过，她总是会陪丈夫去看体育比赛，因为他丈夫喜欢这些东西。阿迪加太太知道，她的丈夫在工作了一天之后，很需要放松一下，至少也应该让他喘一口气才行。

我绝对不会相信，一个妻子如果和丈夫有共同的爱好，并愿意在一起享受这种爱好带来乐趣的话，她的丈夫还会冷酷地将妻子丢在家里？你的丈夫绝对不会把你一个人留下，然后独自去享乐的。当然也有例外，一种情况是这个家伙是个无可救药的、彻彻底底的自私者，另外一种情况就是你的丈夫也许根本就不爱你。如果没有这两种情况，那么就只能说明你做的还不够，因为你没有尽到自己应尽的责任，使你的家变成一个快乐的、诱人的休憩小屋。

与丈夫分享嗜好的重要性

◎使夫妻间的关系更加密切；
◎调剂枯燥乏味的生活；
◎让丈夫的爱永远在你身旁。

弗朗西斯·苏特夫人家住纽约。后来，她在一次旅行的途中认识了苏特先生，二人一见钟情，并很快结了婚。然而，婚后的生活并不像弗朗西斯女士想象中的那样美好，实际上那时候的生活非常不愉快。女士们都知道，一对新婚夫妇正应该是最甜蜜的，按理说两个人应该一刻也不想分开才对。可是，苏特夫妇却不是这样的。尽管弗朗西斯热切地希望自己的丈夫能够把周末的时间留给自己和家庭，但是苏特先生却从来没有过。不只这样，苏特先生有时甚至把所有的休闲时间都花费在和朋友外出旅游上。他的这种做法让苏特太太很伤心。

不过，苏特太太并没有唠叨，也没有抱怨，更不是跑回娘家向自己的家人哭诉。苏特太太找到我，因为她知道一定是自己身上出了问题。她希望我能够给她提供帮助。我问苏特太太："你知道你丈夫对什么最感兴趣吗？"苏特太太想了想，说："爬山？不，也许是划船。哦，也不是，可能是旅游。等等，让我想想！啊！应该是打猎！我想是的。"我笑着对苏特女士说："如今，你连你丈夫的爱好都不知道，恐怕我是不能帮你了。"

就这样，苏特太太开始回去潜心"研究"丈夫的爱好。经过一段时间的观察，她发现自己的丈夫原来是一名具有专家水准的象棋爱好者。于是，苏特太太就缠着丈夫教她下棋。开始的时候，苏特太太还只是假装喜欢，等到后来她真的喜欢上下棋了。如今，她已经是一个非常高明的象棋选手了。

此外，苏特先生还很喜欢参加各种各样的舞会。于是，苏特太太就想尽办法把家布置得非常舒适。这样一来，她的先生就可以经常带朋友来家举行舞会，而不是跑到外面去疯狂了。

现在，苏特夫妇已经结婚多年，而这种做法还一直发挥着作用。自从苏特太太改变自己以后，苏特先生就很少外出了，甚至于现在苏特太太想让他出去都不行。有一次，苏特太太对我说："谢谢你，卡耐基先生。如果能够使丈夫过得快乐，那无疑是我们做妻子的所能做的最重要的事。我现在没有什么理想，最大的愿望就是与丈夫和睦相处，成为一名快乐的家庭主妇。"

是的，苏特太太已经让自己的丈夫快乐了，而且她也成了一名快乐的家庭主妇。如果女士们还没有做到，那么就赶快改变一下自己的爱好，因为女人的爱好，就是男人的"运气"。

给丈夫“松绑”，他才会回家

我想，没有一个男人会梦想着嫁给一个“女王式”的妻子，因为那样的话，就意味着男人将成为家庭的附属品，或是妻子的奴仆。对于一个未婚男人来说，他们最害怕的就是在婚后失去自由和自主的权力，而对于一个已婚的男人来说，他们最渴望的就是自己能够掌握家中的大权。

芝加哥大学心理学教授唐纳德·庞物曾经说：“对于一个男人来说，最不能忍受的就是被妻子控制。他们在心里渴望能够掌管一切事情，包括自己的工作、家庭的财政支出，乃至家务劳动，尽管他们不可能做到。一个真正精明的妻子往往会满足男人的这种心理，使他们有一种成就感。要做到这一点，妻子们首先要学会的就是顺从。”

幸亏唐纳德没有在我的培训班上说这番话，否则一定会招来很多女士的非议。曾经有一位女士非常生气地对我说：“什么？让我们学会顺从男人？不，那是一种自取灭亡的方法。男人们都是很自私的，根本不会考虑妻子的感受。你给了他控制你的权力，那么他就会肆无忌惮地在外面花天酒地，怎么还会考虑事业和家庭呢？如果没有我的控制，他会把心思花在工作以外的事情上，那样我们整个家庭都会陷入到前所未有的危机之中。”

我承认，男人的确容易开小差，特别是在他们的事业取得了一点儿成就之后，但这只是男人的一种天性。既然是天性，那么就很难用一种高压手段来控制住的。因此，女士们妄图想用控制丈夫的方法来使丈夫在事业上取得更进一步的成就，无疑是一种不明智的选择。

尼达最近简直都要发疯了，因为家里面大大小小的事情简直压得她透不过气来。她自己要上班，还要抽出时间照顾孩子，而且还得做家务活。这些都是其次的，最主要的是尼达每天都要为自己的丈夫操心。早上的时候，她要替丈夫安排上班所穿的衣服，还要嘱咐他在单位应该做的事情。同时，她还要仔细检查丈夫的钱包，确保里面没有足够的钱让丈夫可以去酒吧或是其他娱乐场所。此外，每天晚上尼达还要认真听取丈夫的报告，以便为他事业的发展做出下一步计划。

本来，尼达做的这一切都是为了丈夫好，因为她怕丈夫被其他的事情打扰，从而不能安心工作。然而，结果却事与愿违。尼达的丈夫不但在工

作上没有取得一丝进展，反而越来越差。不光这样，尼达的丈夫还背着尼达偷偷地和公司的另一位女同事好上了。

尼达在得知一切后非常伤心，质问丈夫为什么不理解自己的苦心，为什么要背叛自己。尼达的丈夫这时也终于忍不住爆发，对尼达说："你一直都在强调是为了我好，可你有没有想过我的感受。我每天都像一个奴隶一样生活，没有自由，没有自主，不管做什么事都要受到你的监视。现在的家庭并不是属于我或是我们的，而完全是属于你的。因此，我没有必要为别人的家庭付出努力。我要自由，我要快乐，所以我每个月都给自己留下一部分钱，因为我要让自己得到放松。至于说那件事，我想你现在应该明白了，我需要的是一份平等的爱情，而不是一种女王与仆人的关系。"

现在，尼达的确是应该反思自己了。她控制了丈夫的一切，剥夺了丈夫所有的自由，使得丈夫对整个家庭失去了责任感。尼达的丈夫认为，自己并不是在为整个家庭工作，而仅仅是在为自己的妻子打工。他不觉得事业和自己有什么关系，因为一切成就都会归妻子所有。因此，他追求的是刺激，是享受，只有那些东西是属于他的。我不认为尼达的丈夫应该受到指责，因为如果换作是我，也会这么做的。在没有得到应有的尊重的时候，任何一个男人都不会把养家当成己任。

控制丈夫的危害

◎让丈夫失去对家庭的责任感；
◎使丈夫对事业和生活失去激情；
◎让男人沉迷于外面的花花世界；
◎使男人无法将精力投入到工作之中。

女士们，这就是控制丈夫的危害。它首先夺去了男人自由和自主的权利，继而又伤害到了男人的自尊。于是，丈夫们没有了激情，也没有了责任感。他们会抓住一切机会出去放纵自己，使自己免受压迫之苦。本来，这些女士是想通过控制男人的方法使他们不受外界的打扰，然而结果却适得其反。

事实上，女士们如果懂得放弃控制丈夫的想法，并且对他的思想表示出充分尊重的话，那么就会使他感受到自己对整个家庭的影响力。你在向丈夫传递一种信息，那就是你十分信任他的工作能力和自制力，这种信任会给你的丈夫增添无穷无尽的力量，而且也会让他觉得自己在家庭中扮演着一个十分重要的角色，整个家庭都要靠他来维持。于是，他会集中精神，努力工作，同时也会对你更加关爱。

蒂娜已经和邓肯结婚5年了。在这5年里，两个人的关系相处得非常融洽。蒂娜很少过问邓肯工作上的事，也从不询问邓肯在下班后会去什么地方。至于说家里的财政问题，蒂娜更是放手不管，从来没有注意过丈夫的腰包是不是太鼓了。很多女士不免为蒂娜捏一把汗，认为她这样做会“惯坏”邓肯的。然而，事实却并非如此。邓肯从未无缘无故地回家很晚，每个月也会准时把薪水存进银行。同时，在妻子的帮助下，邓肯也已经从一个小职员升任为一个部门经理了。

女士们一定很奇怪，为什么蒂娜这种放任的做法会收到如此之好的效果呢？还是来听听邓肯的心里话吧！邓肯在接受我的采访时说：“在结婚前，我非常担心婚后的自由问题。我的很多朋友告诉我，结了婚就等于住进了监狱，没有一点儿自由。我当时很害怕，因为我不想过那种被别人控制的生活。于是，我偷偷地存下了一些钱，并且制订了一系列的计划准备应对婚后的生活。”我问他：“那是什么让你改变了这种想法呢？”邓肯回答说："当然是我妻子的行动了！事实上，结婚后我非但没有被控制的感觉，反而比以前更加自由了。蒂娜也工作，但是我却可以支配我们两个人的薪水，这使我非常满足。不过，你不要以为我会想着用这些钱去花天酒地，事实上我比任何一个主妇都要吝啬。因为我知道，整个家庭都需要我照顾，如果我不能合理地安排日常开支，那么我们的家庭将陷入财政危机。此外，为了让我们生活得更好，我非常努力地工作，并且很快取得了一定的成就。应该说，这一切都该归功于我的妻子，因为她让我有一种备受尊重的感觉，而我也要为这种感觉付出自己的努力。"

的确，女士们，男人是一种很奇怪的生物。你越是控制他，他就越想做不该做的事；相反，你一旦给了他自由，他反倒会自己约束自己。美国婚姻关系研究机构曾经在《婚姻与家庭》杂志上发表过这样一篇文章，文中写道："我们曾经调查过 1000 名喜欢在下班后出去'鬼混'的男士，发现他们绝大多数都是在家里没有自主的权利。按照他们的话说，自己是因为忍受不了家庭所带来的压力才出来的，而并不是因为自己本身喜欢。同时，这些男士还表示，'鬼混'就像是毒品一样让他们着迷，因为那种感觉真的很奇妙，所以他们把很大一部分本该投到工作之中的精力放在了酒吧、夜总会。"

那么，女士们究竟应该怎么做呢？难道就真的放任自己的丈夫"胡作非为"吗？不，我虽然劝女士们不要有控制丈夫的想法，但并不代表女士

理解男人、关怀男人，而不是一心想要控制他，那么，男人自然会把精力投入到家庭中。

们就可以对他们一些错误的做法视而不见。不过，帮助男人要讲究方法，只有那样才能让男人兴高采烈地接受你的意见。

安吉丽娜的丈夫托哈在一家证券公司工作。可能是工作的压力太大，他每天都会在下班以后到酒吧喝酒，而且还喝到很晚。这种情况已经严重影响到了托哈的日常休息，使他没有足够的精力去应对第二天新的工作。安吉丽娜很着急，一直都想劝说丈夫。她想了各种办法，包括言语劝说，经济控制，甚至于以离婚恐吓，可这一切都没有起到显著的效果。后来，安吉丽娜决定改变策略，使用另一种方法来劝说丈夫。

这天早上，托哈刚要出门，安吉丽娜突然说："亲爱的，这是100美元，你带在身上吧！"托哈觉得很奇怪，就说："怎么？前几天你不是还要控制我的腰包吗？难道你就不怕我拿这些钱去酒吧消遣？"安吉丽娜笑了笑说："不，这些钱是你工作赚来的，我没有支配的权利。我知道，劳累了一天后确实应该喝上几杯放松一下。没关系，你不用管我，晚上我会给你准备好晚饭，不过你要记得洗澡。我为我以前的行为道歉，因为你才是一家之主，你有权利支配家里所有的钱和你下班以后的时间。"

就在那天晚上，托哈竟然准时回到了家。安吉丽娜问他为什么这么早回家，托哈说："你说过，我是一家之主，所以我就应该为这个家负责。每天去酒吧浪费了很多钱，而且也让我不能安心工作。那样的话，我们的家就不能维持正常的生活了。此外，我认为下班之后回家陪妻子吃晚饭也是一个做丈夫的义务。"

其实，安吉丽娜并没有什么高深的技巧，只不过是运用了两个原则。

女士们只要掌握住了这两个原则，就一定可以让你们的丈夫自愿地将全部的精力投入到事业和家庭之中。不过，有个前提，那就是先要放弃控制他的想法。

"管理"丈夫的两个原则

◎尊重他，给他自主权；
◎理解他，对他表示关怀。

多一分同情和谅解，就多一分和谐

很多妻子都不能容忍丈夫的错误，面对这种情况时，她们选择的往往是抱怨、唠叨或是咒骂。结果如何呢？她们换回来的往往都是无休止地争吵，更或是离婚。

究竟该怎么处理这些问题？用什么办法才能让夫妻之间免受这种无谓争吵的折磨？在这里，我有一剂灵丹妙药送给女士们，只要女士们按照上面写的去做，就一定可以避免发生这种情况。其实，这剂灵丹妙药不过是一句话："如果我是你，我大概也会这么做。"

有一次，我的培训课上来了一位痛苦的女士。她跟我抱怨说："卡耐基先生，请你帮帮我好吗？我真的快忍受不了那个家伙对我的折磨了。"我问她是什么原因使得她如此烦恼，她回答说："还不是我的丈夫。天啊，如果你和他生活一天，你一定会疯掉的。当他晚上回来的时候，总是一屁股就坐在椅子上，然后大声质问我是不是把晚饭准备好了，洗澡水是不是烧好了！我简直就像是他的佣人一样。不光这样，他还十分邋遢。衣服穿一天就脏得不成样子，袜子一天不换就不能再要了。上帝啊！他简直就是地狱的魔鬼。他从来没有体贴过我，洗完澡之后就坐在沙发上看那该死的体育节目。我不明白，难道他就不能像隔壁的史密斯先生那样，每天晚饭后和太太一起洗碗吗？真不知道当初我怎么会选择嫁给他。"

我微笑着听完这位女士的抱怨，然后对她说："请问女士，你的丈夫

是做什么工作的？”那位女士有些不解地回答说：“他？他不过是一名建筑工人而已。”我点了点头说：“好的，女士！我有一位朋友承包了一项建筑工程，他那正好需要人。你明天可以到他那里工作一天，然后再来找我。当然，他是会付给你工钱的。我相信，到那时候，你的问题就可以解决了。”

果然，在第三天的时候，那位女士再一次找到我。这次她没有抱怨，而是对我说：“谢谢你，卡耐基先生，你让我发现自己当初的想法是多么愚蠢。我在那个工地干了一天的活，天啊，那简直是世界上最苦的差事了。当晚上我回到家的时候，真的十分希望能够洗一个舒舒服服的热水澡，然后再享用一顿丰盛的晚餐。至于说做家务，不，根本不可能，因为我当时只想安静地坐在沙发上看会儿电视。我现在终于明白，那些事不应该怪我丈夫，因为换作是我也同样会那么做。”

我替这位女士感到高兴，因为她终于懂得了给予他人同情和谅解的重要性。的确，我们没有资格去指责别人，即使那个人犯下了很深的罪孽。也许，一个抢劫犯之所以会选择那条道路是因为他家里有几张嘴等着吃饭，只不过他选择了错误的方向。

著名心理学家葛兹斯曾经说：“所有人都在追求同情。很多孩子都迫切地向别人显示他所受到的伤害，甚至故意弄伤自己来获得别人的同情。同样，成人也往往会找出各种理由来告诉别人自己受到了伤害。他们会对别人述说自己遭遇的意外、疾病，为那些真实的或是虚假的伤害而自怜。应该说，这是人类所共有的一种习惯。”

妻子应该清楚，丈夫的确是有很多不良习惯，比如吃饭出声、穿衣不讲究等，但那完全有可能是因为他从小就已经养成了。如果你不是一直被母亲严格要求的话，很有可能也会和他一样。当丈夫的一些行为让你不能忍受的时候，请不要立即责备他。你应该先让自己冷静下来，然后理智地分析一下，也许那时候你能找到更有效的解决办法。

女士们必须承认，你们在与丈夫相处时所遇到的麻烦一定不会比那些入主白宫的人在处理人际关系时所遇到的麻烦多。如果那些白宫的政客都像女士们那样“性情暴躁”，恐怕美国的政界将变成一团糟。塔夫托总统在白宫居住的时候就遇到过很多棘手的麻烦，而正是因为他有着高超的处理人际关系的技巧，才使得这些麻烦都迎刃而解。

有一次，塔夫托总统遇到了一个难缠的夫人。这位夫人的丈夫也是一名政客，而且在政界还十分有势力。之所以说难缠，是因为这位夫人已经与塔夫托周旋了两个月，目的就想让总统给她的儿子安排一个职位。她取得了很多议员的支持，并和他们一起来“要挟”总统。可是，这个职位需要很强的技术性，并且那个部的部长已经举荐了一个称职的人。在几次协商没有结果之后，那位夫人给总统写了一封信。信中说，塔夫托是个忘恩负义的家伙，因为他让她成为了一个伤心的妇人。同时，那位夫人还说，想当初正是在她和其他议员的一同努力下，才使得塔夫托总统的一个行政议案得以通过。她不明白，难道塔夫托就是这样对待他的恩人吗？

女士们，如果是你们收到这样一封信，会做出什么选择呢？我想很多女士会气愤地给她回一封信，坚定地拒绝她的要求，并且告诉她，那个议案之所以能通过并不是因为她的功劳，那完全是因为它是一个十分不错的议案。然而，塔夫托总统却没有这样做，因为他知道那样只能会使矛盾更加激化。

塔夫托并没有马上答复那位夫人，而是将那封信放在抽屉里锁了起来。两天之后，他再一次拿出了那封信，然后提笔写了一封回信。信中，塔夫托对她这种做法很理解，因为每一位母亲在面对这种情形的时候都会做出这样的事情。不过，他必须遗憾地说，虽然他对母亲的做法表示理解和同情，但却依然不能满足她的要求，因为对人员进行安排并不能以总统个人的意愿为依据。

几天之后，塔夫托总统收到那位夫人一封简短的回信，信上说她对自己的行为感到抱歉，很后悔当初写下了这样一篇文章。

女士们一定以为这件事就这样结束了，事实上却并非如此。又过了几天，塔夫托总统又收到一封信，这次是由那位夫人的丈夫写的。信中说，那位夫人因为承受不了失望的打击，已经变得神经衰弱了。如今，她已经不能起床，而且还患上了很严重的胃溃疡。因此，他希望塔夫托总统能把那个委任人的名字换成她儿子，这样就会让一个伤心的母亲恢复健康。

面对这种情况，塔夫托又写了一封回信，不过这次是写给她丈夫的。他说他不希望这个诊断结果是真的，同时也同情她的忧虑。不过很遗憾的是，他依然不能答应他的请求，因为这个人选已经确定了。

这个故事基本上已经讲完了，只不过没有把最后的结果告诉给女士们。就在塔夫托寄出回信的第三天，他在白宫举行了一次宴会。最先到场向塔夫托总统和夫人致敬的就是那对为儿子忧虑的夫妇。

女士们可以发现，在整个事件的处理过程中，塔夫托总统一共运用了两次同情和理解的技巧。第一次是对那位夫人表示同情和理解，第二次则是对那位夫人和她的丈夫都表示同情和理解。正是在这种同情和理解的作用下，才使得整件事得到圆满解决。

我知道，女士们都梦想着自己的丈夫能够取得成功，然而如果你们只知道一味责备他们，那么很可能让他们产生一种抵触情绪，也就是说他们可能明知道自己错了，但依然不愿意改正。相反，如果女士们对他们能够

表示出理解和同情，那么就有可能让他们自己改正错误。这一点，我是从我的朋友芭丽丝那里学来的。

芭丽丝是一名钢琴教师，同时教 12 个孩子学钢琴。在她的钢琴班上，有一个女孩子十分喜欢留长指甲。女士们十分清楚，长指甲对于弹钢琴来说是有一定妨碍的，当然芭丽丝也知道这一点。不过，在开始课程之前，芭丽丝并没有直接和那位女孩说指甲的问题，因为这样做有可能会打击一个孩子的自信心，而且还很有可能让她产生一种抵触情绪。这是因为，芭丽丝发现那个女孩经常会在同学面前炫耀自己的指甲，这足以证明她十分喜欢自己的长指甲。经过仔细考虑，芭丽丝决定采用另一种方法来劝说那个女孩子。

在第一堂课的时候，芭丽丝对那个女孩说："哦，我还从来没有见过这么漂亮的指甲，换作是我也一定会为拥有它而感到自豪。不过，也许你在学习一段时间以后会发现，要想弹好钢琴，短指甲比长指甲更有利。你应该好好想一想，到底是哪种方式更合适。"

那个女孩笑了笑，表示说愿意选择留长指甲弹钢琴。芭丽丝这次彻底失望了，于是在第三天的时候，她找到了那位女孩的母亲。母亲回答说："对不起，老师，我不能帮您，因为我女儿对指甲的喜爱胜过了一切。可是，我非常想知道，到底您是怎么让她决定把指甲剪下来的呢？"芭丽丝很吃惊地问："我不知道，上次她和我说她不想剪掉指甲。"女孩的母亲回答说："可是她真的自己剪掉了，她还说，自己愿意为了学好钢琴而放弃指甲。"

芭丽丝责怪那个女孩了吗？没有。她只是对女孩的做法表示了同情和理解。然而，她却使那个女孩明白，虽然长指甲很漂亮，但为了学好钢琴就必须做出牺牲。

如果女士们都像芭丽丝那样的话，相信你丈夫身上的缺点会很快改正的。假如女士不知道该如何做，不妨听一听我的建议。

帮助丈夫改正错误的四个步骤

◎先冷静下来，不要马上做出反应；
◎站在他的立场上考虑问题；
◎对他的行为表示理解；
◎对他的处境表示同情。

第二章

女人要做好贤内助

关注丈夫的身体

有一本杂志上曾经刊登过这样一篇文章，据调查表明，在 50 多岁这个年龄段里，男性的死亡率要远远高于女性，而其中大多数男性又都是已婚的。最后，专家们进一步指出，这一切可怕的后果很大程度上是因为妻子的过失。

女士们可能认为这种说法太荒谬了，因为事实上你们是非常珍惜丈夫的身体的。为了让他有足够的精力去应对工作，女士们给丈夫准备了许许多多的美味食品，比如油炸食品、甜点或是其他一些高热量的食物。我承认，每位妻子都希望自己的丈夫能够吃得好一点儿，因为工作会消耗掉他们体内的很多能量。然而，正是妻子的这种“好心”却在一点点地谋杀着自己的丈夫。

有一次，美国科学促进协会在圣路易召开了一次会议，一位资深的教授说过这样一段话：“战争是人类最可怕的灾难，人们对它的恐惧胜过了一切。然而，有一个事实却是非常可怕的，那就是实际上死于餐桌上的人要远远多于那些死于战场上的人。”

这位教授的话是很有见地的。细心的女士一定会发现，那些每天过着半饥半饱生活的劳工，他们的寿命竟然远远长于那些体重超常的丈夫们。《减肥与保持身材》的作者诺曼·焦福利博士在一次医学研讨会上说：“在 20 世纪，美国公共卫生所面临的最大问题就是肥胖，这是一件非常可怕的事情。”

女士们，你们是否清醒了？是否还想找各种理由对丈夫的腰围增长推卸责任呢？我们必须承认，丈夫们所吃的食物，很大一部分都是他们亲爱的太太亲手准备的，特别是那些烹饪手艺高超的妻子，她们丈夫的腰围更要粗一些。要知道，没有一个丈夫会拒绝妻子为他准备的精美食物，除非他做事从来都不近人情。就连人类的始祖亚当也曾经说：“就是那个女人（指夏娃），她引诱了我，所以我就吃了下去。”

绝大多数男人在中年以后就很少进行运动了，这时他们体内所需的热量也就随之减少了。然而，在妻子的悉心照顾下，这些男人反而吃得更多了。作为一个妻子，你们有义务去维护丈夫的健康，使他养成一个良好的饮食习惯。

那么，究竟什么才是最好的食物呢？美国面粉协会的营养专家霍华德博士告诉我们：“要想减肥，首先就要少吃脂肪含量过高的东西，每天根据个人体能消耗的情况来安排三餐，最好不要过量地吃。此外，一定要均衡植物性蛋白和动物性蛋白。”

我们可以这样理解博士的话，世界上最好的食物就是那些低热量却能产生高能量的东西。如果你还是不清楚自己到底该怎么做，那我就建议你去看医生，他会给你一个非常合理的建议的。

此外，妻子们还应该注意一点，那就是当你的丈夫用餐的时候，千万不要让他的精神处于紧张状态。我们经常看到这样的情形：闹钟响了以后，丈夫马上从床上爬起来，匆忙地跑下楼，几口把早餐咽下肚子，然后迅速跑出门去赶 7 ： 58 分的班车，接下来是紧张的工作，然后是 15 分钟的快餐，接着又是紧张的工作。这就是现代人的生活。

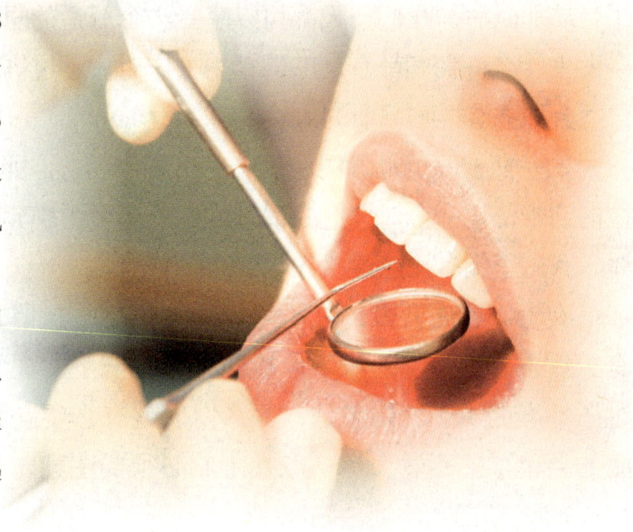

如果真是这样的话，那么妻子完全可以采取一些措施。其实很简单，只要你每天早起

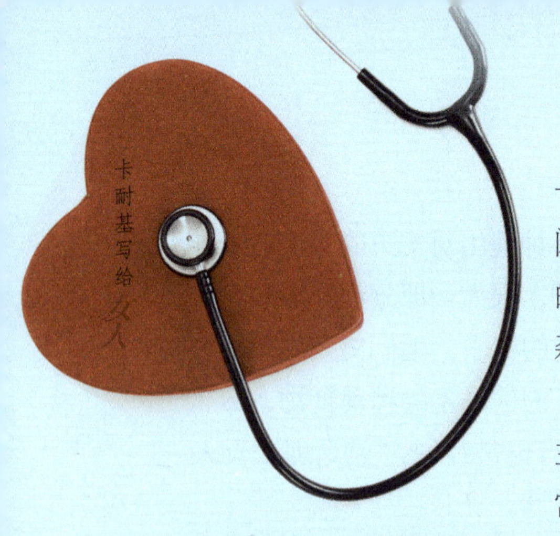

一会儿，为你的丈夫准备好早餐，然后让他悠闲地享受完这顿早餐。这不是件困难的事，我的一位朋友就是这样做的，她就是劳拉·布里森夫人。

劳拉的丈夫是一家不动产代理公司的财务主任，每天都有忙不完的工作。布里森先生经常会在晚上带回一整公事包的文件，然而由于太过劳累，他经常不能在晚上将这些东西处理好。针对这种情况，劳拉给丈夫提了一个建议，让他每天晚上早一点儿休息，然后第二天早晨提前一小时起床。事实证明，这种做法是相当明智的。如今，布里森一家已经养成了“早睡早起”的习惯，而且不管布里森先生是不是有很多工作需要回家处理。

布里森太太对我说：“我们每天都可以收到一份很好的礼物，那就是每天早上的那一个小时。这个礼物包括不慌不忙地享受一顿美味的早餐，还包括利用剩余的时间轻松地处理好丈夫手中的工作。这段时间的工作效率非常高，因为它是一天中最安静的时刻。没有人敲门铃，也没人打电话，我们可以坐在一起静静地读书，也可以做一些其他的事情。我丈夫很喜欢画画，这在以前根本是不可能的。可现在，他经常会自己在画板上画一些东西。如果我们实在没有什么事可做，那就到公园里去散散步，呼吸一下新鲜的空气。”

布里森太太还说：“你知道吗？戴尔！这一个小时对我们来说太重要了！从那以后，我们每天都可以享受一个舒适的早晨，而且不管这一整天会发生什么，我们都有足够的精力去应对。不过需要提醒的是，这个办法只适合那些有早睡习惯的人。”

如果女士们也是那些匆忙应对早晨的妻子，那么你们真应该听一听劳拉的劝告，也许会对你们有很大的好处。至于说到底该如何珍惜丈夫的身体，我这里倒有几点建议。

女士们首先要做的就是给保险公司写一封信，从他们那里索要一张有关体重和寿命的对照表，接下来在称一下丈夫的体重，看看是不是超过了标准的10%。如果是，那么你们就有必要向医生索要一张有助于减肥的菜单了。不过，有一点女士们必须要注意，千万不要放松对丈夫的

如何珍惜丈夫的身体

◎时刻观察自己丈夫的体重是否超标；
◎让丈夫每年都定期做健康检查；
◎不要让自己的丈夫过度地劳累；
◎让丈夫有足够的休息时间；
◎让你的丈夫生活在快乐的环境之中。

监督，让他们自己处理，更加不要相信那些说得天花乱坠的广告。不管你们要采取什么减肥措施，一定要首先争得医生的意见。当然，在保证饭菜营养健康的前提下，味道也是不能忽略的。

对于疾病来说，最好的治疗方法就是预防。众所周知，心脏病、糖尿病、肺结核以及癌症等是对人类威胁最大的几个杀手，如果我们能够在早期发现病情的话，那么是完全可以将生命挽回的。然而，很多妻子却忽略了这一点。美国糖尿病协会曾经做过统计，全美大约有 200 万人清楚地知道自己已经患上了糖尿病，但却有另外 100 万人并不知道自己已经患病，这一切都是因为没有做定期的检查。

对于现代人来说，有一个事实是很可悲的，那就是大多数人对自己身体的关心远远不如对汽车的关心。这时，做妻子的就要担负起监督的责任，因为你们必须让丈夫定期地接受健康检查。

另外，很多女士都对丈夫的工作十分支持，希望丈夫能够竭尽全力地取得成功。事实上，女士们的这种出发点是没有错的，但是这种做法却可能会缩短他们的寿命。当他们用自己的生命换回来成功的时候，却发现已经没有时间去享受胜利的果实了。因此，如果你的丈夫要忍受很大压力才能获取升职的话，那么这种升职宁可不要。

我一直都这么认为，如果拼命地多赚钱所换回来的后果是身体的损害或是过早的死亡，那么我宁可选择少赚一些钱。女士们，这一点是非常重要的，如果你们的丈夫给自己施加的压力实在太大了，那么你们就必须想办法让他平和心态，不再被利益所驱使。在家庭中，妻子的作用是十分大的，因为一个女人的态度完全可以改变男人的行事准则。

如果女士们的丈夫每天都十分疲倦，那么你们就应该想一些好的办法帮助他们了。其实，抗拒疲倦的最好办法就是在感到疲倦之前就休息。每当你的丈夫回到家中的时候，你们完全可以让他们在午餐后或晚餐前小睡一会儿。这很有好处，因为它可以让你的丈夫能多活几年。事实上，很多成功人士都有午睡的习惯，正如朱利安·戴蒙满所说："睡午觉是件很惬意的事，他可以让人们重新积蓄起精力来。"

最后一点，也是非常重要的一点，那就是妻子们一定要想方设法地给丈夫营造一个快乐的家庭生活。在那些突然倒下不能再站起来的男人中，绝大多数都是内心十分紧张、情绪不佳的。他们的精神会反射出消极的思想，使他们失去正常的状态。接下来可能发生什么？这些人极有可能因为精神恍惚而被机器所伤，或是被来往的车辆撞倒。

此外，这样的人往往还会出现暴饮暴食的行为。这一点是剑桥大学的一位教授通过研究发现的，他说："那些精神紧张、心情不快或是备受压抑的人，经常都会有狠狠地吃上一顿的想法。"

女士们，相信你们一定认识到了珍惜丈夫身体的重要性。是的，如果想真正取得事业上的成功，健康的身体则是一切的前提条件。因为只有精力充沛的人才能面对加倍的工作。作为妻子，你们有必要也必须对丈夫的健康状况负责，就像一首专门写已婚男性的歌曲中所唱："我的生命是掌握在你的手中。"

倾听丈夫的心声

一年前，我从我的一个朋友那里听到了这样一个故事：

有一个男人带着梦想前往东方探险。当到达喜马拉雅山时，他遇到了世界上最可怕的灾难——雪崩。当搜救队发现他的时候，他已经被大雪困住足足有七天了。所有人都以为这个男人必死无疑了，但他却神奇地活了下来，因为他心里一直有这样一个信念——一定要回家再见妻子一面。最后，他终于回到了温暖的家。

当他敲开大门的时候，他的妻子正在熨衣服。这个男人太兴奋了，因为他是从死神那里逃出来的。他几乎尖叫着对妻子说："亲爱的，你知道我离开的这段时间都发生什么了吗？哦，你不知道！我到了喜马拉雅山，遇到了可怕的雪崩。上帝保佑，我居然没死，因为我想要再见你一面。你想象不到，那大雪真的是……"突然，这名男子不再说话，而是呆呆地望着妻子。原来，妻子根本没有在听他的话，而是依旧在那里专心致志地熨衣服。过了一会儿，妻子回过头来对他说："请不要和我讲那些无聊的事情，我一直都不赞成你去冒险。"男子沮丧到了极点，低着头回到了自己的房间。

就在那天晚上，这个刚刚死里逃生的男人自杀了，他在遗书上写道："我真的不能容忍这样的事，为什么我妻子就不能听我说呢？我不能把我所遇到的一切都告诉她，得不到同情和理解，这种感觉简直比死还难受。因此，我最后决定选择死亡。"

女士们，在这里，我不想去探究这个故事的真实性，但它的确印证了这样一个道理：倾听，对于每一个人来说都是十分重要的。

美国《福星》杂志曾经发表过一篇文章，上面有这样一句话：

> 作为妻子有很多事情要做，比如家务、看孩子等，但在所有事情当中最重要的一件就是安静地、专心地倾听丈夫诉说在办公室里所遇到的而且不能发泄的苦恼。

女士们，《福星》杂志所引用的这段话告诉了我们什么？它告诉我们，当一个男人在外面遇到麻烦、苦恼或是不愉快的事情时，他们根本不需要什么所谓的劝告。他们真正需要的是妻子的倾听。如果女士们能够做到这一点，那么你们也就可以被称赞为“安定剂”、“加油站”和“哭诉墙”了。

有些女士可能不赞同我的观点，认为我是要剥夺女士们发表自己看法的权利。其实，我让女士们学会倾听并不是没有缘由的。事实上，每一个在外工作的男人都有这样一个体验，每当他们在办公室遇到一些事情的时候，不管这件事是好是坏，他们都希望能够回到家找个贴心的人倾诉一番，希望从中得到心理上的安慰。为什么会这样？道理很简单，因为人们在办公室的时候并不是经常有机会可以将自己的意见表达出来。尽管整件事进行得很顺利，但我们却不能在那里兴奋地大喊大叫。如果整件事非常棘手，我们也不能把自己的烦恼告诉给自己的同事。因此，男人们最大的希望就是当自己回到家中时，能够把自己内心压抑的情绪全都倾吐出来。

可是，女士们通常并不认为善于倾听是一件很重要的事。当丈夫满怀心事地回到家中时，我们看到的往往是下面这样的情景。

罗宾像孩子一样蹦蹦跳跳地跑回了家，气喘吁吁地说：“上帝啊！贝拉，今天对我来说简直太有意义了。你知道吗？他们把我叫进董事会了，并且让我对那份报告进行讲解，而且居然还说要听听我的意见。你不觉得这是一件……”

贝拉悠闲地看着电视，心不在焉地说：“噢，亲爱的，这的确是我今天听到的最棒的消息了。可是你似乎忘了，你昨天打电话叫一个修理工来修理洗衣机。那台破机器太老了，有些地方需要换新的了。赶快吃饭吧，然后你去检查一下。”

“放心吧，亲爱的！”罗宾接着说，“你刚才听到我的话了吧！我们的经理要我在董事会上做出详细的说明。我当时有点儿紧张，说错了一些话，不过还好他们都听明白了。我想我的好运就要来了，因为他们已经开始注意我了……”

“是的，我知道。”贝拉依然慢条斯理地说，“对了，罗宾，你应该管管我们的杰克了。今天上午老师打来电话，说这孩子的成绩简直糟糕透了。不过，老师也说，只要杰克用心，就一定可以学好的。”

罗宾彻底失望了，因为他知道自己在这场抢夺发言权的斗争中彻底地失败了。他垂头丧气地走进了厨房，把自己刚才得意的心情与酱牛肉一起吃进了肚子。他吃得很快，因为他知道还有洗衣机和儿子学习的任务需要完成。

女士们这时可能会说：“那个贝拉太自私了，为什么她只要求别人倾听她的话，而自己不去倾听别人的话。”不，这不是贝拉的错，因为她和罗宾一样，都想要找一个忠实的听众，只不过她没有把握好时机而已。如果贝拉足够聪明，完全可以在专心认真地听完罗宾的话以后，再和他谈论家务事。相信，那时候的罗宾一定非常乐意倾听。

可能女士们没有认识到善于倾听的重要性，事实上这不仅给自己的丈夫提供了最大的帮助，而且也是女士们一种宝贵的资产。想象一下，如果一个真诚的女士能够在和别人谈话的过程中非常专注，而且还会时不时地提出问题，那么这无疑是在向对方暗示，她已经领会了对方所说的每一个字。

学会倾听的四个条件

◎用你的行动向对方表示你正在倾听他们说话；

◎选择适当的时机以诱导的方式提问；

◎永远替你的丈夫保守住秘密；

◎对他所说的内容表示出极大的兴趣。

我相信，这样的女士无论走到哪里都是受欢迎的。

曾经有一位非常有才气的诗人说过："想成为一个真正有礼貌的男人就必须学会这一点：就算是一个什么都不懂的人在你面前吹嘘你最清楚的事情，你也应该表现出极大的兴趣去倾听。"实际上，这一原则也同样适合女士们。就算女士们被一些爱唠叨的人搞得有些烦躁，倾听也同样会给你带来很大的好处。

那么，究竟怎样做才能算是善于倾听呢？

在这里，我首先要说的就是心态的问题。玛丽·威尔森曾经说过："如果听众对你所说的话不做出任何反应的话，那么相信没有人能够把要说的话说好。因此，最好的倾听方式就是向那些说话者传递信息。如果你心里有所感触，那么你就马上用实际行动表现出来。"

她说得没错，事实的确如此。如果你正兴致勃勃地和别人谈论某些事情，却突然发现他的眼睛正在东张西望，身子也在椅背上倾斜而且手指居然还在不停地敲桌子的话，这时你心里将是一个什么滋味？如果那个人十分认真地听你说话，身子微倾，注视着你的脸，而且面部还时不时地做出一些表情回应的话，你的心情将是多么愉快啊！

因此，想成为一个善于倾听的高手，那么我们首先要做的就是对说话者所说的内容表示感兴趣。我们有必要对自己的身体进行一些训练，因为那样会使它变得更加灵活机敏。

有了心态的准备，女士们下一步要做的就是掌握一些倾听的技巧了。我有必要在这里先说明一点，我希望女士们能够学会倾听，但这并不代表是让女士们一言不发。事实上，适时地提出问题，诱导对方回答则是倾听的一种很高的技巧。

要掌握这一技巧，女士们必须明白"诱导"这个词。它是指听者采用询问的方式向说者表达自己所期望得到的答案。之所以要用诱导的方式提问，是因为有时候直截了当地发出一些问题，会给人一种莽撞无礼的感觉。但诱导式的提问却是一点点地暗示和激励对方，使谈话能够顺畅地继续。

我们来举一个简单的例子，首先是直截了当的问法："这件事太棘手了，也太麻烦了！劳工和主管之间的矛盾已经不可调和了，你到底想怎样处理他们之间的矛盾？"而诱导式的询问方法则是："你应该知道，有些事情并不是完全不可解决的，至少我是这么认为的。我觉得劳工和主管之间一定可以在某种范围内取得谅解，这一定是可以的。难道你不这样认为吗？”女士们，我想你们无一例外地都会选择接受第二种提问方法。

还有一点女士们必须要牢记，那就是替你们的丈夫保守秘密。我知道，很多男人之所以不愿意向妻子倾诉自己所遇到的苦恼，主要是因为他们对妻子没有最基本的信任，而这一切又都是妻子的“快嘴”造成的。男人们非常害怕自己的妻子在不经意间和单位的同事或朋友说：“你们知道吗？等罗基先生退休以后，我家的乔治一定会想办法爬上经理的位子的。”结果，第二天早上，乔治接到了罗基先生的电话，得知自己已被公司解雇。

由上面几点我们可以看出来，如果想成为一个善于倾听的妻子，那么你只要做到对丈夫的工作感兴趣并且在丈夫最需要你的时候提供帮助，这就足够了。至于他工作上的一些细微小事，这并不是你们倾听的范围。

我有一个会计师朋友，他对我说，他妻子是世界上最完美的女人，尽管她对会计一窍不通。我的朋友说：“我妻子从来没抱怨过，因为我什么都可以跟她说，甚至于一些非常专业的知识都可以。尽管我知道有些时候我说得有些深奥，但她似乎都能明白。你体会过吗？当你回到家以后，妻子坐在身边听你讲述一些事情，这是多么幸福和美妙啊！”

他说的的确是事实，如果一位女士或妻子拥有一双善于倾听的耳朵，那么这双耳朵绝对可以把她的脸庞装饰得比希腊美女海伦还要漂亮。

向他表达你的爱和幸福感

爱情是世界上最美好的东西，也是最适宜身心的精神食粮。对于每一个人的精神来说，都需要靠爱才能得以生存和成长。如果一个人失去了爱，感受不到爱的温暖，那么他的良心、道德心就一定会被现实扭曲，甚至发生很可怕的变化。

著名心理学家波尔特说："在一般情况下，所有人，特别是那些很普通的人，能够说出的最正确的话就是，他永远不会认为别人的爱已经非常足够了，同时也不会认为别人给予他的爱已经让他感到满足了。事实上，每个人都对爱有着渴求甚至贪婪的态度，都希望从别人的身上获得更多的爱。"

的确，爱在人类的生活中有着十分巨大的威力，比原子弹爆炸的威力都大。女士们是否相信，爱可以让你们的每一天都产生奇迹！为什么？因为你对你丈夫纯洁、真挚的爱会成为他努力工作的动力。我想女士们都有这种感受，当真心爱一个人的时候，你们就会心甘情愿、全心全意地为他去做任何事，目的就是让对方感到幸福、快乐，并帮助他获得成功。

女士们一定很奇怪，卡耐基为什么会在这里和你们大谈特谈有关爱的意义。其实，能够看到每个家庭都幸福美满一直都是我最大的心愿。然而，并不是女士们了解了爱的真谛，清楚了爱的意义就能够使自己的家庭幸福、快乐、美满。举个简单的例子，如果我和你们面对面坐在一起，不说一句话，不做出任何表情和举动，那么女士们怎么可能知道我的心里一直都在说："亲爱的女士们，我是永远爱你们的。"

曾经有一位诗人说过："世界上最可悲的事情，就是那些在经过之后才发现自己曾经享受过人生最宝贵的东西，而在当时却没有这种感觉。"

3 年前的一天，我的老朋友基米·德尔斯离开了我。几天以后，他的妻子给我来了一封信，信中对我这些年来给他们的帮助表示感谢，而且也和我说了很多心里话。其中，有一句话给我的印象非常深刻，她说："也许，基米到死的时候也不知道我一直都是那么地爱他，需要他，不能没有他。我不知道是谁的错，但我可以肯定他是带着遗憾而去的。如果再给我一次机会，我一定会把所有的心里话告诉基米。可是现在，基米不可能再回来了，也永远不会知道这件事了。时间是不能倒流的，那些曾经有过的岁月也决不会再回来了。"

的确，对于他们的生活我还是很了解的。坦白说，这对夫妻还是很恩爱的，这被所有人都公认。在外人眼里，他们永远都是最幸福、最快乐的夫妻。然而，事实上，我的老朋友基米却经常不开心。曾经有一次，基米对我说："戴尔，我真的不知道自己是不是做得不够好，可我真的已经尽力了。我的妻子从来没有夸奖过我，也没有说对现在的生活是否满意。虽然我们在一起生活了那么多年，但我却一点儿都不知道她内心是怎么想的。我尽了我最大的努力，给了她所有我能给的，可是我却不知道她是否感到幸福。更可笑的是，我现在居然开始怀疑她是否还爱我，因为我已经有 10 年没有听过她对我说'我爱你'这三个字了。"

我想，我的朋友基米真的是误会了，因为从那封信完全可以看出，他妻子的确是非常非常爱他。可是，是什么原因导致基米产生错觉呢？其实很简单，那就是基米的妻子从来没有将自己的爱和幸福感表达给他，从而使他对自己、对家庭、对妻子失去了信心。

女士们千万不要认为这不过是一个很特殊的例子，事实上这一问题存在于很多家庭之中。美国两性心理学专家德俄曼在 3 年前和他的同事一起对 1500 对已婚夫妇进行了调查研究，当他把研究公布于世的时候，让很多人都目瞪口呆。他在自己的调查报告《婚姻的毒药》中写道："在美国，性格粗野、唠叨、挑剔是导致夫妻之间出现不合的罪魁祸首。然而，令人意想不到的是，我的调查结果告诉我，导致美国夫妻婚姻出现问题的第二大原因竟然是妻子不知道该如何向丈夫表达出自己的爱。"

德俄曼说得很对。在前面我已经说过，爱是促使丈夫努力工作，并获得成功的最主要动力。然而，这一切的前提必须是丈夫得到爱的信号。因为如果不能从妻子那儿得到明确的信息，那么他们就不知道自己的妻子是不是像自己想象中的那样爱自己。于是，他们开始对自己付出的努力产生怀疑，从而失去了奋斗的动力。更加严重的是，他们甚至开始怀疑自己付出的爱是不是值得，从而影响夫妻关系。

曾经有一位非常郁闷的男士告诉我，他现在不知道该怎么办，因为妻子从来没有向他表达过爱和幸福感。他不知道自己每天那么拼命地工作到底是为了什么，也不知道自己和妻子的爱情到底还能持续多久。他做过努力，也曾经尽力讨好过妻子，但一切都没有起到作用。最后，他说他决定放弃，因为他不想花费时间和精力去维持一段模糊的爱情。

有时候我真的很奇怪，为什么很多女士在遇到一件非常危险的事情的时候可以很机敏地化解掉，但却从不知道给自己的丈夫一直都渴望得到的“爱情面包”。我知道，那些女士很坚强，即使她们的丈夫丢掉了工作、染上了重病，甚至于被关进了监狱，她们也会坚强地生存下去，而且还能够不断地给予丈夫帮助和鼓励。然而，当生活变得平淡无奇的时候，她们却往往不记得和丈夫说：“你在我心中永远是最重要的，我永远爱你，正是因为你，我才有了如今的幸福。”

曾经有一位女学员告诉我，她不认为向丈夫表达爱和幸福感是一件重要的事，因为男人照顾、爱护女人是天经地义的事情。事实上，真正应该表达爱和幸福感的恰恰不是女人，而是那些不懂风情的男人。的确，在那位女士和我说完那些话之后，我特地研究了一下这个问题。最后，我发现她说的问题确实存在，因为那些经常抱怨自己的丈夫，不懂得赞美和爱护自己的女人，也常常会吝啬对丈夫表示赞扬和爱。她们更多的是把眼睛盯在丈夫的错误上。

芝加哥大学婚姻关系研究博士塔尔·博兰特曾经说：“有一些女士做得实在很过分，因为她们把所有的注意力都放在了自己身上，也就是说她们太过于爱自己了。不过很可惜，这一类的女士很少愿意把自己的爱分给别人，即使有，也非常少。”

其实，我倒是认为塔尔·博兰特博士实际上是在表达另一层意思，他是在告诉我们，凡是那些能够真心地、体贴地向别人表达出爱的女人，往往也能从别人那里得到最多的关心、爱护和爱。

另一位在婚姻关系研究界很著名的专家斯勒西·迪克斯对于这个问题也有很精辟的见解。他曾经在一次演讲中说："很多妻子总是不停地抱怨，丈夫实在太不理解人。因为他们一直都把妻子所做的一切看成是理所当然，而且还从不知道赞美她们，也从没有把注意力集中在妻子所穿的衣服上，更别说是对妻子表示出爱。可是，这些女士没有发现，在抱怨的同时，她们同样也是对丈夫表示得很冷漠。也许这些女士永远不会明白，自己的丈夫为什么会对那些善于'溜须拍马'的女子很重情，而对她们这些任劳任怨的妻子视而不见。事实上，并不是只有女性才会对爱情有着深切的渴望，男人也一样。"

一位对妻子犯下不忠行为的男子曾经直言不讳地说："我不认为我这么做有什么不对，因为我从没有在我妻子身上体会过什么叫夫妻之间的爱。相反，那些和我约会的情人却经常向我表示爱，并且还会称赞我英俊、健壮。我之所以会那么做，就是想获得这种感觉。"

如果说妻子不懂得该如何向丈夫表达爱还是一种可以原谅的行为，那么那些妄图利用男人对爱情渴求心理而达到自己目的的妻子则不可原谅。在马里兰州最高法院曾经遇到过这样一个案子，它的中心主体是讨论妻子可不可以以永不与丈夫说话作为要挟的条件，从而从丈夫手中获得她希望得到的金钱。当然，法庭最后还是判了女方败诉，因为所有人都一致认为，一个妻子是不可以给自己的爱情定上价钱的。

女士们，我希望你们能够理解男人的苦衷，也能够明白男人对爱的这种渴求心理。曾经有人将夫妻之间这种冷淡的爱情关系形象地比喻为"婚姻精神食粮不足"。的确，男人不仅仅是靠物质生存下去的。事实上，他们更渴望得到一块爱的蛋糕，而且也更需要你们在上面加上一些甜甜的奶油。因此，女士们，不要害羞，也不要苛求，大声地向你们的丈夫表达出你的爱和幸福感，这会让你的家庭生活变得幸福美满。

对他体贴入微

有一次，我到芝加哥去拜访我的老朋友萨巴兹。他是一名法官，曾经处理过4万宗和婚姻有关的案件，并曾经促使两千多对夫妇重归于好。因此，我的这位朋友完全可以算得上是婚姻关系方面的专家。于是，在闲谈间，我问他，什么才是导致婚姻失败的罪魁祸首。他的回答让我大吃一惊，他说："戴尔，你可能会认为经济困难、性生活不和谐、性格不和等是导致婚姻失败的主要原因。是的，我承认，那些东西确实起到了很大的作用。然而，大多数夫妻之所以不能和睦地生活，主要原因就是他们忽视了生活中的小细节。举个小例子，如果妻子能够在丈夫早上出门的时候愉快地和他挥手说再见的话，那么芝加哥的离婚率将会降低很多。"

曾经有一对夫妻找到萨巴兹，说他们两个已经下定决心离婚了。于是，萨巴兹让他们坐下来，商讨一下有关离婚的条件。经过一阵讨论，这对夫妻惊讶地发现，原来他们彼此还很惦记和关心对方，因为在一些事情上，他们还是会考虑彼此之间的需要。这对夫妻终于明白，他们之间并不是没有了爱，而是因为爱被繁忙的工作和生活中的琐碎细节所淹没了。最后，这对夫妻都同意撤销离婚协议。这个事例足以证明，只要夫妻之间能从细节做起，那么一段看似支离破碎的婚姻是完全有恢复的可能的。

的确，在现实生活中，有很多妻子并不太重视生活中的那些小的细节。在她们看来，只要把大方面处理好，就一定能够让家庭幸福快乐，至于小细节则不值一提。女士们忽略了一个问题，那就是一段婚姻实际上就是由成千上万件小细节组成的。试想一下，如果女士们忽略了所有的细节，那对于一个家庭来说将是多么可怕的灾难。美国《评论画报》上曾经有这样一篇文章，上面写道："对于任何一个美国家庭来说，注入新鲜事物都是很重要的。比方说，一个男人通常会把身体斜靠在沙发上，翘着二郎腿欣赏体育节目的行为看成是一件很美妙的事情。然而，大多数妻子则认为这种行为是一种没有修养的、放肆的做法。”

女士们应该清楚，一段婚姻的本质就是一连串细节上的事情。如果妻子忽视了细节的作用，那么就一定会和自己的丈夫发生矛盾，就像阿迪娜·米勒所说：“毁灭我们幸福美好时光的并不是已经失去的爱。实际上，正是生活中的小细节促使了爱的死亡。”如果女士们有时间的话，不妨多去婚姻法庭旁听。一段时间之后你们会发现，夫妻之间的感情往往都是被一些琐碎的小事毁掉了。

爱因斯坦一生中经历过两次婚姻。他的第一任妻子名叫米利娃。坦白说，米利娃也是个好姑娘，只不过是她更渴望从丈夫那里得到关爱。可是，既然她选择嫁给了爱因斯坦，那就必须把自己的位置摆在科学研究之后。于是，她开始对丈夫抱怨、不满、唠叨，当然更不会对爱因斯坦表示关心。最后，两个好强的人都到了忍无可忍的地步，只好选择了离婚。

后来，爱因斯坦又与爱丽莎结为夫妻，这可是位善解人意、体贴入微的妻子。她知道自己的丈夫需要搞科学研究，也明白丈夫需要她的关心和照顾。她从来不去干预丈夫的工作，总是默默地替丈夫搞好后勤，让丈夫能够安心搞研究。爱丽莎的举动让爱因斯坦感动异常，总是会尽量抽时间来陪她。正是这种互相体贴才使得他们两个都过得幸福、愉快。爱因斯坦曾经这样说过：“以前我并不懂得应该在小事上体贴我的妻子，因为在我看来科学研究才是最重要的，那些小事都是女人应该做的。可是，我的爱丽莎通过行动让我明白，要想获得美满幸福的婚姻必须懂得互相体贴，而这种体贴要从小事入手。相对论是我提出的，但这里面却有爱丽莎一半的功劳。”

爱丽莎真是一个伟大的女性，因为她通过自己的努力不仅让丈夫获得了成功，而且还亲手营造了一个美满幸福的家庭。可能有些具有女权思想的女士会说：“我不明白，我们为什么要忍受如此的折磨？这些努力没有报酬，荣誉永远都属于男人。”如果你们是这么想的，那么就大错特错了。试想一下，如果女士们无私地为丈夫奉献了自己的一切，那么丈夫怎么可能会不感谢你们。

实际上，在日常生活中最能让丈夫感到亲切和温暖的事，正是妻子在小方面所表现出的体贴。当你的丈夫在晚上拖着疲倦的身子回家的时候，

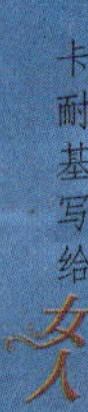

你是否已经为他准备好洗澡用的热水？如果你的丈夫在公司被上司训斥了一顿，回到家显得心情非常烦躁的时候，你是否会默默地为他端上一杯热茶或是热咖啡？如果你做到了，那么你就已经成功了。如果你没做到，那么你就应该努力去做。

女士们可能会说："我一直都在按照你所说的去做，可是我的丈夫却并不领情。"的确，女士们是这样做了，可你们却是把自己定位成女佣或是咖啡馆服务员。你们会很不耐烦地问丈夫："我说，热水我早就已经准备好了，你怎么还不去洗？"或是："你要不要来杯茶？""快说你到底想喝什么茶？"……实际上，任何一个心情烦闷的人都不会有心思去回答你所提的问题的。

我的朋友胡瓦克·阿格斯是个非常幸运的男人，因为他有一个"十全十美"的妻子。他曾经和我说："我觉得现在我之所以会比很多男人生活得更加幸福，主要是因为我有一位体贴入微的妻子。我有很多话想对她说，但我最想说的是，如果再给我一次选择的机会，我仍然愿意选择她，当然前提是她依然肯嫁给我。应该说我是成功的，但我所取得的任何一点成功都是和我妻子密不可分的。"

没有爱情的婚姻是不幸福的，即使你拥有了金钱和权力。可是，如果作为妻子，你能够让你的丈夫在你细微体贴的爱情中获得自信和幸福感，那么你们的生活将会在精神境界上有很大的提高。

罗斯福是美国最伟大的总统之一，而罗斯福夫人也可以称得上是美国女性的楷模。有一次，我到罗斯福家做客，总统夫人对我说："我丈夫总是很忙，因此有很多事情需要由我来安排。我总是尽力替他安排好生活中那些琐碎的事情，不让那些无谓的东西打扰他。你知道，我丈夫经常要去各地进行演讲，而他又总是喜欢从孩子中挑选一个同他一起去。于是，这项工作就落到了我的头上。为了不让我的丈夫感到厌烦，我每次总是安排不同的人。我丈夫非常高兴，因为这样他就不会感到厌烦，从而缓解了自己旅途中的压力。"

姚斯拉尔·科波夫拉加和他的妻子是一对令人羡慕的夫妇。姚斯拉尔是古巴的一名外交家，同时还是著名的象棋冠军。想必女士们都知道，这种男人虽然在事业上取得了不小的成就，但是他们也往往有很多让人难以接受的习惯。就拿姚斯拉尔来说，他就是个固执得要命的家伙。不过，科波夫拉加夫妇生活得非常幸福，因为他们懂得互相尊重、互相关爱。事实上，正是因为科波夫拉加夫人在生活中做出了很多小牺牲，所以才使她的丈夫自觉地放弃了一些很固执的想法。

有时候科波夫拉加先生的心情会很糟糕，他总是习惯坐在椅子上一言不发。这时，妻子总是会知趣地躲在一边，让丈夫一个人静静地待着，而不会选择用唠叨来激怒他。不过她不会走远，因为丈夫随时可能需要她。科波夫拉加先生喜欢呆在家里享受生活，因此他的妻子就放弃了自己喜欢的跳舞。有时候，科波夫拉加先生还会对她所穿衣服的颜色或款式表示不

满，她就会马上更换，直到丈夫满意为止。总之，科波夫拉加夫人为了自己的丈夫作出了很多牺牲。

那么，姚斯拉尔·科波夫拉加先生是怎样看待妻子的这些牺牲呢？他说："以前的我很不解风情，一直认为给妻子赠送诸如鲜花、纪念品之类的东西是一件非常可笑的事情，只适合年轻人。可是，有一次圣诞节，我忍不住买了一份礼物给我的妻子。虽然我知道这很幼稚，但我的妻子为我付出了那么多，我还是应该有所表示。你想象不到，当时我妻子简直兴奋到了极点。她对我说，她无论如何也想不到一向讲究实际的我居然会送给她礼物。从那以后，每逢节日或纪念日我都会送给她一件小礼物。虽然这些礼物都不是很昂贵，但是却足以让我的妻子高兴半天。"

女士们，你们真应该把外交官夫人当成榜样。如果你们给了丈夫生活中细小的体贴，那么也一定会从他们身上得到无穷的快乐。我知道，女士们都想获得一段美满幸福的婚姻，那么你们就不妨把下面这段话剪下来，贴在你们的梳妆镜上。这样，你们在每天早上醒来之后都能看见它：

机会对于每个人来说只有一次。我应该从现在起就认真做好每一件力所能及的事情。如果我能对别人表示出仁慈，那我将毫不犹豫地行动。不再拖延，更不会忽略，因为这个机会只有一次而已。

女士们，要想让你的家庭保持快乐，那么就请记住这一原则：在生活的小细节中体贴他。

第三章
做称职的女主人

高效率处理好家务

上星期天，我和妻子一同到马格丽·威尔逊女士的家中参加了一次自助晚宴。马格丽女士是个成功的女性，她所写的《怎样超越自己的平凡》和《变成理想中的女人》这两部书销路非常好。在女性眼中，马格丽完全代表了一种权威的形象和仪态。我承认，马格丽女士的确很出色，可以称得上是一名出色的模范人物。

那天晚上共有8位客人，除了我和我妻子以外，其他的都是政界人物。整个宴会非常成功，房间布置得很迷人，饭菜也非常可口，更难得的是马格丽女士一直都陪着我们，直到晚宴结束。我奇怪为什么马格丽女士在没有佣人帮助的情况下，举行这样一场大的宴会居然没有丝毫劳累的迹象。出于好奇，我向马格丽询问了其中的奥秘。马格丽笑着说："瞧你说的，戴尔！这里其实根本没有什么秘密，所有的事情我都是采用最简捷的方法做出来的。"

原来，早在我们到达之前，马格丽就已经把鸡炸出来了。当我们品尝鸡尾酒的时候，仆人已经按照事前的吩咐把鸡放进了烤箱。美味的水果沙拉是用罐头做成的。青豆早在下午就煮好了，宴会开始后只需把它和蘑菇一起放进锅里就行了。当正餐快要结束的时候，仆人们就马上把冰激凌放在了事前拌好的水果上。

天啊，这一切看起来多么简单啊！我不得不说，马格丽是世界上最

精明、最会处理家务的主妇了。然而，很遗憾的是，有一些家庭主妇做得却远远不够。在她们看来，请客是一件浪费时间的事，因为有很多东西需要准备，比如外形讲究的餐具、美味精致的食物以及能让客人满意的一些特殊配料。当客人们高兴地敲开大门时，迎接他们的是一个疲惫不堪的女主人。

可能有些女士不相信我的话，那我就再给女士们讲一个故事。二战结束后，我和我妻子曾经在欧洲待过一段时间。有一次，我们受邀去一位教授家里共进晚餐。上帝，那大概是我这辈子吃过的最痛苦的晚餐。

我们刚进家门的时候，只看到了那位教授。教授解释说，他的妻子十分看重这次晚宴，因此亲自下厨房，帮助佣人做菜。过了很长时间，我们总算见到了这位夫人。可是她一直都神色慌张，还没和我们说上两句就又回到厨房投入战斗。

宴会开始了，我承认所有的食物都非常美味，但我实在受不了这种氛围。当一道菜快要吃完的时候，女主人马上就会跑到厨房，帮助仆人准备下一道菜。我觉得我们是在进行一场战争，因为晚宴结束后我们每个人都长长出了一口气。我知道，这位夫人并不是故意的，只是她不知道怎么做才最简便而已。

其实这并不是什么很困难的事，如今人们已经发明出了很多非常神奇的东西，比如罐头食品、冷冻食物以及各种很方便的家用工具。美国的家庭主妇们完全可以把这些东西利用起来。人类一直都在向文明的方向发展，为什么女士们不能充分利用这些文明的产物呢？事实上，这些东西真的可以让你省去很多时间和精力，而且效果也是很令人满意的。

我知道有些女士会说，那些罐头和冷冻食品不及自己亲手制作的食物美味。事实真是这样吗？我想并不一定。况且，恐怕任何一个丈夫都不愿意看到自己的妻子每天都累得筋疲力尽吧！试想，有谁不愿意每天都可以见到一个精神焕发的妻子呢？

美国一家研究所曾经开展过一项名为“节省行动”的研究，研究结果表明，很多家庭主妇都有一个非常严重的缺点，那就是无法高效率地处理家务。的确，女士们不妨反省一下，你们是不是经常用十个步骤去完成一项只需五个步骤的工作？是不是经常会用六个动作来完成只需三个动作的工作，是的，很多女士都是这样做的，因为她们不明白，最简捷、最快速的办法其实就是最好的办法。举一个简单的例子，做早餐是妻子一项必不可少的工作。在整个过程中，你们是一次就把所有需要的东西从冰箱中拿出来呢，还是要往返几次来完成这项工作？我想，第一种做法无疑会给你节省很多时间和精力。

至于说整理房间，同样也有很多好的办法来节省时间。你可以在家中很多角落里放上清洁所需的海绵和抹布，当然前提是不影响美观。比如，你完全可以在浴室里放上一块海绵，因为这样你就可以随时擦洗你的浴缸。这种方法远比那种平日不清扫，然后在星期天来一次集中大扫除的做法省力得多。如果你平时做了清洁工作，那么你就不会在一个星期的前六天里为星期天干不完的家务而烦恼了。

应该说，我妻子也是一个处理家务的好手。当我们可爱的孩子还很小的时候，家里已经没有地方可以摆放一个婴儿用的浴

盆了。于是，我妻子就想了一个办法，把浴室的盥洗台当成了浴盆。她后来发现，这种做法十分累人，因为她每次都要弯着腰。因此，我妻子就把浴盆的位置改到了厨房的水槽。这个方法太妙了，因为水槽是一个既宽敞又可以保持卫生的地方。

当然，我们不能忽略那些还需要工作的女士，因为她们没有那么充裕的时间处理家务。对于她们来说，完全可以在头天晚上收拾餐具的时候把第二天所需要的东西准备出来。这样一来，第二天早上的早餐工作就不至于那么紧张了。

我差一点儿忘了还有一项工作会花费女士们很多时间，那就是购物。我这里有几条建议，相信一定会对女士们有所帮助。

安排购物的四个简捷方法

◎学会批量订购日用品；

◎事先做好购买计划；

◎加入一些为消费者进行商品调查的机构；

◎每天做好购物笔记。

首先，批量订购日用品真的是一条非常不错的建议，比如你可以通过电话批量定购肥皂、毛巾、卫生纸、清洁剂、除臭剂等东西。这种做法一方面为你节省了一定的经济支出，另一方面也使你省去经常跑便利商店的时间。要知道，这种批量订购是可以享受到送货上门的服务的。

做好购买计划也十分重要，比如你想给丈夫购买一双皮鞋，那么在进商店之前，你最好在心里粗略地预计一下自己能接受什么样的款式、质料以及颜色和价钱。之所以要这样做，主要是让女士们省去在店中瞎逛的时间，同时又大大降低了女士们买到不如意东西的风险。

我的妻子加入了一种机构。我们每年只需向它缴纳很少的费用，然而却给我妻子节省了很多很多时间。我说的都是真的，每个月我们都会收到他们寄给我们的一本说明书，书中对各种商店都进行了介绍。每当年底的时候，他们还会另送我们一本各地商店的目录。这些说明书真的非常不错，里面详细介绍了各种产品，基本上市面上有的东西都有所收录。不光这样，他们还对各种商品的性能和价值进行了比较，告诉女士们究竟哪些商品是最物有所值的。的确，以前我们一直认为最贵的东西就是最好的，然而事实上并非如此。比如，我妻子以前都在使用一种定价为 1.2 美元的牙膏，然而去年他们却说市面上有一种定价为 0.8 美元的牙膏在同类产品中质量最好。后来我妻子试着买了一支这样的牙膏，发现质量真的是非常好。我妻子对我说，虽然这仅仅使她节省了一点点钱，但与自己付出的那些钱相比，收获已经是非常大了。

每天做好购物笔记也是非常重要的，因为这个方法可以给你节省很多时间。如果你是个记忆力非凡的超人，那么你没必要这么做；如果不是，那么恐怕你不会把购物、宴会以及一年的预算等所有的事情都记得清清楚楚。既然这样，那么你就最好把这些东西都写在纸上。即使你没有那么多的事情要做，然而你的脑袋终日被一堆毫无价值的东西所填满也无疑是一种负担。

如果女士们真的能够按照我所说的这些简捷方法去处理自己所遇到的各种家务的话，那么你们将会得到很多很多的好处。其实，生活中的技巧就在身边，只要你肯留心，那么你一定会找出一种适合你的且高效率的处理家务的工作方法。这样的话，你就可以不浪费时间，又可以利用这些时间去帮助丈夫完成他的事业。

最后，我还要提醒各位女士，愉快的心情也是高效率地处理好家务的一个先决条件。事实上，很多女士都在日常的家务工作中体会到了很多乐趣，比如烹饪菜肴、制作衣服等。不管你有什么样的爱好，都应该保持下去，而且把它当成一种享受。

如果你们真的喜欢一项工作，那么我奉劝你们千万不要选择放弃。有时候，为了完成一些事情，必须以牺牲另一些事情为代价。但是，千万不要因此而牺牲掉那些本来非常有价值的事情。如果你能够使用简捷的方法去处理一些你很讨厌的工作的话，那么你就可以有一定的时间去做你喜欢的事情了。这的确是一种两全其美的做法。说到底，我们之所以要提高处理家务的效率，就是为了留出足够的空间来做一些更有益的、我们更喜欢的事情。

创造浪漫温馨的家庭氛围

美国《家庭与妇女》杂志曾经刊登过这样一篇文章，上面写道："作为妻子，你对整个家庭都起着很大的作用。不管是丈夫还是孩子，家庭意味着什么完全取决于你。虽然丈夫和孩子对家庭同样有义务，然而最关键的还是你，尤其是你是否能够给他们做出榜样，是否能给他们创造出浪漫温馨的家庭氛围。"

是的，几乎所有的男人都梦想着有这样的家庭：他们在外面忙碌地工作了一天，回到家后则可以轻松舒适地享受一番。每天早晨起来，他们可以有十足的干劲去迎接工作。男人们的事业与这种家庭氛围有着紧密的联系，而这种家庭氛围又与妻子们的认识有着直接的关系。

相信没有一个女士不希望自己的丈夫能够取得事业上的成功，因此女士们必须要给丈夫创造一个最有利的家庭环境，只有这样才能提高他们的工作效率。

我们首先来看第一项原则。妻子们有时候很容易忽视这样一个问题，她们认为丈夫对工作充满了热情，因此不会感到紧张。事实上，不管男人多热爱自己的工作，工作总会或多或少地给他们带来紧张情绪。因此，男人们最渴望的事情是回到家以后可以放松这种紧张情绪，而并不是去承受另一种新的紧张。

对于女士们的一些做法，我是非常理解的。我知道，每一个家庭主妇都希望能够把家打理得井井有条，都希望能把自己的本职工作做好。可是，很多妻子往往没有想到"过犹不及"这个道理，正是因为她们的过分挑剔和严格，才使得丈夫不能在家得到很好的放松。

我以前有一位邻居，她就是一个对家庭要求十分严格的主妇。她每天都会把地板擦得很干净，所以不允许孩子带朋友到家里来玩，因为小孩子很可能会弄脏地板。同时，她为了保持家里空气清新，不允许丈夫在家里抽烟，因为那样会有烟味。更让人难以接受的是，就连家里的书刊和报纸她都要求必须丝毫不差地放回原处。天啊，女士们一定会认为我有个神经病邻居！可事实上，在生活中女士们的行为比这种情况严重得多。

女士们一定还记得《克拉克的妻子》这幕戏剧，在前几年它十分受欢迎，而且还获得了普利策奖。为什么这幕反映家庭生活的戏剧会如此成功？原因很简单，因为剧中那名挑剔的、爱干净的爱丽叶·克拉克女士在现实生活中很常见。爱丽叶·克拉克的干净简直到了让人无法忍受的地步，就连放错坐垫这种小事都会引起她的一阵怒吼。她不欢迎朋友，不允许别人把东西弄乱。对她来说，那位不拘小节的丈夫简直就是她的噩梦，因为他随时都有可能把整个完美的家庭环境破坏掉。

相信女士们对这种情况的认识一定不够深刻，因为这在你们看来是理所当然的事情。而在全美基督教家庭生活第 20 届年会上，一位精神学博士却是这样描述的："家庭里的妻子总是要求一尘不染，上帝，这简直就是美国文化中压迫最大的事情。"

丈夫总是有一些坏习惯，他们随手把烟头、报纸或是其他一些东西乱丢，把你精心收拾的成果毁于一旦。这个时候，妻子绝对不能选择沉默，必须站起来和那些捣蛋鬼大吵一架。不过，在女士们把"自私""愚蠢""笨蛋"这些词加在丈夫头上之前，你们最好这样想一想："什么叫家庭？它就是让人可以放松的地方。"

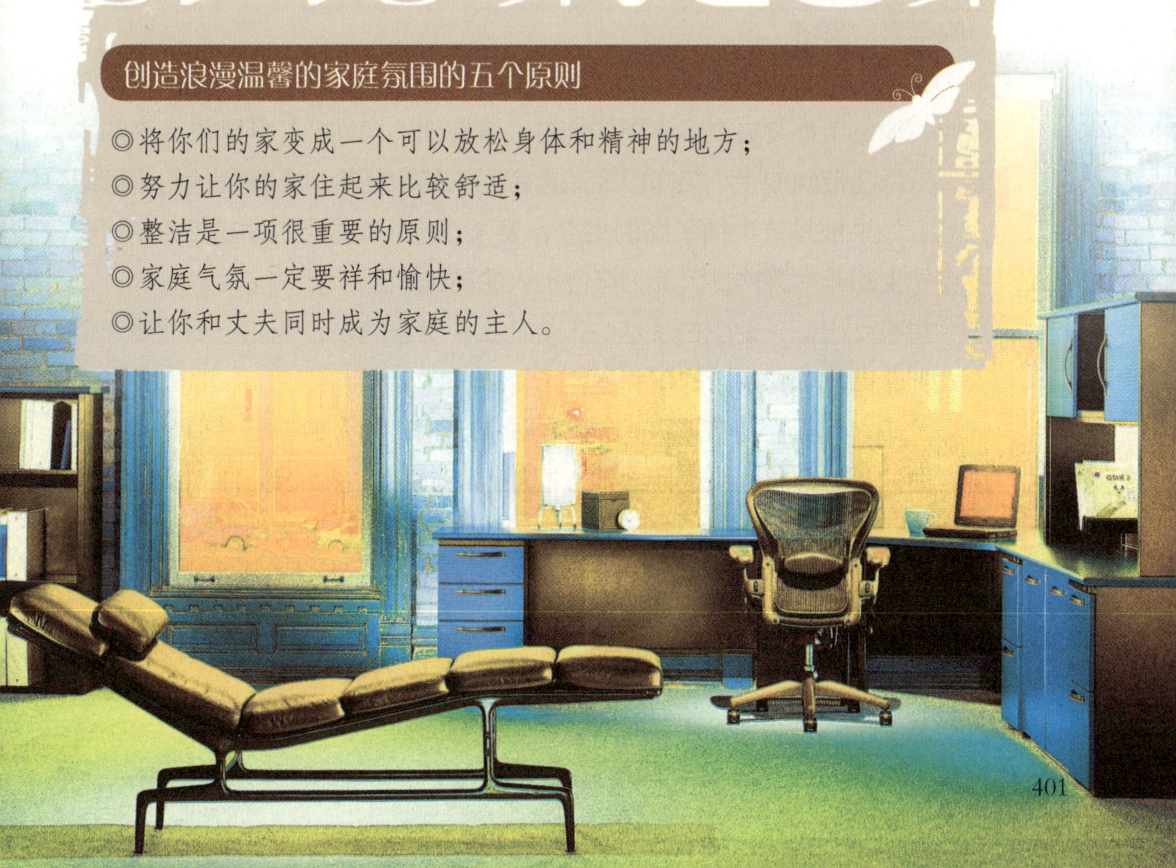

创造浪漫温馨的家庭氛围的五个原则

◎将你们的家变成一个可以放松身体和精神的地方；
◎努力让你的家住起来比较舒适；
◎整洁是一项很重要的原则；
◎家庭气氛一定要祥和愉快；
◎让你和丈夫同时成为家庭的主人。

有了轻松的环境以后，舒适就成为了最重要的事情。几乎所有的家庭都是由妻子布置的，所以你们不应该忘记，男人最希望得到的家庭环境就是舒适。由于性别上的差异，很多女性认为非常有格调的东西却让男人们感到受不了。事实上，男人们对那些精美的小饰品、漂亮的小桌椅以及好看的纺织品根本不感兴趣，他们想要的不过是有一个地方放他们的烟灰缸和报纸。因此，女士们在布置家居环境之前，一定要首先了解究竟什么样的环境才是男人认为最舒服的。

我的私人医师名叫乔治·派克，他最近正在装修办公室，因为他把办公室看成家的一部分。有一次，我去诊所找他，发现在门口候诊的病人中，几乎所有的男士都用羡慕的眼光紧盯着他的办公室。其实里面的布置十分简单，不过是有一张较大的桌子、宽敞的沙发、一盏明亮的铜灯以及一幅笔直的窗帘。

我的另一位单身汉朋友罗克先生也十分懂得布置房间。由于工作的需要，他每年都要去很多不同的地方。看看他的房间吧！从刚果带来的木雕、从爪哇带回的手工染布以及东方带回来的象牙等，全都是他的旅行纪念品。如果他是一个结了婚的男人，妻子肯定不能忍受这些东西。然而，罗克先生却非常喜欢，因为它符合主人的趣味。

想必女士们一定明白了这些人为什么不愿意结婚，他们可不想被一个女人剥夺自己享受生活的权利。

的确，女士们在布置房间的时候往往会忽略男人的需要。举个例子来说，你们是否会想到该在什么地方摆放烟灰缸？没有，因为你们认为这是多余的。不过我太太认识到了。她一口气买回了好几个又便宜又好看的大玻璃烟灰缸，然后把他们放在楼上和楼下好几个地方。每当有客人来时，我们总会让他们使用这些东西。至于那些艺术品，我印象中好像从来没用过。

当女士们与丈夫发生矛盾时，是不是可以换一种角度思考。他的确是把报纸丢得满地都是，但那有可能是因为家里的茶几太小了，或是因为茶几上面堆满了东西。他不是不想把报纸收拾好，只是暂时找不到一个合适的地方。如果他把烟灰弹得到处都是，那么你就多给他买几个烟灰缸。如果他老是踩踏你心爱的脚垫，那就把它换一个地方。至于说他的其他一些小东西，你完全可以给他找一个特定的位置存放，而不要将它们和一些没用的废物放在一起。

除了舒适和轻松以外，整洁对于一个家庭来说也是十分重要的。虽然男人们经常会“破坏”家庭环境，但他们同样喜欢整洁的家庭。如果他看到家里到处都是一片乱糟糟的景象，那么就很有可能一头钻入酒吧、保龄球馆，甚至于妓院。男人都是这样，他们可以容忍自己的懒散和凌乱，却不能宽容别人。

我有一个朋友曾经和我说，年轻的时候，他曾经打算向一个温柔漂亮的女孩求婚。可是当他来到女孩的房间时，却马上打消了这种念头。因为当时他看到，这个女孩的屋子简直太凌乱了，那情形就好像刚刚发生过一场抢劫案。

如果说轻松、舒适、整洁的环境是有形的东西，那么祥和愉快的气氛则是无形的东西。然而，这些无形的东西所起到的作用却远比有形的东西大得多，因为家庭气氛对一个男人事业的影响是相当大的。男人在外总是会承受很大的压力，因为所有人都是以挑剔的眼光来寻找他身上的缺点和错误的。只有回到家中，男人才能获得最高的待遇，因为有一位天使能发现他美好的一面。天使从不给他增加负担，也不会专门制造麻烦。她所做的只是给他情感上的呵护，精神上的安慰，使他有精力去面对新的一天，而这位天使就是妻子。女士们必须明白，要想成为尽职尽责的妻子，必须

能够给丈夫创造出一个祥和愉快的家庭气氛。

此外，女士们还要注意一点，那就是你并不是家里的女王，丈夫也不是你的仆人。你们两个同样都是家庭的主人，甚至于你，应该想办法让丈夫觉得他才是家中的国王。如果家里需要装修或是添置一些新的家具，那你们就应该先征求一下他的意见，而不要事后才递给他一张纸说："这是我们的付款单。"我知道很多时候男人们的选择并不符合女人的口味，但你必须让他知道，你其实和他一样喜欢这些东西。妻子应该让丈夫觉得，在这个家中他们是有决定权的，这样他们就会对家的意义认识得更加深刻。

所有的男人都需要这样一种感觉，家是他生命中的一部分，没有家的生命是不完整的。女士们可能都不知道，事实上丈夫对家庭的关心一点儿都不亚于妻子，只不过你们没有察觉到而已。

我妻子有一个朋友，十分懂得如何利用有限的资金装点房子，因此她的房间总是非常有品位而且别具风格。可很遗憾的是，这位朋友却嫁给了一个毛手毛脚、不修边幅、嗜烟如命的男人。其实，这个男人也很悲惨，他的确很爱自己的妻子，然而却对她布置的环境难以忍受。每当闲暇的时候，丈夫宁肯和朋友一起去钓鱼或是游玩，也绝不想在家中过夜，因为他能够在那里得到完全地放松。这位女士经常找我妻子聊天，向她抱怨，然而却没有一次想到是不是应该改变一下家里的布置。

最后，我希望女士们能够记住我的话：家务是必须要做的事情，但千万不要因为盲目而使家务失去真正的意义。作为妻子，你们做任何家务只有一个目的，那就是给丈夫创造一个浪漫温馨的家庭氛围。

教育子女责无旁贷

在我63岁的时候，我的小朵娜·戴尔·卡耐基来到了我和桃乐丝的身边。我清楚地记得，当时我很兴奋，在我走进协同教会的教堂时，大声对自己说："恭喜我吧！我的妻子生了个小孩，而我已经有63岁了。"我想，任何一位初为人母的女士都会和我有一样的感觉，因为我们都看到了自己与爱人爱情的结晶。

在我还是个孩子的时候，和很多人一样，对父母的很多做法都不理解，不明白他们为什么要那么严厉地对待我们。后来，当我成为父亲以后，我才真正明白他们的良苦用心。其实，他们如此辛劳地抚养教育自己的后代，就是为了履行他们的天职，那是上帝赐予的。

当一对恋人相爱以后，他们最终会一起走进婚姻的殿堂，而且还必将会在不久的将来产生爱情的结晶。一个新生的婴儿并不仅仅代表了一个新生命的诞生，同时也是你们爱情的见证，还代表了你们的希望。正因为这样，抚养和教育孩子才成为夫妻双方义不容辞的责任和义务。特别对于一位母亲来说，给孩子创造出一个最良好的成长空间，给孩子关爱，并在点点滴滴中关注他的成长，使他成为一个虽然不见得优秀但一定很健康快乐的孩子，并且能够给社会作出贡献的人，那么，作为一个女人，作为一位母亲，你就已经取得了最大的成功。

桃乐丝曾经跟我说："母亲是世界上最伟大的人，而养育孩子则是母亲与生俱来的职责。"的确，任何人对个人、家庭以及社会所作出的贡献都不如母亲大，因为她们为社会培养了新的生命。对于任何一个母亲来说，教育和培养孩子既是她们的权利，也是她们的义务。

社会学家卢卡尔·帕门德曾经在一次演讲中说过："教育子女是母亲必须履行的义务，同时也是能给母亲带来最高荣誉的事情。应该说，所有的母亲都会把自己的爱全部奉献给子女，而且这种奉献是无私的。如果一个家庭只有两块面包，那么母亲一定会把一块留给自己的丈夫，另一块留给自己的孩子。"

的确，母性是世界上最伟大的，也是最能彰显人性的。一个女人可能自私、自利、吝啬、贪婪，甚至邪恶、狠毒，但她绝不会虐待自己的孩子。对她们来说，孩子甚至比自己的生命都要宝贵。然而，每一个母亲的权利和义务都是通过两方面来体现的：一方面是抚养，另一方面是教育。事实上，有很多女士都把主要精力放在了抚养孩子这一面上，从而忽略了教育孩子的重要性。

青少年家庭董事会秘书华兹先生曾经在一次讨论会上说："青少年缺少家庭的教育，特别是来自母亲的正确教育，是导致他们犯罪的主要原因之一。"

我曾经和桃乐丝一起去俄克拉荷马州的一家联邦少年教养所，在那里碰到了很多因为没有得到良好教育而走上犯罪道路的少年。一位少年曾经说，他给母亲写过很多信，告诉她自己在这里学了很多课程，并且已经把自己的外表改变得好了许多。然而，他的母亲却回信说，让他不要再自我陶醉于那些无聊的事情，这个世界上没有比监狱更适合他的地方了，因为只有在那里他才能受到管教。

难道说这位少年天生就是一个恶棍，就注定要到监狱里去受刑吗？不，这一切都和他母亲的教育有着很深的关系。少年告诉我，在他很小的时候，母亲就教他如何趁别人不注意而偷偷拿走别人的东西。在 10 岁那年，他由于好奇而学会了抽烟。当她母亲发现这一情况以后，非但没有制止他，反而高兴地说："看看，我的孩子已经像一个男子汉了。"上学以后，他经常和班上的孩子打架，可母亲从来没有因此而责怪他。当父亲告诉他，打架是一种很不好的行为时，母亲却在旁边说："不要你这个废物教儿子，儿子有勇气和别人打架，总要好过你这个老是被人欺负的窝囊废。"就这样，这位少年一点点地变化，到后来居然到了拦路抢劫的地步。最后，少年为自己的行为付出了代价，来到了这个教养所。我想，如果当时那位母亲能够正确地教育孩子，相信这位少年现在一定生活得非常快乐。

美国青少年犯罪研究专家迪勒斯·卡布克说："大多数青少年犯罪者都缺乏良好的家庭教育，这和他们的母亲有着重要的关系。据调查，如果母亲是个吸毒者，那么她们的孩子要远比那些非吸毒者孩子染上毒瘾的几率大得多。如果母亲疏于管教，那么这些孩子将非常容易走入歧途。此外，我曾经对 500 个来自单亲家庭的孩子进行过调查，发现失去母亲一方的孩子很容易沾染上各种恶习。因此，我一直都强调，教育子女是母亲责无旁贷的事情。”

可能有的女士会说：“这不公平，教育孩子应该是夫妻双方的事情，凭什么把所有的责任全都推到母亲身上？难道做父亲的就没有教育子女的责任吗？”是的，父亲同样也有教育子女的责任，但那不是我们现在要解决的问题。此外，与父亲比起来，母亲有很多的优势，所以能够更好地教育孩子。

我们经常会听说某个男人为了自己享受而抛弃了妻子和孩子，却很少听说有女人会轻易地抛弃自己的孩子。东方的中国有句老话：“虎毒不食子。”我觉得很有道理，与男人比起来，女人更疼爱自己的孩子。这并不是说女人天生就比男人善良，而是因为每一个女人都有天生的母性。

其次，我想每位女士都不得不承认，孩子与母亲在一起的时间要远远长于父亲。这样一来，对孩子影响最深的莫过于母亲。曾经有人做过一项很有趣的实验，对100对母子做了调查，发现他们之间有着惊人的相似之处。比如，母亲常把“听我说”作为口头禅，那么她的孩子也总会把那句话挂在嘴边；母亲总是习惯在紧张的时候挠头，那么她的孩子十有八九也有这样的习惯；如果母亲是个小偷，那么孩子也会在那一区小有名气……

母亲教育孩子的优势

◎母亲具有养育孩子的天性；
◎母亲与孩子相处的时间更长；
◎母亲的心思更加细腻一点。

可见，母亲对孩子的影响是非常大的，而这一切主要是因为母亲与孩子相处的时间比较长。试想一下，一位母亲在不经意的情况下都能对孩子产生如此大的影响，更别说是有目的地进行教育了。因此，我说母亲比父亲更有优势。

最后，由于生理和心理上的特点，女性与男性相比较心思更加细腻，这对于教育孩子来说是非常重要的。孩子由于心智不成熟，所以很难对所遇到的事情做出正确的判断，这就需要父母耐心地教育和开导。然而，大多数男人都没有很好的耐性，总是在尝试几次后就选择放弃。而女性则更容易接受眼前的现状，并且不厌其烦地对孩子进行教育。此外，在孩子心理尚未成熟的时候，如果没有人能够耐心地对他进行教育的话，那么很容易让他对事物有错误的认识。因此，与男人比起来，女人在教育孩子方面优势更强。

我敢肯定，此时很多女士都会感到很激动而且很自豪，一定会说："我同意你所说的，卡耐基，从现在开始，我要挑起教育孩子的担子。"有这种想法是好的，可女士们打算怎么教育孩子？难道像上面那位少年的母亲那样？我想，没有一位女士希望看到那种情况发生。因此，女士们除了有热情外，还要用理智的头脑去看待教育。

我在前面已经说过，母亲对孩子的影响是很大的。如果一个母亲没有较高的修养和素质，那么就不可能指望一个孩子会有。因此，母亲在平时与孩子相处时，要非常注意自己的一言一行，因为那很可能成为孩子们模仿的对象。退一步讲，即使女士们没有那么高的修养和素质，那么你们在孩子面前也必须装出来。我知道这很难，而且也很辛苦，但是为了孩子，我希望女士们能够做到。

对孩子严厉是一件好事，因为孩子的自制力往往很差。然而，严厉也需要有个度，如果超过这个极限，那么就很容易让孩子感觉不到家庭的温暖。时间一长，孩子们很容易产生逆反心理，而且还容易患上抑郁症。

当然，对孩子过分纵容也不是一件好事。有一些母亲过于疼爱孩子，甚至到了溺爱的地步。无论孩子有什么要求，她们都会想尽办法满足。虽

然这样做的确能够体现母亲对孩子的爱，但是却容易让孩子养成骄横的性格。我想女士们都明白，这对孩子是没有一点儿好处的。

还有一些母亲喜欢用体罚作为惩罚孩子的手段，我一直都认为这是最不明智的选择。的确，对于孩子来说，皮肉之苦也许比心理上的痛苦更可怕，但那也同样会给孩子留下心理阴影。事实上，只有那些最无能的母亲才会选择体罚，因为这种方法很直接也很有效，尽管它对孩子的身心健康有害。

给孩子足够的关怀，对于女士们来说应该不是一件难事。其实，只要女士们充分将自己心中的母性发挥出来就足够了。不过，需要注意的是，这种关怀要掌握两个原则：第一，是在细节中体现关怀，因为孩子们往往会对一件很小的事情印象深刻；第二，一定要掌握关怀的火候，这是因为很多女士过于“关怀”孩子，结果使自己本来的好意变成了唠叨和啰唆。

学会家庭理财这一课

不得不承认，我们现在所拥有的钱与十年前相比贬值了很多。的确，所有人的生活水准都有了提高，但是物价也在不断地上涨，而孩子们所需的教育费用也增长了许多。因此，一个十分重要的问题摆在了女士们面前，那就是如何做好家庭理财的工作。

大多数女士的脑子里存在着这样一个错误观念，那就是钱能够解决一切问题。事实上，这种想法是完全错误的，早就已经被相关的专家否定了。曾经担任美国一家大公司顾客财政顾问的斯泰博顿先生曾经说过："大多数人都不能真正理解金钱的含义。对他们来说，收入的增加并不代表生活的改善，因为这仅仅表示他们有更多的地方需要花销。"澳大利亚一家银行也这样奉劝他们的储户："存款意味着什么？它意味着在你增加收入的时候提醒你应该怎样合理地利用它们。"

很遗憾的是，学会家庭理财这一点似乎并没有引起很多人的重视，人们往往把它看成是一件非常简单的事情。曾经有一位非常有名的心理学家在他的著作中写道："家庭理财其实并不是一件很困难的事，对于我们来说只要把握住一点就足够了，那就是有钱你就多花，没钱你就少花。"这位心理学家的话听起来很有道理，可事实上做起来却是相当困难的。实际上，毫无节制地胡乱花钱意味着杂货店、面包店以及肉店等商家都有权力分享你的收入。这对于一个家庭来讲，应该是件可悲的事情。

然而，如果女士们能够有计划地控制家庭的花费，那么你们就完全可以让享受你收入的权力把持在你家人的手中。

女士们必须搞清楚一件事，预算日常开支并不是给自己平添一些束缚，更不代表毫无意义地对你所花的每一分钱做一本流水账。这种做法实际上是一种目的性很强的规划，是为了促使你的家庭可以最有效地利用你的收入。我敢保证，如果女士们真正理解如何进行家庭预算，那么你们就完全可以实现既定目标，比如让自己的家庭生活富裕、使自己的养老有所保证、很好地解决孩子的教育费用或是实现你梦想中的外出旅游。一份成功的家庭预算将会告诉你很多信息，比如有哪些没必要的地方可以删减，以便补充其他一些必要的开支。

因此，妻子帮助丈夫取得成功的一个很重要的方法就是明白该如何使丈夫的收入得到最大的利用。如果女士们以前从没有做过家庭预算，那么你们现在真的应该补上这一课。

那么，究竟怎样做才能使自己成为一名家庭理财专家呢？很简单，向银行寻求帮助。在美国，很多银行都设有家计预算咨询服务处。你要做的就是来到银行，请教一下专家，听听他们是怎样建议你进行家庭预算的。

此外，女士们还可以通过其他一些方法获得帮助，比如花费 20 美分从全国公益委员会那里购买一本精美的小册子，上面会很清楚地告诉你该如何支配你手上的金钱、该怎样进行保险投资以及到底如何进行赊账消费。女士们还可以订阅《妇女时代》这本杂志，因为它会告诉你如何把一件旧衣服翻新、如何自己制作出既美味又廉价的菜肴，有时甚至还会教你怎样自己亲手制作家具。

不过，在这里我必须强调一点，女士们千万不能机械地让自己的家庭

如何进行家庭理财

◎记录下日常的每一笔开销，这样会让你清楚自己对收入的使用情况；
◎分析出自己的家庭情况，然后制订一个合适的开支计划；
◎不管发生什么事情，都要将收入的 10% 储存起来；
◎手中预备一些钱，因为你要应对不时之需；
◎让全家都参与执行你的收支计划；
◎对社会上的各种保险有所了解。

去适应那份印好的预算计划表。你们必须先搞清楚自己的情况，因为那份计划书也许并不适合你。道理很简单，每个家庭的情况都是不一样的，适合他的，并不一定适合你，你的家庭经济问题是独特的。

第一点是很重要的，因为只有我们明白错在哪里，才能知道如何改善我们现在的状况。试想一下，如果作为一名家庭理财者，你根本不知道到底哪里应该删减、哪里需要增加，那么想要节省恐怕真的是一件非常不容易的事。因此，在准备进行预算的最开始，女士们可以尝试着把家庭所有的开支都记录下来，时间不妨设定为 3 个月。

我可以很自豪地说，我妻子就是一个很好的理财专家。虽然我们习惯于用支票购物，但她却总是喜欢把所有的花费都做出一个详细的表格，并且在每年的年底做一次总结。她的这种做法使我们整个家庭都觉得非常轻松，因为我们可以清楚地知道在过去的一年里，我们在饮食、燃料、水电以及娱乐等方面究竟花费了多少。同时，我们还可以明白，到底哪些地方是导致家庭支出增加的原因。

这种方法真的非常有效。曾经有一对夫妇对自己的家庭生活开支进行详细地记录后发现，他们每个月竟然要花费 70 美元买酒，而他们两个谁都不是酒徒。最后，他们终于找到了原因，那就是虽然这对夫妇不喜欢喝酒，但是他们的朋友喜欢。这对夫妇很好客，经常会邀请一些朋友到家中聚会，当然这时候难免要来上一杯。从那以后，这对夫妇明智地做出了决定，以后不再把自己的家当成不定期开放的免费酒吧了。这样一来，他们每个月就有 70 美元去做他们喜欢做的事情了。

那么，究竟怎样制订预算计划呢？我可以教给女士们一些方法。首先你们要列出这一年中的必须开支，比如房租、食物、水电费、煤气费、保险金等。接下来，你们再开始计划其他一些必要的开销，比如医药费、交通费、电话费和交际费等。

当然，我承认，这是一件说起来容易做起来难的事情。在进行这项计划前，你必须得到家庭的支持并且要有坚定的信心和决心。此外，你们还必须增强自己的控制能力，使自己不被其他一些东西诱惑。每一位女士都有很多想要的东西，但却很难都将它们买下来。不过，女士们大可不必为此而伤心，因为你们完全可以放弃那些价值较小的东西，而去选择那些最有价值的东西。你会不会为了一件貂皮大衣而放弃一台洗衣机？你会不会为了一件精美的首饰而放弃华丽的衣服？这一切别人都帮不了你，只有你和你的家人一起来决定。这更加说明，一张精美的、详细的、印制好的家庭预算表对你其实并没有太大的意义。

如果女士们想让自己不管在什么时候都可以生活得很富裕的话，那么你们就应该给自己定下这样一条规矩：不管发生什么事，我每个月都要将收入的十分之一储蓄起来。这是非常重要的一点，也是让你在家庭理财课程中立于不败之地的法宝。

我的培训课上曾经有这样一位女士，她的丈夫是个节俭而且定力很强的人。为了实现自己的计划，他宁愿过几天忍饥挨饿的日子，也不会去动他十分之一的薪水。这位女士曾跟我说，在经济大萧条时期，他们两个为了这个该死的计划付出了巨大的代价。所有的钱都“缩水”，哪怕买一卷卫生纸也要精打细算。丈夫为了不去动那十分之一，每天都要走 9 个街区上班。最后，这位女士对我说：“说真的，我曾经想过放弃，因为我恨死了这个计划，特别是在我们急需钱的时候。不过，现在我却要感谢他，正是因为它，才使我们有了自己的房子和富裕的生活。”

的确，这对夫妇的做法给他们带来了很多好处。即使你们不能做到每个月存下十分之一的薪水，你们也应该让自己的手里有一定的资金。很

多专家都劝告那些年轻的夫妇，让他们手中最少要有一到三个月的收入存款，以备应对不时之需。不过，专家们考虑问题都是十分周详的，他们同时指出，存钱千万不可勉强。与其一个月一口气存下 20 元钱，还不如每个星期存下 5 元钱。

在进行所有计划之前，女士们还有一项工作必须去做，那就是征得全家人的支持，因为预算计划毕竟是需要所有人来执行的。即使是生活在一起，每个人对钱的态度也是不尽相同的，这就需要女士们有很好的协调能力，因为如果一家人由于对钱的态度不同而产生摩擦的话，那么一切就得不偿失了。

最后我要奉劝女士们的是，你们真的应该也必须对保险有所了解。女士们，保险公司并不是一个只会骗取你钱财的机构，实际上它对你和你的家庭有着非常重要的意义。一旦家庭出现什么变故，你至少不会因为无助而感到苦恼，因为你后面有保险公司对你负责。

女士们，学会家庭理财这一课是非常重要的。《打造成功的婚姻》一书中这样写道："美满幸福的婚姻是需要沟通的，而在沟通的事项中，家庭收入的分配问题则是最重要的。"请相信我，如果女士们真的学会了如何合理地、高明地安排和处理家庭收入，那么你们就给丈夫解决了后顾之忧。应该说，这也是建立幸福美满家庭的一项很重要的事情。

第四章

磨合后的婚姻更融洽

喋喋不休是幸福婚姻的禁忌

前不久，一位老朋友的儿子找到我，希望我能够帮助他摆脱现在的困境。坦白说，这是一位非常不错的年轻人，二十几岁，在一家广告公司工作，拥有一份不错的薪水。我知道，在这一行工作竞争是非常激烈的，而且压力也很大。年轻人告诉我，他现在真的非常需要妻子给他安慰和爱心，好让他能够有足够的勇气面对一切。他的太太是很积极地帮助他，不过这种帮助却是以喋喋不休的唠叨为前提的。

年轻人受不了了，因为在他太太无休止地嘲笑和指责下，他已经失去了振奋的勇气。他跟我说，其他的事情都不是问题，最让他难以忍受的是，他妻子已经用喋喋不休逐渐磨平了他的信心。最后，他丢掉了这份工作。接着，他又向妻子提出了离婚。

我真的不愿意看到这场悲剧性的婚姻，但它确实发生了。女士们，不知道你们对此有何看法，但我要告诉你们的是，作为太太，你们对丈夫无休止地、喋喋不休地唠叨，就好像是不起眼的水滴，正在一点点地侵蚀着幸福的石头，我把它称为最高明的杀人不见血的方法。

女士们，你们必须牢记一点，地狱的魔鬼一直都仇视世上所有美好的东西。为了毁灭一切幸福，它们经常把无情的大火抛向人间，其中最邪恶、最阴险、对爱情最有杀伤力的就是喋喋不休。它无色无味，而且还很不起眼，可是却比美杜莎的鲜血还要毒。一旦它侵入你的家庭生活，那么你就永远与幸福无缘。

女士们，我并不是在这里危言耸听，因为与奢侈、浪费、懒惰、不忠等行为比起来，喋喋不休的唠叨给家庭带来的痛苦更深。也许女士们认为我这么说是没有凭据的，那么就请你们听一听专家的建议吧！

莱维斯·托莫博士是著名的心理学家。他曾经展开过一次调查，让1000名已婚的男士写出他们心里认为妻子最糟糕的缺点。调查的结果让人大吃一惊，因为几乎所有的人都在第一项写下了“唠叨”这个词。博士对我说：“一个男人婚后的生活能不能幸福，完全取决于他太太的脾气和性情。即使他的太太拥有人类所有的美德，可她只要拥有了喋喋不休这一项缺点，那么一切美德也就等于是零。”

为了能够得到更加明确的答案，我请托莫博士给我列举了喋喋不休的几条危害，现在我再把它们告诉给女士们。

女士们，你们相信托莫博士说的吗？我相信，因为我知道有个人就是受不了妻子的唠叨而离家出走，最后悲惨地死在了外面的。其实，这个人很多女士也熟悉，他就是大文豪托尔斯泰。

按理说，托尔斯泰夫妇应该每天都享受着生活的快乐。是的，托尔斯泰的两部巨著在世界文学史上都闪烁着耀眼的光芒。他的名望非常大，他的追随者数以千万计，财产、地位、荣誉，这些东西他都已经拥有了，而它们也都为美满幸福的婚姻奠定了基础。的确，在开始的时间里，托尔斯泰和夫人度过了一段非常幸福和甜蜜的生活，直到那件事的发生。

由于一些未知的原因，托尔斯泰的性情发生了很大改变。他开始视金钱如粪土，把自己所有的伟大著作都看成是一种羞辱。他放弃了写小说，开始专心写小册子。他开始亲自做各种各样的活，尝试着过普通人的生活，而且还努力去爱自己的敌人。

托尔斯泰的突然改变给自己制造了悲剧，因为他的妻子不能容忍他的这种变化。这位夫人喜欢奢侈的生活，渴望名誉、地位和权力，喜欢金钱和珠宝。然而，这一切，托尔斯泰都不能再给她了。因此，她开始喋喋不休地唠叨、吵闹，甚至当得知托尔斯泰要放弃书籍的出版权时，她居然把鸦片放在嘴里，威胁要自杀。

就这样，美好的婚姻被喋喋不休摧毁了。在托尔斯泰82岁那年，他再也忍受不了妻子的唠叨了。1910年10月，那是一个下着大雪的夜晚，托尔斯泰偷偷从妻子身边逃了出来。这位可怜的老人在寒冷的黑暗中漫无目的地走着，11天后，这位世界文学巨匠患上了肺病，死在了一个车站里。当车站人员问起老人最后的愿望时，托尔斯泰回答说："请不要让我再见到我的妻子。"

托尔斯泰夫人终于为她的喋喋不休付出了代价，不过在最后她也明白了一切。临死前，她对孩子们说："是我，是我，真的是我，是我害死了你们的父亲。"很可惜，托尔斯泰夫人明白得有些迟了。

事实上，很多名人虽然有着骄人的成绩，但却依然不能摆脱妻子唠叨的痛苦，比如法国皇帝拿破仑三世的侄子、我的偶像亚伯拉罕·林肯，还有那个躲在雅典树下沉思的苏格拉底。

我知道，女士们之所以会唠叨，无非是想以这种方式来改变自己的丈夫，希望自己的丈夫能够变成自己想要的那种成功人士。可事实呢？古往今来，好像还没有一位妻子真的通过唠叨能达到自己的目的，相反她们给自己换来的都是苦果。

前一段时间，我以前的一位邻居来到纽约看我，看得出他现在过得非常开心。我问他现在在做什么工作，他说他已经是全美一家著名公司的副总裁了。我真心地替他高兴，并表示了祝贺："真是太好了，你妻子劳拉想必也一定非常高兴。"没想到，我的朋友却有些生气地说："戴尔，你最

喋喋不休的危害

◎使丈夫失去斗志；
◎让丈夫对你产生厌烦；
◎毁掉丈夫对你的爱情；
◎吞噬你的幸福婚姻。

好不要在我面前提到她，因为我现在的妻子名叫露易丝。”我不明白他为什么这么说，因为我清楚地记得他妻子的确是叫劳拉。最后，邻居告诉了我事情的原委。

原来，他婚后的生活一直都不幸福。他的妻子太挑剔了，对他所做的每一件事和每一份工作都表示轻视，他的事业差一点儿毁在他太太的手上。他从乡下出来以后，在城里做了一名推销员。他很热爱这份工作，把所有的热情都投入到里面。可是，每天晚上，当他拖着疲倦的身体回到家中时，得到的却是妻子无休止地唠叨：“瞧瞧，谁回来了？今天生意不错吧，一定拿回不少钱！怎么样？想必你比我还要清楚，再过几天我们又要付那该死的房租了。”

这种痛苦一直折磨了他好几年，最后，我的邻居终于凭借自己的努力取得了骄人的成绩。可惜，他的太太却不能再留在他身边了，因为他娶了一位年轻而且能够给他足够爱心的女孩。

我不想去评价我邻居这种做法是否正确，但我知道，他其实也并不想这么做，只不过他想从第二任妻子那里得到一些他渴望的东西。

跟喋喋不休比起来，善于把握说话的时机，知道在必要的时候保持安静的女人，更容易收获幸福的婚姻。

在这里，我还必须提醒各位女士的是，喋喋不休本身就已经危害极大了，然而拿自己的丈夫和其他人相比则是最具破坏力的一种方式。

有一次，我培训班上的一位男士告诉我："卡耐基先生，虽然从您的课堂上我学到了很多东西，但我毅然决定要和我的妻子离婚。"

我很惊讶地问他这是为什么，他告诉我说："上帝，你简直都不知道她在说什么。她问我，为什么我赚不到很多的钱，而隔壁那个叫史密斯的家伙却可以；为什么我只被提升了一次，而同办公室的摩根却是两次；为什么她哥哥能给太太买一条珍珠项链而我不能给她买。更过分的是，她居然还说如果她当初成了霍格太太，现在一定过得非常幸福。"

我真的替这位太太感到悲哀，因为她根本不理解幸福生活的真谛。我承认，任何一对夫妻在婚后都会有争吵，这是一个很正常的现象。应该说，大多数心理健全的男士都可以忍受与妻子发生的一般性的争执，而且不会让彼此之间的感情出现裂痕。可是，如果一个男人每天都承受着无休止的、一刻不停的、喋喋不休的唠叨所产生的压力的话，那么他的进取心就会慢慢丧失。不管一个男人在事业上多么成功，只要他每天都必须面对一位唠叨的太太，那么他的事业就一定会逐渐走下坡路。

纽约大学的斯蒂芬博士曾经在一次演讲中提到，作为一名美国的丈夫，他们应该享有四种新的自由，而第一种就是不受妻子唠叨的自由。更加有趣的是，瑞典国会曾经对判定谋杀罪的准则提出过一个让人吃惊的提议，那就是如果能够证明受害者是一个很喜欢唠叨的人，法院就可以把一项预谋杀人罪改判为过失杀人罪。而新泽西有一条法律规定，如果丈夫把自己锁在客房里，那就是有罪；如果他这么做是为了躲避妻子的唠叨，那就是无罪。

看来，喋喋不休的确是幸福婚姻的大忌。

别做婚姻的文盲

美国婚姻关系研究专家迪尔科·波多勒曾经说："在美国，每年都有很多对青年男女开始他们的婚姻生活，同时又有很多对夫妻结束他们的婚姻生活。很多人，特别是女性，对他们婚后的生活非常不满意，认为结婚后的生活质量远远没有达到他们预期的目标。事实上，并非所有的婚姻问题都是在婚后才产生的，有很多是在婚前就已经有了。很多年轻人在对婚姻没有正确认识的情况下就草草地选择了结婚，从而为以后婚姻问题的出现埋下了定时炸弹。我可以肯定地说，现在大多数美国的青年人，也包括那些已婚的夫妇，至今依然在做婚姻的文盲。"

不知道女士们在看到迪尔科这段话的时候是什么感受，也许你们并不同意他的看法。你们已经结婚几年、十几年，甚至几十年了，但你们的婚姻依然在持续着。虽然偶尔会发生一些摩擦，但那也是不可避免的。的确，女士们和你们的丈夫都在为维持你们的婚姻做着努力，这是你们双方的责任和义务。然而，如果我在这里问女士们："你们的婚姻幸福吗？你每天都过得非常快乐吗？"我想，很多女士们并不一定就可以很理直气壮地回答我说："是的！"

事实上，很多妻子，特别是那些已经结婚很多年的妻子，对待婚姻往往是一种"勉强"的态度。她们的婚姻没有激情、没有快乐，也没有新鲜感。对于他们来说，婚姻不过是代表着时间的推移，并没有其他任何意义。

导致这一现象产生的根本原因就是女士们对婚姻缺乏一个正确的、透彻的、清楚的认识。她们或是把婚姻看得过于浪漫，或是把婚姻看得过于理性，这也是为什么迪尔科把她们称为"婚姻的文盲"。我曾经对这一问题做过细致地研究，发现这类女性往往在对婚姻的认识上存在五大误区：

第一大误区：爱情就等同于婚姻。

持有这种想法的女士大有人在，家住纽约肯德尔大街B区162号的阿尼小姐就是一个典型的例子。阿尼在年轻的时候非常喜欢读言情小说，而且每每都被书中的情节吸引。她对爱情和婚姻充满了许多美好的憧憬和向往，非常希望能够过上书中所描写的生活。后来，她认识了达沃尔，一个风趣幽默的年轻人。在相处了两年以后，阿尼决定和达沃尔结婚。这是因为，一方面达沃尔很会讨阿尼欢心，总是会制造出一些阿尼意想不到的浪漫事情，这使阿尼终日都陶醉于爱情的甜蜜之中；另一方面，阿尼一直都对婚姻有着向往，所以她不想错过这次机会。在结婚的前一天晚上，阿尼整夜都没有睡着，因为她已经为自己婚后的生活编织了一个美好的梦。她梦见自己每天都和达沃尔一起缠绵。他们一起吃早餐、午餐、晚餐，还时不时地出去野炊。达沃尔对她非常好，时不时地送她一些小礼物。后来，他们有了孩子，一家人过上了幸福美满的生活……

然而，阿尼这个美好的梦在结婚后很快就被打破了。失去了婚姻的新鲜感以后，达沃尔不再像以前那样对她甜言蜜语，更不会准备什么礼物。此外，为了维持生计，达沃尔每天都做着早出晚归的工作，根本没时间陪她。后来，孩子也出生了，但这并没有让阿尼感到高兴，因为女士们都知道，照顾孩子是一件非常麻烦的事情。于是，阿尼对婚姻失去了信心，甚至开始怀疑自己当初选错了人。如今，阿尼每天还生活在后悔、抱怨和唠叨之中。

是谁制造了这场悲剧？达沃尔？不，是阿尼自己。如果她不是把婚姻想象得非常浪漫，而是对婚后的生活有清醒认识的话，相信现实的婚姻也不会让她有如此巨大的反差感。这种类型的女士把婚姻看成童话，没有考虑到其中的现实成分。因此，一旦婚姻从童话回到现实中，马上就会引起这些女士的不满，继而导致婚姻出现问题。

第二大误区：婚姻不需要浪漫。

持有这种观点的女性大多是那些结婚很多年的妻子。她们在对婚姻的认识上与上一种女士正好相反，是把婚姻看得太过现实。很多结婚多年的妻子都认为，丈夫和自己之间已经没有什么新鲜感可言，更不可能找到任何新鲜感。于是，她们放任婚姻枯燥、平淡、乏味地发展下去，也并不想为改变婚姻做点儿什么。

我曾经问过一位结婚 15 年的女士，问她如何评价自己现在的婚姻质量。那位女士坦言说："简直糟糕到了极点，每天都重复着前一天的内容，根本没有任何浪漫和激情可言。"我又问那位女士，是不是愿意为改变这种现状而做点儿什么。那位女士说："不，我没那么打算过！虽然我们的婚姻状况很糟糕，但是其他夫妻也是一样。事实上，这才是真正的婚姻生活，它并不像很多年轻人想象的那样浪漫。其实，早在几年前我就已经对这种状况做好了准备，所以现在也并没有觉得有什么不妥。"

这类女士确实是认识到了婚姻的现实一面，然而却忽略了它浪漫的一面。虽然她们对现在的婚姻没有怨言，但并不代表这就是一段没有问题的婚姻。最简单地说，她们的丈夫也许就和她们有着相反的看法。

其实，要想使婚姻浪漫一点儿并不是什么难事，有很多方法都可以采用。比如，女士们偶尔不妨奢侈一下，和丈夫来一顿烛光晚餐，或是在饭后挽着丈夫的手臂到树林中散步。如果有必要，即使是结婚很多年，妻子也可以尝试着和丈夫撒撒娇。虽然这看起来多少有些肉麻，但的确可以起到调节婚姻的作用。

第三大误区：一切都是他的错。

很多女士都曾经和我抱怨说，他们的丈夫是个木头脑袋，一点儿都不解风情。有的甚至干脆和我说，她们已经对丈夫没有吸引力了，因为丈夫已经不像以前那样对她甜言蜜语、关怀备至了，当然更谈不上什么浪漫可言。

我曾经采访过很多不解风情的男人，"责问"他们为什么对妻子的要求视而不见。结果，那些男人无一例外地和我大声叫苦。他们告诉我说，并不是他们本意不想给妻子一段浪漫幸福的婚姻，而是现实的生活不给他们机会。为了维持整个家庭的生活，丈夫们不得不每天早出晚归，而且还要在外面承受巨大的工作压力。这样一来，丈夫们就把大部分精力花费在养家糊口上，因此也就没有心思去考虑什么浪漫与温馨了。

虽然上面那些话听起来好像是借口，但它也的确是现实存在的。女士们，我真心地希望你们不要把所有的错误全都推卸给男人，而应该去理解他们、体谅他们。既然他们没有精力制造浪漫，那么你们就应该主动一些。方法很多，或是提醒他们，或是干脆你们自己制造，总之是不能将抱怨和牢骚挂在嘴边。

第四大误区：夫妻之间的沟通是多余的。

很多女士都有这样的错误认识，那就是夫妻之间的了解和沟通应该是在婚前的，婚后的夫妻只是生活而已，不需要沟通。其实，这种想法是大错特错的。事实上，夫妻之间婚后的沟通更加重要。很多事实都告诉我们，夫妻之间缺乏沟通是导致婚姻出现问题的罪魁祸首。

两性心理学专家瓦德尔·希勒克曾经说："很多夫妻都忽视了沟通的作用，把沟通看成是一件多余的事情。他们有自己的理由，认为双方经过从恋爱到结婚很多年的相处，已经非常了解对方了，因此根本不需要进行沟通。然而，经过调查发现，夫妻之间能够做到真正相互了解最少需要 5 年以上的时间，也就是说在这 5 年时间里，夫妻之间都是在不断地进行摸索。因此，我一直都强调，夫妻双方要经常沟通，一定要把彼此内心的真实感受告诉对方，这样才能使婚姻生活幸福美满。"

第五大误区：夫妻之间应该是透明的。

这一点也很重要。很多女士都认为，爱情是纯洁的，两个人既然组成

了家庭，那就不应该存在任何目的。这种想法不应该说完全的错误，因为真诚是建立美满幸福婚姻的关键。然而，这些女士又忽略了另一点，那就是爱情也是自私的。有时候，善意的谎言对于保持夫妻之间的关系有着至关重要的作用。

伊丽莎白女士和庞德先生已经结婚两年了，两个人的关系一直非常好。伊丽莎白能够体会到，自己的丈夫确实是非常爱自己，于是她决定将自己隐藏多年的秘密告诉丈夫。原来，在伊丽莎白还是个高中生的时候，曾经被别人强暴过。后来，伊丽莎白认识了庞德，因为害怕庞德嫌弃自己，所以一直没告诉他。

本来，伊丽莎白女士认为自己说出秘密一定会得到丈夫的理解，但是没想到，丈夫从那以后却开始疏远自己。事实上，庞德并不是怪伊丽莎白隐瞒自己被强暴的真相，而是怪她没有早一天把真相告诉自己。

以上就是我所说的女性对婚姻认识的五大误区。虽然它并不能涵盖婚姻中所出现的所有问题，但却完全可以被称为五门必修课。因此，我奉劝那些即将结婚或是已经结婚的女士们，好好看看这五点，不要再让自己做婚姻的文盲。

做应对情感风波的高手

如果女士们觉得现在的家庭生活不够幸福美满，那么你们就应该好好看看这一章所有的内容，因为其中的很多观点和方法都会给女士们提供很大的帮助。如果女士们因为各种原因而使得自己即将或已经面临情感风波，那么就请你们好好阅读一下这篇文章，因为它能帮助你们成为应对情感风波的高手。

我想，没有一位女士会希望在自己的婚姻中出现情感风波，因为那意味着你们的婚姻很可能就要走到尽头。因此，女士们现在首先要做的就是练就出一双慧眼，能够让自己在最早的时间里发现婚姻中的情感问题，从而做到防患于未然。

洛克先生最近很奇怪，好像变了一个人似的。以前，他是个不拘小节、邋里邋遢的人，可最近突然开始注意起自己的仪表来。过去，在妻子波丽三番五次地催促下，他才会考虑是不是有必要换衬衣，而如今却很自觉地两天换一次。不光这样，每天早上，洛克先生还会精心打扮自己一番，连皮鞋也擦得很亮。面对这一切，波丽并没有感到有什么不对，反而称赞丈夫说：“看，我的洛克终于变成一位绅士了。”

应对情感风波的错误做法

◎暗自跟踪、侦查丈夫的行踪；
◎时时刻刻紧盯丈夫的一举一动；
◎大吵大闹，甚至大打出手；
◎以各种条件威胁丈夫。

然而，正当波丽暗自为丈夫的改变感到高兴的时候，洛克却突然提出要和她离婚，因为他要和另一位名叫玛丽的年轻女士结婚。直到这时波丽才明白，原来自己丈夫前一段时间奇怪的举动都是情感风波来临的预告。

大概三个月前，洛克先生的工作似乎突然忙了起来，下班的时间一天比一天晚，而且还经常会在休息日加班。不光这样，洛克先生还会把工作带回家来做，因为他晚上经常会偷偷一个人在另一间房间里接“公司”打来的电话。可能是工作忙，应酬也就多了起来，所以洛克先生的钱包总是会在很短时间内变得空空如也。

面对这一切，波丽女士很担心，因为她怕自己的丈夫不能安心工作。因此，她容忍了丈夫对她的挑剔，也原谅了丈夫对她的不耐烦。波丽心里明白，那是因为丈夫的工作压力很大。此外，虽然波丽和丈夫已经三个月没有过性生活了，但她却从来没有主动要求过，因为她知道自己的丈夫太累了。

直到现在波丽才真正明白，自己丈夫发生那些变化并不是在忙工作，而是在忙着和他的情人约会。可是，现在已经太晚了，因为洛克先生已经下定决心和波丽离婚了，一切都已经变得不可挽回了。相信，如果波丽女士能够早一点儿对丈夫这种“出轨行为”有所察觉并采取相应措施的话，恐怕结果未必是现在这样。因此，我再一次和女士们强调，能够及早发现丈夫的“出轨行为”，是一件非常重要的事情。

罗妮女士最近觉察出自己的丈夫有些不对劲儿，这让她不免有些担心。为了弄清事实的真相，罗妮担当起了“侦探”的角色，开始了对丈夫的秘密调查。果然，罗妮通过一段时间的跟踪后发现，丈夫是在和一个漂亮的女士约会，于是罗妮准备展开自己的一系列计划。她先是控制住丈夫的腰包，然后命令丈夫每天都必须按时回家，而且还要丈夫交出详细的日常行踪表。罗妮本以为自己的计划万无一失，可不想却还是换来了丈夫的背叛。

当丈夫提出了和她离婚时，罗妮几乎都要发疯了。她大骂丈夫没良心，是个不折不扣的负心汉，同时还威胁说，如果丈夫离开她，那么她就去死。开始的时候，罗妮的丈夫还是沉默，可是到后来，他也忍不住了，大声喊道："如果是那样的话，那就请你去死吧！本来，我还为我一时的糊涂感到内疚，可是现在我却认为我的选择是相当正确的。与你这种泼妇生活在一起，简直是一种煎熬。我不想再和你纠缠下去，一刻也不想在这里待下去了。"

罗妮女士真是个可怜的女人，因为是她自己浪费了能够挽回一切的机会。她把自己从一个可爱的妻子变成了一个令人生厌的稽查员，使她和丈夫的生活都失去了乐趣。罗妮错就错在没有想办法让自己的丈夫忠于自己，而是采取控制其身体和行为的方法来约束丈夫。虽然这种做法确实起到了一定作用，但是却根本不能管住丈夫的心。结果很明显，一段没有了感情的夫妻生活，其存在也就没有什么意义了。

女士们，早在你们开始自己的婚姻生活之前就应该考虑到，婚姻同样是要面临挑战和竞争的。一个真正聪明的女人是从来不怕竞争的，也不会轻易认输。最重要的是，她们懂得如何进行竞争。实际上，这种紧盯丈夫行踪的方法是最拙劣、最愚蠢、最没有效果的方法。同时，妻子妄图通过大吵大闹或是威胁的手段来迫使丈夫回心转意，这无疑是错上加错。

那么，女士们在遇到情感风波的时候究竟该如何做呢？我认为，女士们首先要做的就是反省自己。大多数女士在遇到这种问题的时候，总是

会把所有的责任全都推给自己的丈夫。在她们看来，丈夫不管出于什么理由，不忠于自己的妻子永远都是不可原谅的。然而，美国婚姻与家庭关系研究协会曾经对500名有过出轨行为的男士进行调查，发现其中只有五分之一的人是因为“好色”“花心”等原因，剩下的人则都是因为他们的妻子不能使他们获得家庭的温暖。因此，女士们在责怪、抱怨之前，不妨认真想一想，究竟是不是自己这方面出现了问题，唠叨、抱怨、无礼、喋喋不休等缺点是不是在你身上都有体现。如果是，那么女士们就马上改正，因为这才是拉回丈夫的最好办法。

在改正完自己身上的缺点以后，女士们就应该采取一些方法来“控制”自己的丈夫。不过，千万不要采用上面的那些方法，因为那只会让事情越来越糟。其实，一个真正懂得处理婚姻风波的高手十分善于利用“欲擒故纵”技巧，即使到最紧张的关头也不例外。事实上，女人能够将丈夫留在自己身边是因为丈夫对她们的爱，而并不是丈夫对她们的怕。

娜莎女士已经知道自己的丈夫在外面有了外遇，但是她并没有马上和丈夫摊牌，也没有和丈夫发生任何争吵。她只是像往常一样，给很晚才回家的丈夫准备好晚餐和洗澡水。娜莎的丈夫感到很奇怪，因为前两天他在和情人逛街的时候被妻子撞见了。本来，他以为一定会遭到妻子的一顿责骂，可没想到妻子却像什么都没发生过一样。

这天晚上，娜莎的丈夫实在忍不住了，就问娜莎：“为什么从你看到我和别人逛街以来，一直都没有问过我？”娜莎很平淡地说：“我在等你，因为我不知道你会怎么处理这件事。”丈夫很难为情地说：“我，我还没有想好。”娜莎笑着说：“那就再考虑几天，我会尊重你的选择。当我看到你和她在一起的时候，我的心真的很痛。不过转念一想，也许真的是我的问题，可能我已经没有了往日的魅力。说真的，我后来想起了我们恋爱的情景，那时候你总是找各种借口约我出来，其实就是为了能多见上一面。我很明白你的苦衷，一个男人爱上一个女人以后，是不会考虑后果的。我相信，你对她现在的感觉一定和当初对我的一样。”

应对情感风波的小技巧

◎与丈夫保持一定的距离；
◎刻意地打扮自己；
◎用孩子打动丈夫的心；
◎用过去感化丈夫。

几天后，娜莎的丈夫告诉她，自己已经和那个女人分手了。原因是，他不能让这么爱自己的妻子伤心，同时他也仔细问过自己是不是还愿意和她生活在一起。最后，娜莎的丈夫发现，原来自己在心里最爱的依然还是自己的妻子——娜莎。

这大概是我看到过的最完美的处理婚姻风波的例子。我清楚地记得，当娜莎在课堂上讲完这个故事的时候，在场的所有女学员都鼓起了掌。是的，娜莎的确是我们的典范，因为她巧妙地运用了“欲擒故纵”这一技巧，从而完美地解决了所有的问题，将丈夫留在了自己身边。

此外，我这里还有一些小技巧送给女士们，也可以帮助你们应对婚姻中的情感风波。

有句俗语叫“距离产生美”，也许就是因为你和丈夫之间的距离太近了，所以才导致丈夫对你产生了厌烦感，从而使得他想在外面寻求刺激。因此，女士们不妨找一些自己喜欢做的事或是去参加工作，这样一来就可以使自己与丈夫拉开一定距离，从而不会让丈夫那么快就有了厌倦感。此外，两个人在一起时间长了很容易失去美感，因此女士们要随时随地注意自己的打扮，要让你的丈夫眼花缭乱，从而不会想着去外面拈花惹草。

最后一点，留住丈夫的最有力的两件武器，一是对家庭的责任感，二就是对你的爱。我们先说第一点，孩子无疑是整个家庭的希望，因此抚养孩子是夫妻双方的重要责任。如果女士们能够用孩子来唤起丈夫的责任感，那么相信他们一定会乐意回到家中。当然，利用孩子还多少有些“胁迫”的味道，而用你的爱唤起他的爱则是完全真心实意的。我想，每一对夫妻都曾经有过最美好的恋爱时光，用这些事情勾起男人对你的爱无疑是一种最佳方法。

魅力妻子的十堂必修课

我一直都有给那些刚刚做妻子不久的女士写一点建议的想法。因为通过观察我发现，大多数新娘子在刚结婚的时候都把婚姻看成是一部充满浪漫色彩的幻想曲。在这个时期，天空永远是蓝色的，每一个角落都弥漫着爱和温馨，一切都充满了罗曼蒂克的情调。可是，当新鲜感过去之后，一些可怕的东西毁掉了美丽的生活。生活不再有激情，更不再富有幻想，一切都变得那么平淡、乏味、令人厌烦。这到底是怎么回事？是自己做得不够好，还是丈夫不再像以前那样爱自己了？又或是两个人都发生了改变？这时候，女士们一定会有这样的想法："到底该怎么做才能使我永葆魅力？"

上面所说的这一切是促使我写下这篇文章的原因，在这里，我向女士们推荐十堂必修课。我相信，如果女士们能学好这十堂课，一定可以让丈夫永远折服于你的魅力。

魅力妻子的十堂必修课

◎第一堂，真正理解究竟什么叫爱；
◎第二堂，不要渴求完美的婚姻，应该尽力使婚姻变得完美；
◎第三堂，体贴丈夫，尽全力去满足他的特殊要求；
◎第四堂，不随便指责、批评丈夫的家人；
◎第五堂，多用鼓励和赞赏的话；
◎第六堂，不要让可怕的嫉妒心和占有欲控制你；
◎第七堂，只有用温情才能使自己的丈夫受到感动；
◎第八堂，不要采用极端的办法改变丈夫；
◎第九堂，千万不要自以为是；
◎第十堂，对丈夫要宽容。

女士们，这十堂课是十分重要的，因为它是你们实现梦想的关键因素。因此，我们有必要一起来细细研究每一堂课的内涵。

首先来看第一堂课，很多女士都自认为谈过恋爱，而且她们的确也

是刚刚谈完恋爱。这些女士很自信，认为自己大概是世界上最懂得真爱的人了。可事实呢？很多人在婚后惊讶地发现，结婚前的爱已经完全变了味道，自己再也找不到甜蜜的感觉了。更有甚者，一些失落感极强的女士还会想到是不是自己当初的选择是错误的。

说到底，爱情是一个非常神秘的东西，要远比你年轻时的幻想复杂得多。男人为什么要爱你？是什么让你能够永远抓住一个男人的心？的确，美丽和性感是能够吸引男人的注意力，但这些东西却禁不起时间的考验；性的诱惑力也是非常大的，但它只是一个方面，并不是无所不能的。女士们必须清楚，爱不是简单的你情我愿，更不能以同情和怜悯为基础。爱的真谛是一种双方认可的表达方式，是一种求奉献不求索取的行为准则。如果你不懂得爱的内涵，那么爱只会离你越来越远。

第二堂课说的是完美的问题。我们所有人都知道，这个世界上是不存在完美的人的，但是很多人却一厢情愿地去追求完美的婚姻。我承认，在现实生活中确实有很多看起来非常完美的家庭，但那是夫妻双方经过不断磨合、一起经过很多年努力的结果。

很多女士在结婚前没有做好足够的心理准备，并没有把婚姻看成是新的生活起点。实际上，从结婚那天起，你们就应该做好应对一切麻烦和不测的思想准备了。只有这样，女士们才能获得真正的幸福，才能体会到什么叫温馨、浪漫、如意的婚姻生活。

此外，很多女士在婚后发现，丈夫身上的缺点越来越多。与此同时，丈夫也发现你身上的毛病越来越多。于是，你们双方开始出现争吵、赌气，每天都会出现很多次让人难堪的尴尬局面。这时，你和丈夫都会觉得，自己当初真应该慎重考虑。

虽然我们不能够奢望获得一段完美的婚姻，但是我们却可以通过自己的努力使婚姻变得更加完美。

第三堂课会使你的丈夫永远地爱你，因为你能根据他的要求来满足他。我们不得不承认，所有的妻子为了让自己的家庭能够幸福美满，都会做出一些举动来满足丈夫的要求。然而，大多数人的取悦却是不成功的。这时，女士们难免会发出这样的感慨："难道我的牺牲是错误的吗？"

不，女士们的做法没有错，只是选错了方向。很多女士都听信了"只要顺从男人就能让他高兴"的经验。事实上，每一位丈夫的个性都是不同的，因此他们的意愿也是不同的。有的男人喜欢整洁，那么你就应该把家布置得井井有条；有的男人性格豪放，那么你应该学会不拘小节；有的男人深谋远虑，那么你就应该尝试着配合他的脚步。

女士们应该把握住这一原则，如果丈夫的要求是出于他们的爱好，而且是合理的、符合现实的，那么你们就应该设法满足他。如果他提出的要求十分过分而且非常不合理，那么你们就应该毫不犹豫地维护自己的尊严，拒绝他的要求。虽然这样做有时候会导致争吵，但却可以保证你以后不会成为一个只能忍气吞声的可怜虫。

第四堂课所说的是一项非常重要的原则，它可以保持住你和丈夫的婚姻关系。有时候，丈夫会对自己的某个亲戚表现出不满，甚至于会对自己的父母、兄弟、姐妹进行指责。这时候，做妻子的所要做的就是静静地倾听，而不是随便地评论或指责他们。要知道，丈夫虽然会抱怨和指责，但他绝对不会喜欢一个语言刻薄、喜好指责他人的妻子。

第五堂课是让家庭永葆和睦。很多男人都有这样的烦恼：妻子从来没有称赞过他们，不管他们做出什么样的成绩，换回来的始终都是抱怨和指责。女士们，当你们做出一桌美味的菜肴时，是不是内心十分渴望得到丈夫的赞美呢？我想是的。事实上，男人们在心理上和女人一样，同样希望在做出努力后得到你们的赞赏和夸奖。

女士们可能没有意识到这一点，如果你们只会一味地指责、抱怨、强迫丈夫，那么只能使他不断地选择逃避，甚至于会让他对你抱有敌意。一个真正合格的妻子总是会想尽办法让丈夫接受自己的观点，而这一切都是建立在温柔的基础上。如果女士们选择逐渐渗透而不是强迫的方法，我相信你们一定可以一手造就出一个令人羡慕的好丈夫来。

第六堂课对每一位女士都是十分重要的。我承认，嫉妒心每一个人都有，而且它也并不是完全不能接受的。只要它不是十分过分，那么这种心理的危害并不会十分明显。然而，当你的心灵被嫉妒蒙蔽时，可怕的心理就会主导你的情绪，最后会逐渐演变成一种让人生畏的占有欲望。这种占有欲望的危害性是非常大的。女士们必须牢记，占有欲和嫉妒心是联系在一起的。

这种可怕的占有欲会让你的家庭不再有温暖，丈夫会觉得每天都生活在冷漠和孤独之中。丈夫们不再愿意待在家里，甚至于想通过其他的女性来抚慰自己心灵上的创伤。其实，这种占有欲源于一种不安全感。如果你对丈夫没有信心，那么就很容易产生这种心理。因此，当女士们遇到这种情况的时候，最好去咨询一下专家，他们会帮助你消除情感上的障碍。不过，最主要的解决方法还是要靠女士们自己一点点地改善。

第七堂课是抓住丈夫心的最有效方法。每个男人都有这样的梦想：当他们拖着疲倦的身体回到家中时，迎接他们的是妻子甜美的微笑以及热烈的拥抱。然而，大多数的情况却是这样：男人刚一回到家，就看见妻子双眉紧锁，接着就是一连串令人烦恼不已的事情。再接下来，双方恐怕就会发生激烈地争吵了。

我理解女士们，因为你们其实和男人一样，每天都会遇到很多令人烦恼的事。可是，如果夫妻双方都不能做出让步的话，恐怕等待他们的就只有无休止地争吵了。其实，要想让丈夫理解你很简单，那就是让他受到感动，而使他感动的最好办法就是用你的温柔。

第八堂课是教女士们如何改变自己的丈夫，当然责备或攻击是完全做不到的。要想使丈夫发生转变，女士们必须牢记三点：第一，任何人都不可能通过一种直接的方式去改变他人；第二，我们改变不了别人，只能改变自己；第三，只要我们做出了改变，他人也一定会做出改变的。

事实上，如果女士们戒除了命令、强迫，那么你们一定可以让丈夫变成理想中的样子。

第九堂课和第十堂课是有相通之处的。很多女士都有自以为是这个毛病，特别是在那种养尊处优的环境中长大的女士。在她们看来，没有人能够超过她们，自己受到特殊照顾是一件非常正常的事。在这种心理的作用下，她们不去宽容别人，更不可能去忍耐别人。在她们看来，自己天生就是要索取，对别人发号施令。只要自己的意愿没被满足，那么她们就会马上大发雷霆。

如果女士们发现自己有自以为是的毛病，那一定是在儿童时期培养起来的。尽管女士们认为这可能是一种微不足道的毛病，但是你们还是十分有必要克服掉它。

至于说宽容和忍耐，这其实是一件容易的事。很多女士都是因为婚前没有做好足够的准备，才导致婚后不能容忍丈夫的各种行为。事实上，女士们只要放松心情、端正心态，以一颗平常心来看待丈夫的各种行为的话，相信就不会产生那么多的矛盾了。

女士们，请你们相信我，这十堂必修课对你们是非常有用的。不管是那些初为人妻的新娘子，还是那些已经为人母亲的家庭主妇，掌握了这十堂必修课的内容，是足以让你们变得魅力四射的。